JN276567

マイコン活用シリーズ

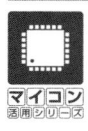

mbed/ARM
活用事例

How to use mbed/ARM microcontroller

エレキジャック編集部 編

**世界で利用の広まる
組み込みマイコンを理解するために**

CQ出版社

はじめに

　組み込み用に特化したマイコンであるARMプロセッサは，あらゆるところに使われてはいますが，開発にたずさわるチャンスの少ないマイコンでした．2004年ごろ，ARM社が新たにCortexシリーズを発表し，そのシリーズの中に組み込みローエンド分野用としてパワフルなCortex-M0，Cortex-M3を投入しました．2009年ごろから日本でもSTMicroelectronics社，NXP Semiconductors社の製品を目にするようになりました．PICやAVRといった8ビット/16ビットの組み込み分野製品と同じテリトリです．

　使い慣れたマイコンと機能が大きく異なる場合，新しいマイコンを学習するのは，なかなか習得が大変です．本書は，ARM社の用意したクラウド環境で開発が行えるmbedというモジュールを中心に取り上げます．新しいマイコンの場合，各社評価用ボードを用意しますし，mbedはその一つではありますが，素早い開発ができるように，開発環境がユーザ・フレンドリに作られています．具体的な事例は本文を読んでいただければ，いままで一つでもマイコンの開発経験があれば，あっという間にARMマイコンで動くものを作ってしまうことができることが実感できるでしょう．

　本書は，大きく三つの分野で構成しています．第1章から第6章は，mbedを使っていろいろなアプリケーションを作るベースとなるテーマを取り上げています．第7章から第10章は応用事例です．アナログ入力からインターネット/ネットワークの応用まで，幅広い分野をカバーしています．

　第11章から第13章は，ARM自体の開発ツールの使い方を具体的に紹介しています．mbedではクラウド環境で用意されたライブラリを駆使して短い時間に動くものが作れますが，オーソドックスな開発方法は，これらの章を参照してください．

2011年9月　エレキジャック編集部

CONTENTS

はじめに ……………………………………………………………………… 3

[第1章] イントロダクション
初めての mbed 利用 …………………………………… 11
 1-1 *lesson1* 組み込みマイコンの世界への誘い ……………………… 11
 1-2 *lesson2* これが mbed だ！………………………………………… 15
 1-3 *lesson3* まずは，定番　LED チカチカ ………………………… 18
 1-4 *lesson4* LED チカチカ・プログラムを改造してみよう ……… 23
 1-5 *lesson5* スイッチ入力に挑戦してみよう！ …………………… 26
 1-6 *lesson6* ブレッドボードに LED を増設してみよう ………… 31
 1-7 *lesson7* A-D 変換して，温度を測ってみよう ……………… 35
 Column…**1-1** mbed で何ができるか？……………………………… 14
 Column…**1-2** mbed の開発言語は C++ …………………………… 21

[第2章] mbed に表示機能を追加する
キャラクタ LCD を極めよう ………………………… 41
 2-1 使用する LCD について ……………………………………… 42
 2-2 TextLCD ライブラリについて ……………………………… 42
  ● TextLCD ライブラリのキャラクタ LCD 制御関数について ……… 43
 2-3 LCD に文字を表示する ……………………………………… 44
 2-4 温度と湿度を測定し LCD に表示する …………………… 47
  ●回路の製作 ……………………………………………………… 49
  ●温湿度の測定プログラム …………………………………… 50
  ●前置アンプを追加する ……………………………………… 51
 2-5 mbed で LCD の外字登録と表示をしてみよう ………… 54
  ●外字登録の方法 ………………………………………………… 54
  ●ライブラリの追加方法 ……………………………………… 55
 2-6 文字が流れるプログラムを作成する ……………………… 58
 Column…**2-1** 半角カタカナの表示について ………………………… 47
 Column…**2-2** mbed 用評価ボードについて ………………………… 48

外部メモリの活用

[第3章] SDカードを使ってファイルを操作するプログラムを作る　　65

- 3-1　ファイルにデータを書き込む　　66
- 3-2　SDカード・スロットの準備　　68
- 3-3　SDFileSystemライブラリとファイル入出力関数について　　69
- 3-4　オリジナル楽譜データをマイクロSDから読み込み音楽を鳴らしてみよう！　　70
- 3-5　温度と湿度データをマイクロSDに記録する　　79
- Column…3-1　mbedが消えちゃった！　　68
- Column…3-2　mbedのRTC用バッテリはあまり持たない？　　85

ディジタル入出力の活用

[第4章] チョロQハイブリッドで赤外線リモコン制御の基礎を学ぼう　　87

- 4-1　チョロQハイブリッドとは　　87
- 4-2　チョロQハイブリッドの制御信号を解析してみる　　88
- 4-3　赤外線LEDと赤外線受光モジュールの関係　　90
- 4-4　チョロQのリモコンでmbedを制御する　　92
- 4-5　チョロQハイブリッドをジョイスティックで制御する　　98
- 4-6　オリジナル・リモコンについて　　99
- 4-7　赤外線LEDの出力について　　100
- 4-8　オリジナル・リモコン・プログラムの作成　　102
- Column…4-1　赤外線を見る　　103

アナログ入力の活用

[第5章] 赤外線距離センサを使う　　113

- 5-1　赤外線距離センサについて　　113
- 5-2　出力電圧と距離を変換する式を求めよう　　114
- 5-3　距離センサの加工とmbedとの接続　　115
- 5-4　電子定規e-rulerの作成　　115
- 5-5　衝突検知システムの製作　　118
- 5-6　なんちゃってテルミンの製作　　121

ネットワークの利用

[第6章] mbedをネットワークにつなげよう！　　127

- 6-1　mbedをネットワークに接続するための準備　　128
- 6-2　ネットワーク・プログラムの概略　　128
- 6-3　UDP通信プログラムの作成　　129
- 6-4　UDPDataClientの動作確認　　131

6-5	TCP通信プログラムの概要	136
6-6	TCP通信プログラムの作成	136
6-7	TCPCtrlServerの動作確認	142
6-8	ネットワークを使ったチョロQ遠隔制御プログラムの作成	144
6-9	TCPChoroQCtrlの動作確認	144

ネットワークと外部コントロールの組み合わせ

[第7章] mbedで作る電力不足時代対策システムの製作 … 153

7-1	mbedで作る電力不足時代対応システム	153
7-2	電力供給状況表示装置の製作	155
	●電力供給状況表示装置とは	155
	●システムの構成	157
	●はんだ付けなしでも工作可能	159
	●システムの動作(試作零号機)	159
	●mbedとUSB感知式連動タップのつなぎ方	159
	●ハードウェアの作り方	159
	●電力供給状況表示装置(東電版)のソフトウェアの解説	160
	●ソース・ファイルの入手方法とコンパイル	161
	●電力供給状況表示装置(東電版)の起動	161
	●注意事項	164
	●プログラムの説明	165
	●main()の説明(東電版)	166
	●東電版のデータの加工について	167
7-3	電力供給状況対応電源制御装置の製作	168
	●改造のヒント	168
7-4	電力供給逼迫時シャットダウン装置の製作	169
	●精度と信頼性	170
	●電力供給逼迫時シャットダウン装置の構成	171
	●Windows PCやサーバのUPSサービスを使う	171
	●Relays Shieldとmbedを接続	172
	●Relays Shieldの出力回路と外部との接続	172
	●UPSサービス使用時のシリアル・インターフェース(COMポート)	173
	●UPSサービスの使用方法	173
	●シリアル・ケーブルの作成	173
	●シリアル・ケーブルでRelays ShieldとPCを接続	175
	●ソフトウェア編	175
	●動作の概要	177
	●動作の確認	178
	●さらなる応用も	178
	●まとめ	180
Column…7-1	システムの問題点と，ゆるい草の根スマートグリッドへの応用	156

Bluetooth と外部コントロールの組み合わせ

[第8章] 壁を這うロボット ･･････････････････････････ 181

8-1 クラウドの環境では開発するためのツール以外に，コミュニティ機能も備わっている ･･････････････････････ 181
8-2 USB ポートで Bluetooth の通信 ････････････････ 183
8-3 プログラムの準備 ･･････････････････････････ 184
- 通信の確認 ･････････････････････････････････ 185
- BlueUSB のソースと Bluetooth 通信 ･････････････ 185

8-4 車体の用意 ･･････････････････････････････ 193
- 車体 ･････････････････････････････････････ 193
- 使用した磁石 ･･････････････････････････････ 193
- 全体の回路 ･･･････････････････････････････ 194
- プログラム ･･･････････････････････････････ 197
- おわりに ･････････････････････････････････ 198

充電とデータ・ロギング

[第9章] 太陽光発電モニタ・システムの製作 ･･････････ 199

- システムの構成 ･･･････････････････････････ 199

9-1 MPPT ソーラ・チャージ・コントローラの製作 ･････････ 199
- MPPT ソーラ・チャージ・コントローラの回路 ･･･････ 200
- 基板のパターン ･････････････････････････････ 200
- 組み立て ･････････････････････････････････ 200
- MPPT ユニットの調整 ･･･････････････････････ 201

9-2 電流計測ユニット ･･････････････････････････ 202
9-3 過電圧保護ユニットの製作 ･･････････････････ 203
- 回路図 ･･････････････････････････････････ 203
- 基板パターン ･････････････････････････････ 204

9-4 5V 安定化電源ユニット ･････････････････････ 204
- 完成！ ･････････････････････････････････ 205

9-5 太陽光発電モニタ・ファイル記録システムの mbed プログラム ･･･ 206
- Publish ････････････････････････････････ 206
- 注目の mbed 命令 ････････････････････････ 206
- プログラム全体 ･････････････････････････ 207
- システムの完成！ ･･･････････････････････ 207
- 記録終了 ････････････････････････････････ 209

9-6 無線 LAN 対応にバージョンアップ ･･････････････ 210
9-7 LAN 接続 ･････････････････････････････ 210
- mbed 用イーサネット接続キットを使う ･･････････ 210
- mbed とイーサネット接続キットの回路と組み立て ･･･ 210
- mbed とキットの接続 ･････････････････････ 211
- システムの完成 ･･････････････････････････ 212

9-8	無線LANへの対応	213
	●無線LAN対応　太陽光発電モニタ・システムの完成！	213
9-9	無線LAN対応のプログラム	214
	● mbedプログラミング	214
	● Webブラウザの表示にはJavaScript（mbedRPC.js）を使う	215
	●システムの完成！	215
9-10	ネクストエナジー・アンド・リソース（株）見学レポート	215
	●本社	216
	●工場	216

画像データのハンドリング

[第10章] シリアル接続カメラと有機ELディスプレイ内蔵スイッチで作るmbedディジタル・カメラ……219

10-1	mbedでデジカメを作る	219
	● μCAMシリアル接続カメラ	220
	●有機EL（OLED）ディスプレイ内蔵スイッチ	220
10-2	mbedディジタル・カメラの回路	221
10-3	μCAMの利用手順	222
	● μCAMの初期化	222
	● μCAMからRAW画像を取得する	223
	● μCAMからJPEG画像を取得する	223
10-4	カラーISスイッチの利用手順	225
	●カラーISスイッチIS-C15ANP4の初期化	225
	●カラーISスイッチIS-C15ANP4のSPI通信	225
10-5	μCAM-TTLとIS-C15ANP4を使ったmbedディジタル・カメラ	225
	● μCAMとIS-C15ANP4の画素数の違い	225
	● μCAMとIS-C15ANP4のデータの並びの違い	227
	●スイッチを見張るcheckSW関数	228
10-6	mbedデジカメを動かしてみる	228
	●ディジタル・ズームを試してみる	229
	●グレー・スケールの画像を表示してみる	229
	●画像間の差を計算してみる	230
	●おわりに	230

ARMと組み込み技術を手軽に学ぶ

[第11章] ビュートローバーARMによる開発入門……231

11-1	ビュートローバーARMの組み立て	231
	● GUIプログラミング・ツールとC言語が使える	231
	●ギアボックスの組み立て	232
	●機体の組み立て	233
	●動作確認	234

11-2	ビュートビルダー2の使い方	235
	● ビュートビルダーの起動	235
	● ビュート ローバー ARM を接続する	235
	● サンプル・プログラムの実行	236
	● ビュート ローバー ARM への書き込み	236
	● プログラムの作成	237
	● 赤外線センサの活用	242
	● 赤外線センサを利用したプログラムの作成	242
	● スピーカの活用	242
	● モータを使おう	243
	● モータとセンサの組み合わせ	245
11-3	LPCXpresso で～ Hello World! ～	245
	● LPCXpresso のインストール	245
	● Hello World に挑戦	247
	● 作成したファームウェアの転送手順	250
11-4	Bluetooth を楽しもう	251
	● Bluetooth モジュールとは	251
	● Bluetooth モジュールの組み込み	252
	● ビュートビルダー2のアップデート	253
	● ビュート ローバーのファームウェアのアップデート	253
	● VS-BT001 の登録	255
	● ビュートビルダー2の設定	255
	● Bluetooh で楽しむビュートビルダー2	256

[第12章] 東芝製 TMPM364F10FG ＋ KEIL MCBTMPM360 入門 — はじめてのARM開発 — 259

12-1	パッケージの内容	259
	● 接続方法	260
12-2	開発環境 μVision4 を使ってみる	260
	● μVision4 の起動	262
12-3	サンプル・プロジェクトの実行	262
	● プロジェクトの読み込み	262
	● サンプル・プロジェクトの Build	263
	● プログラムの実行	264
12-4	デバッグ・セッションの使い方	264
	● デバッグ・セッションの起動	264
	● デバッグ・セッションの設定	265
	● デバッグ・セッションの再起動	266
12-5	トレースの使い方	267
	● デバッグ・セッションの起動	268

- ● トレース機能の実行 ……………………………………………… 268
- ● ウォッチ機能 ……………………………………………………… 269

12-6 ストップウォッチの使い方 ………………………………………… 271
- ● 準備 …………………………………………………………………… 271
- ● ブレークポイントの設定 ………………………………………… 272
- ● ストップウォッチの使い方 ……………………………………… 272
- ● ループ時間の調整 ………………………………………………… 272

12-7 アナライザを使う ……………………………………………………… 274
- ● 事前準備 …………………………………………………………… 274
- ● アナライザの設定 ………………………………………………… 274
- ● アナライザの起動 ………………………………………………… 276
- ● 変数の設定 ………………………………………………………… 276
- ● アナライザの実行 ………………………………………………… 277
- ● アナライザを使ったグラフ例 …………………………………… 278

はじめての ARM 開発

[第13章] IAR Embedded Workbench IDE を富士通の評価ボードで試す ………………………………… 279

13-1 富士通 Cortex-M3 マイコンの評価ボード・キットの内容 ……… 279
- ● CD-R から評価キットの導入ガイドを取り出す ……………… 279
- ● 評価ボードの内容 ………………………………………………… 280

13-2 IAR Embedded Workbench IDE のインストール ……………… 280
- ● IAR Embedded Workbench IDE のダウンロード ………… 282
- ● インストールを開始する ………………………………………… 283

13-3 サンプル・プログラムを動かしてみる …………………………… 286
- ● ビルドしてエラーがないことを確認し，デバッグしてロード …… 286
- ● オンラインで日本語の詳細なガイドを確認できる …………… 291
- ● デバッグ時の参照機能 …………………………………………… 292
- ● 豊富な機能が日本語の説明書で利用できる …………………… 295

Column…13-1 富士通の ARM マイコン MB9BF506N/R の評価ボード ……… 281
Column…13-2 Flash Debug/RAM Debug ……………………………………… 290

索引 ………………………………………………………………………………… 296
著者略歴 …………………………………………………………………………… 302

[第1章]

イントロダクション

初めての mbed 利用

久保 幸夫

1-1 *lesson1* 組み込みマイコンの世界への誘い

図 1-1　mbed の世界へようこそ

AOI　はじめまして！ 組み込みマイコン初心者の AOI です（🔰）．
　　　今日から「組み込みマイコン始めました」よろしくお願いします．
Dr.Y　はいはい，では，組み込みマイコンの世界にいざなうことにしよう．まずは，AOI ちゃんが思う組み込みマイコンのイメージは？
AOI　う～ん，組み込みマイコンって，ハードウェアにソフトウェア，開発環境…．それに，今どきの組み込みって LAN（ラン）や TCP/IP（ティーシーピーアイピー）などのネットワーク技術に Web 技術…いろいろあって大変そう（正直ちょっと不安だよ～ん）．
Dr.Y　たしかに，組み込みマイコンの性能や機能が上がって，できることも増えてきた．その分，マスタしなければならないことが増えて大変に感じるかもしれん．しかし，mbed（エムベッド）を使うと手っ取り早

写真 1-1　mbed の外観

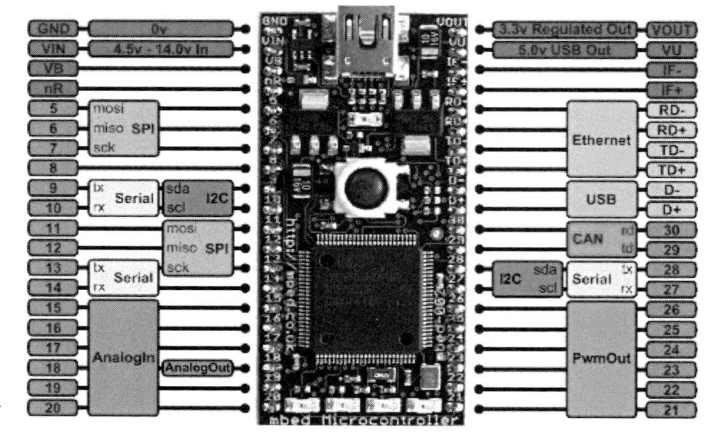

図 1-2　mbed のパッケージに入っているカード

くそれらを体験できるんじゃよ（**写真 1-1**）．

- **AOI**　で，mbed って何ですか？
- **Dr.Y**　高速プロトタイピング・ツールじゃ．簡単にいうと，ピッと，速く動くものを作るためのお手軽マイコンじゃ！
- **AOI**　お手軽マイコン？　じゃ，初心者向けの簡単なヤツ？
- **Dr.Y**　いやいや，それが ARM 社の 32 ビット RISC プロセッサ Cortex-M3 コアをもつ，NXP セミコンダクターズ社のマイコン「LPC1768」を搭載したマイコンだ．
- **AOI**　なんだか凄そう．
- **Dr.Y**　96MHz のクロック，512KB フラッシュ・メモリと 64KB RAM のメモリをもつ，けっこうパワフルなマイコンじゃ！　それに，I/O ポートやシリアル，USB，CAN，SPI，I^2C，イーサネット LAN などインターフェースも満載だ（**図 1-2**）．
- **AOI**　うぁ～！　いっぱいインターフェースが…使いこなすのが難しそう？
- **Dr.Y**　たしかに全部理解するのは大変だけど，一つずつやっていけば簡単じゃ！
- **AOI**　でも，マイコンの開発って，コンパイラなどの開発ツールを用意したり，フラッシュ・メモリの書き込み器を用意したり…大変そう．
- **Dr.Y**　いやいや，mbed は，クラウド上の開発環境で開発できる！　mbed とインターネットに接続できる PC だけで OK じゃ！（**写真 1-2**）．
- **AOI**　クラウド？　インターネットに接続して開発するの？
- **Dr.Y**　そう，だからコンパイラなどを用意する必要もないんじゃ．ソースを書いて，ボタン一つでコンパイル，実行可能なバイナリ・ファイルまで自動で作成できるんじゃよ（**図 1-3**）．
- **AOI**　じゃあ，フラッシュ・メモリの書き込み器とかは？
- **Dr.Y**　これも不要じゃ！　必要なものは mbed の基板と USB ケーブルだけ．
- **AOI**　そんだけ？？
- **Dr.Y**　そう，これだけで OK！　ユニークなところは mbed を USB で PC につなぐと，mbed のフラッシュ・メモリが外部ドライブに見える点じゃ．それに，なんとドラッグ＆ドロップでフラッシュ・メモリに書き込める．
- **AOI**　えっ？　それだけで！（ほぇ？）

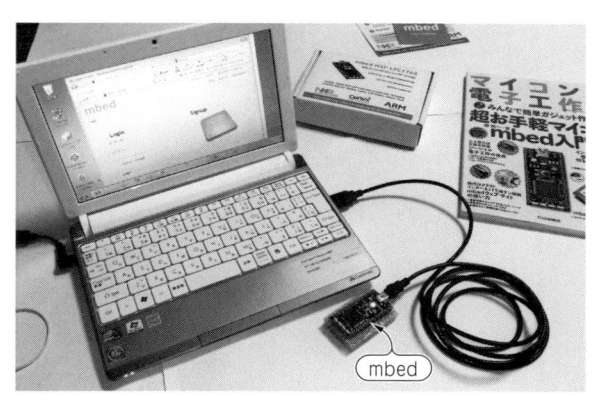

写真 1-2　USB で PC に接続するだけ

写真 1-3　「☆(スター)ボードオレンジ(☆ board Orange)」というベース・ボード

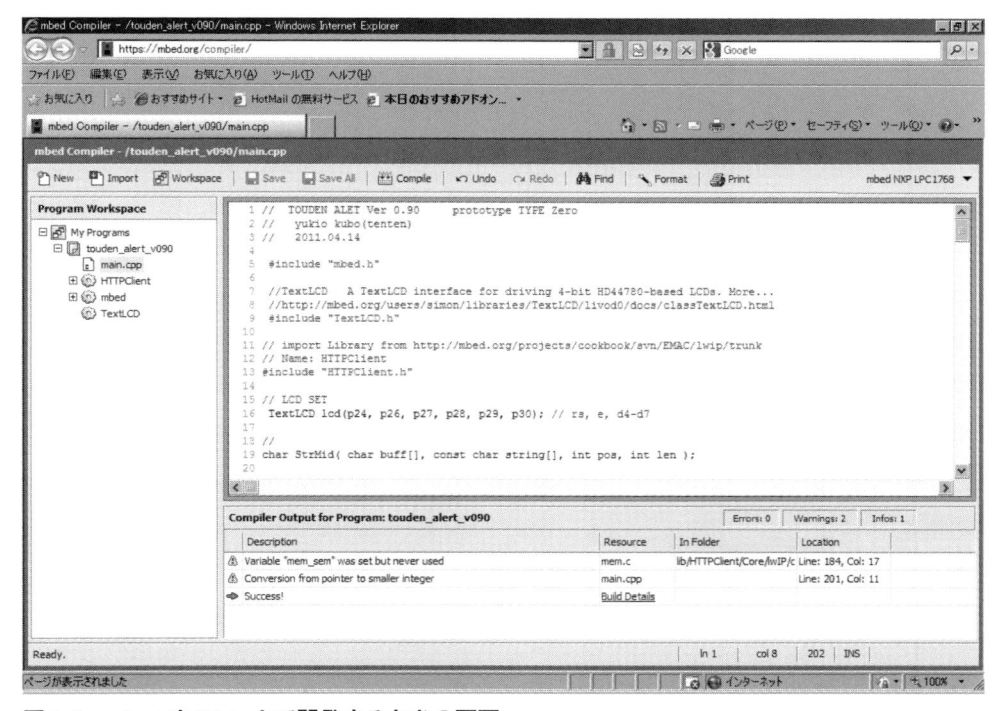

図 1-3　mbed を Web 上で開発するときの画面

Dr.Y　そうじゃ，今までの組み込みマイコン開発では，考えられないことだったが．
AOI　インターフェースもてんこ盛り．mbed だけで LAN にもつながるのですね．
Dr.Y　たしかに，LAN のインターフェースは mbed に内蔵しているが，LAN のコネクタがないので，外付けのコネクタが必要じゃ．
AOI　えっ，mbed だけじゃできないのか…USB のコネクタはあるのに．
Dr.Y　LAN の RJ45 コネクタは大きいからな．このサイズに収めるのは到底無理じゃ．それに USB と違って，いつも LAN を使うとは限らんし．
AOI　じゃあ，いちいちコネクタ外付けなんて，めんどうくさそう．

1-1　*lesson1*　組み込みマイコンの世界への誘い

(a) mbeduino　　　　　　　　　　　　　　　　　　　　(b) MAPLEboard

写真1-4　ベース・ボードにもいろいろある

Dr.Y　そういうと思って，LANのコネクタを備えたベース・ボードも用意したぞ！（**写真1-3**）
AOI　あっ，きれいなオレンジ色！
Dr.Y　これは，☆board Orange という基板だ．
AOI　ボード・オレンジ（そのまんまのネーミングね！）
Dr.Y　これを使えば，LANも使えるし，LCDやmicroSDカードも使える．そのほかにも，MAPLE board(*1)やmbeduino(*1)（**写真1-4**）などの基板もある．
AOI　これを使えば，いろいろ拡張できそうね．
Dr.Y　さて，mbedの紹介はこれぐらいにして，とにかく動かしてみよう！

Column…1-1　mbedで何ができるか？

　mbedは，パッケージに入っているカード（図1-2）のように多彩なインターフェースを備えています．本書ではそれらを応用した工作を紹介しています．本章で紹介しているように手軽に使えるmbedですが，入出力などは用意されているライブラリを活用していくと，たくさんのプログラムを書かなくてもやりたいことが実現できることがわかります．

■ベーシックな利用例
▶ LCDの表示，温度や湿度などのセンサを使った事例
▶ SDメモリの読み書き
▶ 赤外線リモコンの制御
▶ 超音波距離センサを使った事例
▶ 遠隔地の温度や湿度を測定

■応用事例
▶ 太陽光発電の電力計測モニタ
▶ 壁を這うロボット（Bluetooth機能活用）
▶ mbedデジタル・カメラ
▶ 電力供給状況表示装置（東電版）

(*1) ▶ MAPLEboard（マルツパーツ館）…mbedまたはLPCXpressoで使用できる万能拡張ボード．
　　 ▶ mbeduino（galileo 7）…ArduinoのシールドやXBeeモジュールが搭載できるユニークなボード．

1-2 *lesson2* これが mbed だ！

図1-4 これが mbed だ

- **Dr.Y** ほれ，これが mbed じゃ！ 箱を開けてごらん（**写真1-5**）．
- **AOI** あっ，mbed の基板に，USB ケーブル，さっき見たカードに，1枚のセットアップ・ガイドって紙1枚？…あれ詳しい説明書とかソフトが入った CD-ROM とかないの？？？
- **Dr.Y** そう，これだけ！ 開発はクラウドで行うから，説明書や開発ソフトとかはいらないんだ！
- **AOI** へぇ～（斬新というか，不親切というか…）
- **Dr.Y** まあ，とにかく，med を USB のケーブルで PC に挿してごらん！（**写真1-6**）

写真1-5 mbed のパッケージ内容

写真1-6 USB で PC へ接続

図1-5　USBで接続したmbedのドライブ

図1-6　ログイン・ページ（外部ドライブとして認識するmbedのMBED.HTMファイルを開くとログイン・ページが出る）

図1-7　サインアップの画面

AOI　あっ，PCの外部ドライブとして認識した！（すげー）（**図1-5**）
Dr.Y　そのフォルダの中のMBED.HTMをクリックして開いてごらん．カチッ！
AOI　うぁっ！ Webが開いた．login画面なの？（**図1-6**）

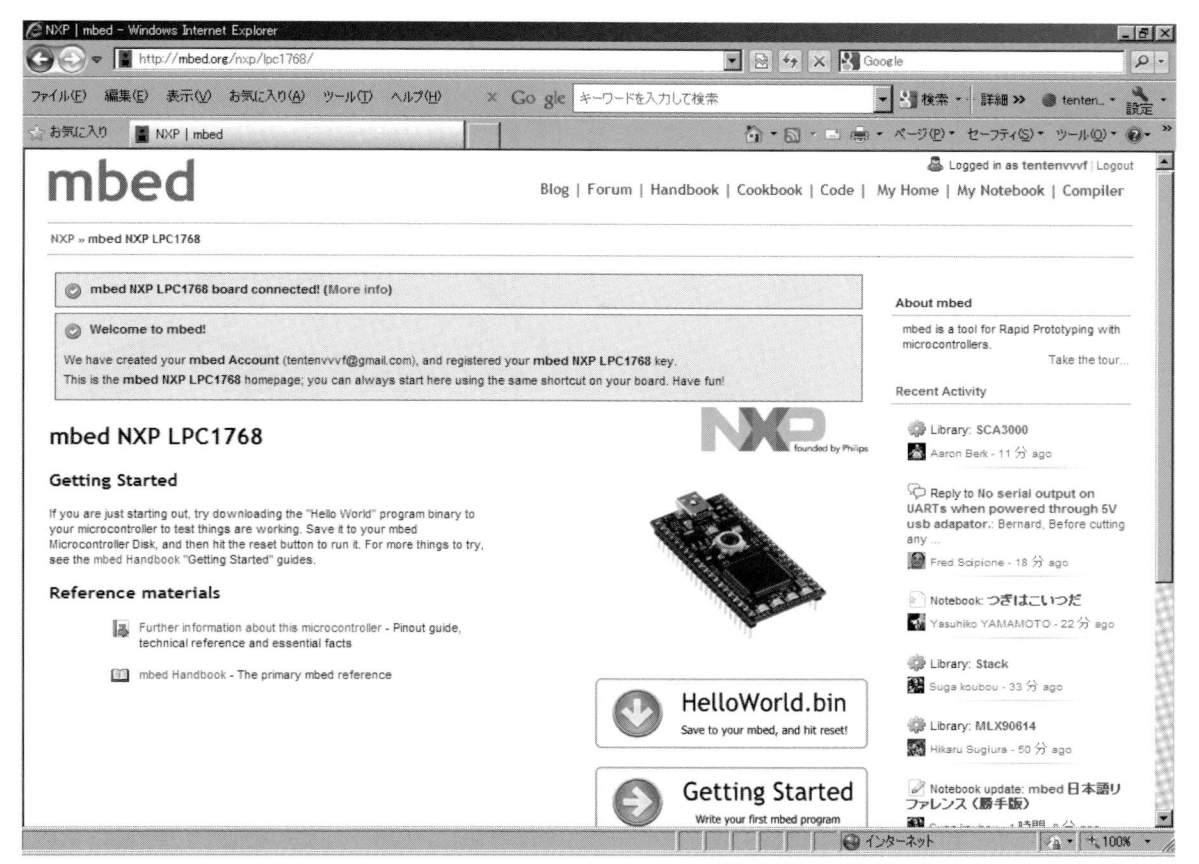

図1-8 スタート・ページ

Dr.Y　そう，初めての人はまず signup を選択してユーザ登録が必要だ！（図1-7）
AOI　Eメール・アドレスとユーザ名，パスワード，氏名の登録が必要なのね．
Dr.Y　この最初のユーザ登録は mbed を USB でつながないとできない．でも，1回ユーザ登録を行うと，mbed をつながなくても mbed のページのサービスを受けることができるぞ．
AOI　じゃ，入力して Signup をカチッ！　あっ，ページが変わった（図1-8）．
Dr.Y　これが，mbed の入口のページだ！
AOI　helloWorld がありますよ（C言語のとき，やったな）．
Dr.Y　これは動作テスト用のプログラムだ．helloWorld といっても，画面に文字を出すのではなく，内蔵の LED をチカチカさせるだけじゃ！
AOI　じゃ，早速これを….
Dr.Y　いや，今回は自分で同じプログラムを作って，走らせてみよう！
AOI　え？　いきなりプログラミング？？
Dr.Y　大丈夫じゃ，簡単だから！

1-3 *lesson3* まずは,定番 LEDチカチカ

図1-9 mbedのLED1がチカチカ

- **AOI** LEDチカチカって,どのLEDを点滅させるのですか？
- **Dr.Y** mbedの基板には4個の青色LEDが付いている.それを点滅させてみよう.まずは,先の画面(**図1-8**)のCompilerを開いてごらん.カチッ.
- **AOI** あっ！開発環境が…ほんとにWeb上で開発できるんだ(**図1-10**).
- **Dr.Y** で,新規のプログラムだからNewを選択して,カチッ.
- **AOI** 新規プログラムの名前を入れる画面が…(**図1-11**).
- **Dr.Y** ここでプログラムの名前を…,あっ,ここは英数の半角文字だけでね.
- **AOI** とりあえずLEDTESTにして,OKをカチッ.
  あっ,LEDTESTの中にmain.cppが！(**図1-12**)
- **Dr.Y** これが,mainのひな型だ.main.cppを開いてごらん！
- **AOI** main.cppねっ！カチッ！あっ,勝手にソース・ファイルができている！
- **Dr.Y** このように最初からひな型のプログラムが用意されている(**図1-13**).
  これが,ひな形のプログラムだ(**リスト1-1**).
- **AOI** main()関数の上のDigitalOut myled(LED1)って？
- **Dr.Y** LED1はmbedの1個目の内蔵LEDのピン(端子)のこと.で,DigitalOutはディジタル出力を便利に操作できるしくみ(**コラム1-2参照**)で,mbedの標準ライブラリに含まれている.
- **AOI** mbedの標準ライブラリって,最初にある"mbed.h"のこと？
- **Dr.Y** そう,そのとおりじゃ.
- **AOI** だから,"mbed.h"をインクルードしているのね.で,そのDigitalOutって何？
- **Dr.Y** DigitalOutは,オブジェクト指向でいうクラス….
- **AOI** クラス？？私,オブジェクト指向わかんない人なのです.まったく,ぜんぜん.

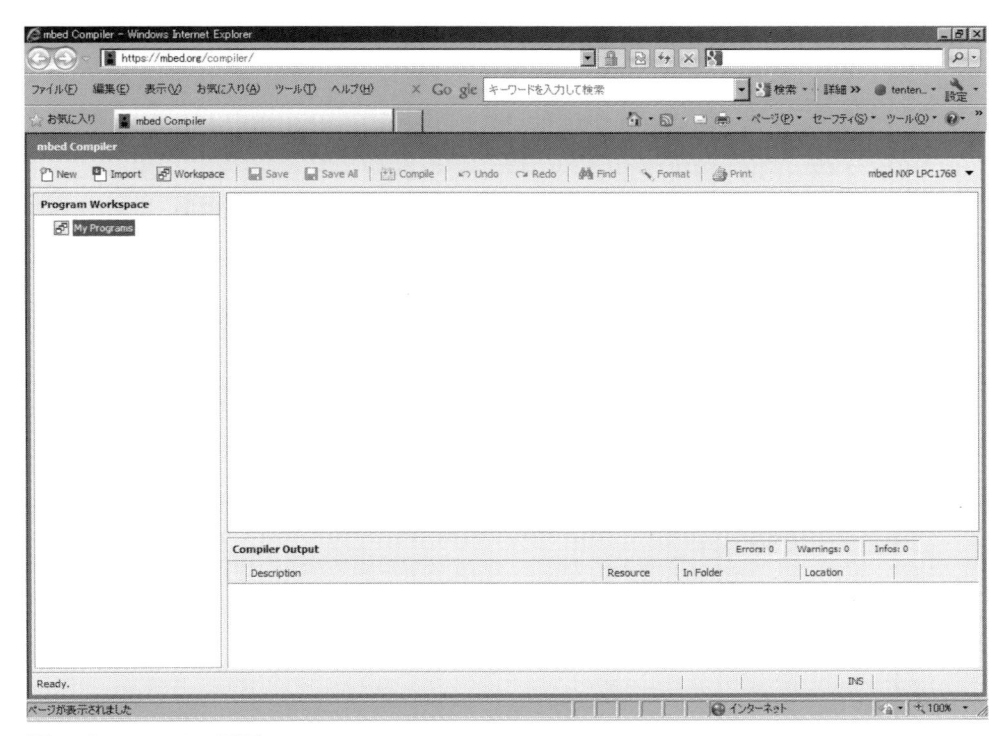

図 1-10　compiler 画面

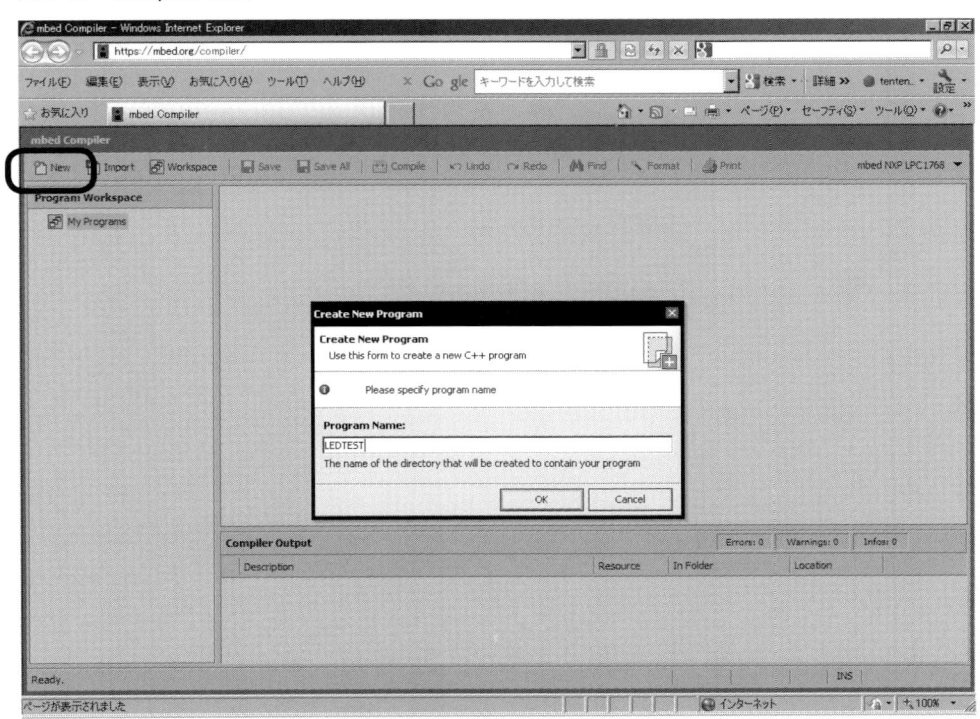

図 1-11　New を選択して新規プログラムを作成

1-3　*lesson3*　まずは，定番　LED チカチカ | 19

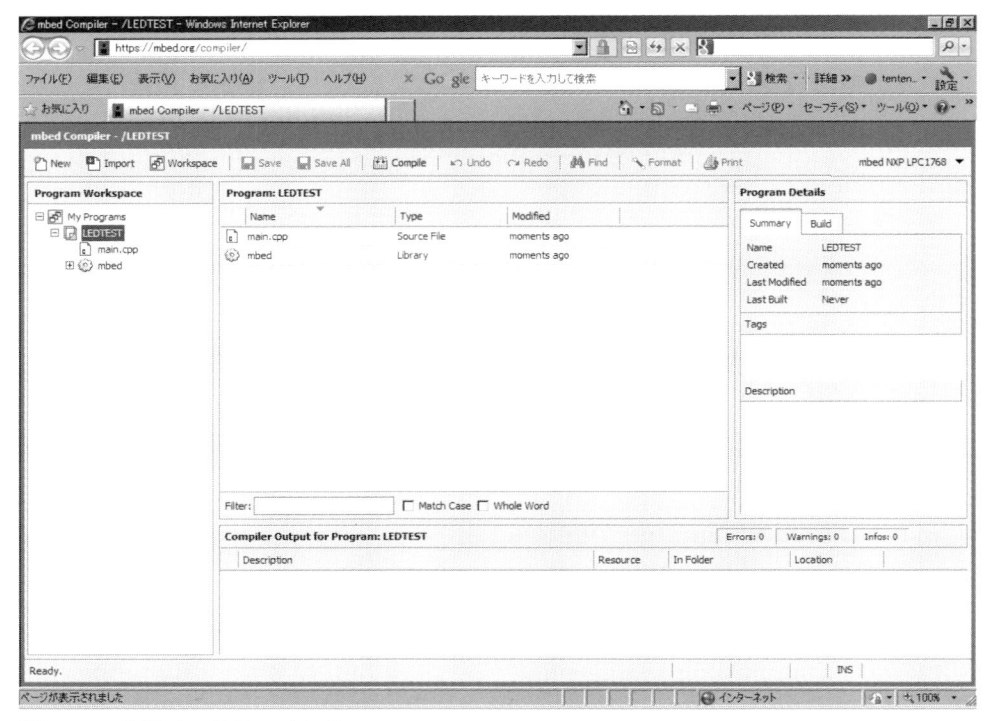

図 1-12　新規プログラムが生成

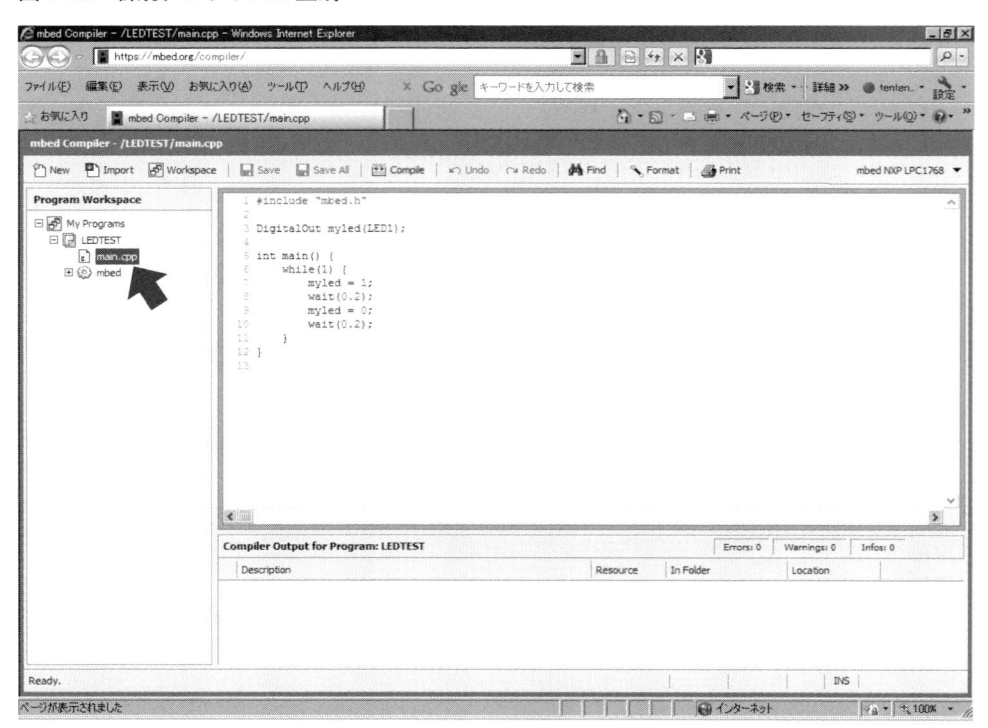

図 1-13　main.cpp の中身

リスト 1-1　プログラム LEDTEST の内容

```
#include "mbed.h"          ← mbedの標準ライブラリmbed.hを読み込む
DigitalOut myled(LED1);    ← LED1出力用のDigitalOutをmyledの名前で生成
int main()
{                          main関数のブロックの開始
    while(1) {             ← ループのブロックの開始．while(1)だから無限ループ
        myled = 1;         ← myledに1を代入(LED1から1を出力：点灯)
        wait(0.2);         ─ 0.2秒待つ
        myled = 0;         ← myledに0を代入(LED1から0を出力：消灯)
        wait(0.2);         ─ 0.2秒待つ
    }                      ← ループ終了
}                          main関数のブロックの終了
```

Dr.Y　まあ，簡単にいうと，ディジタル出力にあったら便利な操作やデータをひとまとめにした便利な道具箱みたいなものじゃ．

AOI　なんだかよくわかりませんが，チョー便利なお道具箱？

Dr.Y　まあ，最初はそんな感じで理解してもいいだろう．この便利なお道具箱は，「LED1 のピンを使用する」と具体的にピンを指定して，「それを myled と呼ぶ」と名前を付けてあげる．すると，LED1 に出力できるようになる．

AOI　それが 2 行目の，DigitalOut myled(LED1) の 1 行なのですね．

Dr.Y　そう，あとは myled という名前で LED1 を操作できるのじゃ．内蔵 LED は '1' を出力すると LED が点灯する回路になっている．

AOI　だから，myled = 1; で LED1 をつけることができるのね．次の wait(0.2) って wait だから，待て！ということ？

Dr.Y　そのとおり，プログラムの実行を 0.2 秒間待て，ということだな．

Column…1-2　mbed の開発言語は C++

実際には C++ 言語であるので，オブジェクト指向でいう，クラスを定義していることになる．DigitalOut は，mbed の標準ライブラリに含まれるクラスの一つである．クラスはある目的の機能を実現するための操作（メソッド）とデータをひとまとめにしたものといえる．

しかしクラスには，実体がなくそのままでは使えない．クラスを使うには，クラスから実体（インスタンス）を生成する必要がある．DigitalOut myled(LED1); の 1 行は，LED1 が接続された I/O ポートのピンを扱う DigitalOut クラスのインスタンスを生成し，それに myled という名前を付ける意味である．DigitalOut クラスには，write と呼ぶ，出力用のメソッド（操作のための関数）が用意されているが，DigitalOut クラスのインスタンスの名前に対して，= で代入（例 myled =1;）することにより，write メソッドと同等の操作ができる［これは，C++ のオーバロード（多重定義）を使用している］．これにより，プログラマは，write メソッドなどの細かいことを知らなくても，簡単に扱えるようになっている．

詳しくは，mbed のリファレンスを参照して欲しい．

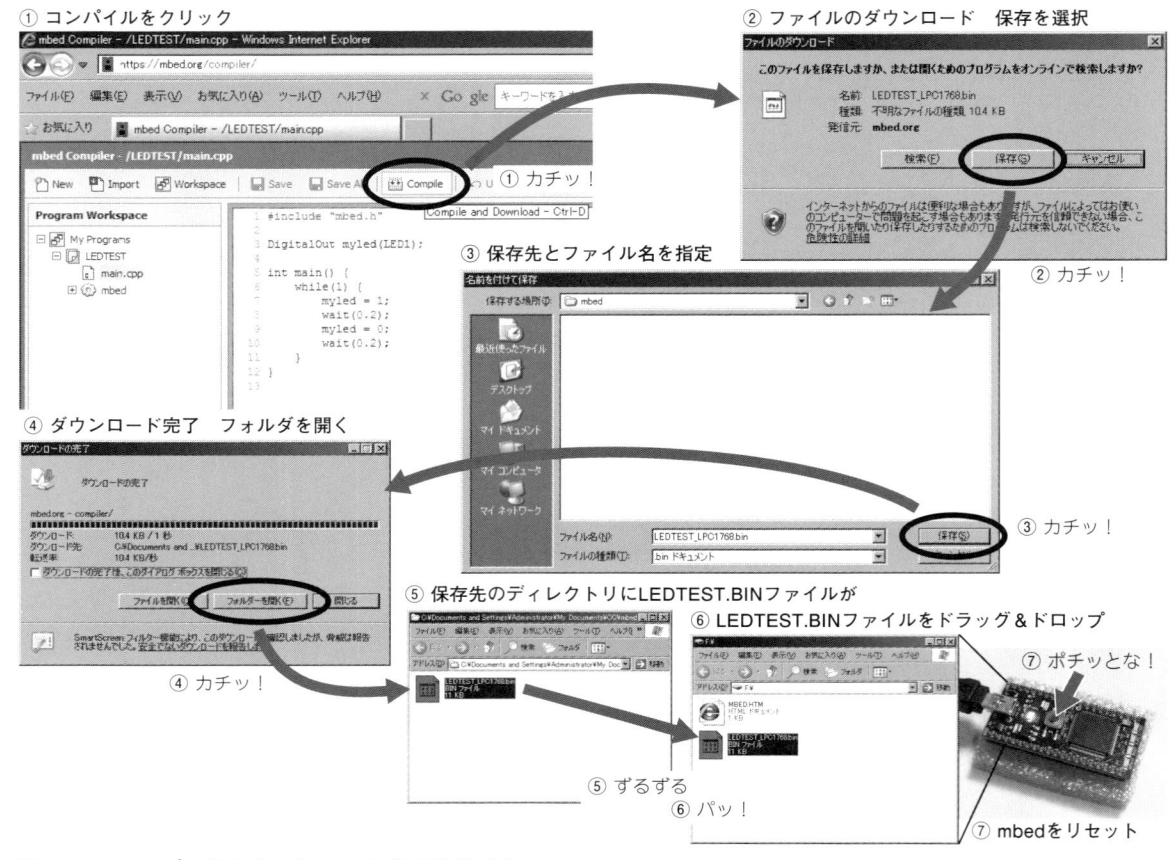

① コンパイルをクリック
② ファイルのダウンロード　保存を選択
③ 保存先とファイル名を指定
④ ダウンロード完了　フォルダを開く
⑤ 保存先のディレクトリにLEDTEST.BINファイルが
⑥ LEDTEST.BINファイルをドラッグ＆ドロップ
⑦ mbedをリセット

① カチッ！
② カチッ！
③ カチッ！
④ カチッ！
⑤ ずるずる
⑥ パッ！
⑦ ポチッとな！

図 1-14　コンパイルから mbed への書き込みまで

AOI　そのあと，myled に '0' を出力して LED 消して，wait で待って…．while って，ぐるぐる回るループだったですよね．
Dr.Y　while(1) だから，無限ループじゃな！
AOI　LED1 をつけて，消して，それをぐるぐるするから，LED がチカチカするのか．
Dr.Y　じゃ，コンパイルして走らせてみよう！　まずは Compile をクリックしてごらん．
AOI　Compile をカチッ！っとな(**図 1-14** ①)．
　　　すごい，bin ファイル(バイナリ・ファイル)をダウンロードできる(**図 1-14** ②)．
Dr.Y　いったん，bin ファイルを PC の任意のディレクトリに保存して，mbed のドライブにずるずるとドラッグ＆ドロップしてごらん．
AOI　ダウンロードして…**図 1-14** ③，④…保存した bin ファイルをドラッグ＆ドロップ(ずるずるパッ！　**図 1-14** ⑤，⑥)．
　　　えっ，これで mbed のフラッシュに書き込みできたの？
Dr.Y　そのとおり．mbed のリセット・スイッチを押してごらん(**図 1-14** ⑦)．
AOI　リセット・スイッチをポチッとな．あっ，LED がチカチカ．動いた！(**写真 1-7**)
Dr.Y　以上が mbed の基本的な開発手順じゃ！

写真1-7　LED1が点灯したmbed

AOI　ほんとに，Web上で開発できるのですね．
Dr.Y　どうだ，簡単だろ．
AOI　でも，私C言語はかじったことがことはありますが，C++は…（わかんないよ！）．
Dr.Y　大丈夫．たしかにmbedの開発環境は，RealViewと呼ぶC/C++コンパイラだけど…．しかし，mbedのプログラミングでは，クラス・ライブラリの作成など難しいことをしないのだったらC++やオブジェクト指向の知識はなくてもなんとかなるぞ．C++やオブジェクト指向の概念は，必要に応じて学べばよい．じゃ，次のlessonでは，このプログラムをいじってみよう．

1-4　*lesson4*　LEDチカチカ・プログラムを改造してみよう

図1-15　プログラムの改造

Dr.Y　次は，先ほどのLEDチカチカのプログラムを書き換えて，いじってみよう．
AOI　どこからいじれば…？？
Dr.Y　そうじゃな，まずはwaitメソッド（関数）の引数を書き換えてみて．

リスト 1-2　改造したプログラム LEDTEST

```c
#include "mbed.h"              // mbedの標準ライブラリmbed.hを読み込む
DigitalOut myled(LED1);        // LED1出力用のDigitalOutをmyledの名前で生成
int main()
{                              // main関数のブロックの開始
    while(1) {                 // ループのブロックの開始．while(1)だから無限ループ
      myled = 1;               // myledに1を代入(LED1から1を出力：点灯)
      wait(1.0);               // 1.0秒待つ
      myled = 0;               // myledに0を代入(LED1から0を出力：消灯)
      wait(1.0);               // 1.0秒待つ
    }                          // ループ終了
}                              // main関数のブロックの終了
```

リスト 1-3　0.05 秒点灯，0.05 秒消灯

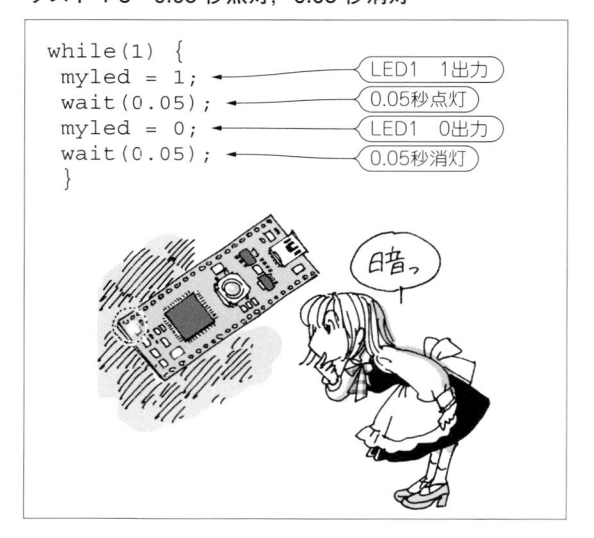

```c
while(1) {
  myled = 1;        // LED1 1出力
  wait(0.05);       // 0.05秒点灯
  myled = 0;        // LED1 0出力
  wait(0.05);       // 0.05秒消灯
}
```

リスト 1-4　0.02 秒点灯，0.08 秒消灯

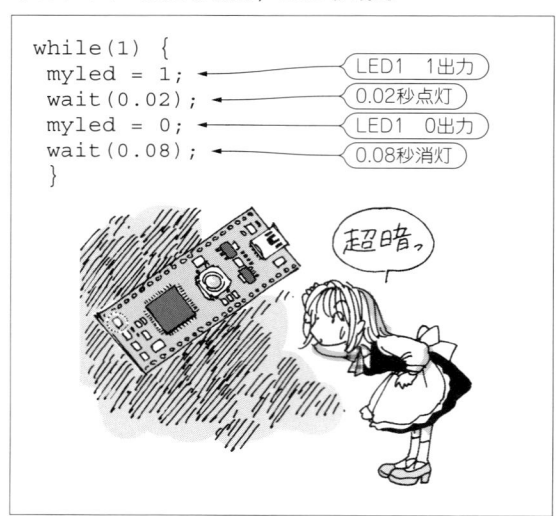

```c
while(1) {
  myled = 1;        // LED1 1出力
  wait(0.02);       // 0.02秒点灯
  myled = 0;        // LED1 0出力
  wait(0.08);       // 0.08秒消灯
}
```

AOI　wait メソッドの引数？ 0.2 のことですね．

Dr.Y　そう．2か所あるので，好きな値にしてごらん．

AOI　これって，単位は秒でしたね．じゃぁ，1.0 秒に…（**リスト 1-2**）

Dr.Y　では，lesson3 のときと同じようにコンパイルして mbed に入れて走らせてみて．

AOI　Compile をカチ，カチ，カチ…ずるずるパッ！…mbed のリセット・スイッチをポチッとな！あっ，LED がゆっくりチカ，チカ！

Dr.Y　1 秒間隔で点滅できたな．次は，逆に wait の値を短くして走らせてごらん．

AOI　じゃ，2か所とも 0.05 に書き換えて（**リスト 1-3**）…カチ，カチ，カチ，ずるずるパッ！ あれ？ LED がつきっ放し，チカチカしない？（**リスト 1-3** 中の図）

Dr.Y　LED が点灯したままに見えるけど，何か違いを感じない？

AOI　う〜ん，さっきより暗くなった感じが．

Dr.Y　そのとおり．高速でチカチカしているから，点灯したままに見える．でも LED を 0.05 秒点灯して，0.05 秒消灯しているから，さっきより暗く感じるのじゃ．

リスト 1-5　LED1 と LED2 もコントロールする

```
#include "mbed.h"
DigitalOut myled(LED1);
DigitalOut myled2(LED2);
int main()
{
    while(1) {
     myled = 1;myled2 = 0;
     wait(0.2);
     myled = 0;;myled2 = 1;
     wait(0.2);
     }
}
```

AOI　じゃぁ，0.02 と 0.08 にしてみよう(**リスト 1-4**)．…カチッ！ カチッ！ ずるずるパッ！ リセットっとな！ あっ，すごく暗くなった！ wait の値の組み合わせで，明るさを変えることができるのね！(**リスト 1-4 中の図**)．

Dr.Y　そのとおり！ 実は，これは PWM と呼ぶアナログ的な出力をソフトウェアで実現している[*2]のじゃ！

AOI　博士！ 次は，もっと多くの LED をチカチカさせてみたい！

Dr.Y　そうか，じゃ，mbed 上の LED2 もチカチカさせるにはどうすればよいか考えてごらん．

AOI　LED2 もチカチカさせるには…う～ん，リストには LED2 がありません．

Dr.Y　DigitalOut の行を追加して．たとえばこんな感じだ(**リスト 1-5**)．

AOI　あっ，そうか LED2 を myled2 という名前で定義したのですね．
　　じゃ，こんな感じでカチャカチャ…カチ，カチ，カチ…ずるずるパッ！ わぁ，LED2 もチカチカ(**リスト 1-5 右図**)．

Dr.Y　このやり方で，mbed 上の LED1 ～ LED4 をつけることができる．
　　じゃぁ，4 個の LED を使って電子工作の定番！ ナイト・ライダを作ってみよう．

AOI　hoge??(ナイトらいだぁって，何さ？？)

Dr.Y　う～ん，世代間のギャップだな．要は並べた LED を左から右へ，右から左へいったりきたりするように，すればいいんだ！ しばらく，時間をあげるから，作ってごらん．

　…10 分後…

AOI　博士！ なんとなくできました！(**リスト 1-6**)

Dr.Y　どれどれ…まあ～，まあ～，行けそうじゃな．
　　じゃぁ，実行して．

AOI　はいっ，ポチッとな！ チカチカチカチカ　チカチカチカチカ．

Dr.Y　おっ，動いた…でも，すいぶん忙しいナイト・ライダだな？

AOI　ナイトらいだぁ？って何ですか？ かめんらいだぁの親戚？？

Dr.Y　いやいや 30 年前の話だ…．知っている人は AOI ちゃんに 400 文字で説明してあげて…．

(＊2) mbed は，ハードで PWM を発生させることもできる．

リスト1-6 ナイト・ライダのプログラム

```
#include "mbed.h"
DigitalOut myled1(LED1);      ← LED1はmyled1
DigitalOut myled2(LED2);      ← LED2はmyled2
DigitalOut myled3(LED3);      ← LED3はmyled3
DigitalOut myled4(LED4);      ← LED4はmyled4
int main()
{                                                    LED1  LED3
    while(1) {                                         LED2  LED4
      myled1=1;myled2=0;myled3=0;myled4=0;    1, 0, 0, 0
      wait(0.2);
      myled1=0;myled2=1;myled3=0;myled4=0;    0, 1, 0, 0
      wait(0.2);
      myled1=0;myled2=0;myled3=1;myled4=0;    0, 0, 1, 0
      wait(0.2);
      myled1=0;myled2=0;myled3=0;myled4=1;    0, 0, 0, 1
      wait(0.2);
      myled1=0;myled2=0;myled3=1;myled4=0;    0, 0, 1, 0
      wait(0.2);
      myled1=0;myled2=1;myled3=0;myled4=0;    0, 1, 0, 0
      wait(0.2);
      }
}
```

1-5　lesson5　スイッチ入力に挑戦してみよう！

図1-16　スイッチ入力に挑戦

Dr.Y　次はスイッチの入力だ！
AOI　でも，mbedにはリセット・スイッチしかありませんよ．
Dr.Y　だから，スイッチを外付けするのじゃ．
AOI　じゃ，はんだ付けとかしなくちゃいけないのぉ？（あちいし，やけどしたら怖いよ～ん）

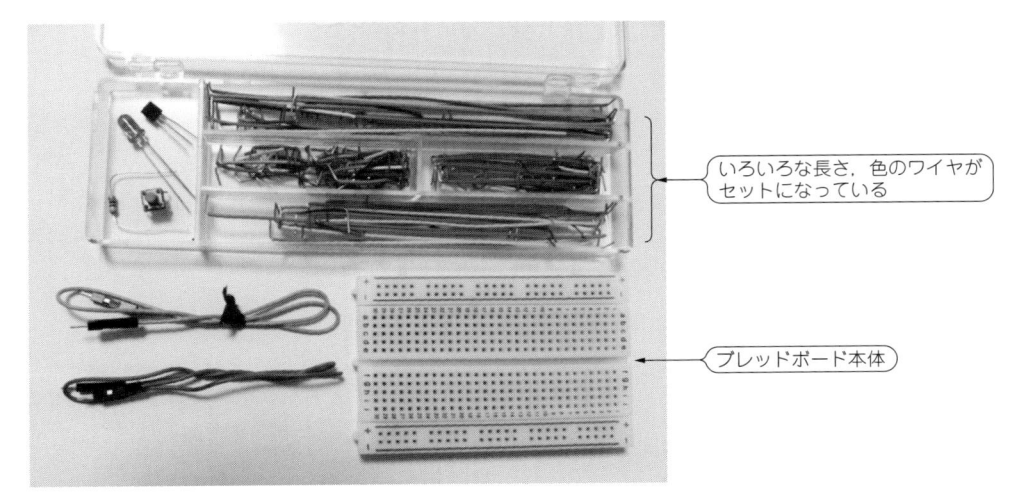

写真1-8 ブレッドボードと配線用のワイヤ

いろいろな長さ，色のワイヤがセットになっている

ブレッドボード本体

図1-17 mbedのp6から，ブレッドボード上の押しボタンSW(タクト・スイッチ)の片方の端子にだけにつながっている

図1-18 mbedのp6から，ブレッドボード上の押しボタンSW(タクト・スイッチ)の片方の端子，そしてGNDからもう一方の端子につながっている

Dr.Y　大丈夫！　今回はこれ使うから！　ジャン！（**写真1-8**）
AOI　何？　あっ，これグサッ，グサッ，って部品を挿すやつね．
Dr.Y　そう，はんだ付け不要のブレッドボードだ．
AOI　これなら簡単そう！
Dr.Y　じゃ，ブレッドボードを使ってスイッチをmbedにつないでみよう！
AOI　スイッチはmbedのどこにつなげばいいのですか？
Dr.Y　ディジタル入力できるピンならどこでもいいけど，とりあえずp6につないでみよう．
AOI　じゃ，こんな感じでスイッチの端子をp6につないで…でけた！（**図1-17**）
Dr.Y　…こりゃ駄目だ…1本しかつながっていないぞ！
AOI　1本じゃ駄目なの？
Dr.Y　GND（グラウンド）につながないと回路にならないぞ．行って，帰ってきて，はじめて回路じゃ！
AOI　GNDって0Vのことですよね．じゃあ，こんな感じ（**図1-18**）．
Dr.Y　んまあ，そんな感じじゃな．では，ハードができたから今度はソフトだ．

1-5 lesson5 スイッチ入力に挑戦してみよう！

リスト 1-7 ディジタル入力

```
#include "mbed.h"

DigitalOut myled(LED1);
DigitalIn mysw(p6);

int main() {
mysw.mode(PullNone);
    while(1) {
        myled = !mysw;
                 wait(0.2);
    }
}
```

論理を反転して，SWを押したらLEDを点灯する

あれ？ 勝手に点いたり，消えたり…透明人間がいるのかな？？

p6　GND

ON/OFF？

タクト・スイッチ

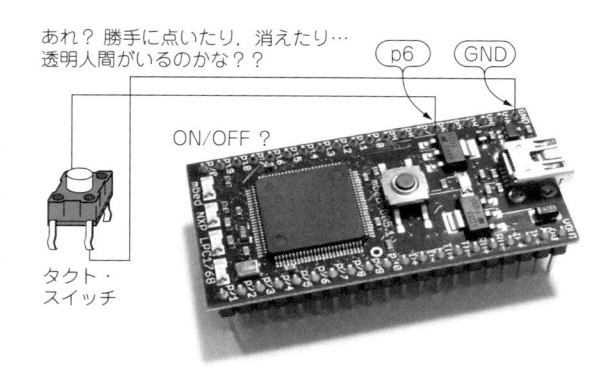

図 1-19　リスト 1-7 を実行すると mbed の LED1 が点いたり消えたりしている

AOI　ディジタル入力はプログラムで，どうするのですか？

Dr.Y　DigitalInを使えばよい．たとえば，p6につながったディジタル入力にmyswという名前を付けるのだったら，DigitalIn mysw(p6);と書けばよい．

AOI　今度は，DigitalOutじゃなくて入力だからDigitalInなのか(そのまんま)．

Dr.Y　じゃ，ヒントをあげたから，あとは自分で考えてごらん．リファレンスのページとかも参考にして．わしゃ，ちょっと休憩に行ってくるから…．

AOI　ええっ!? まさかの放置プレイ．カチャ，カチャ…リファレンスのページといっても英語だし[*3]…ピンのモードの設定？ なにそれ…プルアップって何？？ わかんないからとりあえず使わない設定でmysw.mode(PullNone);にしておいて…．

ええっと，スイッチは押したらGNDにつながって，GNDは0Vだから論理0になるはず．LED1をつけるにはDigitalOutで '1' を出力しなければ…スイッチを押したら(論理0)で，LED1をつける(論理1)にするには…あっ！ プログラムで '0' と '1' を逆にすれば…カチャ，カチャ，こんな感じかな．でけた！ (**リスト 1-7**)

Dr.Y　おっ，できたかな？ ほうほう．じゃ，コンパイルして，走らせてみて．

AOI　カチカチカチ…ずるずるパッ！ (**図 1-19**)

Dr.Y　おやっ？

AOI　あれ？ スイッチ押してないのにLEDが点いている？
おかしいな？ あれ，こんどは，消えた．あっ，また点いた？？？ スイッチに触っていないのに…どーなっているの？

Dr.Y　どうやら動作が不安定みたいじゃな．原因を考えてごらん．

AOI　もしかしたら！

Dr.Y　おっ！(なにか気がついたか！)

AOI　とーめいにんげんがいるのかな？？　絶対そーです．

Dr.Y　(ガクッ)そんなわけないだろう！

AOI　もしかしたら…スイッチが壊れているのだと思います！ 違うのに交換したいです．

(＊3) 英語だし…マイコンと電子工作 No.5には，日本語リファレンスが付録で載っているよ．

図 1-20　10kΩ の抵抗

写真 1-9　図 1-19 を実際にブレッドボード上に配線

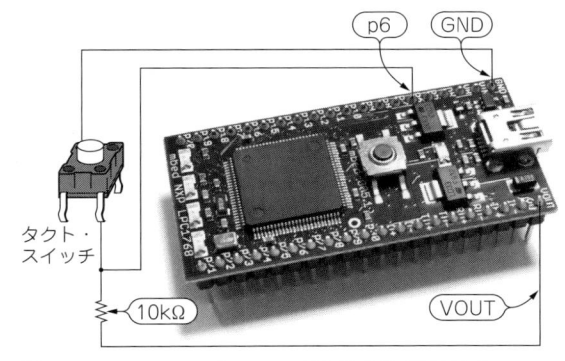

図 1-21　10kΩ のプルアップ抵抗を取り付けた

（a）スイッチを放したら，LED 消灯

（b）スイッチを押したら，LED 点灯

写真 1-10　プルアップ抵抗を取り付けてテスト

Dr.Y　いやいや，その前に，これを使ってごらん！ ジャン！（**図 1-20**）
AOI　抵抗？
Dr.Y　そう，これを，こんなふうに付けてみると！ ごそごそ…（**図 1-21**）．
AOI　あっ，SW を押したら，LED が点いた！ 放したら消えた！ きちんと動いている！ どして？
Dr.Y　プルアップ抵抗を付けたんじゃ！
AOI　プルアップ抵抗???? ひっぱり上げる???
Dr.Y　そう，その回路［**図 1-22(a)**］だと，SW（スイッチ）を押しているときは，GND につながっている．でも放しているときは？
AOI　なんにもつながっていない…．フリーですね．

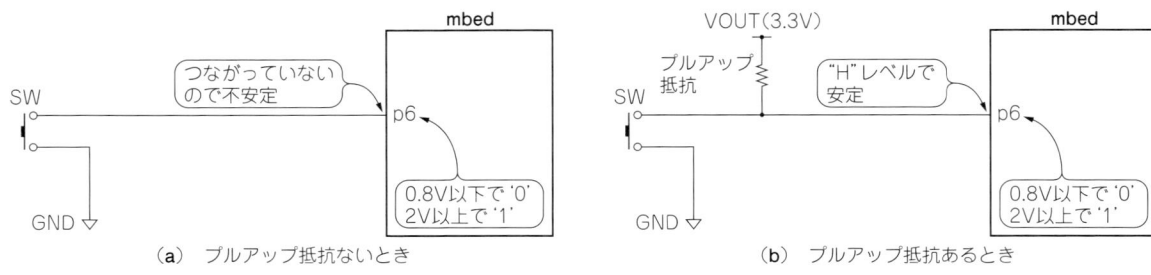

図1-22　プルアップ抵抗がないときとあるとき

(a) プルアップ抵抗ないとき
(b) プルアップ抵抗あるとき

リスト1-8
デバイス内部のプルアップを設定

```
#include "mbed.h"

myled(LED1);
DigitalIn mysw(p6);

int main() {         ← PullNoneからPullUpへ変更
mysw.mode(PullUp);
    while(1) {
        myled = !mysw;
            wait(0.2);
    }
}
```

Dr.Y　ということは，電気的に考えると??? 0V，3V ???
AOI　電気的に？ …う～ん わかんないです．
Dr.Y　そう，そのとおり，どこにもつながっていないから，電圧が不安定なのだ？
AOI　でも，つながっていないのなら電圧は0Vでは？
Dr.Y　いやいや，実際には電気的なノイズの影響などで，ふらふらと電圧があがることもあるんじゃ！
AOI　だから，SWに触っていないのに，LEDが点いたり消えたりしたの？
Dr.Y　そのとおり，だからプルアップ抵抗でVOUT(3.3V)に，電圧をひっぱり上げてやれば，SWを放しているときは，"H"レベルになって安定するんじゃ！[**図1-22**(b)]
AOI　じゃ，最初の回路作るときに教えてくれたら良かったのに！！！Drのいじわる…．
Dr.Y　いやいや，実はこの回路でも動くんじゃ，ここをこうして…(**リスト1-8**)．
AOI　ん？ mysw.mode(PullUp);あっ！プログラムでプルアップできるの！ 先に言ってよ！
Dr.Y　そのとおり，mbedのI/Oポートは内部でプルアップする機能[*4]があるんじゃ(**図1-23**)．
AOI　あーそこかぁ！ 私，プルアップの意味がよくわからなかったから，プルアップなしの設定(mysw.mode(PullNone))にしたらから，駄目だったのね[*5]．
Dr.Y　コンパイルして，抵抗を外してから，実行してごらん！
AOI　あっ，正常に動いた！
Dr.Y　ディジタル入力といっても，0.8Vより下だと論理'0'，2.0V以上で論理'1'になる．その間の電圧

[*4] DigitalInには，それを設定する関数(メソッド)modeが用意されている．
[*5] ちなみに，この関数を使わなかったら，デフォルトでプルダウンするようになっている

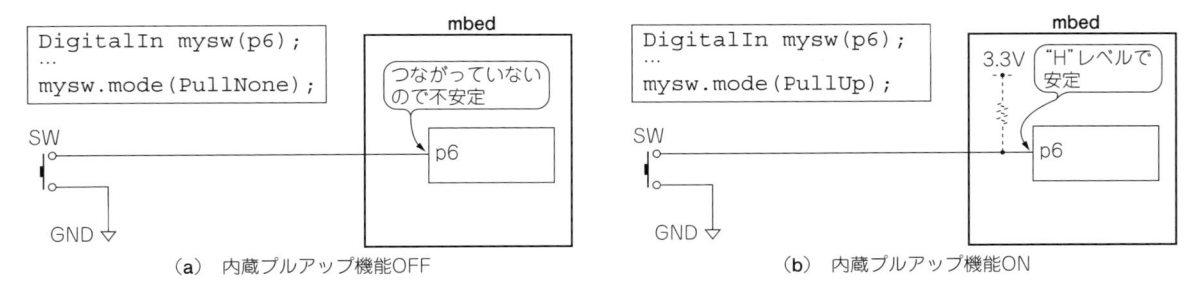

図 1-23　INPUT ポートの内蔵プルアップ機能

（a）内蔵プルアップ機能OFF　　（b）内蔵プルアップ機能ON

を入れると不安定になる．

AOI　なんかアナログ的…ディジタル回路といっても，アナログなんですね．昭和だ…．

Dr.Y　そのとおり．論理的な'0'と'1'だけじゃなく，電圧とかも意識しないと正常に動かないということだな．
　　　次の lesson は，LED の増設にチャレンジだ！

1-6　*lesson6*　ブレッドボードに LED を増設してみよう

図 1-24　LED の増設

Dr.Y　では，LED 増設にチャレンジだ！

AOI　LED は lesson4 でもやりましたね．

Dr.Y　あれは内蔵 LED，今度はブレッドボードの上へ LED を増設してみるんじゃ．ほれ，これが赤の LED だ（**図 1-25**）．

AOI　あっ，これはよく見かけるタイプの丸い LED ですね．

Dr.Y　じゃ，これをブレッドボードに挿して，mbed につないでみて．

AOI　LED を mbed の I/O ポートに…ええっと，mbed のポートは p5 でいいですか．

Dr.Y　ああ，p5 でいいだろう．あっ，LED にはアノード（＋）とカソード（－）があるぞ！　間違えんように．

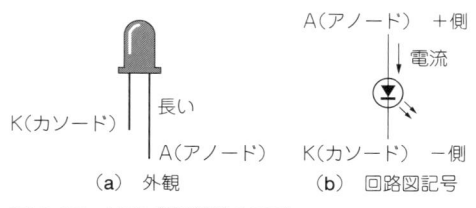

図 1-25　LED（砲弾型 LED）
(a) 外観
(b) 回路図記号

図 1-26　Dr に駄目出しされた回路

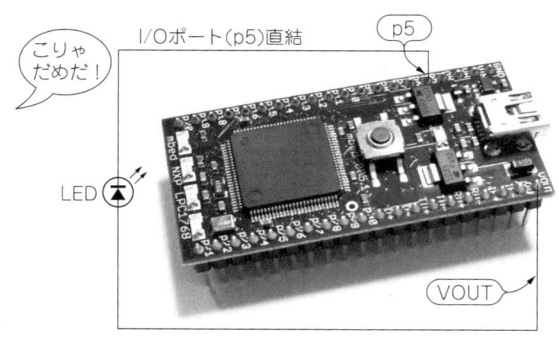

AOI　足が長いほうが，アノードだから＋の VOUT 側に，じゃあ，反対の短いほうは－のカソードで，I/O ポートの p5 に…こんな感じでいいですか？（**図 1-26**）

Dr.Y　?! ちょっと待った！ こりゃ駄目だ！

AOI　えっ，まさかの…駄目出し？？

Dr.Y　これでは，LED が焼けてしまうぞ!!

AOI　焼ける？？ トースタ？ チ～ン？

Dr.Y　電流が流れすぎて壊れるんじゃ，LED には電流に上限があるんじゃ！

AOI　電流に上限があるの？

Dr.Y　そう，LED によって違うが，この LED は 10 ミリ・アンペア（mA）が上限じゃ．でも，LED を mbed の I/O ポートに直接つなぐと，電流が流れ過ぎてしまうんじゃ！

AOI　でも，テクノ手芸[*6]のとき，電池に直接 LED を縫いつけました．抵抗とか入れなくても大丈夫でした（ちゃんと光ったもん！）．

Dr.Y　あれは，ボタン電池だったじゃろ．ボタン電池は，小さいから大きな電流が流れないから大丈夫だったのじゃ．それに導電性の糸も抵抗があるから，そこでも電流が制限されているわけじゃ．

AOI　ふ～ん…で，LED に電流が流れ過ぎると壊れるの？

Dr.Y　壊れるだけだったらまだいいが，熱を出すので，うかつに触るとヤケドの危険性もある．

AOI　怖～！ ヤケドは嫌だです．絶対！

Dr.Y　そうじゃろう．それに mbed の I/O ポートを壊す可能性もある．

AOI　わー，mbed 壊したら高くつきそー．じゃ，どうすればいいの？

Dr.Y　これを使うんじゃ！ ジャン！（**図 1-27**）．

AOI　また，抵抗？

Dr.Y　そう，抵抗を LED と直列に入れて，電流を制限するんじゃ！

AOI　抵抗って，いっぱいあるけど…．

Dr.Y　さて，どれを使ったいいかな？ 選んでごらん．

AOI　A，B，C，D… どれにしようかな？（どれでもいいか）じゃ，これ（D）．

Dr.Y　んんん D？ D は茶黒黄…100kΩ（キロ・オーム）だ．ちょっと抵抗値が大きいすぎるかな．

（*6）テクノ手芸…理系女子の間で流行っている手芸と電子工作の融合．テクノ手芸の入門では，電気を通す糸で LED を縫いつけ，LED をチカチカさせたりすることがよく行われている．

図1-27 抵抗のカラー・コード

カラー・コードを読んでみよう！（答えは下にあるよ）

A：茶黒茶　[　]Ω
B：黄紫茶　[　]Ω
C：黄紫橙　[　]Ω
D：茶黒黄　[　]Ω

図1-28 カラー・コードの読み方

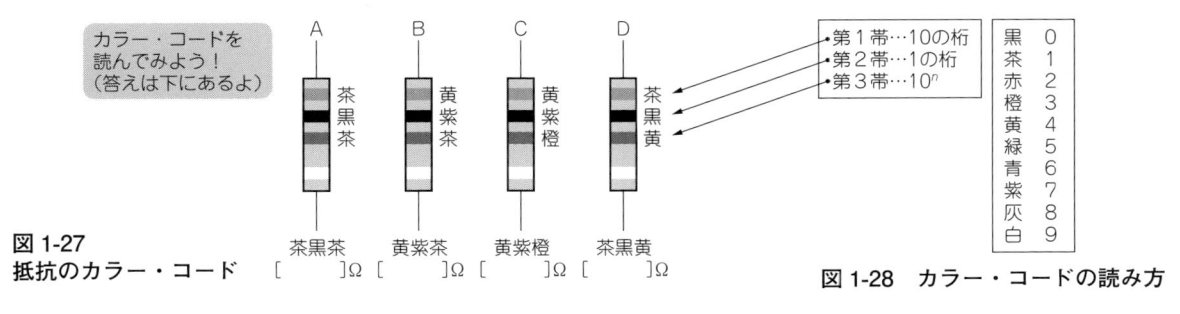

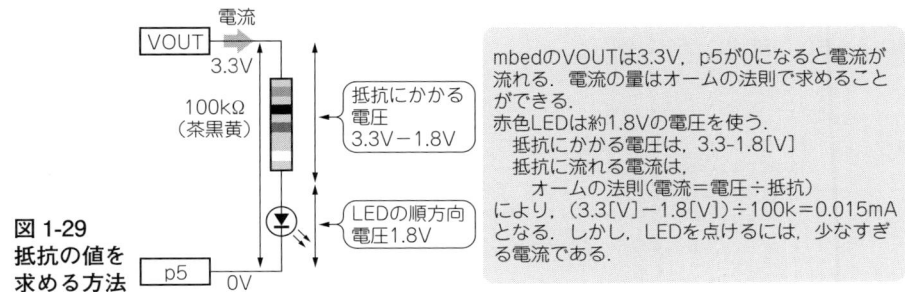

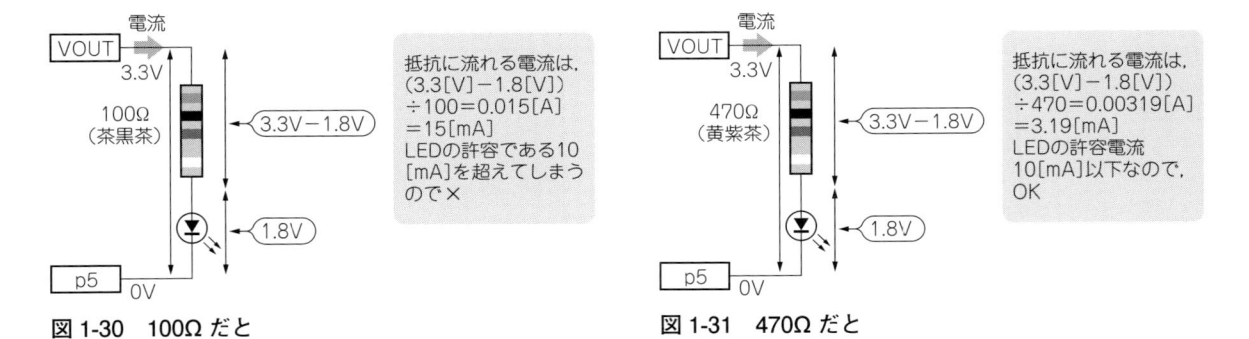

- 第1帯…10の桁
- 第2帯…1の桁
- 第3帯…10^n

色	数
黒	0
茶	1
赤	2
橙	3
黄	4
緑	5
青	6
紫	7
灰	8
白	9

図1-29 抵抗の値を求める方法

VOUT 3.3V、100kΩ（茶黒黄）、p5 0V
抵抗にかかる電圧 3.3V−1.8V
LEDの順方向電圧 1.8V

mbedのVOUTは3.3V，p5が0になると電流が流れる．電流の量はオームの法則で求めることができる．
赤色LEDは約1.8Vの電圧を使う．
　抵抗にかかる電圧は，3.3−1.8[V]
　抵抗に流れる電流は，
　　オームの法則（電流＝電圧÷抵抗）
により，(3.3[V]−1.8[V])÷100k=0.015mA
となる．しかし，LEDを点けるには，少なすぎる電流である．

図1-30 100Ωだと

VOUT 3.3V、100Ω（茶黒茶）、3.3V−1.8V、1.8V、p5 0V

抵抗に流れる電流は，
(3.3[V]−1.8[V])÷100=0.015[A]=15[mA]
LEDの許容である10[mA]を超えてしまうので×

図1-31 470Ωだと

VOUT 3.3V、470Ω（黄紫茶）、3.3V−1.8V、1.8V、p5 0V

抵抗に流れる電流は，
(3.3[V]−1.8[V])÷470=0.00319[A]=3.19[mA]
LEDの許容電流10[mA]以下なので，OK

AOI　茶黒黄って？？
Dr.Y　これは，カラー・コードといって抵抗の値を色の帯で示しているんじゃ（図1-28）．
AOI　100kΩじゃ，駄目なのですか？
Dr.Y　電流を制限する抵抗が大き過ぎて，LEDに流れる電流が少なすぎるんじゃ，0.015mAぐらいかな？（図1-29）
AOI　じゃ，これは？（A）　ええっと，茶黒茶．
Dr.Y　100Ωか…ちょっと流れ過ぎだな．10mAを超えてしまう（図1-30）．
AOI　じゃ，どれくらい？
Dr.Y　数mAでいいから470Ωでどうかな．470Ωの抵抗を捜してごらん（図1-31）．
AOI　4は黄色，7は紫，ええっと×10は10の1乗，だから1は茶…黄紫茶．Bのこれだ！
Dr.Y　そのとおり，じゃBの抵抗を使ってブレッドボードに回路を組んでみて．

※図1-27の答え　A…100Ω　B…470Ω　C…47000＝47kΩ　D…100000＝100kΩ

図 1-32　470Ω を LED に直列につないだ

写真 1-11　ブレッドボードに LED を増設（リスト 1-9 のプログラムでは，LED が点かなかった）

リスト 1-9　改造したプログラム

```
#include "mbed.h"
DigitalOut myled(p5);    ← ポート5(p5)出力
int main() {
    while(1) {
        myled = 1;        ← p5に'1'("H")を出力
    }
}
```

リスト 1-10　Low レベルの出力に変更

```
#include "mbed.h"
DigitalOut myled(p5);
int main() {
    while(1) {
        myled = 0;        ← p5に'0'("L")を出力
    }
}
```

写真 1-12　LED 点灯（p5 に 0 出力）

- **AOI**　ごそごそ…VOUT から 470Ω へ，そこから LED のアノードへつないで…カソードから p5 へ…（図 1-32）．
- **Dr.Y**　じゃ，次はプログラムを….
- **AOI**　ええっと，さっきの lesson4 のプログラムをベースにして改造してみよう．ポートを p5 にして….LED をつけるには '1' を出力すればよかったな…とりあえず点きっ放しでいいか？（リスト 1-9）カチ，カチ，カチずるずるパッ！…あれ？ 点かない？？？ どして？（写真 1-11）
- **Dr.Y**　よく考えてごらん．
- **AOI**　う～ン！ プログラムは間違いないようだし…LED の足はどうかな？…足の長いアノードが + 側で，あっている…（あ～わからん）．あっ，LED が壊れているのかな？？？
- **Dr.Y**　おいおい，すぐに部品のせいにするな！ LED の回路をよ～く考えて作ったか？
- **AOI**　なんとなく…見よう見まねで…こんな感じかなっと….
- **Dr.Y**　じゃ，この回路，mbed の p5 に "H" レベル（論理 '1'）を出したら LED が点くと思う？ それとも "L" レベル（論理 '0'）で点くと思う．
- **AOI**　ええっと…VOUT から抵抗を挟んで LED のアノードに，カソードから p5 へ流れて….
- **Dr.Y**　で，プログラムでは，p5 に何を出力している？

AOI	p5に'1'を…"H"レベルは3.3Vだから…あっ！ VOUTも3.3V（同じ電圧だ）.
Dr.Y	そうじゃ，同じ電圧なら電気が流れんじゃろう.
AOI	そうか，じゃあ，p5に"L"レベルの0Vが出るようにプログラムをmyled = 0;に直して（リスト1-10）…カチャカチャ…カチカチ…あっ！ LEDが点いた！（写真1-12）
Dr.Y	よし，できたな！ このようにLEDを一つを点灯させる場合でも，ハードウェアを意識してハードにあったプログラムを作ることが必要だ．それに，＋／－はもちろん，LEDに流れる電流にも注意が必要だ．
AOI	う〜ん…ハードウェアってめんどうですね．壊れてしまったら元には戻らないし（失敗しても，電源リセットで，戻らないし…）.
Dr.Y	確かにそうかもしれない．でも電気の最低限の知識があれば，壊すことも少ないだろう.
AOI	最低限の知識？
Dr.Y	そう，いつも，＋／－の極性や電圧，電流を意識する．あと，直列と並列とか…それに，今回のオームの法則とかも，知っていたほうが，便利だな.
AOI	ぶつぶつ…（あーなんかチョー！ めんどうな…感じ）
Dr.Y	何か言った？ さっき言ったこと，ぜんぶ，小学校や中学の理科で習っている内容だよ！ 中学の技術でもやるかもしれないよ.
AOI	ぎく！ そーいえば…習ったような（まったく忘れてた）. 復習しておきます（誰か，中学の理科の教科書を借してよ…第一分野だったような…）.

1-7 *lesson7* A-D変換して，温度を測ってみよう

図1-33 温度を測る

Dr.Y	さて，次はアナログ-ディジタル変換，略してA-D変換に挑戦するぞ.
AOI	A-D変換って，アナログからディジタルへの変換…難しそう…私，やっぱりアナログ苦手な人です…（むじゅかしくて，おねちゅがでそうです）.
Dr.Y	お熱？ じゃ，アナログ出力の温度センサで温度を測ってみよう.

図1-34
温度センサIC(LM35DZ)
とmbedとの接続

（＊）mbedのVOUTは3.3VなのでVINにつないだほうがよい．

AOI 温度センサ？（って，おねちゅはかる，けんおんくんみたいな？）
Dr.Y そうだな，電子体温計にもサーミスタを使った温度センサが組み込まれている．でも，サーミスタは，温度と出力の関係が比例しないから，マイコンで補正処理が必要だ．
今回は，温度と出力が比例する，摂氏直読温度センサIC(LM35D)を使ってみよう（図1-34）．
AOI 摂氏直読温度センサ？？
Dr.Y これだと出力電圧と摂氏（℃）温度が比例するので，mbedのA-D変換器で読み取るだけで温度が測れるので簡単だ！
AOI この3本足のICだけで温度が測れるのですか？ ちっちゃいけど…．
Dr.Y ああ，LM35Dに＋5Vの電源とGND(0V)をつなげば，出力端子(OUT)から温度に比例した電圧が出てくる．
AOI mbed側はどうするのですか？
Dr.Y mbedには簡単にアナログ値を読み取れるように，アナログ入力端子がある．
p15～p20がアナログ入力に対応している．また，プログラムで`AnalogIn()`を使うと，0.0V～3.3Vの入力電圧を，浮動小数点の0.0～1.0に変換してくれる．
AOI じゃあ，たとえば，mbedのp15に温度センサをつないで，`AnalogIn()`で読み取るだけでいいの？
Dr.Y そのとおり．たとえば，p15を使ったアナログ入力に`adin`という名前をつける場合，`AnalogIn adin(p15)`と書けばよい．すると`adin`を変数のように参照[*7]するだけでA-D変換結果を知ることができる．
AOI アナログ入力って，意外と簡単そう…．
Dr.Y そうじゃろ，じゃ，温度センサを使って，温度が上がったらLEDが点灯するプログラムを考えてみよう．
AOI 温度が上がったら…って何度ぐらい？
Dr.Y そうじゃな，30度ぐらいにしようか．人がセンサを触れた温度で検知するぐらいに．
AOI じゃ，30度だと，温度センサの出力はどれくらいになるの？

（＊7）変数のように参照：実際には，`AnalogIn()`クラスの`read()`メソッドを呼び出しているのだが，オーバロードされているので，`adin`などのインスタンス名を参照するだけで，`read()`と同じ働きをしてくれる．

図 1-35 温度センサ LM35DZ を AnalogIn() で読み取る場合

リスト 1-11
ADP15_TEST

```
#include "mbed.h"
AnalogIn adin(p15);       ← p15をアナログ入力に
DigitalOut myled(LED1);
int main() {
    while(1) {
        if(adin > 0.09){    ← 閾値を超えたら,
            myled = 1;         LED1点灯
        }
        else{               ← それ以外,
            myled = 0;         LED1消灯
        }
        wait(0.2);
    }
}
```

Dr.Y　ええっと，1度で10mV上がるから…こんな感じじゃ(**図 1-35**)．
AOI　じゃ，読み取った値が 0.09 より大きいときは LED を点灯させて，そうじゃないときは LED を消すようプログラムすればよいのね．
Dr.Y　そう，そんな感じじゃ．
AOI　if 文を使えば，プログラムできそう…カチャ，カチャ…でけた！ こんな感じですか？（**リスト 1-11**）
Dr.Y　おっ，速いな．じゃ，コンパイルして実行してみよう！
AOI　カチカチ…ずるずるパッ…．走らせました[**写真 1-13(a)**]．
Dr.Y　LED は点いていないな．じゃ，温度センサを触ってごらん．
AOI　こうですが…あっ LED が点いた！[**写真 1-13(b)**]

(a) 通常時　　　　　　　　　　(b) LED 点灯

写真 1-13　指先で温度センサをさわってみると

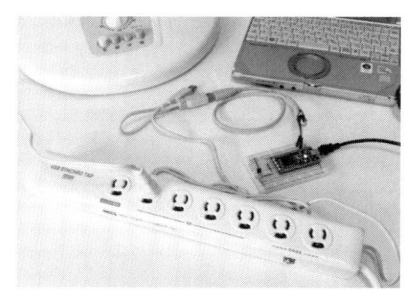

写真 1-14　USB 感知式の連動タップ

Dr.Y　成功じゃな！手を放すと…冷えたらしばらくして消えるはずじゃ！
AOI　手を放して…なかなか消えませんよ．
Dr.Y　今日は，外気温が 27 度と高いからからな．しばらくしたら消えるはずじゃ．
AOI　…あっ，本当に消えた….
Dr.Y　せっかくだから，LED だけじゃなく何か動かしてみよう．
AOI　動かすってなにを？？？
Dr.Y　では，扇風機を ON/OFF 制御してみよう．
AOI　でも，扇風機ってコンセントの電気で動かしますよね．でも mbed て，3.3V とかで….
Dr.Y　そのとおり．mbed の出力そのままでは AC100V を ON/OFF 制御はできない．電圧が違うし，交流(AC)と直流(DC)の違いある．
AOI　じゃ，どうすんの？
Dr.Y　これを使う．ジャジャン！USB 感知式の連動タップ！(**写真 1-14**)
AOI　何？ AC タップ？？ USB 検知？？？
Dr.Y　この USB 感知式の連動電源タップ[*8]は，USB のコネクタがついていて，USB の電源電圧を感知すると，連動して AC100V の口を ON/OFF できるのだ．
AOI　じゃ，USB コネクタの電源ラインに mbed の I/O ポートをつないで，ON/OFF すれば，100V を ON/OFF できるの？ わーすおい．
Dr.Y　そのとおりじゃ！
AOI　でも，どうやって USB のコネクタと mbed をつなぐの？
Dr.Y　これを使う，USB のケース用ケーブル！(**図 1-36**)
AOI　本来は DOS/V マシンのマザーボードからケースの USB コネクタをつなぐためのケーブルだ．これを流用して，USB の電源ラインと mbed の I/O ポートをつなげばよい！
AOI　I/O ポートはどれでもいいのですか？
Dr.Y　空いているポートなら(**写真 1-15**)．
AOI　じゃ，前の lesson で使った p5 で…要は，LED の代わりに USB 感知式の連動 AC タップを駆動す

(*8) USB 感知式の連動電源タップには，エレコムの T-Y12USBA やサンワサプライの TAP-RE8U などがある．詳しくは，7 章 1 の記事を参考．

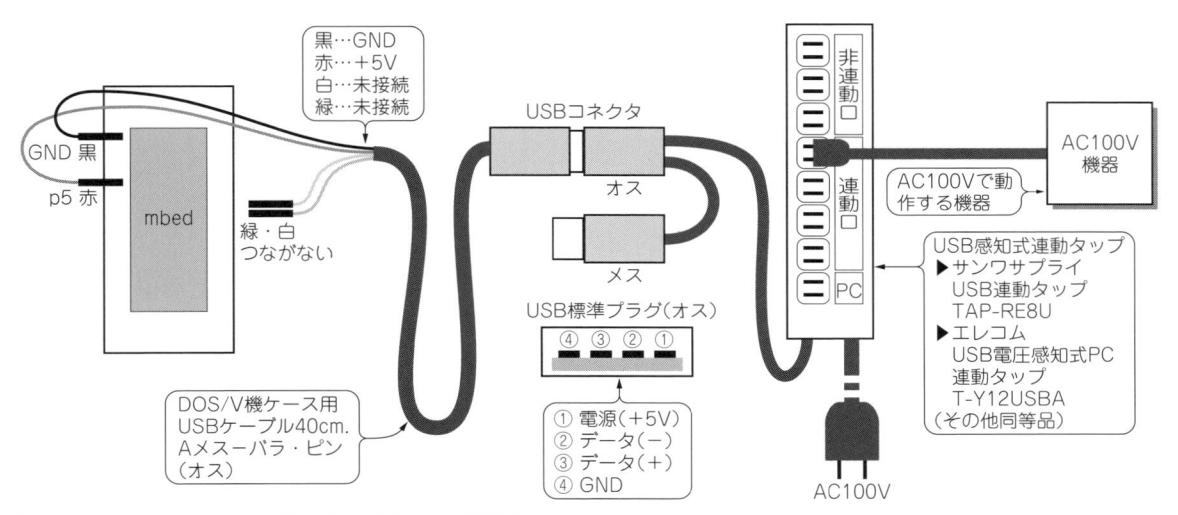

図 1- 36　mbed と USB 感知式の連動タップ接続

写真 1-15　mbed の p5 に USB の電源ラインを接続

リスト 1-12　ADP15_TEST2

```
#include "mbed.h"
AnalogIn adin(p15);
DigitalOut myled(LED1);
DigitalOut POWER(p5);     ← p5を出力に
int main() {
    while(1) {
        if(adin > 0.09){
            myled = 1;
            POWER = 1;     ← p5に"H"出力
            }
        else{
            myled = 0;
            POWER = 0;     ← p5に"L"出力
            }
        wait(1.0);
    }
}
```

　　　るわけですね.
Dr.Y　そう, だいぶわかっていきたみたいじゃな.
AOI　カチャカチャ…こんな感じかな? でけた!(リスト 1-12)
Dr.Y　おっ. できたようだな. では実行させてみよう.
　　　温度センサの温度が上がれば, LED がついて, 同時に USB 検知式連動タップが ON になり扇風機が回るはずじゃ.
AOI　カチカチカチ…ずるずるパッ! ポチッとな!
Dr.Y　さて, 温度が上がると, 扇風機が回るかな?
AOI　温度センサを触って…カチッ! あっ, 回った(写真 1-16).
Dr.Y　成功じゃな!

1-7 lesson7　A-D 変換して, 温度を測ってみよう | 39

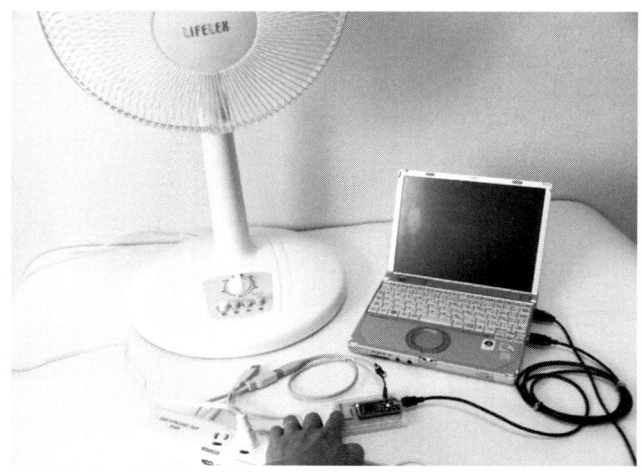

写真 1-16　温度を検知して，扇風機を回す

- AOI　意外と A-D 変換って簡単ですね．
- Dr.Y　まあ，今回は扱いやすいセンサだったからな．でも，ここまでできると簡単な制御もいろいろと作れそうだな．う～む，そろそろ入門編も終わりだな！
- AOI　えっ？ これまで，ディジタルの出力，入力とアナログの入力を試してきました．まだ，アナログの出力をやっていません．
- Dr.Y　いや，もうやっているよ！ lesson 5 で，プログラムをいろいろいじって LED の明るさを変えてみたじゃろ．
- AOI　はいっ，でもディジタルの出力でアナログじゃなかったし．
- Dr.Y　そのとき，PWM の説明をしただろう．
- AOI　ええっと，ON の時間と OFF の時間を変える…とかでしたっけ．
- Dr.Y　そう，周期が一定のパルス出力の ON の時間を変える変調方式が PWM だ．
  実は，PWM はディジタル出力を使用したアナログ出力の手法なんじゃ．一種の D-A 変換ともいえる．
- AOI　じゃあ，あの LED を暗くしたりしていたのは，アナログ出力をやっていたのね？
- Dr.Y　そう，そのとおり．あのときはプログラムで ON の時間と OFF の時間を作ったが，mbed には PWM の信号を簡単に出力できる PwmOut() と呼ぶクラスが用意されている．
  また，きめ細やかな D-A 変換が必要な場合，AnalogOut(); と呼ぶ，クラスも用意されている．これらも，必要に応じて試したみたらよい．
- AOI　私，なんとなく mbed が使えそうな気がしてきました．まだまだ，わかんないこと一杯ですけど．
- Dr.Y　そうか，それはよかった！ 最初に言ったように mbed には，さまざまな機能が満載されている．シリアルや LAN などの通信機能やファイル・システム…，それらを全部使いこなすのは大変じゃ．でも，基本的な機能は使えるようになったはずじゃから，あとはぼちぼちやればよし！
- AOI　ハイっ，mbed マスタ目指して頑張ります！
- Dr.Y　では，入門の入門はそろそろおわりにするか．
- AOI　まったね～っ！

[第2章]

mbed に表示機能を追加する

キャラクタ LCD を極めよう

飯田 忠夫

　皆さんが普段使っているパソコンには必ずディスプレイが接続されていて，ディスプレイを見ながら資料を作成したり情報を収集したりするなど，パソコンにとってディスプレイはなくてはならない周辺機器の一つです．ところが，パソコンにとってこれほど重要なディスプレイがマイコンでは使われないことがあるのです．なぜかというと，マイコンと情報をやり取りする相手側が人ではなくセンサや機械のときは情報を表示する必要ないからです．

　それでは，「マイコンに表示装置は必要ないの？」というとそんなことはありません．例えば，
▶ センサの値を表示するモニタ用
▶ メインテナンスのときに機器の状態や設定値を確認したり，設定を変更したりする
▶ 人が操作する機器にマイコンを使用する
など，機器をメインテナンスするときやパソコンと同じように人が操作する機器の場合は，マン‐マシン・インターフェースとして表示装置が必要になります．

　やはりマイコンにとっても表示装置は重要な周辺機器の一つなのです．そこでここでは，取り扱いが容易なキャラクタ LCD を使った事例を紹介します．

　表 2-1 は今回の製作で使用する部品の一覧です．

表 2-1　キャラクタ LCD を極めようで使用する部品

品　名	型　式	参考価格 [円]	備　考
☆ board Orange		3900	きばん本舗 完成基板 (http://kibanhonpo.shop-pro.jp/?pid=22678756)
ブレッドボード	EIC-801	250	秋月電子通商 EIC-801：(http://akizukidenshi.com/catalog/g/gP-00315/) EIC-102J：(http://akizukidenshi.com/catalog/g/gP-02314/)
	EIC-102J	600	
キャラクタ LCD	SC1602BS-B	500	秋月電子通商 (http://akizukidenshi.com/catalog/g/gP-00040/) ※☆ board Orange 使用の場合は不要
温度センサ	LM35	100	秋月電子通商 (http://akizukidenshi.com/catalog/g/gI-00116/)
湿度センサ	CHS-UGS	3360	共立エレショップ(http://eleshop.jp/shop/g/g789139/)
単線	各 1 m	−	直径 0.5 mm くらい，赤・黒のほかにも複数の色があるとよい
抵抗	10 kΩ	−	1 本
抵抗	2 kΩ	−	1 本
OP アンプ	LM358	100	秋月電子通商 (http://akizukidenshi.com/catalog/g/gI-02324/)
セラミック・コンデンサ	0.1 μF	−	1 個

キャラクタLCDの端子名

ピン番号	1	3	5	7	9	11	13
SIGNAL	V_{DD}	V_o	R/W	DB_0	DB_2	DB_4	DB_6
ピン番号	2	4	6	8	10	12	14
SIGNAL	V_{SS}	RS	E	DB_1	DB_3	DB_5	DB_7

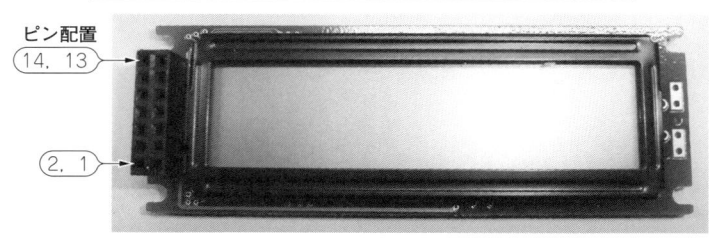

写真 2-1 キャラクタ LCD と端子名

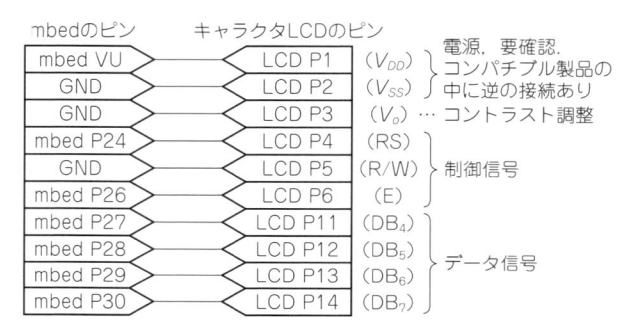

mbedのピン	キャラクタLCDのピン		
mbed VU	LCD P1	(V_{DD})	電源．要確認． コンパチブル製品の 中に逆の接続あり
GND	LCD P2	(V_{SS})	
GND	LCD P3	(V_o)	… コントラスト調整
mbed P24	LCD P4	(RS)	制御信号
GND	LCD P5	(R/W)	
mbed P26	LCD P6	(E)	
mbed P27	LCD P11	(DB_4)	データ信号
mbed P28	LCD P12	(DB_5)	
mbed P29	LCD P13	(DB_6)	
mbed P30	LCD P14	(DB_7)	

図 2-1 mbed-LCD 接続図

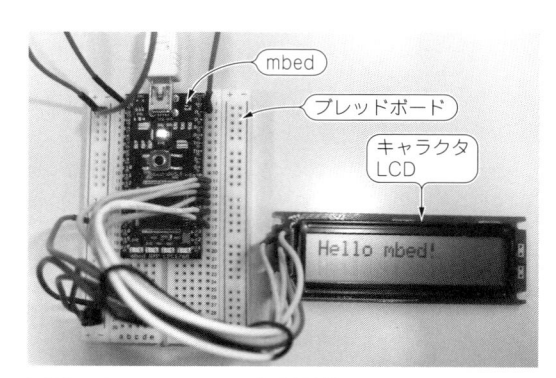

写真 2-2 mbed-LCD 実体配線

2-1 使用する LCD について

　今回 mbed と接続して使用するキャラクタ LCD は，型式が SC1602BS*B という表示器（**写真 2-1**）で，秋月電子通商などで購入することができます．このキャラクタ LCD は 5×7 ドット＋カーソルが表示できます．ただし，表示できる文字は英数字や記号，カタカナだけで，漢字などの複雑な文字は表示することができません．また，文字は 16 文字×2 行を表示することができます．キャラクタ LCD は表示できる文字数や大きさにいろいろなタイプがあるので，用途によって適したものを選ぶとよいでしょう．

　それでは，mbed とキャラクタ LCD を接続します．キャラクタ LCD の端子名およびピン配置は**写真 2-1** に記載してあるので，**図 2-1** の mbed-LCD 接続図を参考に回路を作成してください．**写真 2-2** は接続したキャラクタ LCD に，"Hello mbed!"と表示してみました．キャラクタ LCD の電源には mbed の VU 端子を使っています．この端子は，パソコンと mbed を USB で接続しているときにだけ 5V が出力されるので，使用する際は注意してください．

2-2 TextLCD ライブラリについて

　mbed は多くの標準ライブラリが使用できますが，その他にも mbed のコミュニティが開発したライ

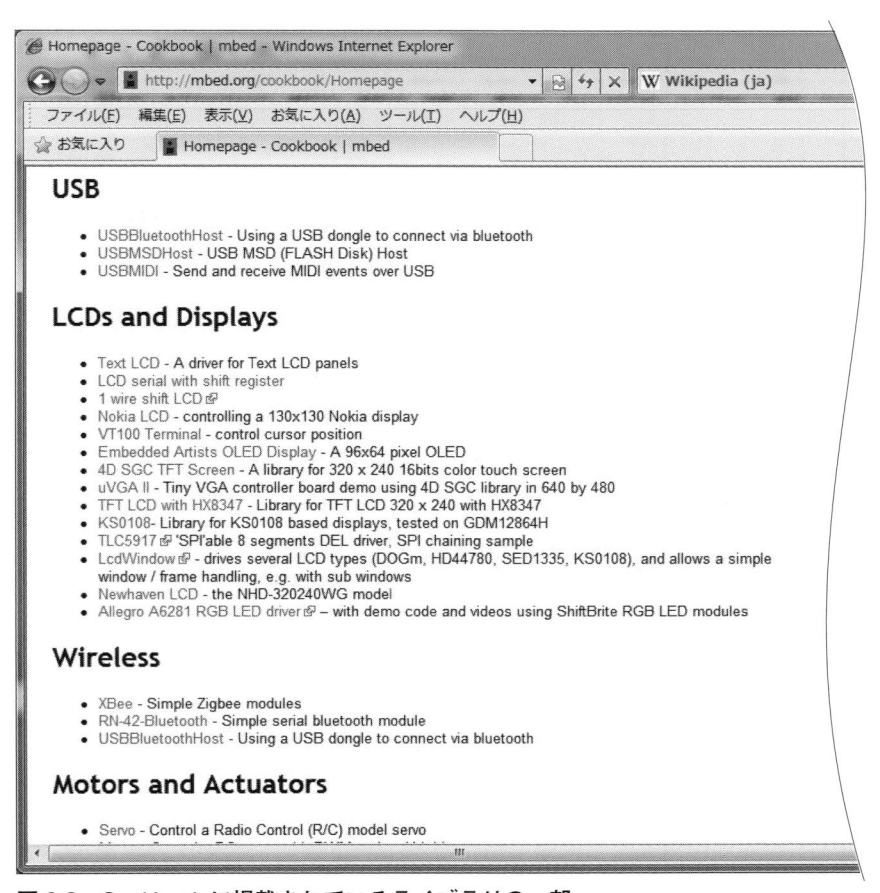

図2-2 Cookbookに掲載されているライブラリの一部

ブラリも自由に利用することができます．mbedのホームページ(http://mbed.org)の右上にある[Cookbook]のリンクをクリックして入ります．図2-2のようにキャラクタLCDや液晶ディスプレイのほかWireless，Motorに関するものなど，多数のライブラリが開発され公開されています．あなたがデバイスを使って何かを製作しようと思ったら，まず最初にこの[Cookbook]を調べ，必要なライブラリや流用できそうなライブラリがすでに開発されていないか探してみることをお勧めします．また，[Cookbook]には載っていなくてもmbedのホームページ右上にある[Search mbed]で検索すると，有用な情報を入手できることがあります．

ここでは，Cookbookのページに公開されているTextLCDライブラリを使用して，プログラムを作成していきます．このライブラリを使うと，キャラクタLCDを簡単に使いこなすことができます．

● TextLCDライブラリのキャラクタLCD制御関数について

それでは，最初にTextLCDライブラリについて説明します．
このライブラリには，コンストラクタのほかに四つの関数が定義されています．

(1) 初期化関数（コンストラクタ）

```
TextLCD( PinName rs, PinName e, PinName d4, PinName d5,
PinName d6, PinName d7, LCDType type = LCD16x2 )
```

　コンストラクタとは，TextLCDクラスの変数（オブジェクト）を初期化するために使用する初期化専用関数のことです．この関数には，rs，e，d4～d7の六つの引数があり，これらの引数はLCDの各端子に対応しています．回路を製作した際にLCDの各端子に接続したmbedの端子番号を引数として与えます．

(2) LCDの表示をクリアする

```
void cls()
```

　LCDの表示をクリアし表示位置をホーム・ポジション（左上）に戻します．

(3) LCDの表示位置指定

```
void locate(int 列, int 行)
```

　表示位置を決める関数です．列は左端が'0'で，行は上段が'0'から始まります．今回のLCDは16列×2行の文字が表示できるので，列は0～15で行は0～1の範囲になります．最初の値が'1'ではなく'0'から始まるので注意しましょう．

(4) 文字列の表示

```
int printf(format);
```

　文字列を表示するための関数です．変数に格納されている値なども表示できます．いろいろな使い方ができるのでその都度簡単に解説しますが，とてもすべてを説明できません．詳しくは，C言語のprintf関数を調べてください．

(5) 文字の表示

```
int putc(int c);
```

　引数に指定した文字コードや文字を1文字表示します．

2-3　LCDに文字を表示する

　それでは，プログラムを作成しLCDに文字を表示してみましょう．
　最初に新しいプログラムを作成してください．ここでは，プログラム名をLCD_char(**リスト2-1**)としました．今回はTextLCDライブラリを使ってプログラムを作成するので，ライブラリも忘れず追加してください．
　先ほども説明しましたが，LCDに文字を表示するには二つの方法があります．一つはprintf関数を使って文字列を表示する方法で，もう一つはputc関数で1文字ずつ表示する方法です．最初にprintfで文字列を表示し，続いてputcを使って1文字ずつ半角カナを表示してみます．
　作成したプログラムを実行すると**写真2-3**のように表示されます．キャラクタLCDの初期化などはす

リスト2-1　LCDに文字を表示するプログラム LCD_char

```
#include "mbed.h"
#include "TextLCD.h"

// コンストラクタを使ってlcd変数を初期化する
TextLCD lcd(p24, p26, p27, p28, p29, p30);

int main() {

    // LCDの表示をクリアする
    lcd.cls();

    // locate関数で文字を表示する位置を指定する．
    // LCDの左上が(0,0)になる．文字位置の指定は 0 から始まることに注意する．
    // 上の段の左から4列目から文字列を表示するように指定している
    lcd.locate(3,0);

    // printf関数は"(ダブル・クォーテーション)で囲まれた文字列を表示する．
    // 使用するキャラクタLCDの表示範囲を超えないように，表示開始位置と文字数の
    // 関係にも注意する
    lcd.printf("Eleki Jack!");

    // ここでは下の段の6列目から文字列を表示する
    lcd.locate(5,1);

    // putc関数は指定した文字コード(図2-3)を1文字だけ表示する．
    // 文字コードの指定は，コードの最初に[0x]を付け，値を16進数で表現する．
    // 文字コードの16進数は，図2-3の列でHigher(上位)4bitを指定し，
    // 行でLower(下位)4bitを指定する．
    // ちなみにカタカナの'エ'は図2-3太枠内のように上位が'B'で下位が4になり，
    // これに0xを付加した 0xB4 となる
    lcd.putc(0xB4); // エ
    lcd.putc(0xDA); // レ
    lcd.putc(0xB7); // キ
    lcd.putc(0xBC); // シ
    lcd.putc(0xDE); // ゛
    lcd.putc(0xAC); // ャ
    lcd.putc(0xAF); // ッ
    lcd.putc(0xB8); // ク
    lcd.putc(0x21); // !
}
```

べてTextLCDライブラリが行ってくれるので，プログラム内で記述する必要がなく，簡単に文字を表示することができます．

　ここではmbedを利用するときに，☆board Orange(Star)というボードを利用します．**コラム2-2**に簡単な説明をしました．それでは，mbedを☆board Orangeに取り付けてみましょう．

　☆board Orangeにはmbedの取り付ける向きがわかるようにCPUやLEDの位置が基板面にシルク印刷(**写真2-A**参照)されているので，その印刷の向きと同じようにmbedを取り付けます．**写真2-4**はmbedを☆board Orangeに取り付けたものです．mbedの両脇にはジャンパ線が差し込めるピン・ソケット(メス)が1列使用できるようになっています．

　mbedと自作した回路を接続する場合は，このピン・ソケットにジャンパ線を差し込んで配線をしましょう．

下位4ビット ＼ 上位4ビット	MSB 0000(0)	0010(2)	0011(3)	0100(4)	0101(5)	0110(6)	0111(7)	1010(A)	1011(B)	1100(C)	1101(D)	1110(E)	1111(F)
0000(0) LSB	CG-RAM(1)		0	@	P	\	p		ー	タ	ミ	α	p
0001(1)	(2)	!	1	A	Q	a	q	。	ア	チ	ム	ä	q
0010(2)	(3)	″	2	B	R	b	r	「	イ	ツ	メ	β	θ
0011(3)	(4)	#	3	C	S	c	s	」	ウ	テ	モ	ε	∞
0100(4)	(5)	$	4	D	T	d	t	、	エ	ト	ヤ	μ	Ω
0101(5)	(6)	%	5	E	U	e	u	・	オ	ナ	ユ	σ	ü
0110(6)	(7)	&	6	F	V	f	v	ヲ	カ	ニ	ヨ	ρ	Σ
0111(7)	(8)	'	7	G	W	g	w	ァ	キ	ヌ	ラ	g	π
1000(8)	(1)	(	8	H	X	h	x	ィ	ク	ネ	リ	√	x̄
1001(9)	(2)	)	9	I	Y	i	y	ゥ	ケ	ノ	ル	−1	y
1010(A)	(3)	*	:	J	Z	j	z	ェ	コ	ハ	レ	j	千
1011(B)	(4)	+	;	K	[	k	{	ォ	サ	ヒ	ロ	x	万
1100(C)	(5)	,	<	L	¥	l	|	ャ	シ	フ	ワ	¢	円
1101(D)	(6)	−	=	M	]	m	}	ュ	ス	ヘ	ン	£	÷
1110(E)	(7)	.	>	N	^	n	→	ョ	セ	ホ	゛	ñ	
1111(F)	(8)	/	?	O	_	o	←	ッ	ソ	マ	゜	ö	■

ユーザ定義領域

図 2-3　LCD の文字コード

写真 2-3　LCD に文字を表示

写真 2-4　☆board Orange に mbed を取り付ける

mbed のピンが外側に出ている

2-4　温度と湿度を測定し LCD に表示する

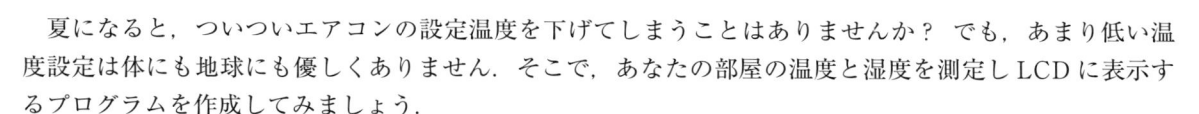

　夏になると，ついついエアコンの設定温度を下げてしまうことはありませんか？　でも，あまり低い温度設定は体にも地球にも優しくありません．そこで，あなたの部屋の温度と湿度を測定し LCD に表示するプログラムを作成してみましょう．

　温度センサには LM35 を使います．電子部品を扱っているところならほとんどどこでも取り扱っており入手しやすいセンサです．このセンサは簡単に温度測定ができるため，インターネットでも多くの使用例が紹介されています．

　使い方は簡単で 4～20V の電源電圧を加えるだけで 2～150℃ までの温度が測定できます．しかも，1℃

Column…2-1　半角カタカナの表示について

　「どうしてもカタカナを表示しなくてはいけない！」ということはないと思いますが，ただ，ちょっと試しに表示してみたいという方に，簡単にカタカナの文字列を表示する方法を紹介します．ただし，あまりお勧めできる方法ではないので，使用する場合は十分注意してください．

　IME などの日本語入力モードを半角カタカナに変更し，メモ帳などに表示したい文字列を入力し文字列をコピーします．次に，コピーした文字列をプログラム内の printf(" ") 関数の " " 内に貼り付けます．こうすると，簡単にカタカナを表示することができます．

　ただし，この方法には致命的な不具合があります．一つは，コンパイラを終了し，再度プログラムを起動すると半角カタカナの文字列の部分が文字化けしてしまいます．そのため，プログラムを終了するたびに半角カタカナの部分を手直しする必要があります．

　もう一つは，文字列を Compiler 内で編集しようとすると，カーソル位置がズレてしまうため，正しく編集できません．編集したい場合は，Compiler 内で編集せずにもう一度メモ帳で表示したい文字列を作成し，再度コピーして貼り付けてください．

　かなり致命的な不具合ですが，ちょっとカタカナの表示を試してみたい場合は，1 文字ずつ指定する必要がないので，手軽に表示できてとても便利です．しつこいですが，使う場合は十分注意して使ってください．

温度が上昇するごとに+10mVの電圧が出力されるので動作を確認しやすく，とても扱いやすいセンサです．

例えば，室温24.5℃をこのセンサで測定すると0.245Vが出力されます．実際にセンサの出力電圧をディジタル・マルチメータで測定したところ，**写真2-5**左下にあるディジタル温湿度計の温度とおおむね一致しました．

湿度センサにはCHS-UGSを使用します．このセンサも使い方は簡単なのですが，とても高価で「ちょっと試しに」なんていう使い方は難しいかもしれません．

このセンサも温度センサと同様に湿度の測定が簡単に行えます．電源に5Vの電圧を加えると，そのまま出力電圧を湿度として利用でき，常温の範囲ではほとんど温度の影響も受けません．例えば，湿度が56.2%のときセンサの出力は0.562Vが出力されます．先ほどと同様にセンサの出力電圧を測定し，**写真2-6**のようにディジタル温湿度計で湿度を確認すると少し誤差はありますが，こちらもおおむね一致しま

Column…2-2　mbed用評価ボードについて

最初にmbedの使い方に慣れるために，いろいろなデバイスをつなげてテスト・プログラムを作成すると思います．このとき，デバイスや部品をそろえたりはんだで回路を製作するのに意外と時間がかかってしまいます．周辺回路の製作に手間取ってしまうと，プログラムの作成を手軽に行えるというmbedの良さが半減してしまうので，回路製作に不慣れな方や手軽にmbedを試したい方には評価ボードをお勧めします．mbed用の評価ボードにはいくつか種類があるので，試してみたいデバイスによってお好みのものを購入されてはいかがでしょうか．

購入時は完成基板と組み立てキットなどいくつか種類のある評価ボードもあるので，よく確認して購入してください．

▶ ☆(Star) board Orange 価格 3,900円
　（完成基板，組み立てキット）
　`http://kibanhonpo.shop-pro.jp/?pid=22678756`

▶ mbeduino 価格 4,410円（組み立てキットのみ）
　`http://www.galileo-7.com/?pid=23835216`

以降の製作事例では完成基板で組み立て不要，キャラクタLCDが使える☆board Orangeを使用します．

☆board Orangeには，以下の四つのインターフェースが実装されています（**写真2-A**）．

(1) Micro-SD

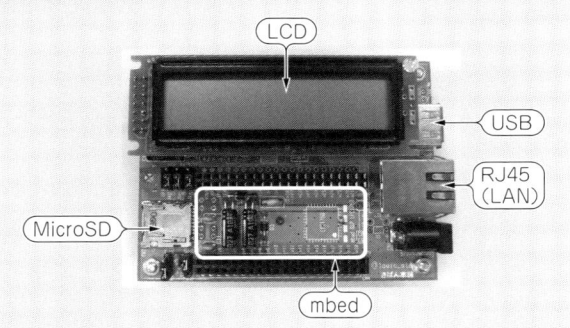

写真2-A 評価ボード☆board Orange（完成基板）の上にmbedを取り付けた

(2) RJ45（LAN）
(3) USB Host Type-A
(4) LCD

ほかにも自由に使えるフリーエリア（20×5）が基板に用意されていますが，ちょうどLCDの真下に位置するため，あまり大きなものを取り付けるとLCDを取り付ける際に邪魔になります．新しいセンサやデバイスを試したい場合は，フリーエリアを使わずブレッドボードを準備してそちらを利用することをお勧めします．

mbedのCookBookにある☆board Orangeのページには，各インターフェースのサンプル・プログラムがいくつか紹介されているので，このページを参考にすれば，実装されているインターフェースを手軽に試すことができます．

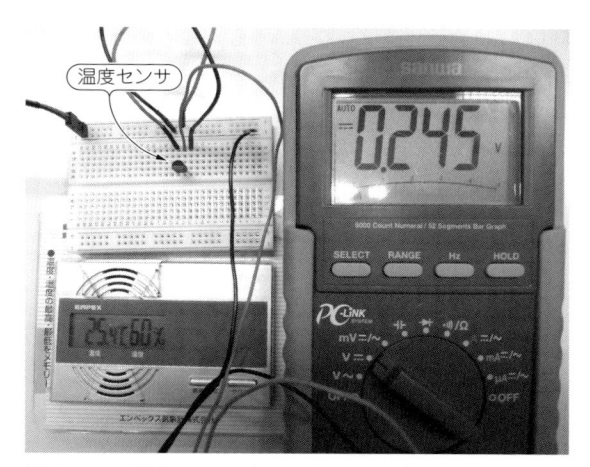

写真 2-5　温度センサ(LM35)の動作確認 　　　　写真 2-6　湿度センサ(CHC-UGS)の動作確認

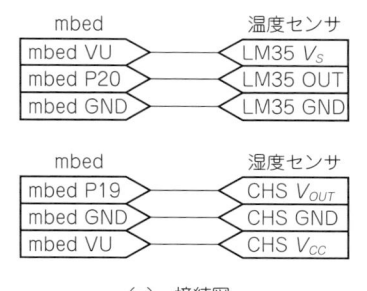

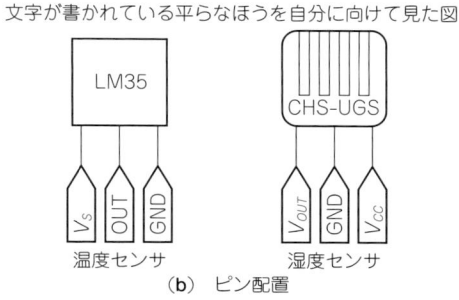

図 2-4　温度・湿度センサのピン配置と mbed との接続図

(a)　接続図
(b)　ピン配置

した．

ここでは，この温度センサと湿度センサを使って室内の環境データを測定しLCDに表示します．温度の表示には先ほど紹介した評価ボード☆board Orangeを使いますが，最初の事例で使用したキャラクタLCDも使用できます．

● 回路の製作

それでは，回路を作成しましょう．各センサから電圧値をmbedに取り込むためにはAnalogIn端子を使用します．AnalogInはmbedの端子番号「P15 ～ P20」に割り当てられており，今回のプログラムでは温度センサをP20の端子に，湿度センサをP19の端子に接続しました．回路の製作では今回のように評価ボードを使用する場合は，評価ボードに実装済みのデバイスと使用する端子が重複しないように注意します．図2-4はセンサのピン配置とmbedとセンサの接続図です．図に従って回路を製作してください．

回路の製作にはブレッドボード[*1]を使うと便利です．また，ブレッドボードはいろいろな大きさのものが販売されているので，今後の製作予定の回路なども考慮して購入することをお勧めします．

(＊1) 個人的にはEIC-102Jくらいの大きさのものが一つあればよいと思う．

リスト2-2　温湿度センサを使って室内の環境データを測定しLCDに表示するプログラム LCD_RoomEnv

```
#include "mbed.h"
#include "TextLCD.h"

TextLCD lcd(p24, p26, p27, p28, p29, p30);          ←──────（図2-1参照）

// p20の端子から温度センサの出力値をtemp_inに取り込むための宣言
AnalogIn temp_in(p20);

// p19の端子から湿度センサの出力値をhumid_inに取り込むための宣言
AnalogIn humid_in(p19);

// 決められた周期で関数を呼び出すためのTickerオブジェクトの宣言
Ticker  in;

// センサから値を取得しLCDの表示を更新する関数．
// Tickerオブジェクトからこの関数を決められた周期で呼び出す
void Update(){
    float r_temp, r_humid;
    float temp,humid;

    // センサから値を読み取る
    temp = temp_in;
    humid = humid_in;

    // センサの値を温度や湿度に変換する．
    // 0.0～3.3[V]を0.0～1.0に変換しているため，入力値に3.3を乗算し電圧値に戻して，
    // さらに100 を乗算し温度に変換している
    r_temp = temp * 3.3 * 100 ;        // ………… (1)
    // 湿度も同様．3.3を乗算し100を掛けることで湿度[%]の値を求めている
    r_humid = humid * 3.3 * 100 ;

    // この部分は6倍の増幅器を使ってセンサの値を取得した場合の変換処理をする．
    // 温度センサは50℃のとき0.5[V]を出力するが，この出力を6倍の増幅器を通すことで
    // 50℃で3[V](=0.5[V]*6)の出力になるため，1℃温度が上昇すると増幅器の出力が+60[mV]（これまで
    // +10mVだったものが+60mV）増加するようになる．
    // これにより，測定できる温度範囲は0～55℃に狭まるが，その分細かい動きを
```

● 温湿度の測定プログラム

　mbedのアナログ入力は電圧の値がそのまま変数に入力されるのではなく，0.0～3.3Vの電圧を0.0～1.0の実数データに変換して読み取ります．したがって，実際の電圧値に0.30303(＝1.0÷3.3)を乗算した値が変数に入力される値になります．例えば，室温が25.0℃で湿度が40%の場合は，温度センサから0.25Vが湿度センサからは0.4Vの電圧がそれぞれ出力されます．この電圧をmbedに取り込むと温度が0.0758(＝0.25[V]×0.30303)で，湿度が0.1212(＝0.4[V]×0.30303)という値がそれぞれ変数に入力されます．入力された値を電圧値に戻す場合は，入力の値に3.3を乗算します．

　センサから定期的に値を取得するには，Tickerオブジェクトを使用します．このオブジェクトは指定した周期で関数を呼び出してくれます．今回のプログラムでは，センサから値を読み取るため，10秒周期でUpdate関数を呼び出しています．

　それでは，プログラムを作成してみましょう．**リスト2-2**にプログラムを示します．今回のプログラム名は「LCD_RoomEnv」にします．

```
            // 観測できるようになる．
            // 湿度を求めるのに，前は変数の値に 3.3 と 100 を乗算していたが，温度センサの出力を 6 倍したものが
            // 入力値となっているため，この値から 6 を除算する必要がある．したがって，6 倍の増幅器を回路に追加した場合は，
            // 入力値に 55.0(=3.3*100/6)を乗算すると温度が求まる
            // r_temp =    temp * 55.0   ;   // ……………(2)

            lcd.cls();
            lcd.locate(0,0);

            // printf 関数の ""の中の文字列が LCD に表示される．この中で %5.2f の部分は，"" の後の変数
            // の値が表示される．
            // %5.2f の f は実数データの表示で，%5.2 は小数点を含む 5 桁のうち小数点以下を 2 桁で表示する．
            // ただし，小数点より上の桁は 2 桁を超えても表示されるが，1 桁の場合は 1 桁分は空白が表示される
            lcd.printf("RoomTemp %5.2f",r_temp);

            // 単位の℃を表示する
            lcd.locate(14,0);
            lcd.putc(0xDf);     // 文字コードで表示
            lcd.putc('C');      // 表示したい文字をシングル・クォーテーションで囲んで表示

            // 表示位置を下の段の左端からに指定
            lcd.locate(0,1);

            // printf の " " の中では，% は特別な記号．そのまま % を表示したい場合は % を 2 個並べると，
            // % が 1 個だけ表示される
            lcd.printf("humidity%5.1f%%",r_humid);
}
int main() {
            // 10 秒ごとにセンサからの値と LCD の表示を更新する
            in.attach(&Update,10);

            // 無限ループ
            while(1){
            }
}
```

写真 2-7 はプログラムを実行したものです．ディジタル温湿度計の値と mbed の LCD の表示がほぼ一致しており，プログラムが正常に動作していることが確認できました．このときの温度センサ(LM35)と湿度センサ(CHS-UGS)の出力電圧を測定すると 0.252V と 0.556V だったので，LCD の表示結果とも大体一致しています．

● 前置アンプを追加する

今回は室内の温湿度を測定しており，筆者の部屋の場合室温は高くなってもせいぜい 50℃ 程度と思われます(50℃ まで耐える自信はないが…)．

この場合，温度センサが出力する電圧は最大でも 0.5V です．mbed は 3.3V までの電圧が入力できるのに，入力電圧は 0.5V までしか加わりません．残りの 0.5V を超えて 3.3V までの大部分は使用されないことになります．そう考えると，ちょっともったいない気がしませんか？ そこで，50℃→0.5V のセンサの出力を増幅することで，50℃→3V にして利用したいと思います．これにより，1℃ 温度が上昇するごと

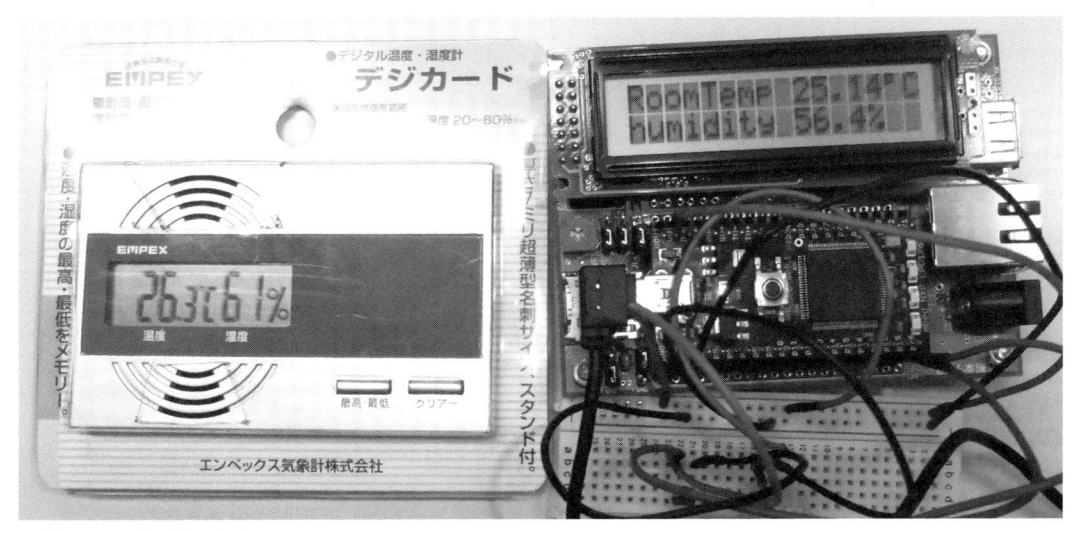

写真 2-7　温湿度の測定

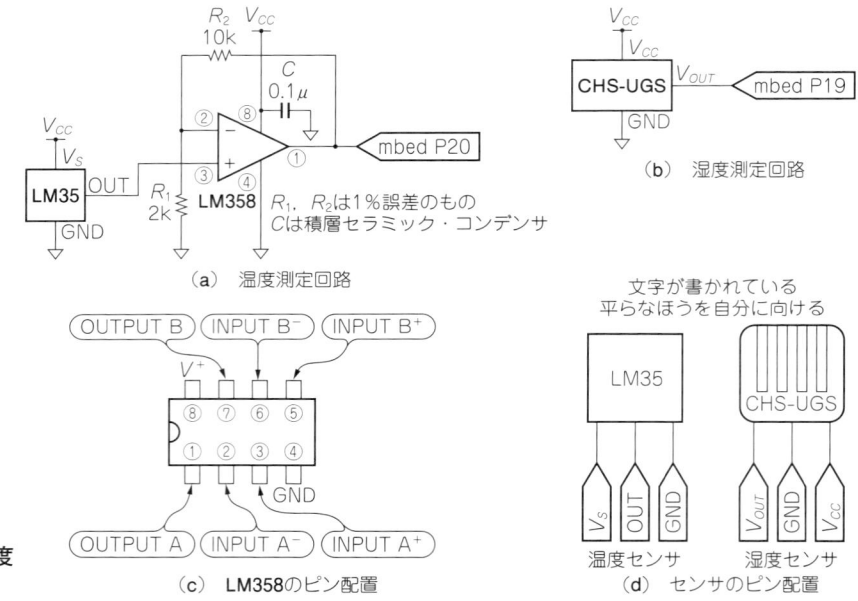

図 2-5
6 倍の増幅器を使った温湿度
測定回路図

(a) 温度測定回路　R_1, R_2は1％誤差のもの　Cは積層セラミック・コンデンサ

(b) 湿度測定回路

(c) LM358のピン配置

(d) センサのピン配置　文字が書かれている平らなほうを自分に向ける

温度センサ　湿度センサ

に+10mV 変化していた電圧が，0.17℃温度が上昇するごとに+10mV 変化するようになります．

　こうすることで，細かい温度変化が測定できるようになるという利点があります．温度変化の測定ではあまり影響はありませんが，センサの種類によって細かいデータの変化が必要になることがあります．このように分解能を上げて測定する方法を知っておくことは重要なので，ぜひ覚えておいてください．

　それでは，温度センサの出力を 6 倍にする増幅器を作ってみましょう．増幅器には単電源の OP アンプ LM358 を使います．この OP アンプは+5V の電源があれば動作するので，mbed の VU 端子を使って増幅回路を製作することができます．

写真 2-8　6 倍の増幅器を使った温湿度の測定

今回 OP アンプで作る増幅回路は非反転増幅回路で，倍率は次式を使って設計することができます．

$V_{out} = V_{in} \times [(R_1 + R_2)/R_1]$ ……（増幅器を設計するための式）

回路図は**図 2-5** のようになります．今までの回路と比べると少し難しくなっていますが，がんばって製作してください．回路が完成したら，mbed に接続する前に必ず OP アンプの出力電圧をテスタで確認し，適切な値が出力されていることを確認してください．特に mbed の入力電圧は 3.3V なので，OP アンプの出力電圧が 3.3V 以下であることを確認してから mbed に接続するようにしてください．回路が正常に動作していることが確認できたら，室温を LCD に表示するプログラムを制作していきます．

プログラムは先ほど作成した LCD に温度を表示する**リスト 2-2** の(1)の部分をコメントにし，(2)のコメントを外します．その他の部分に変更はありません．

プログラムを実行すると**写真 2-8** のように表示されます．先ほどと表示結果は変わりませんが，細かい変化まで測定できるようになっています．

ディジタル温湿度計の温度は 26.4℃で，温度センサ(LM35)の出力を OP アンプで 6 倍に増幅した値をマルチメータで測定すると 1.533V になりました．mbed の表示温度から温度センサの出力電圧を予想すると 25.51℃ → 0.2551V となり，この値を 6 倍すると 1.531V (= 0.2551 × 6)でマルチメータの値とほぼ一致していることから増幅回路が正常に動作していることが確認できました．LCD の温度の値がディジタル温湿度計の値ともほぼ一致しています．

これで，細かい温度変化が測定できるようになりました．このように OP アンプを使うと，6 倍の増幅

器が簡単に製作できることもわかりました．LCD にセンサの値を表示するだけですが，いろいろな知識が必要になり興味深いですね．これらの知識は mbed だけではなくマイコンにセンサを接続する際にも利用できます．

2-5　mbed で LCD の外字登録と表示をしてみよう

LCD でいろいろなプログラムを制作していると，文字コード表に載っていない文字や記号を表示したくなることがあると思います．ここでは，自分で作成した文字や記号を LCD の CGRAM に登録し，表示する方法を紹介します．それでは，LCD に「えれきじゃっく！」とひらがなで表示してみましょう．

● 外字登録の方法

LCD のデータシートには，LCD を制御するための命令コード(Instructions)が載っています．この中に，「CGRAM Address Set」という命令があり，この命令は自分で作成した文字データを RAM に保存するためのアドレスを指定する命令です．また，CGRAM Data Write 命令で文字データを先ほど指定した CGRAM のアドレスに書き込みます．

最初に文字データを格納する CGRAM のアドレスをセットします．

CGRAM は全部で八つあり(**図 2-3** 太枠内)，CGRAM アドレスの指定は $D_7 \sim D_0$ の各ビットに以下のような値をセットすることで設定できることがデータシートに記載されています．

　　$D_7 \to 0$(データシートで指定されている)
　　$D_6 \to 1$(データシートで指定されている)
　　$D_5 \sim D_0 \to$ CGRAM Address

$D_5 \sim D_0$ の各ビットにセットする CGRAM のアドレス[*2]を以下のようにセットすることで，どの CGRAM に文字データを保存するか決めることができます．

　　CGRAM(1) → 00 0000
　　CGRAM(2) → 00 1000
　　CGRAM(3) → 01 0000
　　CGRAM(4) → 01 1000
　　CGRAM(5) → 10 0000
　　CGRAM(6) → 10 1000
　　CGRAM(7) → 11 0000
　　CGRAM(8) → 11 1000

これに先ほどの制御ビット D7，D6 を加えると，CGRAM Address Set 命令で指定する値が決まります．各 CGRAM のアドレスをセットする値は以下のようになります．

　　CGRAM(1) → 0x40　Binary(0100 0000)
　　CGRAM(2) → 0x48　Binary(0100 1000)
　　CGRAM(3) → 0x50　Binary(0101 0000)

(＊2) CGRAM のアドレスについては，資料に記載がなく以下のページを参考にさせていただいた．
　　http://www.h3.dion.ne.jp/~ekqxa6/memo/LCD.html

$2^0\ 2^3\ 2^2\ 2^1\ 2^0$

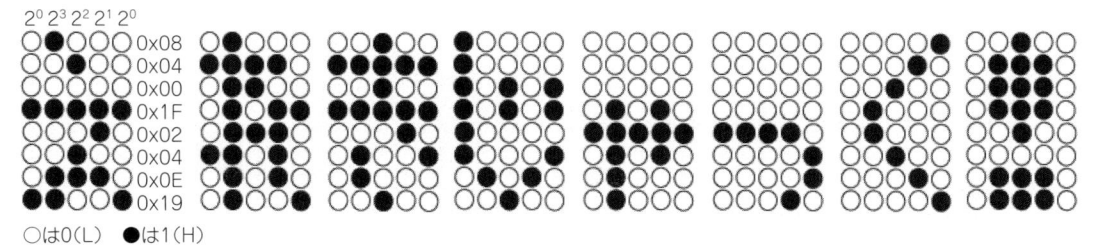

〇は0(L) ●は1(H)

図 2-6 ひらがなを表示する文字データ

CGRAM(4)→ 0x58 Binary(0101 1000)
CGRAM(5)→ 0x60 Binary(0110 0000)
CGRAM(6)→ 0x68 Binary(0110 1000)
CGRAM(7)→ 0x70 Binary(0111 0000)
CGRAM(8)→ 0x78 Binary(0111 1000)

　この0x〇〇の値をwriteCommand()関数に引数として与えると，文字データを保存するCGRAMのアドレスをセットすることができます．
　次に，文字や記号を作成するための文字データ（ドット・パターン）を作成します．文字データは8行×5列のドットで作成し，［えれきじゃっく！］であれば図2-6のようになります．このとき，1行には5列（ビット）分しかデータがありませんが，残りのビットには0を入れて文字データを作成すると，「え」のビット・パターンは上から，

Binary(0000 1000) 0x08
Binary(0000 0100) 0x04
Binary(0000 0000) 0x00
Binary(0001 1111) 0x1F
Binary(0000 0010) 0x02
Binary(0000 0100) 0x04
Binary(0000 1110) 0x0E
Binary(0001 1001) 0x19

という値になります．
　文字データの作成はビットを四つごと（$b_7 \sim b_4$ と $b_3 \sim b_0$）に区切り，右から下位の値 = $b_0 \times 2^0 + b_1 \times 2^1 + b_2 \times 2^2 + b_3 \times 2^3$，上位の値 = $b_4 \times 2^0 + b_5 \times 2^1 + b_6 \times 2^2 + b_7 \times 2^3$ をそれぞれ計算し，10進を16進に変換したものになります．
　表示したい文字のビット・パターンが作成できたら，各値をCGRAMにセットしていきますが，値のセットは各行ごとにwriteData()関数で登録していきます．ビット・パターンは8行あるので，writeData()関数で8回書き込むと一つの文字がCGRAMに保存されます．

● ライブラリの追加方法

　それでは，プログラムを作成してみましょう．今回のプログラム名はLCD_Hiraganaにします．
　「えれきじゃっく！」をすべて表示するとプログラムが長くなってしまうので，ここではひらがなの

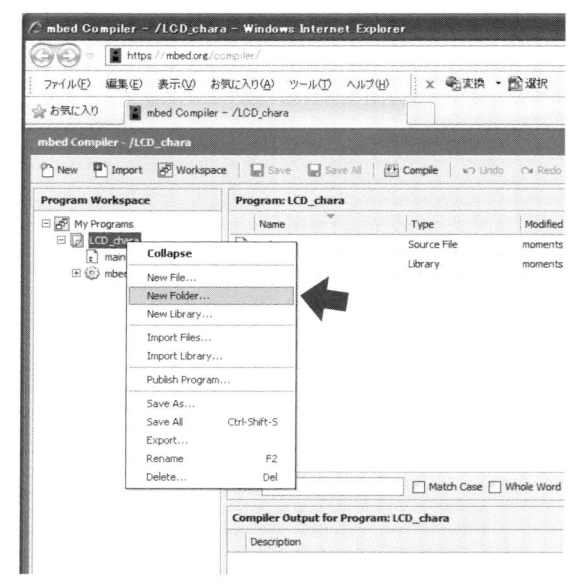

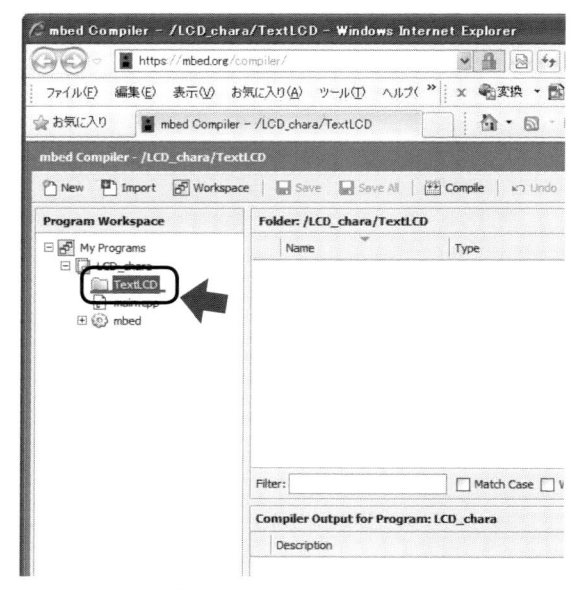

図2-7　フォルダの追加　　　　　　　　　　　　　図2-8　フォルダが追加された

　［え］だけを表示するプログラムを作成します．残りは皆さんが自分の好きな文字や記号を作成し表示してみてください．文字の作成には方眼紙などマス目のそろったものを使うとよいでしょう．
　ライブラリの追加方法ですが，ここではwriteCommand関数とwriteData関数をmain関数から直接呼び出します．本来この二つの関数は，main関数での使用を制限されていて，TextLCDライブラリ内の関数からしか呼び出すことができません．そこで，main関数からもこれら二つの関数を呼び出せるようにライブライを修正します．ただし，これまでのライブラリの追加方法ではライブラリを修正できないため，これまでとは少し違った方法でライブラリを追加します．
　まず，図2-7のようにプログラム名を右クリックし，新しいフォルダを作成してください．フォルダ名はTextLCDとします．すると，図2-8の矢印の先のようにプログラム名の階層の下に新しいフォルダ(TextLCD)が作成されます．
　次に，TextLCDライブラリのTextLCD.cppとTextLCD.hをこのフォルダ内に追加します．mbedのホームページ(http://mbed.org/)からCookbookのLCDs and DisplaysにあるText LCDのリンクをクリックします(図2-9アンダライン)．TextLCDのページに移動したら，このページにあるText LCD Libraryの右下「>> Import this library into a program」(図2-10枠内)のリンクをクリックします．
　すると画面がmbedコンパイラのImport画面(図2-11)に切り替わります．ここで，Import As:のFilesにチェックを付け(図2-11枠)，Target Pathに先ほど作成したTextLCDフォルダを選択(図2-11アンダライン)し，［Import!］ボタンを押します．
　正常にライブラリが追加できたら，図2-12のようにTextLCDフォルダの下にTextLCD.cppとTextLCD.hの二つのファイルが追加されます．
　以上でライブラリの登録が完了しました．
　先ほど紹介したwriteCommand関数やwriteData関数ですが，前にも述べましたがこれらの関

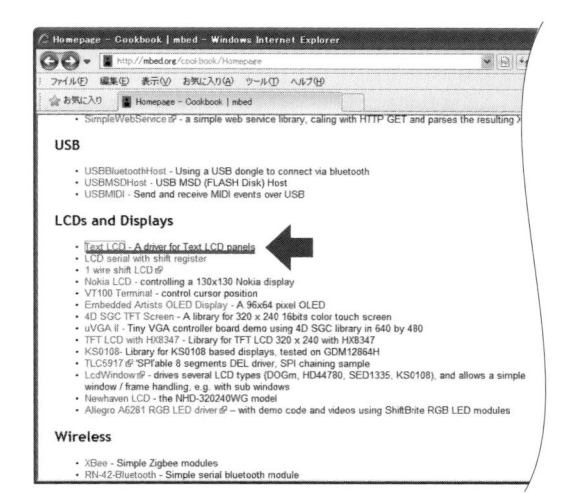

図 2-9　TextLCD ライブラリの追加①

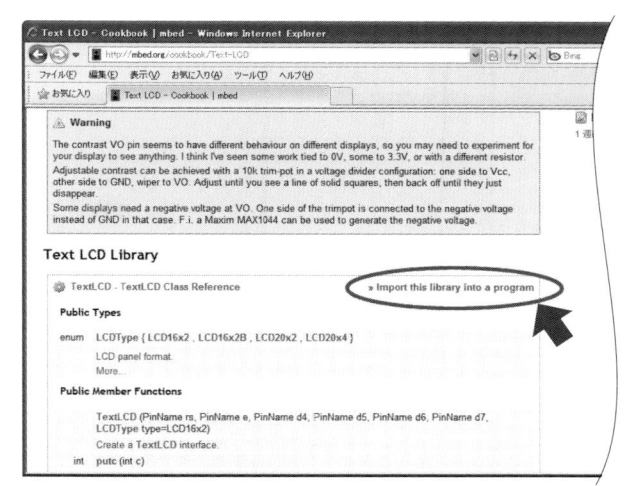

図 2-10　TextLCD ライブラリの追加②

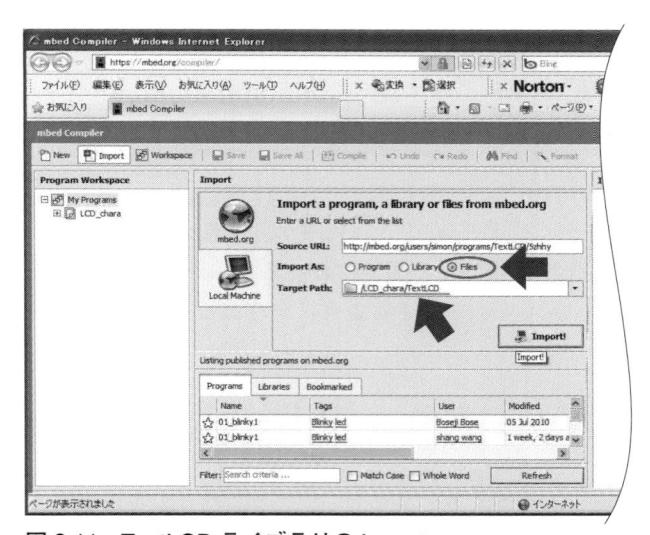

図 2-11　TextLCD ライブラリの Import

数は TextLCD のライブラリ内で使用するための関数であり，main 関数からは利用できない仕様になっています．

そこで，writeCommand 関数と writeData 関数を，main 関数からでも使用できるようにプログラムを変更します．先ほど TextLCD フォルダに保存した TextLCD.h をクリックして，ファイルを開いてください．

protected: と書かれた数行下に以下の関数定義がされています．

```
void writeCommand(int command);
void writeData(int data);
```

この2行を protected: よりも上の行，

```
int rows();
```

2-5　mbed で LCD の外字登録と表示をしてみよう

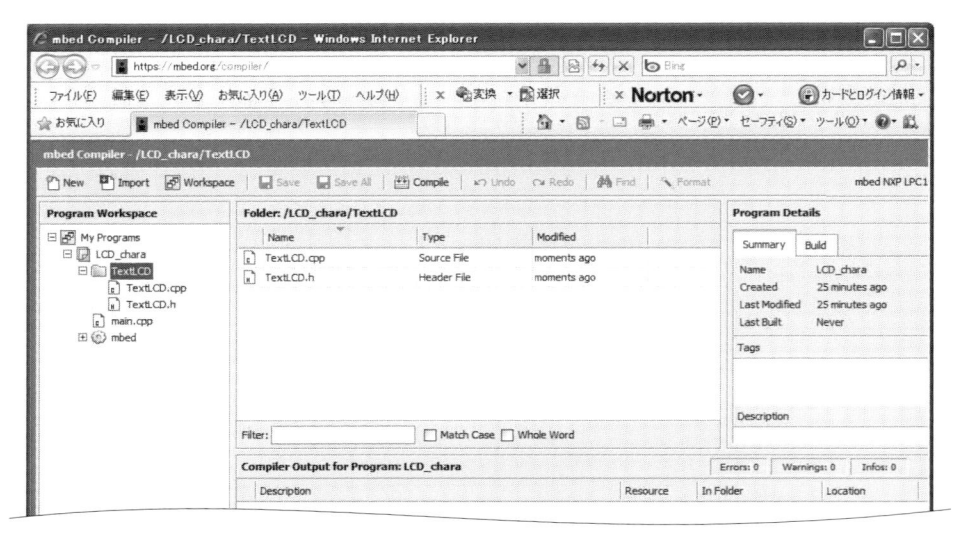

図2-12　TextLCDライブラリの追加

```
int columns();
```
のすぐ下辺りに移動し，ファイルを保存してください．これで，main関数からwriteCommand関数とwriteData関数が利用できるようになりました．

できあがったプログラムを**リスト2-3**に示します．

これで，LCDの上の段の6列目に「え」が表示されます．**写真2-9**は，ひらがなで「えれきじゃっく！」と表示した実行結果です．ちょっと見にくい文字もありますが，ちゃんとひらがなで表示されています．これで，皆さんも好きな文字や記号が表示できるようになりました．ぜひ，楽しい記号や漢字などコード表にないものを作成して表示してみてください．

2-6　文字が流れるプログラムを作成する

最後は文字が左から右に流れるスライド・メッセージ・プログラムを作成します．

文字が移動するプログラムはいろいろな実現方法があると思いますが，その一例です．**図2-13**はスライド・メッセージ・プログラムのフローチャートです．この図を使ってプログラムの流れを説明します．

まずは，処理の概略ですが，ループは大きく分けて前半のループと後半のループの二つあります．

前半のループは，最初の文字列がLCDの右端の位置に表示されてから，左端にスライドするまでの処理を実行していて，後半のループは，最初の文字列が左端から消えてからすべて消えるまでの処理をしています．

それでは16文字がスライドする場合の処理の流れを追ってみましょう．

(1) 最初にforループの初期値としてj=15，k=15が代入され，LCDの右端の位置(locate(15,0))に，文字列の最初の文字(msg[0]：15-15)を表示する．

(2) 次にkの値がforループでカウント・アップされるが，k < SIZEのforループの終了条件によりkのループが終了．

(3) 続いて処理がjのループに戻る．jの値がforループでカウント・ダウンされforループの値が

リスト2-3　LCDの外字登録と表示プログラム LCD_Hiragana

```
#include "mbed.h"
#include "TextLCD.h"

TextLCD lcd(p24, p26, p27, p28, p29, p30);

int main() {
    lcd.cls();
    // CGRAMアドレスの指定．
    // CGRAM(1)にひらがなの「え」のビット・パターンを登録する
    lcd.writeCommand(0x40)     ;
    // 40μ秒待つ
    wait(0.000040f)            ;

    // ここから文字のビット・パターンを1行ずつ設定していく
    lcd.writeData((int)0x08)   ;
    lcd.writeData((int)0x04)   ;
    lcd.writeData((int)0x00)   ;
    lcd.writeData((int)0x1F)   ;
    lcd.writeData((int)0x02)   ;
    lcd.writeData((int)0x04)   ;
    lcd.writeData((int)0x0E)   ;
    lcd.writeData((int)0x19)   ;
    // 40μ秒待つ
    wait(0.000040f);

    lcd.cls();
    // 文字の表示位置を指定する
    lcd.locate(5,0);
    // CGRAM(1)を指定して，その部分に登録されている文字コードの「え」を表示する
    lcd.putc(0x00);

}
```

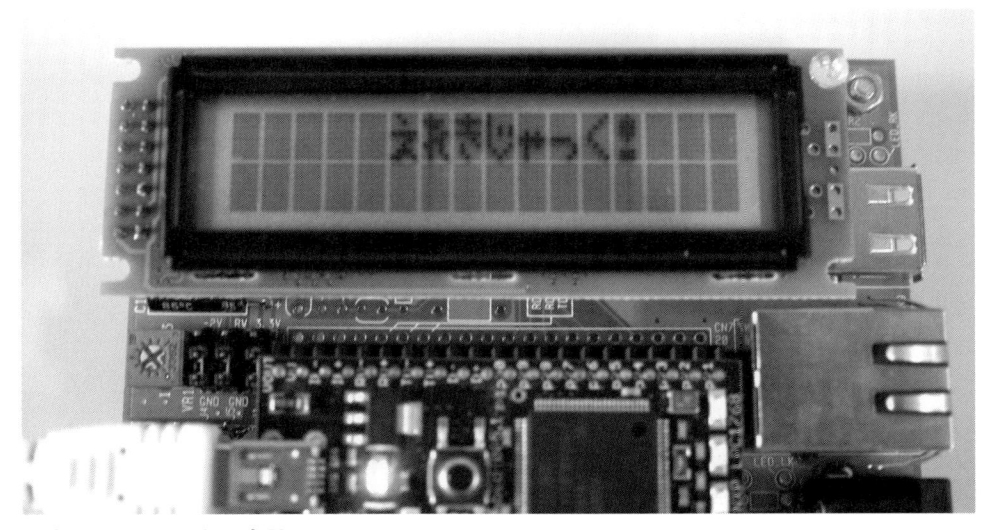

写真2-9　ひらがなの表示

```
                                              ┌─────┐
          START                                 │  1  │
            │                                  └──┬──┘
   ┌────────────────────┐                    ┌────────────┐
   │    msg[]=          │                    │   j = 1    │
   │ "abcdefghijklmnop" │                    └─────┬──────┘
   │ len = strlen(msg)  │                    ┌────────────┐  jのループ
   │ row = 0, SIZE = 16 │                    │   k = 0    │
   └────────────────────┘                    └─────┬──────┘
   ┌────────────────────┐                    ┌────────────┐  kのループ
   │   j = SIZE -1      │ ← jのループ        │locate(k,row)│
   └────────────────────┘                    └─────┬──────┘
   ┌────────────────────┐ ← kのループ
   │      k = j         │
   └────────────────────┘
   ┌────────────────────┐
   │  locate(k,row)     │
   └────────────────────┘
```

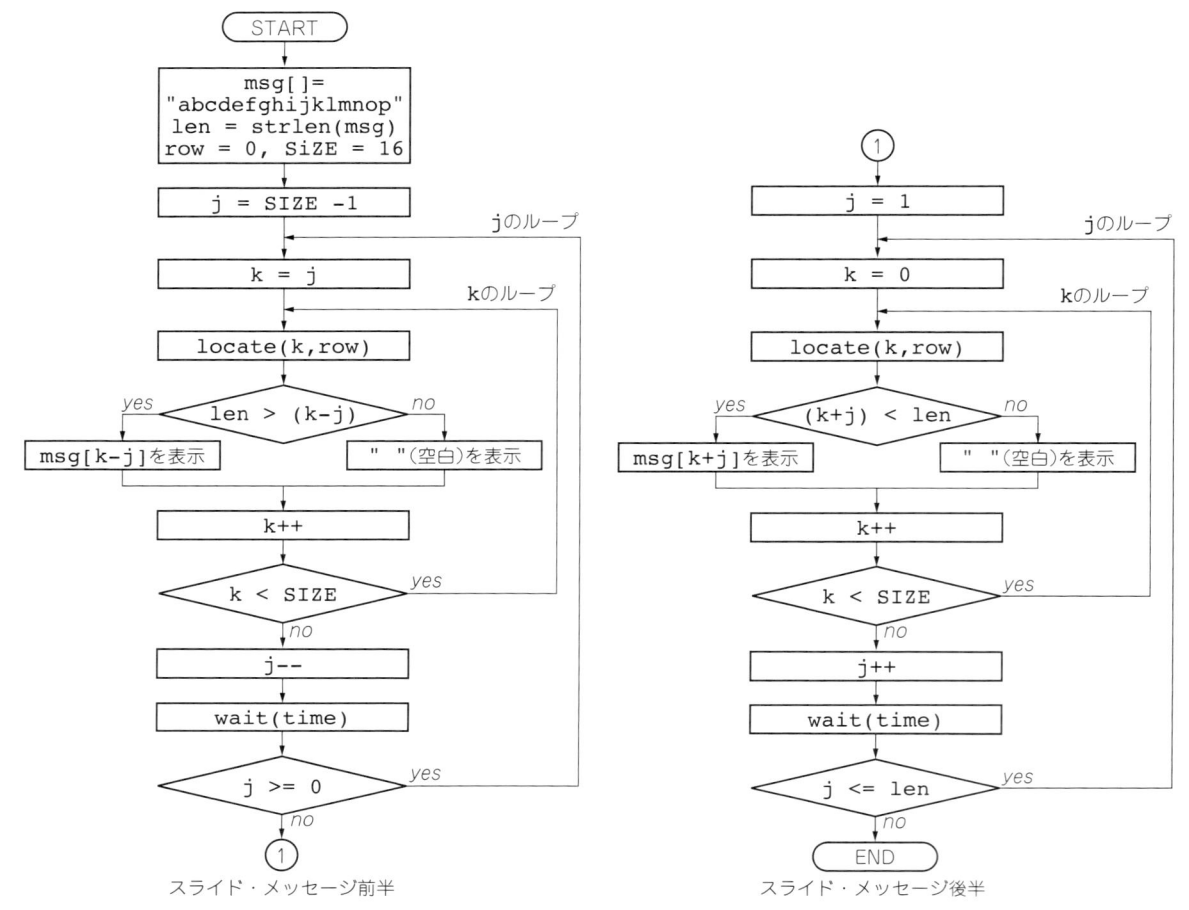

図2-13 スライド・メッセージのフローチャート
（左：スライド・メッセージ前半、右：スライド・メッセージ後半）

左側フロー：len > (k-j) → yes: msg[k-j]を表示 / no: " "(空白)を表示 → k++ → k < SIZE (yesでkのループ戻り) → j-- → wait(time) → j >= 0 (yesでjのループ戻り) → no: ①へ

右側フロー：(k+j) < len → yes: msg[k+j]を表示 / no: " "(空白)を表示 → k++ → k < SIZE (yesでkのループ戻り) → j++ → wait(time) → j <= len (yesでjのループ戻り) → no: END

それぞれ j=14, k=14 となる.

これにより，14列の位置[locate(14,0)]に文字列の最初の文字(msg[0] : 14-14)が表示されます(一つ左にずれる).

さらにkのforループのkの値がカウント・アップされるので，j=14はそのままですが，k=15になります．これにより，右端の位置(locate(15,0))に文字列の2番目の文字(msg[1] : 15-14)が表示されます．

次にkのforループのkの値がカウント・アップされるので，j=14はそのままですが，k=16になります．

このとき，k < SIZE のforループの終了条件によりkのループが終了します．

続いて処理がjのループに戻ります．

このように，文字列の最初の文字が左端に表示されるまで，前半のループが繰り返し実行されます．

この際に，文字列の長さが16文字より短い場合は，len > (k - j)の処理により空白が表示されます．

リスト 2-4　文字が流れるプログラム LCD_SlideMessage

```c
#include "mbed.h"
#include "TextLCD.h"

void slideMessage(char* ,double ,int );
// 流れる文字は slideMessage 関数を使う.
//   message には表示する文字列
//   slidetime は文字がズレる時間
//   row は 0 で上の段, 1 で下の段の文字が流れる
//   上下両方とも流れる文字にはできない
//   slideMessage ( 流れる文字列, 文字がズレる時間, 行の指定 )

TextLCD lcd(p24,p26,p27,p28,p29,p30);
// SIZE は LCD の文字列の長さを表す
#define SIZE 16

void main(void)
{
    // 流れる文字列を作成する.
    // 文字列の変数は static にしないと, 正しく表示されない
    static char msg[] = "1234567890123456" ;
    static char msg1[] = "Welcome to mbed!
             mbed is a tool for Rapid Prototyping with Microcontrollers." ;
    static char msg2[] = "abcdefghijklmnop" ; // Debug にお勧めの文字列

    // 文字列の変数を引数として渡す.
    // 今回は msg1 の文字列で, 0.5 秒ごとにスライドし, 上の段に文字を表示する設定
    slideMessage(msg1, 0.5,0);
    return 0 ;
}

void slideMessage(char msg[], double time,int row)
{
    int j, k ;
    // strlen 関数は文字列の長さを返す関数で, msg[] であれば 16 が len に代入される
    int len = ( strlen(msg) ) ;

    lcd.cls();

    while(1){ // ← Debug の際はこの while をコメントにする
        printf("[len:%d  :: %s]",len,msg); // <= Debug
        printf("----- first loop -----¥r¥n"); // <= Debug
        // 最初の文字が右から現れて, その文字が左端に移動するまでの処理.
        // 最初の文字が左端に移動するまで 16 回の処理が必要になるので,
        // 15 ～ 0 までの 16 回のループになる
        for (j = SIZE -1 ; j>=0 ; j-- ){
            // 変数 k のループは, 表示する文字列の位置を指定するためのループ
            printf("(%2d)",j); // <= Debug
            for ( k = j ; k < SIZE ; k++ ){
                // 表示される文字は 1 文字ずつ増えていく.
                // その位置を変数 k で表している.
                // 最初はのループでは 1 文字しか表示されないので 15,
                // 次のループでは 2 文字表示されるので 15,14,
                // その次は 3 文字表示されるので 15,14,13…
                lcd.locate(k,row);
                if ( len > (k - j) ){
```

リスト2-4 文字が流れるプログラム LCD_SlideMessage（つづき）

```
                    // 表示したい文字は文字配列0から始まる.
                    // 最初のループはmsg[0]を表示し,
                    // 次のループでは, msg[0],msg[1]
                    // その次のループでは, msg[0],msg[1],msg[2]…と増える
                    lcd.printf("%c",msg[k-j])  ;
                    printf("[%2d:%c]",k,msg[k-j]); // <= Debug
                }else{
                    // 文字列が16文字より少ない場合は, スペースを表示
                    lcd.printf(" ")  ;
                    printf("[%2d:*]",k); // <= Debug
                }
            }
            // 時間待ち
            wait(time) ;
            printf("\r\n"); // <= Debug
        }

        printf("----- second loop -----\r\n"); // <= Debug
        // このループは移動した先頭の文字が消えて2番目の文字が左端の位置に移動する
        // 部分からの処理.
        // 文字が16文字を超える可能性があるため, 文字列がすべて消えるだけループする.
        for ( j = 1 ; j <= len   ; j++ ){
            // 変数kは表示位置を指定しているので, 0～15の16回のループが必要になる
            printf("(%2d)",j); // <= Debug
            for ( k = 0; k < SIZE ; k++ ){
                // この時点で最初の文字は左端に表示されている.
                // そのため, 表示位置は左端である0からの表示になる
                lcd.locate(k,row) ;
                // 表示する文字もmsg[1]が最初の文字になる
                if( ( k + j ) < len ){
                    lcd.printf("%c",msg[k+j])  ;
                    printf("[%2d:%c]",k,msg[k+j]); // <= Debug
                }else{
                    // k+j<lenの条件でない場合は, スペースを表示する.
                    // 例えば16個ある文字列を表示する場合は, 最初の文字は
                    // 左端に消えているため, 最後の15列目はスペースを表示
                    // しなくてはならない.
                    // その条件が (k+j)<lenという条件になる
                    lcd.printf(" ")  ;
                    printf("[%2d:*]",k); // <= Debug
                }
            }
            // 時間待ち
            wait(time) ;
            printf("\r\n"); // <= Debug
        }
    }  // ← Debug にはこのwhileをコメントにする
}
```

写真2-10 スライド・メッセージの実行画面

(4) 前半のループが終了するとLCDの左端に文字列の最初の文字が表示される．
(5) ここから，後半のループに処理が移る．基本的には前半のループと似たような処理になる．

　最初にforループの初期値として，j = 1, k = 0が代入され，LCDの左端の位置[locate(0, 0)]に，文字列の2番目の文字(msg[1] : 0+1)を表示します．次にkの値がカウント・アップされ，j=1, k=1になり，locate(1,0), msg[2]が表示され，kの値が15になるまでカウント・アップしていくとmsg[3]以降の文字列が順次表示されていきます．

　この際に，文字列の長さが16文字より短い場合は，(k+j) < lenの処理により空白が表示されます．
(6) 次にjの値がカウント・アップされ，j=2, k=0となる．

　locate(0,0)の位置には，msg[2]が表示され，kのループによりmsg[2]以降の文字列が順次表示されていきます(一つ左にずれる)．
(7) jの値が文字列の長さを超えると，jのループが終了し，最初の前半のループに戻る．

　文章だけではわかりにくいと思うので，プログラムで動作を確認しながら理解してみてください．
　プログラム内に記述されている[// <= Debug]の行は，直接処理には関係ありませんが，ターミナ

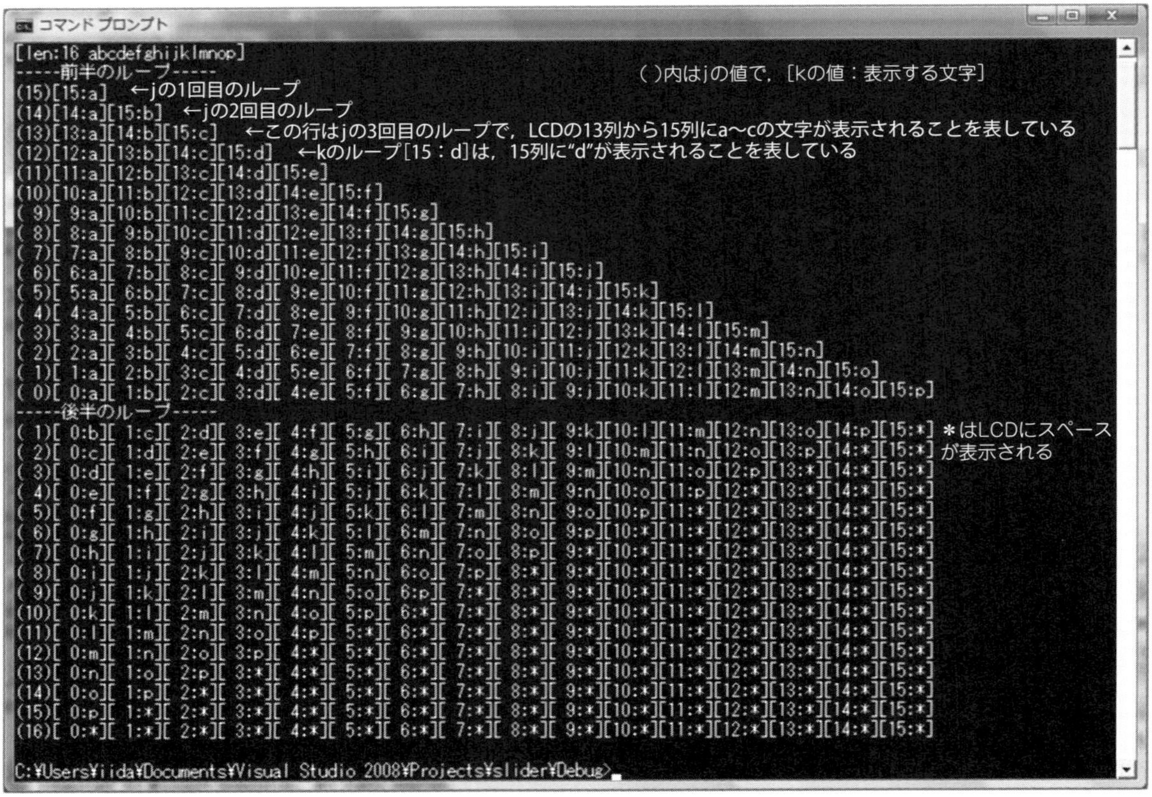

図2-14 Debug で printf の値を表示した

ルをmbedに接続して動作を確認するときに，動作がイメージしやすいように変数の値を表示するようにしています．不要であれば，削除してください．

このプログラム名はLCD_SlideMessageにします．プログラムを**リスト2-4**に示します．

写真2-10が実行結果です．図では少し見にくいですが，上から順に0.5秒ごとに文字が右から左に1文字ずつ移動しているのが確認できます．

プログラムが少しわかりにくいのですが，TeraTermなどのターミナルからDebug用のprintf関数の表示結果を確認すると，動作を理解しやすいと思います．いろいろ表示する文字列を変えながら動作を確認してみてください．

図2-14はTeraTermではないのですが，aからpの16文字の文字列をスライド表示した場合のprintfの表示結果です．プログラム内のコメントを参考にしながら，動きを確認してみてください．動きが理解できたら，ぜひ皆さんで自分オリジナルの文字スライド・プログラムの作成にチャレンジしてみてくださいね．

[第3章]

外部メモリの活用
SDカードを使って ファイルを操作するプログラムを作る

飯田 忠夫

　マイコンはパソコンのようにサイズの大きなデータを扱うことが少ないため，一般的にハードディスクのような大容量の記憶装置は搭載していません．しかし，プログラムや設定データ，サイズの小さいデータを保存するための領域は必要です．そこで，ハードディスクの代わりにフラッシュ・メモリを搭載し，その領域に必要なデータを保存しています．フラッシュ・メモリと聞くとあまり馴染みのないものに聞こえますが，消費電力が小さく耐衝撃性に優れることから，マイコンや組み込み機器では補助記憶装置として一般的に使用されています．ほかにも，皆さんが普段使っているUSBメモリやSDカードなどにも使用されているほか，最近ではノート・パソコンのハードディスク[*1]に使われることも多くなりました．

　そこで，ここではマイクロSDを使った事例をいくつか紹介します．**表3-1**は今回使用する部品の一覧で，第2章で使用した部品と重複しているものもあります．

表3-1 SDカードを使ったデータの読み書きで使う部品

品名	型式	参考価格[円]	備考
☆board Orange		3900	きばん本舗 完成基板 (http://kibanhonpo.shop-pro.jp/?pid=22678756)
ブレッドボード	EIC-801	250	秋月電子通商 EIC-801：(http://akizukidenshi.com/catalog/g/gP-00315/) EIC-102J：(http://akizukidenshi.com/catalog/g/gP-02314/)
	EIC-102J	600	
マイクロSDカード・スロット・ピッチ変換基板	SFE-BOB-00544	995	switch-science(http://www.switch-science.com/products/detail.php?product_id=36) ※☆board Orange 使用の場合は不要
温度センサ	LM35	100	秋月電子通商(http://akizukidenshi.com/catalog/g/gI-00116/)
湿度センサ	CHS-UGS	3360	共立エレショップ(http://eleshop.jp/shop/g/g789139/)
圧電スピーカ	SPT08	100	秋月電子通商(http://akizukidenshi.com/catalog/g/gP-01251/)
トランジスタ	2SC1815	100	秋月電子通商(http://akizukidenshi.com/catalog/g/gI-00881/)
単線	各1m	—	直径0.5mmくらい，赤・黒のほかにも複数の色があるとよい
抵抗	10 kΩ	—	1本
抵抗	2 kΩ	—	1本
抵抗	1 kΩ	—	2本
OPアンプ	LM358	100	秋月電子通商(http://akizukidenshi.com/catalog/g/gI-02324/)
電解コンデンサ	100 μF	—	1個
セラミック・コンデンサ	0.1 μF	—	1個
ボタン電池基板取付用ホルダ		50	秋月電子通商(http://akizukidenshi.com/catalog/g/gP-00706/)

(*1) SSD(Solid State Drive)

3-1 ファイルにデータを書き込む

　mbedはフラッシュ・メモリを内蔵していて，ユーザが自由に使える領域があります．そこで，その領域にデータを書き込むプログラムを作成したいと思います．

　ここでは，プログラムについての詳しい説明はしませんが，図3-1のファイル処理の流れに書かれている番号とプログラム内のコメント欄にある番号が対応しているので，ファイル処理についての大まかな流れをつかんでください．

　作成するプログラムは，mbedに保存されているファイルの一覧情報を取得し，ファイル(filelist.txt)に書き込むというものです．

　mbedのホームページにある[Handbook]→[Other]→[LocalFileSystem]に記述されている内容も参考にしながらプログラムを作成します．それではコンパイラを起動し，新しいプログラム[SD_Filelist]を作成してください．プログラムをリスト3-1に示します．

　プログラムが正常に動作すると，mbedのプログラムを書き込んでいる場所に[filelist.txt]というファイルが作成され，ファイル一覧が記録されます(図3-2)．mbedのファイル名は8.3形式なのでファイル名が8文字，拡張子が3文字で表されており，ファイル名の部分が8文字を超えると~1などに置き換わった短縮系で表示されます．

　プログラムでファイル名を取得する部分は構造体やポインタなどが出てきて少し難しくなってしまいましたが，この部分の処理については難しければ理解する必要はなく，ファイル処理の手順が理解できれば十分です．

　実はローカルのフラッシュ・メモリにデータを書き込むこのプログラムは，あまりお勧めできません．フラッシュ・メモリは，構造上データを書き込む回数に限度があるため，頻繁にデータを書き込むようなプログラムはできるだけmbed内蔵のフラッシュ・メモリを使用せず，SDカードなどの補助記憶装置を利用するようにしましょう．ここで紹介している程度の書き込みであれば影響はありませんが，フラッシュ・メモリは永久に使用できないことは頭の片隅に置いておく必要があります．

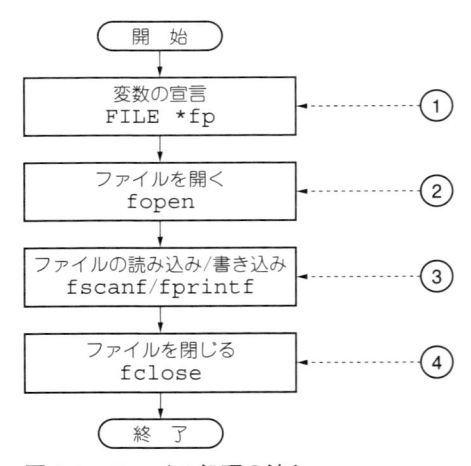

図3-1　ファイル処理の流れ

図3-2　ファイル・リストの一覧

リスト 3-1　内蔵フラッシュ・メモリの読み書き SD_Filelist

```
#include "mbed.h"

//   localファイル・システムへアクセスするためのpathをlocalに設定している.
//   標準ライブラリを使用するので，ライブラリを追加する操作は必要はない
LocalFileSystem local("local");

int main() {
    // DIR構造体のポインタ宣言.
    // ディレクトリ(フォルダ)の情報にアクセスするためのポインタ
    DIR *d;

    // dirent構造体のポインタ宣言.
    // この構造体にファイル名が格納されている
    struct dirent *p;

    FILE *fp;                              ← ① 変数(ファイル・ポインタ)の宣言
    int i=1;

    // 取得したファイル名一覧を書き込むためのファイルを開く.
    // 最初の引数はファイル名，2番目の引数は読み書きなどファイルにアクセスするモードを指定する
    fp = fopen("/local/filelist.txt","w"); ← ② ファイルを開く

    // 正常にファイルが開けないときはNULLを返す.
    // エラー処理は必ず行うこと
    if(fp== NULL) {
        printf("File /local/filelist.txt could not be opened!\r\n");
        exit(1);
    }

    // localディレクトリ(フォルダ)をオープンする.
    // 正常に開けないときはNULLを返す
    d = opendir("/local");

    if (d != NULL) {
        // ディレクトリ(フォルダ)にアクセスし，ディレクトリ内にあるdirentのポインタを返す
        while ((p = readdir(d)) != NULL) {
            // dirent構造体からファイル名を取得しファイルに書き込む
            fprintf(fp,"[%2d] - %s\r\n",i,p->d_name);  ← ③ ファイルの読み込み/書き込み
            i++;
        }
    } else {
        // ディレクトリが開けないときの処理
        printf("Could not open directory!\r\n");
        exit(1);
    }

    // 開いたディレクトリを閉じる
    closedir(d);

    fclose(fp);                            ← ④ ファイルを閉じる
}
```

3-2 SDカード・スロットの準備

内蔵のフラッシュ・メモリにデータを書き込むのはお勧めできないということで，さっそく補助記憶装置にマイクロSDカードを使った事例を紹介します．ここでは，SparkFunの商品で，スイッチサイエンス社などで販売されているマイクロSDカード・スロット・ピッチ変換基板(**写真3-1**)を使用します[*2]．

最初に，マイクロSD用基板に端子を取り付けます．基板に取り付ける端子はピン・ヘッダでもピン・ソケットでも皆さんの使い勝手の良いほうでかまいません．今回はブレッドボードに取り付けて利用するので，**写真3-2**のようにピン・ヘッダを取り付けました．ピン・ヘッダを取り付けたら**図3-3**のようにmbedとマイクロSD用基板を接続します．**写真3-3**は実際にmbedとマイクロSD基板を接続したものです．

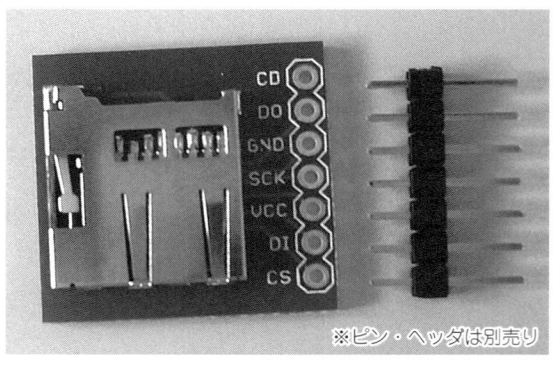

写真3-1　マイクロSD基板
※ピン・ヘッダは別売り

写真3-2　マイクロSD基板にピン・ヘッダを取り付けた

Column…3-1　mbedが消えちゃった！

ローカル・ファイルを操作するプログラムを実行すると，mbedがマスストレージとして認識されなくなることがあります．そんなときは，落ち着いてリセット・ボタン(**写真3-A**枠内)を押し続けてください．

しばらくするとストレージとして認識されるので，不具合のプログラムを削除するか，新しいプログラムを書き込んでください．正しいプログラムが書き込まれると，また認識されるようになります．

枠内のリセット・ボタンを長押しすると，mbedがマスストレージとして再認識される

写真3-A　mbedのリセット・ボタンの位置

(*2) LCDの事例でも紹介しているが，mbedにはいくつかの評価用ボードが販売されている．もし，いろいろなデバイスを試すつもりなら評価ボードの導入をお勧めする．

mbed		マイクロSD
	mbed Vout —	uSD V_{CC}
	GND —	uSD GND
(SPI mosi)	mbed P5 —	uSD DI
(SPI miso)	mbed P6 —	uSD DO
(SPI sclk)	mbed P7 —	uSD SCK
(DigitalOut cs)	mbed P8 —	uSD CS

図 3-3　mbed-マイクロ SD の接続図

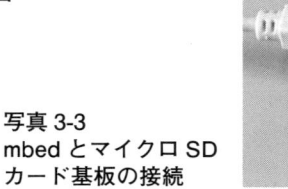

写真 3-3
mbed とマイクロ SD
カード基板の接続

3-3　SDFileSystem ライブラリとファイル入出力関数について

　mbed からマイクロ SD にデータを読み書きするには，SDFileSystem ライブラリを使用します．
　先ほど使用した LocalFileSystem ライブラリでは，サブディレクトリなどはサポートされていませんでしたが，SDFileSystem ライブラリでは使用できるなど，SD カードを使ったファイル処理のプログラムが簡単に作成できます．注意点として，このライブラリでもファイル名は 8.3 形式で作成してください．
　それでは，SDFileSystem ライブラリとファイル入出力に関連する主な関数について，ファイル処理の手順に従って確認していきましょう．

(1) 初期化関数（コンストラクタ）

```
SDFileSystem sd(PinName mosi, PinName miso, PinName sclk,
PinName cs, PinName name );
```

　SDFileSystem クラスの変数（オブジェクト）を初期化するために使用する初期化専用関数です．引数にはマイクロ SD 基板と接続した mbed の端子番号を与えます．☆board Orange や図 3-3 に従って mbed とマイクロ SD 基板を接続した場合は，引数に以下のような端子番号を与えます．

```
SDFileSystem sd(p5, p6, p7, p8, "sd");
```

(2) ファイル・ポインタ変数の宣言

```
FILE *fp ;
```

　ファイルの操作はファイル・ポインタを介して行われます．ファイル・ポインタとは，ファイルに関する情報が格納されている FILE 構造体にアクセスするためのポインタ変数です．

(3) ファイルを開く

```
fp = fopen("filename","mode");
```

　ファイルにデータを読み書きする前に，ファイルを開く処理が必要です．

fopen関数は，正常にファイルを開くとファイル・アクセスに必要なファイル・ポインタを返し，ファイルが開けない場合はNULL(ナル)を返すので，この場合はエラー処理を行います．

fopen関数では引数に，アクセスするファイル名とファイル・モードを指定します．ファイル名の引数は，ファイル名を8.3形式にしないと正常にアクセスできないので注意が必要です．また，SDカード内のファイルにアクセスする際，SDFileSystemの初期化関数の引数[name]で指定した名前を使って，[/sd/filename]というように絶対パスで指定しないと，やはり正常にアクセスできません．

これから紹介する製作事例でのファイル・モードは，読み込みの場合は'r'を，書き込みの場合は'a'モード(追加)を指定しています．ファイル・モードの詳細はここでは詳しく述べませんが，インターネットに詳しく解説されたページが多数あるのでぜひ調べてみてください．ちなみに書き込みモードを'w'にすると毎回上書きされてしまうので，注意してください．

(4) データの読み込み

```
fscanf(fp,"%c %d %c ",&pitch,&scale,&ln);
```

fscanf関数はファイルから書式に従ってデータを読み込み，ファイルの最後のデータを読み込むとEOF(ファイルの終端)を返します．

そこで，while文を使ってfscanf関数がEOFを返すまで繰り返しデータを読み込む処理を行います．ファイルからのデータ読み込みには，ほかにも1行ずつデータを読み込むfgets関数などがあるので，状況によって使い分けるとよいでしょう．

(5) データの書き込み

```
fprintf(fp,"%5.2f,%5.2f",temp,temp*55.0);
```

printf関数とほぼ同じように使うことができます．後からExcelなどで処理することを考慮して，CSV形式やファイルの桁をそろえて出力するようにします．

(6) ファイルを閉じる

```
fclose( ファイル・ポインタ )
```

fopenで開いたファイルは必ずfcloseで閉じなくてはいけません．

以上が今回使用するファイル処理に関する命令文です．プログラム中でも簡単に解説しています．

以降の製作事例では，マイクロSD基板以外にキャラクタLCDも使用しています．キャラクタLCDとmbedの接続は第2章の事例を参照し接続してください．また，キャラクタLCDを使わない場合は，LCDに表示する部分をターミナルに出力するように変更すると値を確認することができます．

3-4 オリジナル楽譜データをマイクロSDから読み込み音楽を鳴らしてみよう！

最初にファイルからデータを読み込むプログラムを作成します．このプログラムは，マイクロSDからオリジナルの楽譜データを読み込んで音楽を鳴らします．曲は「夏の思い出」の楽譜データを作成しました(リスト3-2)．それでは，楽譜データの作り方を説明します．楽譜データは「音名」「音長」「音高」の三つのデータで一つの音符を表しています．

最初のデータは，ドレミファソラシドで表される音名データです．音名データは英語式のABCDを使

リスト 3-2 夏の思い出のデータ

```
E 4 E        D 4 E        F 4 Q        G 4 E        F 4 E
E 4 E        C 4 Q        E 4 E        E 4 E        D 4 E
F 4 E        R 4 Q        D 4 E        E 4 E        D 4 E
G 4 Q        E 4 E        D 4 E        G 4 S        D 4 E
E 4 E        F 4 E        C 4 q        G 4 S        E 4 E
D 4 E        G 4 Q        R 4 Q        G 4 S        F 4 q
D 4 E        F 4 Q        A 5 E        F 4 E        R 4 Q
D 4 E        D 4 E        A 5 E        E 4 Q        E 4 E
E 4 E        D 4 E        A 5 E        F 4 Q        E 4 E
F 4 Q        D 4 E        B 5 E        E 4 E        G 4 E
R 4 Q        E 4 E        C 5 Q        D 4 E        B 5 E
E 4 E        R 4 Q        B 5 E        D 4 E        A 5 E
F 4 E        F 4 E        G 4 E        R 4 Q        A 5 Q
E 4 E        D 4 E        E 4 E        E 4 Q        A 4 Q
G 4 E        E 4 E        R 5 Q        E 4 E        B 4 E
F 4 E        F 4 E        G 4 E        R 4 Q        D 4 E
F 4 Q        F 4 E        A 5 E        E 4 E        C 4 D
E 4 Q        G 4 E        F 4 E        F 4 E        R 4 Q
D 4 E ⤶      F 4 E ⤶      R 4 D ⤶      G 4 Q ⤶
```

表 3-2 楽譜記号

(a) 音名表

ソ#／ラ♭	ラ	ラ#／シ♭	シ	ド	ド#／レ♭
a	A	b	B	C	d
レ	レ#／ミ♭	ミ	ファ	ソ	休符
D	e	E	F	G	R

(b) 音の高さ

標準×0.25	標準×0.5	標準	標準×2	標準×4
2	3	4	5	6

(c) 音の長さ

全音符(休符)	付点2分音符	2分音符	付点4分音符
W	t	D	q
4分音符	8分音符	16分音符	32分音符
Q	E	S	T

用しており，表3-2(a)のようにラがA，シがB，…ファがF，ソがGとなっています．また，♭の音名はそれぞれアルファベットの小文字で表し，休符がRになります．音名はその音に対応した周波数がわかれば自由に追加できます．

　表3-2(b)が音高データです．音の高さは2～6の5段階で，数字が大きくなるほど高い音になり標準は4になります．プログラムでは音高が一つ上がると周波数が2倍，一つ下がると1/2倍になります．

　表3-2(c)が音長データで，これもアルファベットで表します．

　音長データは4分音符が基準になっていて，この音符で0.5秒の長さになります．したがって，8分音符は0.25秒（= 0.5 ÷ 2）で2分音符は1秒（= 0.5 × 2）の長さになります．

　もし，音長の種類が不足していればプログラムに音長記号を追加することで簡単に増やすことができるので，適当に追加してください．

　いま説明した三つの楽譜データを使って標準の「ラ」の全音符を表すと，[A 4 W]という三つの英数字で表すことができます．この際に，それぞれの文字の間を1文字のスペースで区切って1行に1個の音符データを記述します．

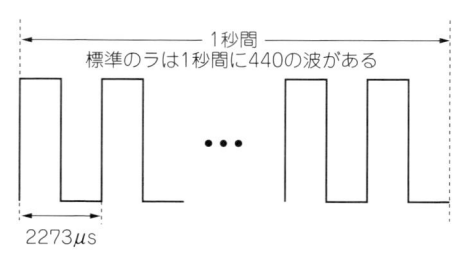

図 3-4　標準的なラの音の周波数と周期

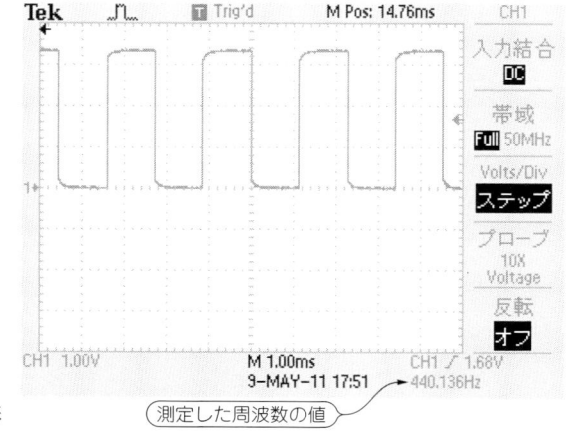

図 3-5
mbed が出力した「ラ」の波形

ちなみに「夏の思い出」の出だし ミ，ミ，ファ，ソを楽譜データで表すと，

```
E 4 E
E 4 E
F 4 E
G 4 Q
```

のようになります．
　次にこの楽譜データからどうやって音を鳴らすかですが，これは音符によって1秒間に繰り返す波の数が決まっています．例えば，標準のラの音を出すためには1秒間に440個の波を出力しなくてはいけません．ちなみに，この1秒間に繰り返す波の数のことを周波数といい，1秒間に440個の波を出力すると周波数が440Hzと言います．また，周波数の逆数は波一つ分の時間で周期といい，ラの場合は1周期が$2273\mu s (= 1 \div 440)$になります（図 3-4）．周期は出力する周波数を設定する際に使用します．
　mbed から波を出力するにはいくつか方法があります．本来この波は正弦波と呼ばれる滑らかな曲線で表されるのですが，今回はプログラムを簡単にするため方形波という角ばった波形を使用しました．この方形波を出力するのに PwmOut ライブラリを使用します．PWM（Pulse Width Modulation，パルス幅変調）は一定の周期でパルスの幅[ON と OFF の割合（デューティ・サイクル）]を変えることで，モータの速度などを制御する際に利用します．今回はこのデューティ・サイクルを 0.5（ON と OFF の割合が同じ）と 0.0「すべて OFF（休符）」の二つの状態で使用しています．楽譜データに対応した周波数を出力するには，楽譜データの周期を `period_us()` 関数の引数に「マイクロ秒」で与えます．例えば「ラ」の場合 2273 を引数として与えると，440Hz の方形波が出力されます．
　図 3-5 は mbed から出力した「ラ」の音をオシロスコープで観測した測定結果で，正しく 440Hz の方形波が出力されていることが確認できます．また，mbed の出力端子に圧電スピーカを接続すると「ラ」の音が聞こえました．しかし，残念ながら圧電スピーカではすべての音を表現できなかったり，微妙に音がズレる場合もあるので，すべての曲が鳴らせるわけではありません．
　それでは，図 3-6 のフローチャートを見ながらプログラムを作成していきましょう．今回のプログラム名は[SD_Music]にします．まず最初にプログラム名を右クリックし（図 3-7），[NewFile]で MySound.h と MySound.cpp の二つのファイルを作成します（図 3-8）．

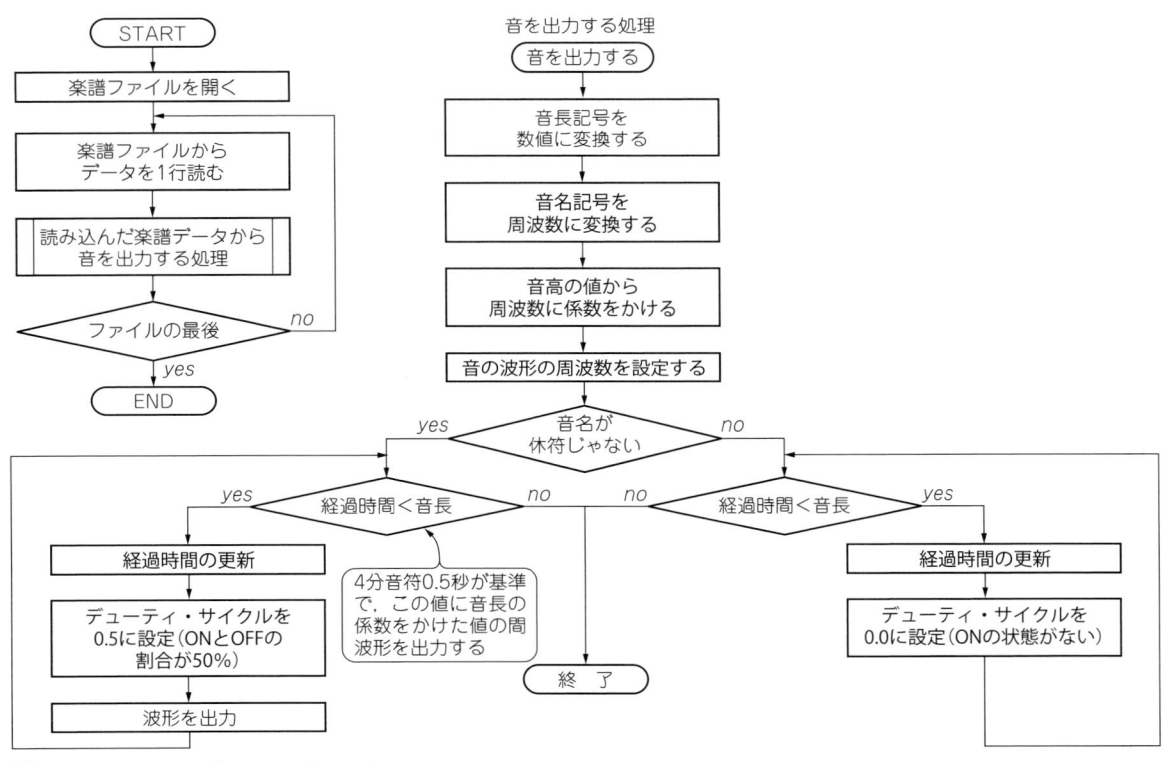

図 3-6　SD_Music のフローチャート

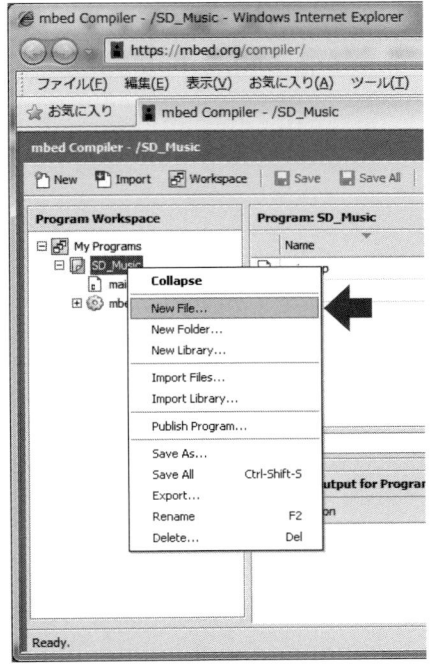

図 3-7
新規ファイルの追加

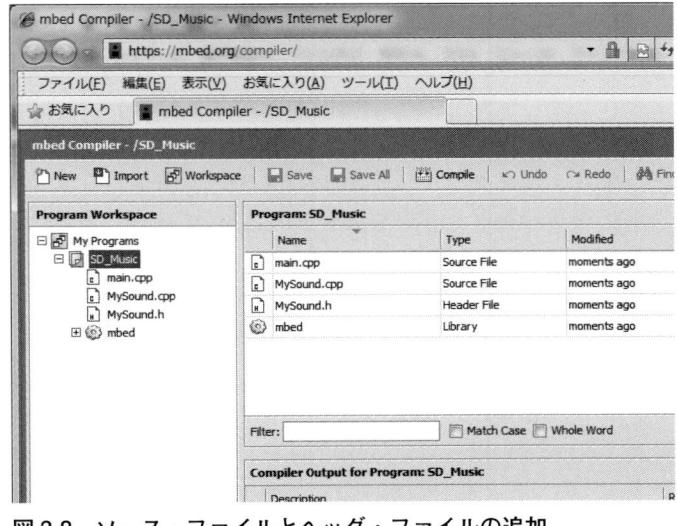

図 3-8　ソース・ファイルとヘッダ・ファイルの追加

リスト 3-3　ヘッダ・ファイル MySound.h

```cpp
// --- MySound.h ---
// 以下の 2 行と最後の行は多重定義を防止するため
#ifndef MBED_MY_SOUND_H
#define MBED_MY_SOUND_H

#include "mbed.h"

class MySound {

public :
    // MySound クラスのコンストラクタ　初期化関数
    MySound(PinName out);

    // 楽譜データを引数として与えるとそれに応じた方形波を出力する関数
    void play(char,int,char);

protected:
    // 方形波を出力するためのメンバ変数
    PwmOut _out;

    // Timer オブジェクトで音を出力する時間を調整するためのメンバ変数
    Timer t;
};

#endif
```

続いて，以下の二つのライブラリをプログラムに作成してください．
▶ [TextLCD] キャラクタ LCD 用ライブラリ
▶ [SDFileSystem] SD カード用ライブラリ
　　　[Cookbook]→[Storage & Smart Cards]→[SD Card File System]→ SDFile System ライブラリを追加する．
それでは，ヘッダ・ファイルから作成していきましょう．
　MySound.h に楽譜データから方形波を出力するための MySound クラスを定義します．MySound.h は MySound クラスの設計図みたいなものです．**リスト 3-3** にヘッダ・ファイルの内容を示します．
　次に MySound.cpp(**リスト 3-4**)に MySound クラスで宣言した関数の実体を記述します．また**リスト 3-5** に main 関数を示します．
　最後に動作回路ですが，圧電ブザーを mbed の GND と P21 端子に直接接続すると，圧電ブザーに強い衝撃が加わったり，電荷がたまった状態で mbed に接続すると瞬間的に高電圧が加わり mbed を壊す危険があります．
　そこで，**図 3-9** のようにツェナー・ダイオードやトランジスタで保護回路を設けるようにしてください．**写真 3-4** は実際に製作した回路で曲を演奏しているようすです．圧電ブザーだとうまく出せない音もありますが，ちゃんと曲を演奏することができました．ぜひ，皆さんも楽譜からデータを作成して自分の好きな曲を鳴らしてみてくださいね．

リスト 3-4　楽譜データから方形波を出力する関数 MySound.cpp

```cpp
// --- MySound.cpp ---
// MySound.hをinclude(インクルード)する．これをincludeしないとエラーになる
#include "MySound.h"

// MySoundクラスのコンストラクタ(初期化関数)
// クラスのメンバ変数である_outを初期化するには初期化リストを使用する．
// 初期化リストの記述方法は，コンストラクタ名(引数):メンバ変数(引数),…
// 初期化リスト _out(out) は メンバ変数 _out に引数 out の値を代入するということ
MySound::MySound(PinName out) : _out(out){

}

// play関数の処理を記述する．
// プログラムは少し長いが，処理内容はとても簡単．
// ファイルから読み取った記号データを数値などに変換するために，switch文によって処理を
// 分岐しているだけ
void MySound::play(char pn,int s, char l)
{
    // play関数内で使用するローカル変数の宣言
    double freq,f;
    float length ;
    int scale ;
    int begin;

    // ここでは，音長データの記号を数値に変換している．
    // 例えば l の値が 'W' だったら，length に 4 が代入される．
    // 4分音符(Q)の長さが基準になっていて 0.5[s] にしている．
    // この値に length の値を乗算したものが音符の長さになる
    switch(l){
        case 'W':
            length = 4 ;
            break ;
        case 't':
            length = 3;
            break ;
        case 'D':
            length = 2 ;
            break;
        case 'Q':
            length = 1;
            break;
        case 'q':
            length = 1.5;
            break;
        case 'E':
            length = 0.5;
            break;
        case 'S':
            length = 0.25;
            break;
        case 'T':
            length = 0.125;
            break;
        default:
            length = 1;
```

リスト 3-4　楽譜データから方形波を出力する関数 MySound.cpp（つづき）

```cpp
    }

    // 音名データの記号を周波数（freq）に変換する
    switch(pn){
        case 'a':   // G#/ Ab ソ# / ラb
            freq = 415.30469 ;
            break;
        case 'A':   // A ラ
            freq = 440.0;
            break ;
        case 'b':   // A#/Bb ラ# / シb
            freq = 466.16876;
            break;
        case 'B':   // B シ
            freq = 493.88330;
            break ;
        case 'C':   // C ド
            freq = 261.62556;
            break ;
        case 'd':   // C#/Db ド# / レb
            freq = 277.18263;
            break ;
        case 'D':   //D レ
            freq = 293.66476;
            break;
        case 'e':   // D#/Eb レ# / ミb
            freq = 311.12698;
            break ;
        case 'E':   // E ミ
            freq = 329.62755;
            break ;
        case 'F':   //F ファ
            freq = 349.22823;
            break;
        case 'g':   // F#/Gb ファ# / ソb
            freq = 369.99442;
            break ;
        case 'G':   // G ソ
            freq = 391.99543;
            break ;
        case 'R':   // REST 休符
            freq = 0.0;
            break ;
        default:
            freq = 440;
    }

    // 音高データの数値が一つ上がるごとに周波数が倍になり，一つ下がるごとに 1/2 倍になる．
    // 基準の音高データは 4 になっている
    switch ( s ){
        case 6:
            f = freq * 4 ;
            break;
        case 5:
```

```
            f = freq * 2 ;
            break;
        case 4:
            f = freq;
            break;
        case 3:
            f = freq / 2 ;
            break;
        case 2:
            f = freq / 4;
            break;
        default:
            f = freq ;
        break ;
    }

    // 周期とは波一つ分の時間で，周波数は1秒間に繰り返す波の数．
    // 周期と周波数には　周期 = 1/周波数という関係が成り立つ．
    // period_us()関数の引数に周期をマイクロ秒の単位で指定すると，その周期の方形波が出力される．
    // (1.0/f)は周期の単位が秒なので，単位をマイクロ秒にするため，1e(1×10⁶)を乗算している
    scale = (int)((1.0/f)*1e6) ;
    _out.period_us(scale);

    // 波形を出力する時間はタイマ関数で測定している．
    // (1)whileに入る前の時間を取得する．
    // (2)経過時間と音長データを比べて，音長データが大きい間はループ内を実行し
    //    波形を出力する．このときに，ループを1回処理するごとに時間を取得し
    //    経過時間を更新する．
    // (3)経過時間が音長データより大きくなったらループを抜ける．
    // 4分音符の時間を0.5秒としていて，0.5に音長記号で変換した係数を乗算することで
    // 波形を出力する時間を決めている
    t.start();
    begin = t.read_ms() ;
    if ( pn != 'R' ){
        while(t.read_ms()-begin < (int)(500 * length) ){
            // デューティ・サイクルを0.5(OnとOffの時間が半分ずつ)にしている
            _out.write(0.5f);
        }
    }else{
        while(t.read_ms()-begin < (int)(500 * length) ){
            // 休符の場合はONの割合を0[%]にして出力する
            _out.write(0.0f);
        }
    }
    t.stop();
    t.reset();
}
```

リスト 3-5　MySound の main 関数

```
// --- main 関数 ---
#include "mbed.h"
//LCD とマイクロ SD を使うので，ヘッダ・ファイルを include する
#include "TextLCD.h"
#include "SDFileSystem.h"
// 自作の MySound.h も include しておく
#include "MySound.h"

// コンストラクタの呼び出し
TextLCD lcd(p24, p26, p27, p28, p29, p30);
SDFileSystem sd(p5, p6, p7, p8, "sd") ;
MySound music(p21) ;

int main() {
    char pitch , ln;
    int scale;
    // ファイルを操作するので，ファイル・ポインタの宣言をする
    FILE *fp;
    int n;
    lcd.cls();

    // ファイルを開く処理．
    // fopen(" ファイル名 ","MODE")
    // ファイルが何らかの原因で開けない場合は，fopen 関数は NULL を返すので，
    // プログラムが終了する．
    // fopen を使う場合は必ずエラー処理を設ける．
    // 正常にファイルが開けたら，fopen 関数はファイル・ポインタを返すので，
    // ファイル・ポインタを使ってファイル操作が可能になる
    if ( (fp = fopen("/sd/music.txt","r")) == NULL ) {
        lcd.printf("Open Failed. ") ;
        return -1;
    }
    // キャラクタ LCD に曲名 ( ナツノオモイデ ) を表示する
    lcd.locate(2,0);
    lcd.putc(0xC5);
    lcd.putc(0xC2);
    lcd.putc(0xC9);
    lcd.putc(0xB5);
    lcd.putc(0xD3);
    lcd.putc(0xB2);
    lcd.putc(0xC3);
    lcd.putc(0xDE);

    // fscanf 内の "" ( ダブル・クォーテーション ) に記述されているスペースの数は重要．
    // 空白や改行文字を読み飛ばすためにも使用している．
    // fscanf は正しく読み込めた文字数を値として返す．したがって，この場合は引数が三つあるので
    // すべての文字数が正しく読み込めると n の値は 3 になる
    while( (n = fscanf(fp,"%c %d %c ",&pitch,&scale,&ln)) != EOF ){
            // デバッグ用関数
            printf("%d %c %d %c¥n",n,pitch,scale,ln);
            // MySound ライブラリの play 関数を呼び出し，1 行 ( 音符 ) ごとのデータを渡し音を鳴らす
            music.play(pitch, scale, ln) ;

    }

    // ファイル操作が終了したらプログラムが終了する前に必ずファイルを閉じる処理をする
    fclose(fp) ;
}
```

図 3-9　圧電ブザー回路図

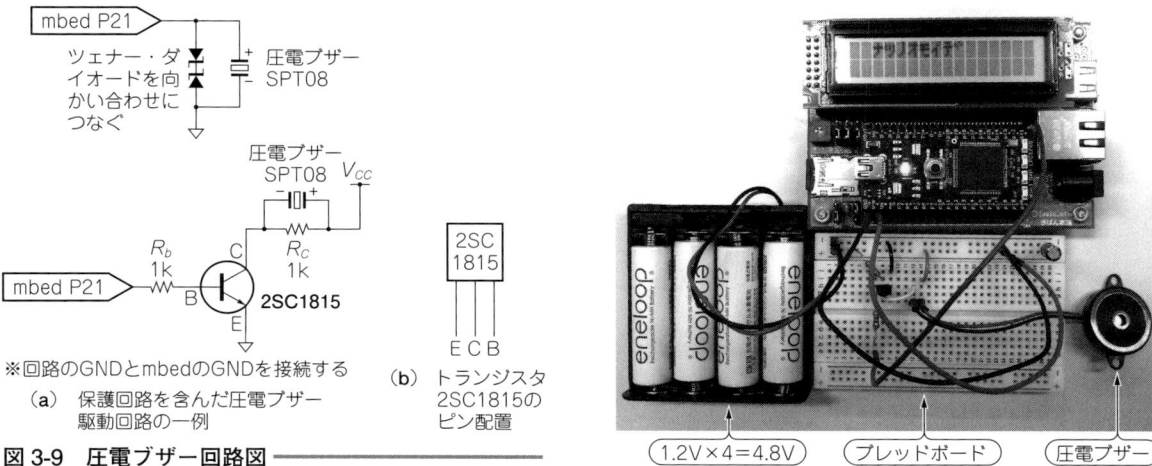

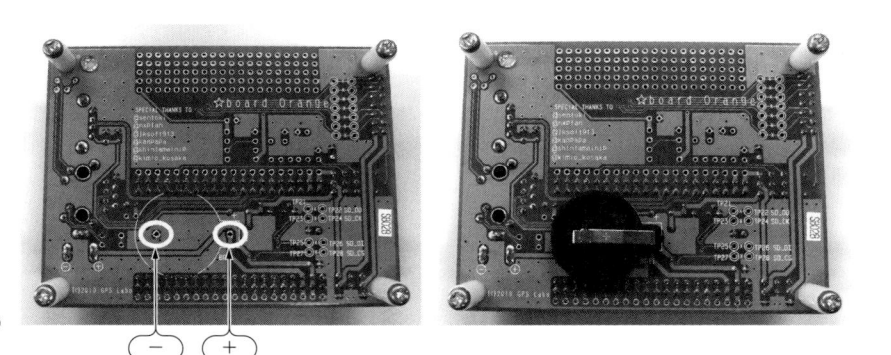

(a) 保護回路を含んだ圧電ブザー駆動回路の一例
※回路のGNDとmbedのGNDを接続する

(b) トランジスタ 2SC1815 のピン配置

写真 3-4　mbed で曲を演奏しているようす

写真 3-5　RTC 用コイン電池ソケットの取り付け

3-5　温度と湿度データをマイクロ SD に記録する

　先の事例ではマイクロ SD からデータを読み込むプログラムを作成しました．次に，データを書き込むプログラムを作成します．このプログラムは，キャラクタ LCD の製作事例で作成した温度や湿度のデータをキャラクタ LCD に表示するプログラムを修正し，データをマイクロ SD に書き込むプログラムを作成します．センサや回路についての詳しい資料は，第 2 章の製作事例を参照してください．

　ファイルにセンサから取得したデータを記録する際には，そのデータがいつ記録されたかという日付や時刻のデータが必要になります．mbed は RTC（リアルタイム・クロック）を内蔵しているので，一度だけ時刻を設定すれば電源が供給されている間は時刻データを保持し続けます．もし，電源が供給されていなくても V_b 端子に 1.8～3.3V の電圧を加えておけば，時刻データを保持し続けてくれます．

　もし，☆ board Orange を使用していれば，評価ボードの裏面に RTC 用のコイン電池を取り付けるランドが準備されているので，コイン電池用のソケットを簡単に実装することができます．**写真 3-5** 左側の図の右枠にコイン電池ソケットの＋端子を，左枠に－端子を取り付けると，**写真 3-5** 右側の図のようにシルク印刷と同じような形でがコイン電池ソケットを取り付けることができます．これで，一度時刻の設

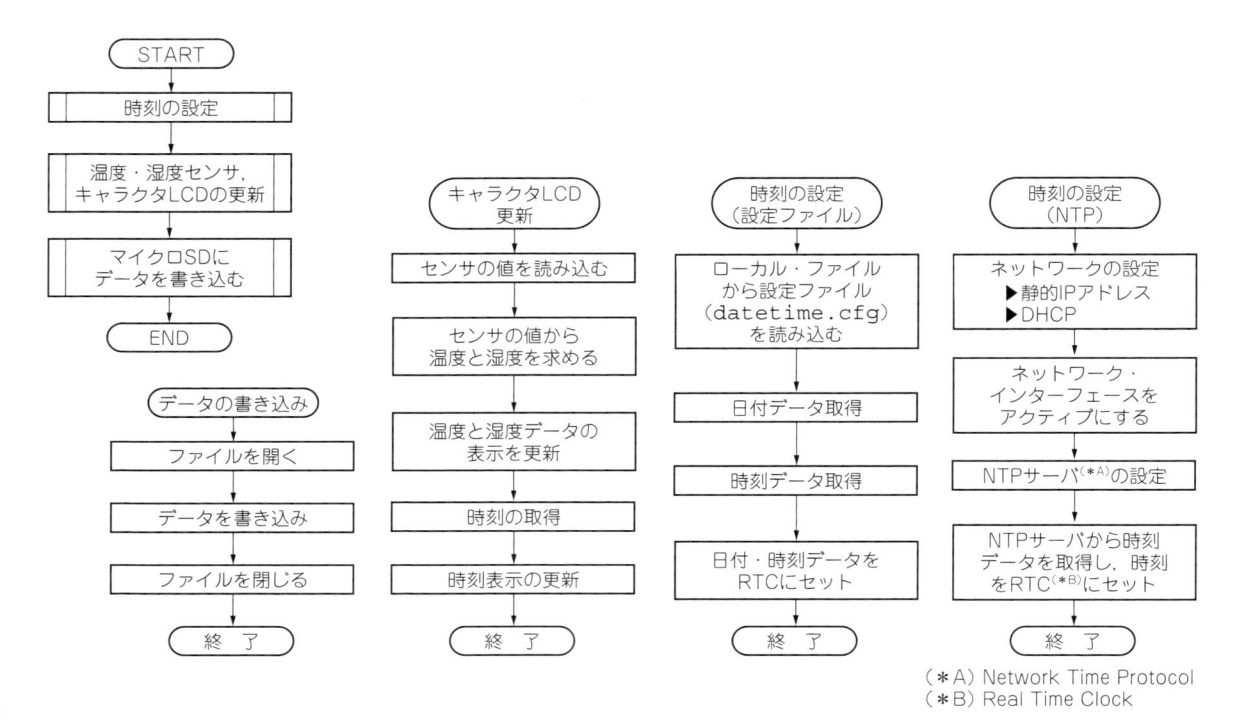

図 3-10 SD_Env のフローチャート

定をしてしまえばコイン電池がなくなるまで時刻データを保持し続けてくれます．

　今回のプログラムでは，RTC に日付や時刻を設定する方法について設定ファイルを使う方法と，NTP を使ってインターネット経由で行う方法の二つを紹介します．

　それでは，図 3-10 のフローチャートを見ながらプログラムを作成していきましょう．プログラム名は [SD_Env] にします．

　最初に，以下のライブラリをプログラムに追加してください．

- [TextLCD] キャラクタ LCD 用ライブラリ
- [SDFileSystem] SD カード用ライブラリ

以下の二つのライブラリは，NTP を使った時刻設定で使用します．NTP での時刻設定をしない場合はライブラリの追加は必要ありません．

- [EthernetNetIf] ネットワーク用ライブラリ

　[Cookbook]→[TCP/IP Networking]→[Ethernet] から EthernetNetIf ライブラリを追加する．

- [NTPClient] NTP 用ライブラリ(*3)(ネットワークを使った時刻合わせ)

　[Cookbook]→[Network clients and servers]→[NTP Client]→ Ntp Client ライブラリを追加する．

　以下のライブラリは，外部ファイルを使った時刻設定で使用します．設定ファイルを使った時刻設定をしない場合はライブラリの追加は必要ありません．

(*3) Import this program に [NTPClient] と [NetServicesSource] の 2 種類あるので，[NTPClient] を追加する．

リスト 3-6　温度と湿度データをマイクロ SD に記録するプログラム SD_Env

```
// 追加したライブラリのヘッダ・ファイルを include する
#include "mbed.h"
#include "TextLCD.h"
#include "SDFileSystem.h"

/* ----- 設定ファイルから時刻設定する ----- */
#include "ConfigFile.h"

/* ----- NTP を使って時刻設定する -----*/
#include "NTPClient.h"
#include "EthernetNetIf.h"

// 液晶とマイクロ SD，ローカル・ファイル・システムの変数（オブジェクト）を初期化する
TextLCD lcd(p24, p26, p27, p28, p29, p30);
SDFileSystem sd(p5, p6, p7, p8, "sd1") ;
LocalFileSystem local("local");
ConfigFile cfg;

// 温度センサの読み取りには mbed の p20 端子を使用
AnalogIn temp_in(p20);

// 湿度センサの読み取りには mbed の p19 端子を使用
AnalogIn humid_in(p19);

// 指定した時間が経過すると関数を呼び出す処理をするための変数（オブジェクト）
Ticker   in, write;

// 日付時刻の文字列データを格納する変数
char strTimeMsg[16];

// センサから取得したデータを格納する変数
float r_temp, r_humid;

// NTP 変数（オブジェクト）
NTPClient ntp;

// ファイルにデータを書き込むための関数
/* ----- Write File -----*/
void dataWriting() {

    // ファイル・ポインタの宣言
    FILE *fp;
    lcd.cls();

    // ファイル (env.txt) を追加書き込みモード ("a") で開く
    if ( (fp = fopen("/sd1/env.txt","a")) == NULL ) {
        lcd.printf("Open Failed.") ;
        exit(0);
    }

    // ファイルにデータを書き込む
    fprintf(fp,"%s,%5.3f,%5.3f\r\n",strTimeMsg,r_temp, r_humid);

    // デバッグ用．ファイルに書き込むデータと同じ形式でターミナルにも表示する
    printf("%s,%6.2f,%6.2f\r\n",strTimeMsg,r_temp, r_humid);
```

リスト3-6 温度と湿度データをマイクロSDに記録するプログラム SD_Env（つづき）

```
        // ファイルを閉じる
        fclose(fp);
}


// センサからデータを取得し液晶にデータを表示する.
// この部分は第2章の製作事例とほとんど変更なし
/* ----- Update LCD ----- */
void UpdateLCD(){

    float temp,humid;
    time_t ctTime;

    temp = temp_in;
    humid = humid_in;

    // r_temp = temp * 3.3 * 100 ;      // ……………… ①
    r_temp =  temp * 55.0  ;            // ……………… ②
    r_humid = humid * 3.3 * 100 ;

    lcd.cls();
    lcd.locate(1,1);
    lcd.printf("%5.1f",r_temp);
    lcd.locate(6,1);
    lcd.putc(0xDf);
    lcd.putc(0x43);

    lcd.locate(9,1);
    lcd.printf("%5.1f%%",r_humid);

    // 時間はUTCなので日本時間に修正する (JST = UTC + 9 hour (32400 = 60×60×9 ))
    ctTime = time(NULL)+32400;
    // 時刻データを文字列に整形する
    strftime(strTimeMsg,16,"%y/%m/%d %H:%M",localtime(&ctTime));

    lcd.locate(0,0);
    lcd.printf("%s",strTimeMsg);
}

// 設定ファイルから時刻をセットする.
// mbedのConfigFileライブラリを使用する
/* ----- Set RTC by ConfigFile -----*/
void setRTC_ConfFile()
{
    char *strData = "DATE";
    char dvalue[16];
    char *strTime = "TIME";
    char tvalue[16];
    int year, month;
    struct tm ltime;

    // mbed内蔵フラッシュ・メモリ領域から時刻設定ファイルを読み込む
    if (!cfg.read("/local/datetime.cfg")) {
        error("Failure to read a configuration file.\n");
```

```
    }

    // 日付データを取得する  取得したデータはdvalueの配列に格納される
    cfg.getValue(strData, &dvalue[0], sizeof(dvalue));

    // 時刻データを取得する  取得したデータはtvalueの配列に格納される
    cfg.getValue(strTime, &tvalue[0], sizeof(tvalue)));

    // 取得した日付・時刻データから年, 月, 日, 時, 分のデータを抜き出す.
    // 抜き出したデータは, 日付や時刻を管理する構造体 (struct tm) に代入する
    sscanf(dvalue,"%d/%d/%d",&year,&month,&ltime.tm_mday);
    sscanf(tvalue,"%d:%d",&ltime.tm_hour,&ltime.tm_min);

    // 年は1900年が0なので, 現在の年から1900を引いた値を代入する
    ltime.tm_year = year - 1900;
    // 月の値は0から11までで, 実際の月から1引いた数を代入する
    ltime.tm_mon =   month -1 ;
    ltime.tm_sec = 0;

    // 日付時間をRTCにセットする.
    // このときRTCをUTCでセットする (NTPはUTCでセットするので設定ファイルから読み込む.
    // 時刻合わせもUTCに合わせている. だから, JST- 9hour)
    set_time(mktime(&ltime)-32400) ;
    printf("[able to read a datetime.cfg]\r\n");
}


// NTPを使って時刻を合わせる
/* ----- Set RTC by NTP  ----- */
void setRTC_NTP()
{
    char strNtpErrMsg[32] ;
    EthernetErr ethErr;

    // DHCPを使ってネットワークの設定をする. こちらのほうが簡単でお勧め
    /* DHCP */
    EthernetNetIf eth;          // ③

    // ネットワーク環境でDHCPが使用できない場合は, 以下のコメント部分を外し
    // 手動でネットワークを設定する. このときは③の部分をコメントにする.
    /* static ip
    EthernetNetIf eth(          // ④   -- static IP address
    IpAddr(192,168,0,20),    // IP Address
    IpAddr(255,255,255,0),   // Subnet Mask
    IpAddr(192,168,0,1),     // Default Gateway
    IpAddr(192,168,0,1)      // DNS Server
    ) ;
    */


    lcd.cls();
    lcd.locate(0,0);
    lcd.printf("Please wait...");
```

リスト 3-6　温度と湿度データをマイクロ SD に記録するプログラム SD_Env（つづき）

```c
    // NICをアクティブにする
    ethErr = eth.setup() ;

    // ネットワークの接続状態の確認.
    // 正しくネットワークに接続できない場合は，キャラクタLCDに状況を表示してプログラムを終了する．
    // ネットワークへ接続できない場合は，ターミナルにもエラーが表示される
    if( ethErr != ETH_OK )
    {
        printf("Error %d in setup.¥r¥n", ethErr);
        lcd.locate(0,1);
        lcd.printf("NW Setup Error.");
        exit(1);
    }

    // NTPサーバ(ntp.nict.jp)の情報が入ったhost変数(オブジェクト)を作成．
    // NTPサーバはIPアドレスで設定しない
    Host ntpsrv(IpAddr(), 123, "ntp.nict.jp") ;

    // NTPサーバから時刻データを取得し設定する．
    NTPResult ntpResult = ntp.setTime(ntpsrv) ;

    // NTPサーバとの接続状態の確認．
    // 今回のプログラムは何らかの原因でNTPサーバに接続できなくても終了せずに処理を継続する．
    // ただし，その場合時刻合わせができないので，正しい時刻でデータが記録されない．
    // NTPサーバとの接続の状態は，ターミナルに表示される
    if( ntpResult == NTP_OK ){
        sprintf(strNtpErrMsg,"NTP Connect OK!");
    }else if ( ntpResult == NTP_PRTCL ){
        sprintf(strNtpErrMsg,"NTP Protocol error.") ;
    }else if ( ntpResult == NTP_TIMEOUT ){
        sprintf(strNtpErrMsg,"Connection timeout.");
    }else if ( ntpResult == NTP_DNS ){
        sprintf(strNtpErrMsg,"Could not resolve DNS hostname.") ;
    }else if ( ntpResult == NTP_PROCESSING ){
        sprintf(strNtpErrMsg,"Processing.");
    }else{
        sprintf(strNtpErrMsg,"NTP Error.");
    }
    printf("[%s]¥r¥n",strNtpErrMsg);
}


/* ----- main関数 ----- */
int main() {

    // 設定ファイル(datetime.cfg)を読み込んで時刻設定を行う．
    // NTPで時刻設定するためコメントになっている
    //setRTC_ConfFile() ;

    // NTP(ネットワーク)で時刻設定を行う
    setRTC_NTP();


    // 起動時はセンサの値が安定しないので，最初の10[秒]は値を表示しない
    lcd.cls();
```

```
        lcd.locate(0,0);
        lcd.printf("Please wait...");

        // 10秒ごとにセンサからデータを読み込みキャラクタLCDの表示を更新する
        in.attach(&UpdateLCD,10);

        // 5分ごとにデータをマイクロSDに書き込む
        write.attach(&dataWriting,300);

        // 無限ループ
        while(1){

        }
}
```

▶[ConfigFile]設定ファイル用ライブラリ

[Cookbook]->[Utilities for an application]->[ConfigFile]からライブラリを追加する．

図3-11は，時刻設定ファイル(`datetime.cfg`)の記述方法です．

プログラムを**リスト3-6**に示します．

製作した回路(**写真3-6**)はNTPを使って時刻を合わせており，正しく動作していることが確認できました．そこで，製作した回路を使って室内の温度と湿度を記録してみました．データはCSV形式なのでExcelを使ってグラフにしたものが**図3-12**です．このようにmbedを使えば，ファイル処理も簡単に実装することができました．

ここでは，マイクロSDを使ってファイルを読み書きするプログラムを作成しました．プログラムを作

Column…3-2　mbedのRTC用バッテリはあまり持たない？

mbedのRTCには不具合があり，電池の消耗が極端に早いようです．

筆者も☆board Orangeにコイン電池ソケットを取り付け，テスト(型式CR2032：容量220mAh)してみたところ17日程度で電池がなくなってしまいました．

以下のリンクはRTCの不具合について記述されているページです．

(1) http://mbed.org/forum/mbed/topic/452/
(2) http://mbed.org/users/chris/notebook/rtc-battery-backup-current/

(1)のリンクにはCR2032より少し小さいコイン電池(型式CR1225：容量48mAh)で試したところ，電池は11.4日しかもたなかったと報告されています．

また，(2)のリンクには技術的な解説や修理の方法が記述されています．修理にはmbedに付いている小さなLEDを取り外す必要があります．少し難しそうな作業で，失敗するとmbedが壊れてしまう可能性があるため筆者は試していません．

RTCを使ったシステムを検討されている方は注意してください．

図 3-11
時刻設定ファイル
（datetime.cfg）

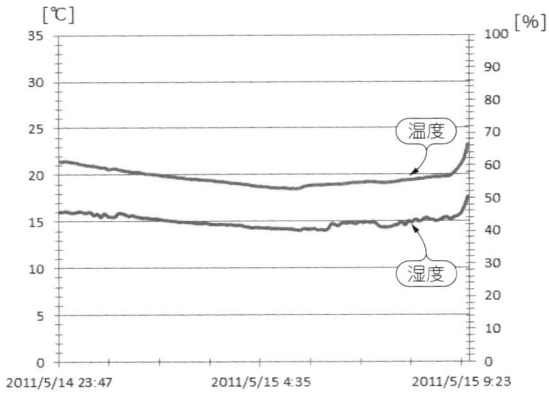

図 3-12　温度と湿度の環境測定結果

写真 3-6
NTP で時刻合わせをして環境測定する回路

成していて簡単にファイルにアクセスするプログラムが作成できたので驚いてしまいました．マイコンでファイルにアクセスする機器を製作できるようになると，応用範囲も広がると思いますので，ぜひ，皆さんも mbed でファイル・アクセス・プログラムを作成してみてください．

[第4章]

ディジタル入出力の活用

チョロQハイブリッドで赤外線リモコン制御の基礎を学ぼう

飯田 忠夫

　皆さんは普段からテレビやエアコンなどの電化製品を使う際にリモコンを使用していると思いますが，これらのほとんどが赤外線を使用していることはご存じでしょうか．
　赤外線リモコンの送信側には赤外線LEDが内蔵されており，このLEDを点滅（ON/OFF）させることで制御信号を受信機側に送信しています．また，受信機側は赤外線受光モジュールというセンサで受信し，制御信号を読み取っています．これら赤外線リモコンの制御にはマイコンが使われており，制御信号のフォーマットがわかればマイコンで制御信号を作成したり，リモコンからの制御信号をマイコンで識別し機器を制御できるようになります．
　そこで，今回は赤外線を使ったおもちゃのリモコン・カーを使って，これらの使い方を学んでいきたいと思います．

4-1　チョロQハイブリッドとは

　チョロQハイブリッドは，タカラトミーから販売されている超小型のリモコン・カーで，付属の赤外線リモコンを使ってチョロQ（リモコン・カー）を遠隔操作することができる子供向けの玩具です．**写真4-1**はチョロQとリモコン，単3形乾電池を並べたもので，この写真を見るとチョロQがどれくらい小さいかわかっていただけると思います．

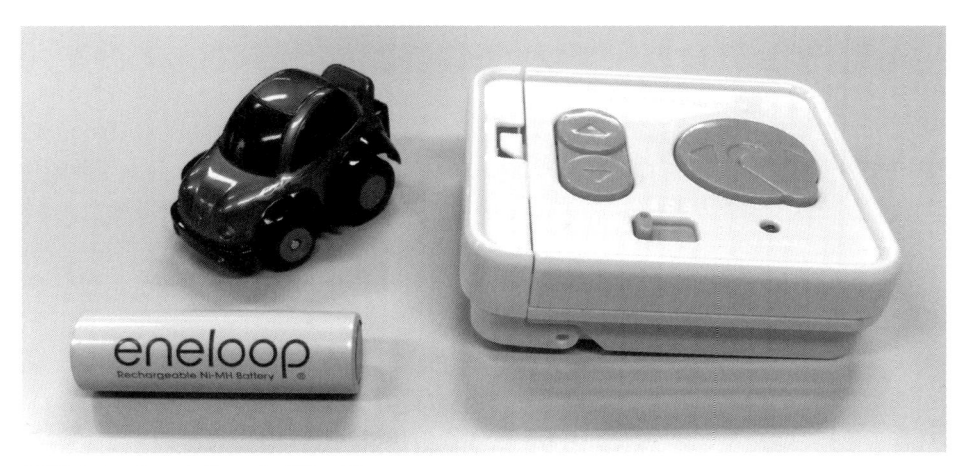

写真4-1　チョロQハイブリッド

表 4-1　赤外線リモコンに必要な部品

品　名	型　式	参考価格[円]	備　考
☆ board Orange		3900	きばん本舗 完成基板 (http://kibanhonpo.shop-pro.jp/?pid=22678756)
ブレッドボード	EIC-801	250	秋月電子通商 EIC-801：(http://akizukidenshi.com/catalog/g/gP-00315/)
	EIC-102J	600	EIC-102J：(http://akizukidenshi.com/catalog/g/gP-02314/)
チョロQハイブリッド リモコンタイプ	−	2100	http://www.takaratomy.co.jp/products/choroq/
電池ボックス 単3型×4本用	SBH-341-AS	150	秋月電子通商 (http://akizukidenshi.com/catalog/g/gP-00311/)
ピン・ヘッダ	PHA-1x20SG	20	秋月電子通商 (http://akizukidenshi.com/catalog/g/gC-04398/)
単線	各1m	−	直径0.5mmくらい，赤・黒のほかにも複数の色があるとよい
赤外線受光モジュール	SFH-5110-38	−	同等品可
赤外線LED	OSIR5113A	−	同等品可
2軸ジョイスティック	AS-JS	1050	浅草ギ研(http://www.robotsfx.com/robot/AS-JS.html)
抵抗	1 kΩ	−	4本
	6.8 kΩ	−	2本
	2 kΩ	−	1本
	50 Ω	−	1本
タクト・スイッチ	−	10	秋月電子通商 (http://akizukidenshi.com/catalog/g/gP-03647/) 2個
トランジスタ	2SC1815	100	秋月電子通商 (http://akizukidenshi.com/catalog/g/gI-00881/)

　今回はこのチョロQを使って，赤外線リモコンを使ったプログラムを作成します．はじめに，赤外線リモコンを使ってプログラムを作成する際に必要な基礎知識について説明します．続いてチョロQのリモコンを操作すると，押したボタンの機能がLCDに表示されるプログラムを作成し，最後に2軸ジョイスティックを使ってチョロQ用のオリジナル・リモコンを製作します．ひと通りプログラムを作り終えると，赤外線を使った送受信プログラムを作成するための基礎を学ぶことができます．

　赤外線リモコン制御で使用する部品は**表 4-1**のとおりです．

4-2　チョロQハイブリッドの制御信号を解析してみる

　リモコンを使って機器を制御するには，メーカや機器ごとに決められた制御信号に従ってデータを送信する必要があります．例えば，**図 4-1**はチョロQのリモコンから送信した[バンドA][前進]の制御信号を赤外線受光モジュールで測定した波形です．mbedの出力で赤外線LEDを動作させたとき，同じ波形が測定できればmbedでバンドAのチョロQを前進させることができます．

　このように，赤外線を使って機器を制御するためには，制御したい機器の制御信号がどのようなフォーマットになっているかを調べる必要があります．

　それでは，チョロQのリモコンから出力されている制御信号を少し詳しく調べてみましょう．

　制御信号を調べるためには，赤外線リモコンから送られてくる信号を読み取るセンサが必要です．このセンサは赤外線受光モジュールといい，今回は型式SFH-5110-38を使いました．**図 4-2**はセンサのピン配置と制御信号の測定に使用した回路図です．このセンサの出力を，オシロスコープという波形を観測する

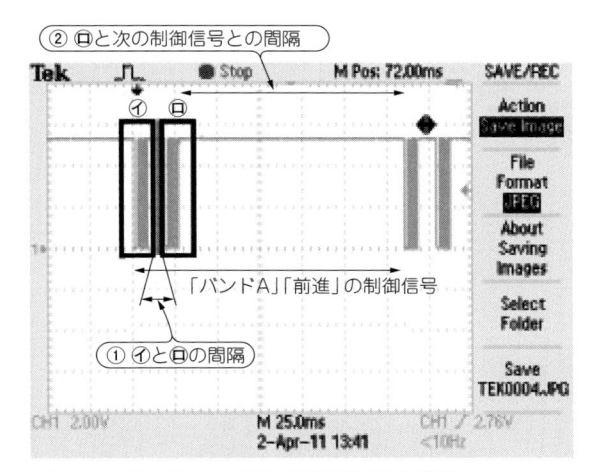

図 4-1 バンド A で前進の制御信号を観測

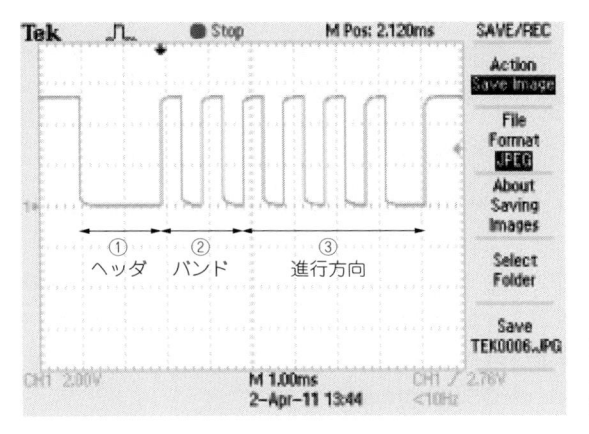

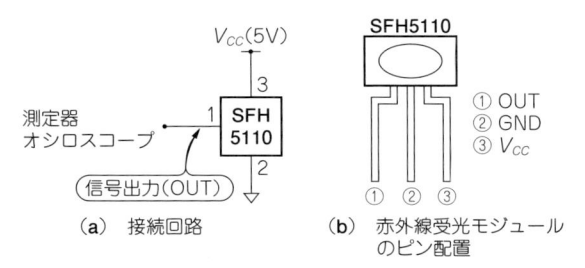

図 4-2 赤外線受光モジュール回路図
（a）接続回路
（b）赤外線受光モジュールのピン配置

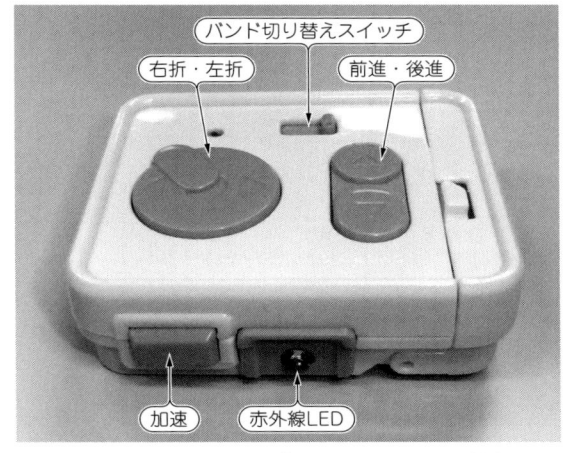

写真 4-2 チョロ Q ハイブリッドのリモコン機能

図 4-3 バンド A 前進の制御信号を拡大したもの

計測器を使って調べます．

　チョロ Q のリモコン（**写真 4-2**）には［前進と後進］，［右折と左折］，［加速］の三つの押しボタンと複数のチョロ Q を同時に使用しても制御信号が混信しないように［A ～ D］のバンドを切り替えるスライド・スイッチが付いています．先ほど**図 4-1** で［バンド A］で［前進］の制御信号を観測しましたが，④と回二つの枠内は同じ波形が出力されていて，バンド・スイッチを切り替えることで，
① ④と回の間隔
② 回と次の制御信号との間隔
がそれぞれ変わります．

　また，枠内の波形を拡大したものが**図 4-3** で，この波形は以下の三つの部分に分けることができます．
① 信号の始まりを表す「ヘッダ」
② どのバンドを使用しているかを表す「バンド」
③ 進行方向や速度を表す「進行方向」

　この波形のうちバンドと進行方向を表す波形は，**図 4-4** のような ON と OFF の波形が組み合わさって表されています．先ほどの**図 4-3** の「バンド A」「前進」の波形をこの ON/OFF の波形に照らし合わせると，

4-2　チョロ Q ハイブリッドの制御信号を解析してみる　｜　**89**

図 4-4 ON/OFF 信号

表 4-2 バンドを表す値

バンド	バンドを表す値
A	00
B	01
C	10
D	11

表 4-4 制御信号の間隔時間

バンド	①枠と②枠との間隔時間[ms]	②枠と次の制御信号までの間隔[ms]
A	約 10	約 130
B	約 30	約 110
C	約 50	約 90
D	約 70	約 70

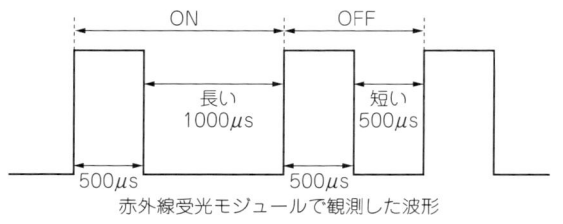

表 4-3 進行方向を表す値

進行方向	進行方向を表す値
前進	0001
後進	0010
左折	0011
右折	0100
前進＋加速	0101
前進＋左折	0110
前進＋右折	0111
前進＋加速＋左折	1000
前進＋加速＋右折	1001
後進＋左折	1010
後進＋右折	1011
後進＋加速	1100
後進＋加速＋左折	1101
後進＋加速＋右折	1110
停止	1111

図 4-5 チョロ Q ハイブリッドの制御信号

ヘッダ [2ms]	バンド [2ビット]	進行方向 [4ビット]	インターバル1 [10〜70ms]	ヘッダ [2ms]	バンド [2ビット]	進行方向 [4ビット]	インターバル2 [130〜70ms]

「バンド A」が OFF OFF
「前進」が OFF OFF OFF ON
という信号になります．

　すべての制御信号を解析し，それぞれ ON →(1)，OFF →(0)として表にしたものが**表 4-2** および**表 4-3**で，これらの表からチョロ Q を制御するための信号を知ることができます．

　チョロ Q ハイブリッドのリモコン信号解析は，以下のホームページを参考にさせていただきました．
　　http://homepage2.nifty.com/stear/doc/QSir.htm

　このホームページは Q STEER というチョロ Q ハイブリッドの旧モデルのリモコン信号を解析したものです．筆者のほうでもチョロ Q ハイブリッドの信号を解析したところ，ほとんどが Q STEER の制御信号と同じ結果になりました．ただし，バンドを切り替えた際の信号間隔が異なっていたので，解析結果を**表 4-4** に載せます．

　以上より，チョロ Q ハイブリッドの制御信号は**図 4-5** のようになります．

4-3　赤外線 LED と赤外線受光モジュールの関係

　次に赤外線 LED と赤外線受光モジュールの関係について調べてみましょう．実は先ほどの**表 4-2** と**表 4-3** の解析結果に従って単純に赤外線 LED を ON/OFF してもチョロ Q は動作しません．

　これには理由があり，リモコンが外乱の影響を受けて誤動作しないようにちょっとした細工がされているからです．赤外線受光モジュールは通常 5V(High)を出力しています．LED を ON にしても OFF にしても出力に変化はありません．ところが，38kHz の信号を LED に入力し高速に点滅（人間の目では点灯しているように見えるが…）させると，出力が変化し 0V(Low)になります．**図 4-6** は赤外線 LED と赤外線受光モジュールの出力信号をオシロスコープで観測したものです．上の波形Ⓐが赤外線 LED の信号

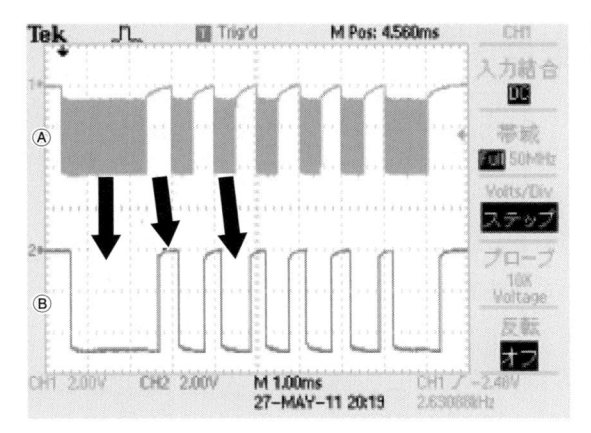

図 4-6
赤外線 LED と赤外線受光モジュールの波形

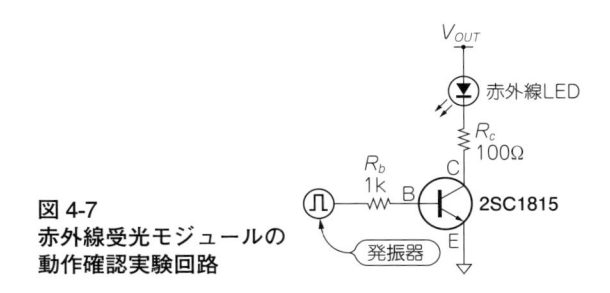

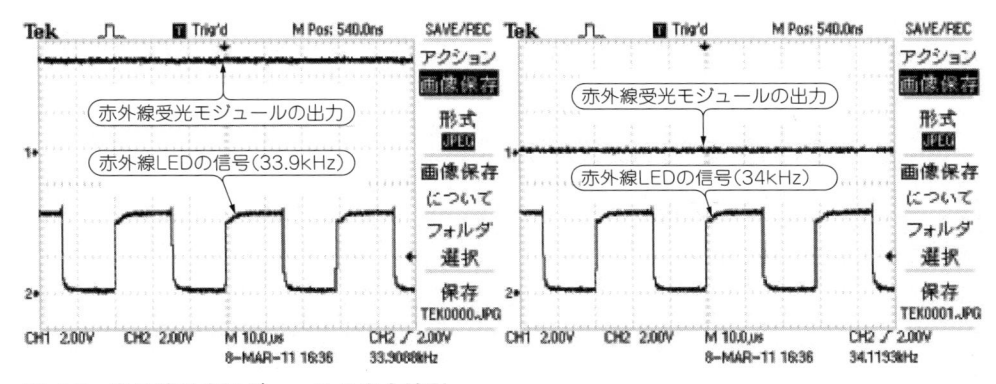

図 4-7
赤外線受光モジュールの
動作確認実験回路

図 4-8　赤外線受光モジュールの出力波形

で，下の波形Ⓑが赤外線受光モジュールの出力です．

　図 4-6 を確認すると，Ⓐのグレーに塗りつぶされている部分は 38kHz の信号で LED が高速に点滅していて，このときの赤外線受光モジュールの出力は 0V（Low）になり，LED が消えている白い部分は赤外線受光モジュールの出力は 5V（High）になっているのが確認できます．

　それでは，実験により動作を確認してみましょう．今回の実験は**図 4-7** の回路を使用して行いました．この回路の動きはとても簡単で，入力（トランジスタのベース）に低周波発振器を接続し，方形波を加えると入力信号と同じタイミングで赤外線 LED が点滅します．

　実験は入力周波数の値を 33kHz から徐々に高くしていき，入力信号と赤外線受光モジュールの出力をオシロスコープで測定しました．その結果を**図 4-8** に示します．

　この図の上段の波形は赤外線受光モジュールの出力信号で，下段の波形が赤外線 LED の信号になります．入力が 33.9kHz（**図 4-8** 左側）のときは赤外線受光モジュールの出力は 5V（High）ですが，34kHz（**図 4-8** 右側）を超えると 0V（Low）に変化します．さらに周波数を上げていくと，図はないのですが 42kHz までは 0V（Low）の状態が続き 42.4kHz を超えると 5V（High）に変化しました．この結果から，赤外線受光モジュールは LED の単純な ON/OFF の信号によって動作するのではなく，およそ 34～42kHz の入力信号に対して動作することが確認できました（ただし，センサによって個体差がある）．

　以上より，リモコンの信号を赤外線受光モジュールで読み取った値が 0V の部分は，赤外線 LED を

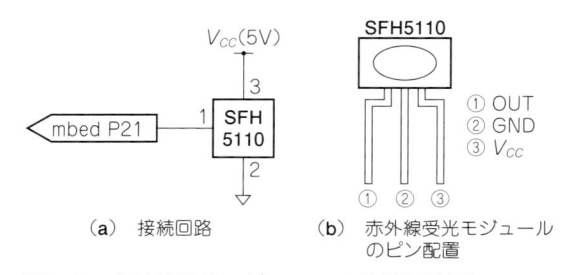

(a) 接続回路　　(b) 赤外線受光モジュールのピン配置

図 4-9　赤外線受光モジュールの接続回路図

38kHz で点滅させ，5V の部分は赤外線 LED を消灯するという制御が必要であることがわかりました．
　この結果を踏まえると，「バンド A」で「前進」の制御信号を作成するためには，
　　ヘッダの部分(Low)は，38kHz の信号を 2ms 出力する．
　また，バンドや進行方向の '1' や '0' の信号については，
　　'1' のときは LED の出力 0V を 500μs，続いて 38kHz の方形波を 1000μs 出力し，
　　'0' のときは LED の出力 0V を 500μs，続いて 38kHz の方形波を 500μs 出力する．
　そして，インターバルの時間は，LED の出力を 0V にしておくという処理が必要になります．赤外線リモコンを制御するプログラムは，これらの動作を理解した上で作成していく必要があります．

4-4　チョロ Q のリモコンで mbed を制御する

　それではいよいよチョロ Q のリモコン信号を mbed で読み取り，押されたボタンを LCD に表示するプログラムを作成しましょう．回路は簡単で赤外線受光モジュールに電源を接続し，出力信号を mbed の P21 端子に接続するだけです．回路図を**図 4-9**に示します．赤外線受光モジュールは SFC-5110 というセンサを使用しましたが，38kHz 用の赤外線受光モジュールであれば違う型式のものでも代用できます．また，電源に単 3 形電池を 4 本使う場合，新品の乾電池を使うと電圧が高くなるので回路に接続する前には必ず電圧を確認し，電圧が高い場合は充電池を使うか電池の本数を減らすようにしてください．
　図 4-10は作成するプログラムのフローチャートで，大まかな処理の流れを確認するのに利用してください．それでは，プログラムを作成していきましょう．プログラム名は `choroq_signal` にします．プログラムを**リスト 4-1**に示します．
　それでは，プログラムを実行してみましょう．
　LCD の上段には制御信号を 10 進と 2 進で表した値が表示され，下段はバンドと進行方向を文字列で表示しています．**写真 4-3**はリモコンで「バンド A」の「前進」，**写真 4-4**は「バンド A」の「左折」の操作を行っており，LCD に正しく制御信号が表示されています．このように，チョロ Q ハイブリッドのリモコンの信号を識別することができました．ここでは，プログラムが長くなるためリモコンの一部の機能しか実装していませんが，`switch` 文の `case` を増やせば進行方向の状態をすべて表示することができます．
　自宅にあるテレビなどのリモコンは，操作もボタンも多いため複雑な制御信号を使用していますが，基本的な処理は同じなので制御信号のフォーマットを解析すれば「テレビのリモコンから mbed を制御する」ということもできてしまいます．

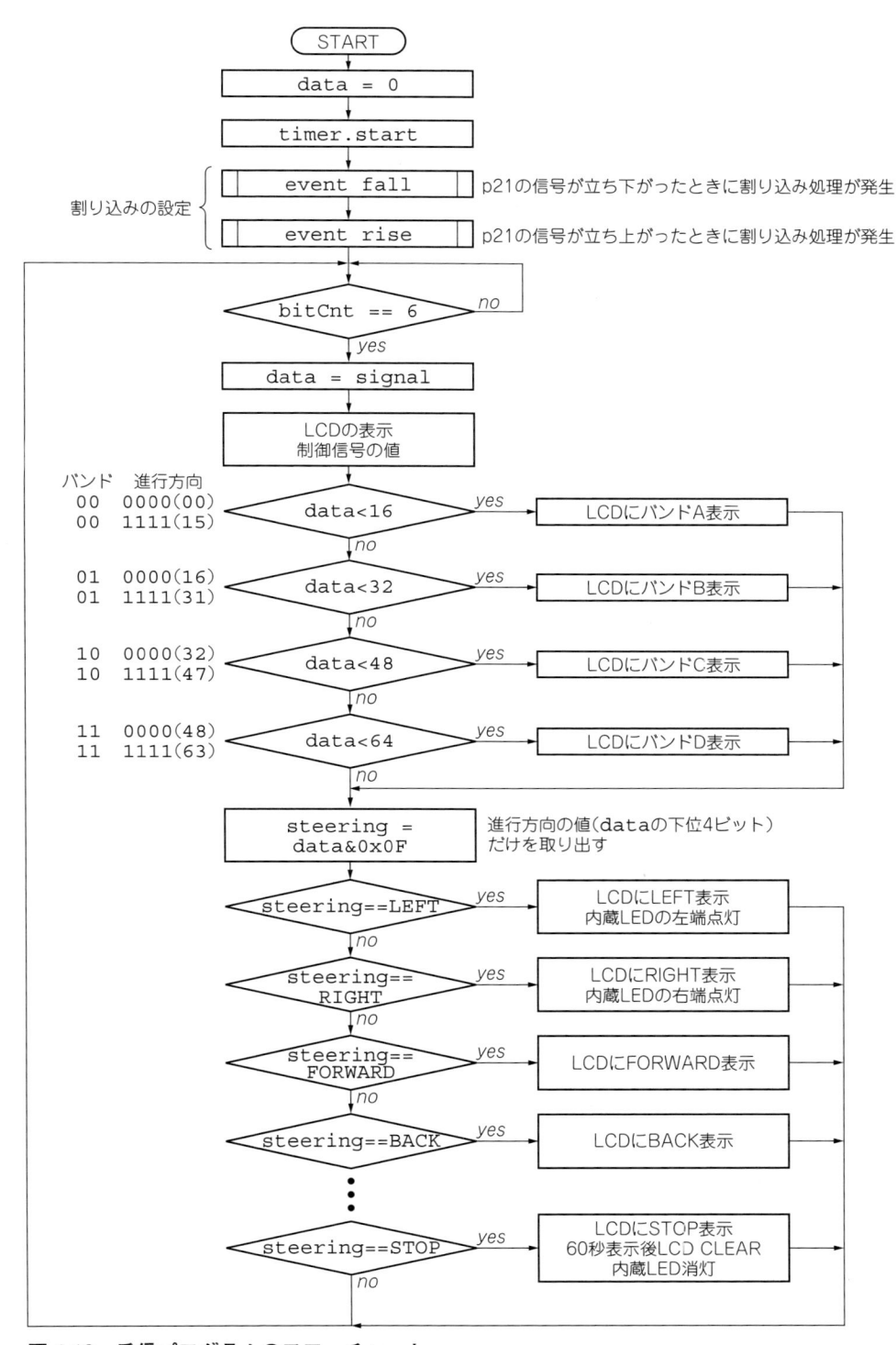

```
                    ┌─────────┐
                    │  START  │
                    └────┬────┘
                         │
                  ┌──────┴──────┐
                  │  data = 0   │
                  └──────┬──────┘
                         │
                  ┌──────┴──────┐
                  │ timer.start │
                  └──────┬──────┘
                         │
                  ┌──────┴──────┐
            ┌──── │ event fall  │ ──── p21の信号が立ち下がったときに割り込み処理が発生
割り込みの設定 ┤    └──────┬──────┘
            │    ┌──────┴──────┐
            └──── │ event rise  │ ──── p21の信号が立ち上がったときに割り込み処理が発生
                  └──────┬──────┘
```

図 4-10　受信プログラムのフローチャート

フローチャート概要:
- bitCnt == 6 ? no → ループ
- yes → data = signal
- LCDの表示 制御信号の値

バンド	進行方向
00	0000(00)
00	1111(15)

data<16 yes → LCDにバンドA表示

| 01 | 0000(16) |
| 01 | 1111(31) |

data<32 yes → LCDにバンドB表示

| 10 | 0000(32) |
| 10 | 1111(47) |

data<48 yes → LCDにバンドC表示

| 11 | 0000(48) |
| 11 | 1111(63) |

data<64 yes → LCDにバンドD表示

steering = data&0x0F　　進行方向の値（dataの下位4ビット）だけを取り出す

- steering==LEFT yes → LCDにLEFT表示　内蔵LEDの左端点灯
- steering==RIGHT yes → LCDにRIGHT表示　内蔵LEDの右端点灯
- steering==FORWARD yes → LCDにFORWARD表示
- steering==BACK yes → LCDにBACK表示
- ︙
- steering==STOP yes → LCDにSTOP表示　60秒表示後LCD CLEAR　内蔵LED消灯

立ち下がり割り込み

```
evevt fall
interval = 0
立ち下がり時間取得
（begin）
end
```

立ち上がり割り込み

```
evevt rise
立ち上がり時間取得
（End）
interval = end - begin
timer初期化
```

判定分岐：
- 1.8ms < interval < 2.2ms → yes → ヘッダの処理　bitCnt = 0, signal = 0
- 0.3ms < interval < 0.7ms → yes → 0の処理　signal = signal<<1, bitCnt++
- 0.8ms < interval < 1.2ms → yes → 1の処理　signal = signal<<1, signa++, bitCnt++
- no → END

Lowの時間を測定しビットがONかOFFかを判別している

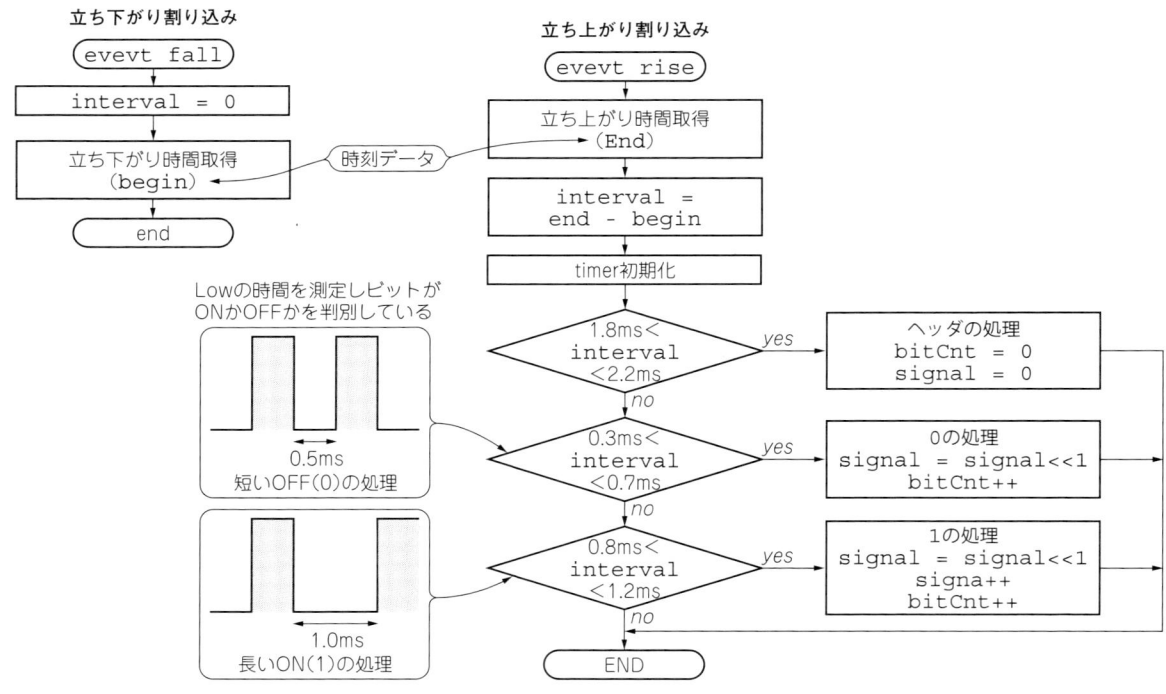

0.5ms 短いOFF(0)の処理
1.0ms 長いON(1)の処理

時刻データ

図 4-10　受信プログラムのフローチャート（つづき）

リスト 4-1　チョロ Q のリモコンで mbed を制御する choroq_signal

```
#include "mbed.h"
#include "TextLCD.h"

// #defineはいろいろな使い方があるが，ここでは文字列を数値に置き換える．
// 例えばプログラム中で何度も使用する値があるとする．プログラムにそのまま値を記述すると
// その値を変更する際には，プログラム内で使用しているすべての個所を変更しなくてはいけない．
// 同じ値が複数の個所で違う意味で使用されていたりすると，変更すべきでないものを変更して
// しまったり，間違った値に変更するなどバグの原因になってしまう．
// そのようなとき #define を使うと，宣言部分の1か所の値を変更するだけでプログラム中の値を
// すべて変更できるので，メインテナンス性のよいプログラムを作成することができる．
// 後で変更する可能性のある値は #define を利用するとよい．
// ちなみに，#define で使用する文字列は一般的に大文字で表す．
// ここではとりあえず時間のしきい値を 200ms とした．
#define THR 200

// enumは，例えば1が前進，2が後進，3が左折，4が右折などのように値が意味をもつ場合がある．
// この際に，プログラム中で1や2というマジックナンバを記述しても，後でプログラムをメインテナンス
// するときに，プログラムを最初から解読し値についての意味を理解しないと，1や2がどのような意味を
// もっているのかわからない．そこで，1であれば FORWARD，2であれば BACK などその変数の意味を
// 連想させる文字列を値の代わりに使うとプログラムの可読性が上がり，メインテナンス性のよいプログ
// ラムを作成できる．
enum SignalMode{NOT_USED,FORWARD,BACK,LEFT,RIGHT,DASH_FORWARD,FORWARD_LEFT,
                FORWARD_RIGHT,DASH_FORWARD_LEFT,DASH_FORWARD_RIGHT,BACK_LEFT,
                BACK_RIGHT,DASH_BACK,DASH_BACK_LEFT,DASH_BACK_RIGHT, STOP};
SignalMode STAT;
```

プログラム内にTHRと記述した部分はすべて200に置き換わる

リスト 4-1　チョロ Q のリモコンで mbed を制御する choroq_signal（つづき）

```c
// 進行方向のデータを格納する変数 (4 ビット)
int steering;

// 制御信号を解析する際に使用する変数
int signal;

// InterruptIn は割り込み p21 端子の値に変化が起こると，その変化によって関数が呼ばれる．
// main 関数内で信号が立ち下がると tStart 関数が呼ばれ，立ち上がりで tEnd 関数が呼ばれるようにしている
InterruptIn event(p21) ;


// LCD を使うための LCD 用オブジェクトの宣言
// ライブラリを忘れずに読み込むこと．
TextLCD lcd(p24, p26, p27, p28, p29, p30);
// mbed の内蔵 LED を使用するためのオブジェクト
BusOut myleds(LED1,LED2,LED3,LED4);

// 信号の値 [signal] はバンド (2 ビット) と進行方向 (4 ビット) の
// 合わせて 6 ビットで構成されている．
// その 6 個のビットをカウントする変数
int bitCnt = 0;

// 赤外線受光モジュールの出力が [0] (Low) の時間を測定し，その時間によってビットごとの値が 1 か 0 かを判断する．
// その際にタイマを使用する
Timer timer;

int begin,end,interval;

void tStart()
{
    interval = 0;
    // 立ち下がった時間を取得する
    begin = timer.read_us();
}

void tEnd()
{
    // 立ち上がりの時間を取得する
    end = timer.read_us();
    // 信号が 0 か 1 かを見分けるために，赤外線受光モジュールの出力が Low の状態の時間を
    // 測定し interval に代入する．
    // ちなみに interval が 500[us] のときが OFF で 1000[us] のときが ON．
    // 2000[us] の場合はヘッダ
    interval = end - begin ;
    // タイマを初期化する
    timer.reset();

    // interval の値が 1800(1800[us]) < interval < 2200(2200[us]) の場合は信号はヘッダ．
    // THR はマージン (余裕) をみている
    if( 2000 - THR < interval && interval < 2000 + THR ){
        // Low の状態が 2000[us] の場合はヘッダなので，値を初期化する
        bitCnt = 0;
        signal = 0;
        // interval の値が 300(300[us]) < interval 700(700[us])  の場合は信号は (0)
    }else if ( 500 -THR < interval && interval < 500 + THR ){
```

リスト4-1　チョロQのリモコンでmbedを制御するchoroq_signal（つづき）

```
            // signalの値を1ビット左にシフトする
            signal <<= 1;
            // ビットの数をカウントする
            bitCnt++;
            // intervalの値が 800(800[us]) < interval < 1200(1200[us]) の場合は信号は(1)
        }else if ( 1000 -THR < interval && interval < 1000 + THR ){
            // 信号が(1)の場合の処理(ビットを立てる)
            // signalの値を1ビット左にシフトする
            signal <<= 1;
            signal++;
            // ビットの数をカウントする
            bitCnt++;
        }
    }
}

int main() {

    int data = 0;

    timer.start() ;
    // p21端子の信号が立ち下がったときにtStart関数を呼び出す
    event.fall(&tStart) ;
    // p21端子の信号が立ち上がったときにtEnd関数を呼び出す
    event.rise(&tEnd) ;

    while(1) {
            // バンドと進行方向の6bitがそろったらデータを解析する
            if ( bitCnt == 6 ){
                // signalは割り込みで値が変わるので，data変数に値を代入する
                data = signal ;

                // 信号の値を10進数で表示
                lcd.locate(0,0);
                lcd.printf("%3d",data);
                // バンドの値を2進で表示
                lcd.locate(4,0);
                // ビット演算で右端から6ビット目，5ビット目の値とANDを取り表示する．
                // ビットの表示は3項演算子(条件？処理1：処理2)を使っている．
                // 3項演算子は if(条件){処理1}else{処理2} という処理をコンパクトに記述できる．
                // ここで条件が data&0x20 で dataの値が2進数で100011だったとする．
                // このとき 0010 0011(dataの値) と 0010 0000(0x20(条件))の&(ビット演算子
                // AND)をとり，演算結果が0以外のときは条件の部分はtrue，0はfalseになりtrueの場合
                // は1を表示し，falseの場合は0を表示している
                lcd.printf("%d%d",(data&0x20)?1:0,(data&0x10)?1:0);
                // 進行方向の値を2進で表示
                lcd.printf("%d%d%d%d",(data&0x08)?1:0,(data&0x04)?1:0,
                                          (data&0x02)?1:0,(data&0x01)?1:0);
                lcd.locate(0,1);
                // バンドを表示．
                // バンドA はバンド部が00なのでバンド部と進行方向部を合わせた値が15以下になる
                if ( data < 16 )
                    lcd.printf("CH A");
                // バンドBはバンド部が01なので，2進数 (010001)から(011111)となり10進数で16から
                // 31になる
                else if ( data < 32 )
```

```
            lcd.printf("CH B");
    else if ( data < 48)
            lcd.printf("CH C");
    else if ( data < 64)
            lcd.printf("CH D");

    // 進行方向を表示．
    // バンド部と進行方向部を合わせた値から，下位 4 ビットとの進行方向の値だけを取り出す．
    // バンド部と進行方向部を合わせた値 ( 変数 data) と 1111 の値の AND を求める．
    // data & 0000 1111 で，下位 4bit だけを取り出し，steering 変数に代入している
    steering = (int)(data&0x0F) ;
    lcd.locate(5,1);
    switch(steering){
        case LEFT:
            // LEFT は 3 のこと．数字を書くと何のことかよくわからない．LEFT と書いて
            // あればこの部分が LEFT の処理部分を記述していることが直感的にわかる
            lcd.printf("LEFT    ");
            myleds = 0x01;   // mbed 内蔵 LED の左端を点灯
            break;
        case RIGHT:
            lcd.printf("RIGHT   ");
            myleds = 0x08;   // mbed 内蔵 LED の右端を点灯
            break;
        case FORWARD:
            lcd.printf("FORWARD");
            break;
        case BACK:
            lcd.printf("BACK    ");
            break;
        case DASH_FORWARD:
            lcd.printf("DASH_FOR ");
            break;
        case DASH_BACK:
            lcd.printf("DASH_BACK");
            break;
        case STOP:
            lcd.printf("STOP     ");
            wait_ms(60);
            lcd.cls();
            myleds =0x00;
        }
      }
    }
  }
```

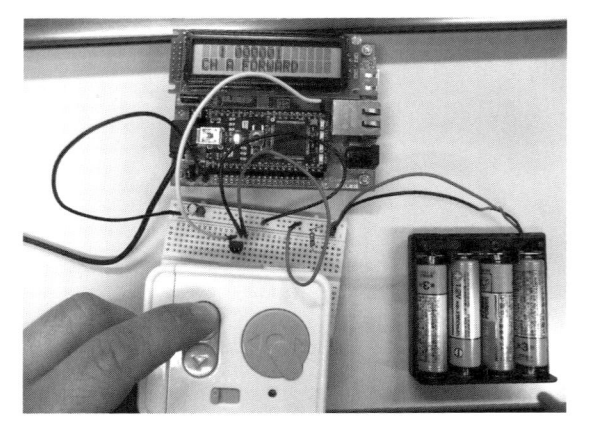

写真 4-3 「バンド A」-「前進」

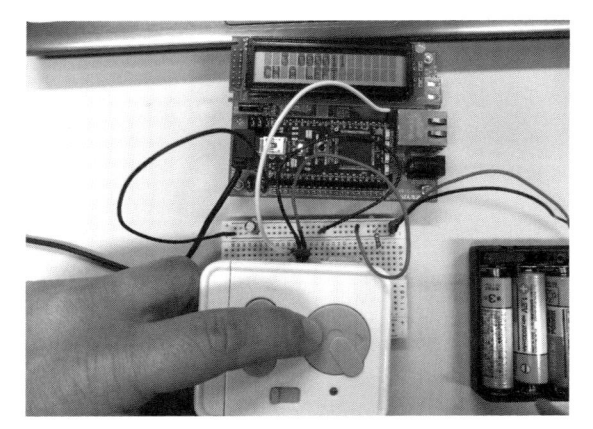

写真 4-4 「バンド A」-「左折」

4-5 チョロ Q ハイブリッドをジョイスティックで制御する

続いて，ジョイスティックを使ったチョロ Q ハイブリッドのリモコン(**写真 4-5**)を作成します．

使用するジョイスティックは，浅草ギ研の型式 AS-JS (**写真 4-6**)を使用しました．ジョイスティックについては浅草ギ研の以下のホームページで詳しく紹介されています．

http://www.robotsfx.com/robot/AS-JS.html （浅草ギ研 商品説明ページ）

簡単に説明すると，このジョイスティックには 2 個のポテンショメータが使用され，ジョイスティックの位置を左や下に倒したときに GND と各端子(L/R，U/D)間の抵抗がそれぞれ最小(1kΩ)になり，右や上に倒したときに GND と各端子間の抵抗がそれぞれ最大(9kΩ)になります．ジョイスティックはスプリングを内蔵していて，常に中央の位置で止まりその場合の抵抗は 5kΩ になります．斜めに倒したときは，L/R，U/D の各端子と GND 間の抵抗の値がそれぞれ変化します．

使用方法ですが，U/D+ 端子と L/R+ 端子にそれぞれ V_{CC} の電圧を加えると，ジョイスティックが真ん中の位置にあるとき，U/D，L/R の各端子と GND 間の電圧は$(V_{CC}/2)$V になり，ジョイスティックの位置によってそれぞれの端子の電圧値が変わるので，その値を読み取りチョロ Q を制御します．

［加速］ボタンやバンドの切り替えにはタクト・スイッチを使用しています．タクト・スイッチは，**図**

写真 4-5
ジョイスティック・リモコンをブレッドボードに実装

写真 4-6
ジョイスティック
(AS-JS)の外観

4-11のように端子が四つあり,スイッチを押すことで開放している部分が短絡し,電気的につながるようになっています.

4-6 オリジナル・リモコンについて

続いて,製作するオリジナル・リモコンの回路(図4-12)について説明します.先にも述べましたが,「加速」と「バンド切替」はタクト・スイッチを使っていて,図4-13はその回路の一部分を抜き出したものです.タクト・スイッチの回路はプルダウン回路といって,タクト・スイッチが押されていない状態のときはmbedの入力はGNDとつながることで0Vになります.また,タクト・スイッチが押されるとV_{CC}の値が1kΩの抵抗で分圧されるため,入力は$(V_{CC}/2)$Vになります.

例えばV_{CC}を5Vとすると,タクト・スイッチが押されONになると入力は1kΩの抵抗で分圧されるため2.5Vになります.mbedアナログ入力は0〜3.3Vの電圧を0.0〜1.0の値として読み取るので0.758(= 2.5/3.3)となり,タクト・スイッチがOFFのときは0.0となります.

そこで,ON状態のしきい値をとりあえず0.6とし,この値を超えた場合は(High)と認識するように

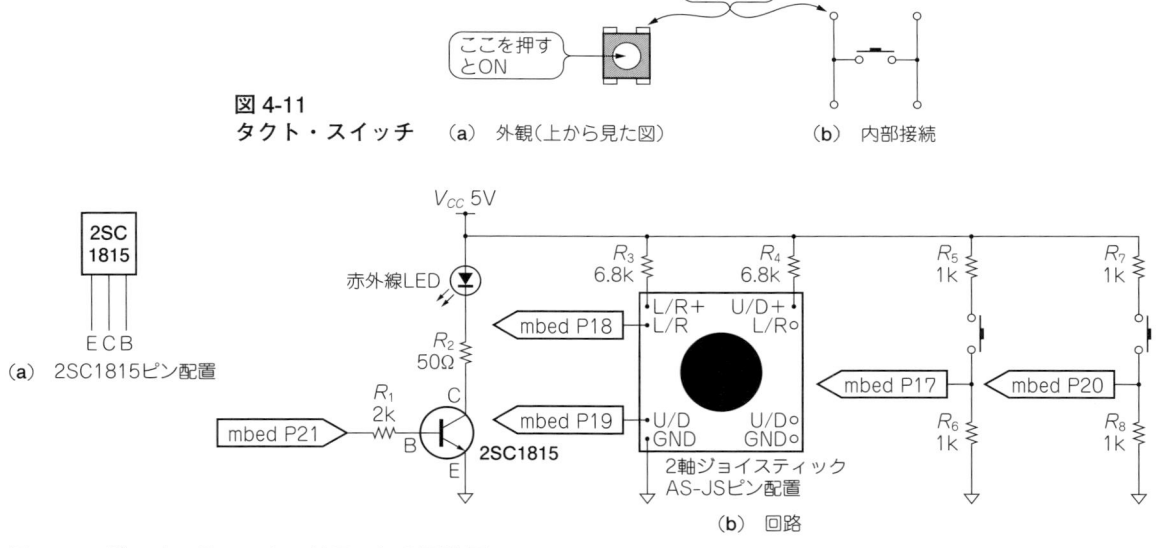

図4-11 タクト・スイッチ　（a）外観(上から見た図)　（b）内部接続

図4-12 ジョイスティック・リモコンの回路図

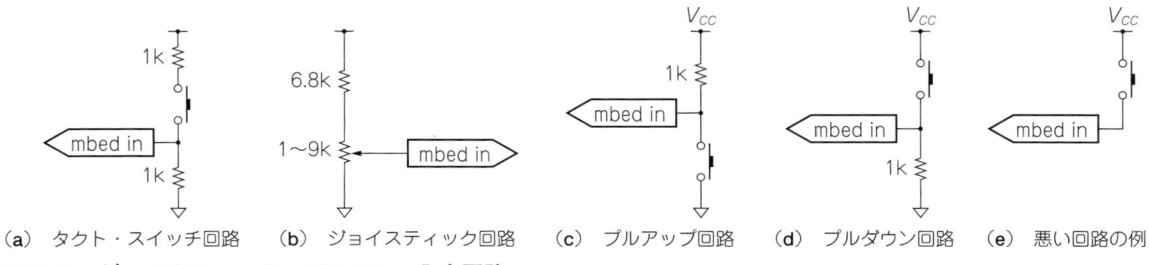

図4-13 ジョイスティック・リモコン…入力回路
（a）タクト・スイッチ回路　（b）ジョイスティック回路　（c）プルアップ回路　（d）プルダウン回路　（e）悪い回路の例

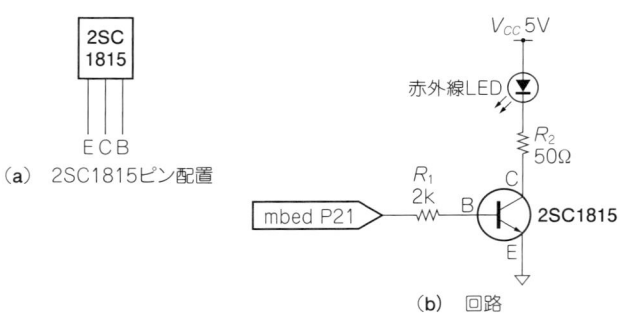

図4-14 ジョイスティック・リモコン…出力回路

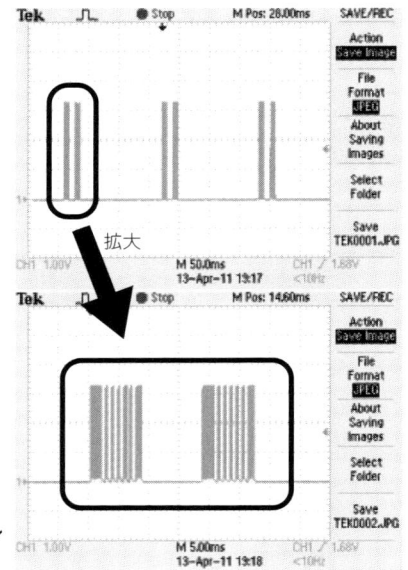

(a) 2SC1815ピン配置

(b) 回路

図4-15 ジョイスティック・リモコンの出力波形

しました．ジョイスティックの部分も同様です．V_{CC}をジョイスティックのU/D+，L/R+に加えると，mbedの入力に最大でV_{CC}に近い電圧が加わるので，V_{CC}を5Vにすると入力端子に加わる電圧は3.3Vを超えてしまいます．そこで，分圧用に6.8kΩの抵抗を挿入しました．これにより，センサの個体差もありますが，入力電圧はおよそ0.1～3.0Vになります．

タクト・スイッチを使った入力回路には，プルアップ回路とプルダウン回路があります．プルアップ回路はタクト・スイッチがOFFのときマイコンの入力は(High)になり，スイッチがONになると入力が(Low)になります．また，プルダウン回路はプルアップ回路とは逆で，スイッチがOFFのとき(Low)になりスイッチがONのときは(High)になります．図4-13に記載されている悪い回路の例は，スイッチがONのときは(High)ですがOFFのときマイコンの入力がどこにもつながっていないため，(High)でもなく(Low)でもない不安定な状態になることから，このような回路を使用すると誤動作の原因となります．

4-7 赤外線LEDの出力について

赤外線LEDはOSIR5113Aという型式のダイオードを使いました．**図4-14**は**図4-12**のリモコン回路図から出力部分を抜き出したものです．この回路を見ると，mbedの出力がトランジスタのベースに接続されており，mbedの出力がONになりベースに電流が流れるとトランジスタもONになり赤外線LEDに電流が流れてLEDが点灯します．逆にmbedの出力がOFFになると，トランジスタもOFFになり赤外線LEDも消灯します．抵抗(R_2)の値については使用した赤外線ダイオードの詳細なマニュアルを入手できなかったため，実験で試しながら決めました．簡易マニュアルには，順方向にパルス信号を約100mAまで流すことができると記載されていました．そこで，オシロスコープで50Ωの抵抗の両端に加わる電圧を確認したところ約3Vだったので，これより3V/50Ωで約60mAの電流が抵抗(R_2)に流れていたことから電流は100mA以下で動作に支障がないことが確認できました．**図4-15**はオリジナル・リモコンの出力信号をオシロスコープで測定した結果です．

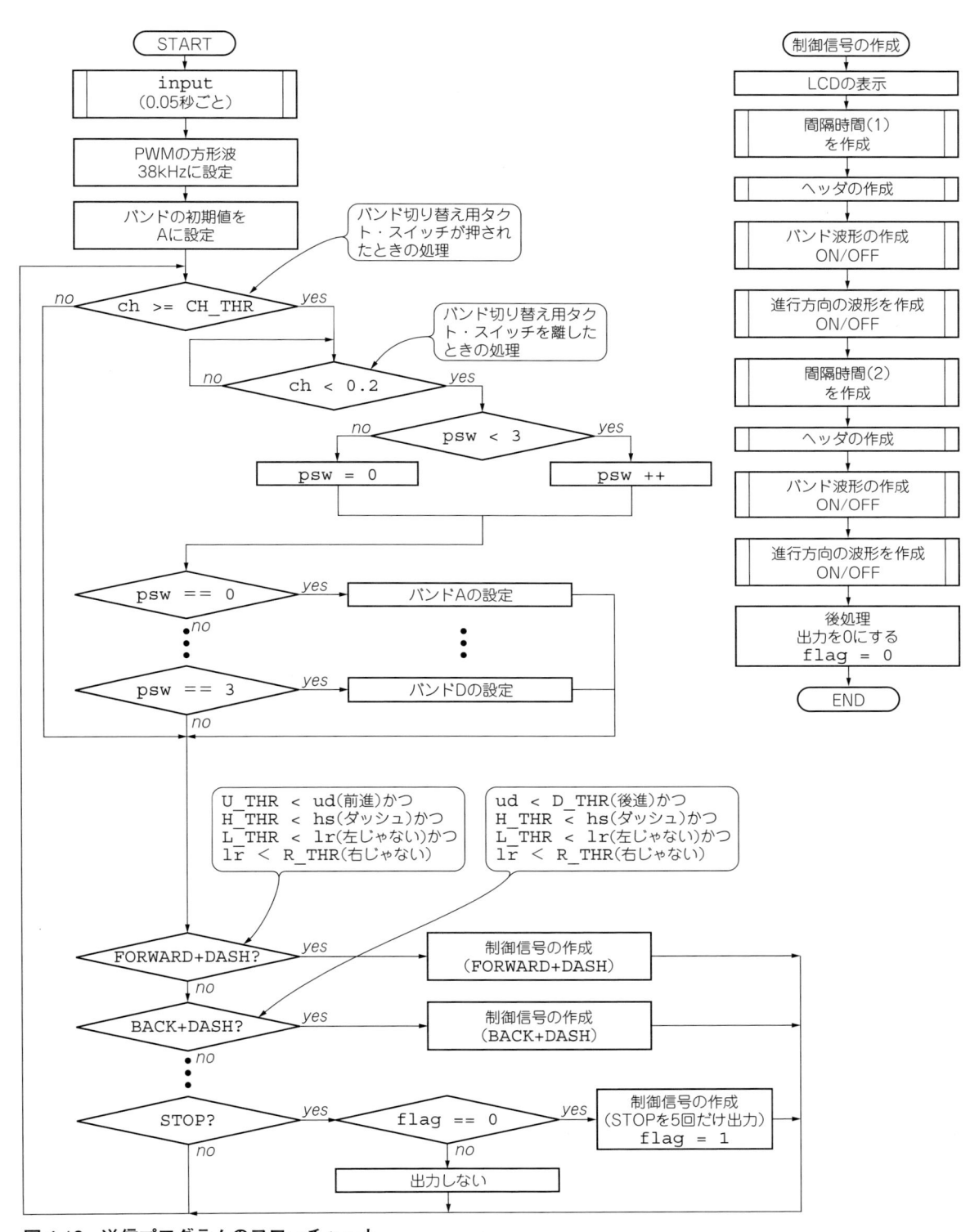

図 4-16　送信プログラムのフローチャート

4-7　赤外線 LED の出力について

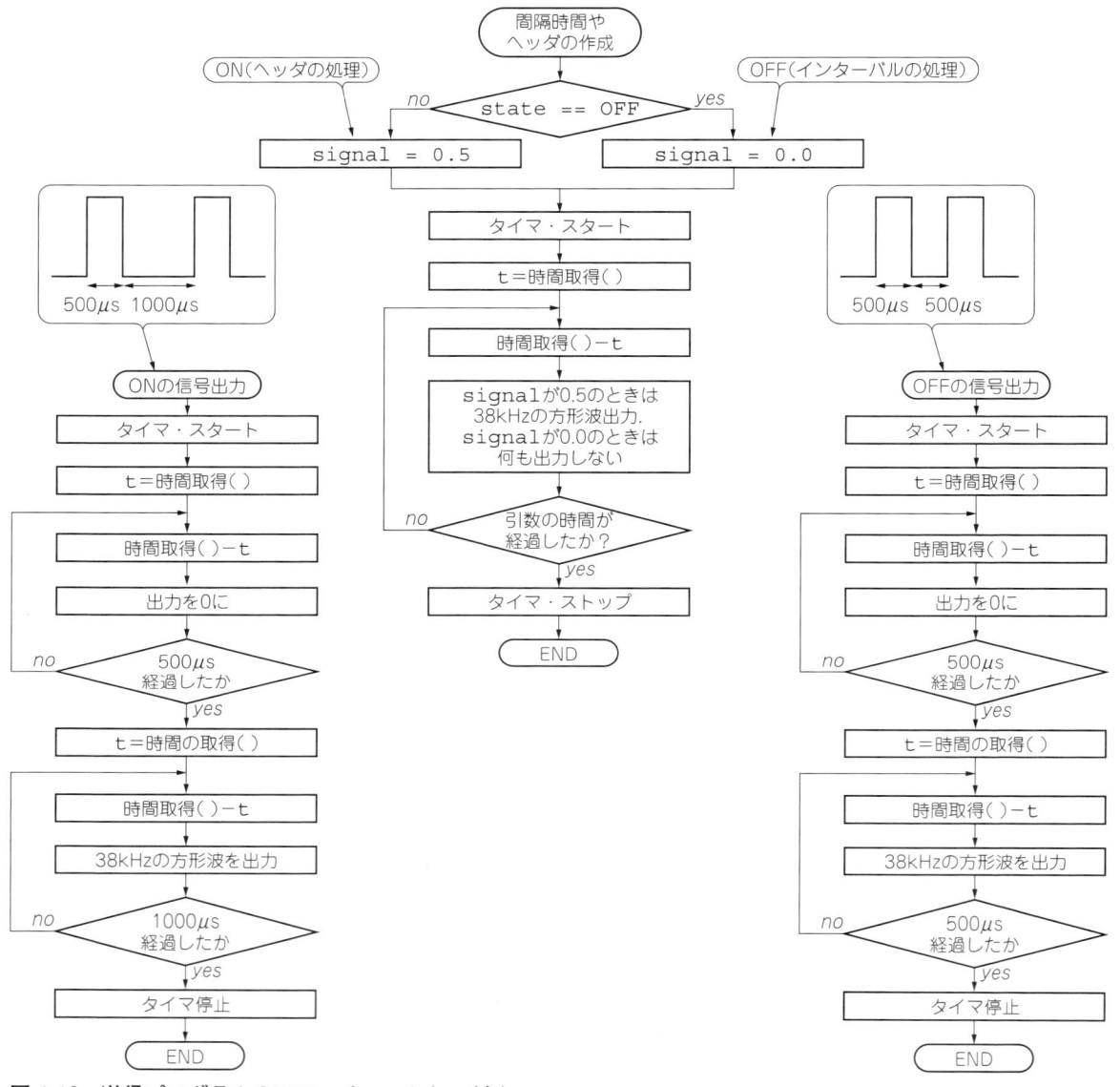

図 4-16 送信プログラムのフローチャート（つづき）

4-8　オリジナル・リモコン・プログラムの作成

　それでは，プログラムを作成していきます．
　図 4-16 は作成するプログラムのフローチャートです．この図から処理の流れを確認してください．オリジナル・リモコンのプログラム choroq_remocon を**リスト 4-2** に示します．
　写真 4-7 はジョイスティック・リモコンを操作しているようすで，チョロ Q を操作することができました．

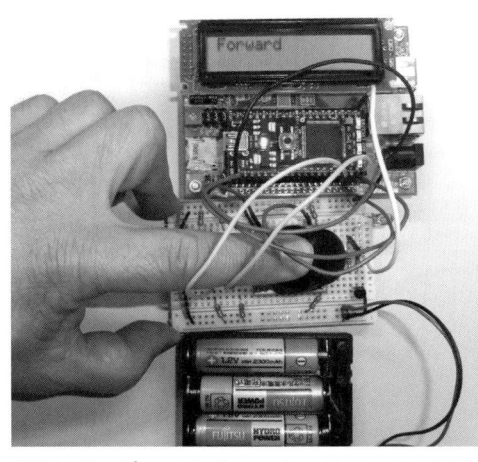

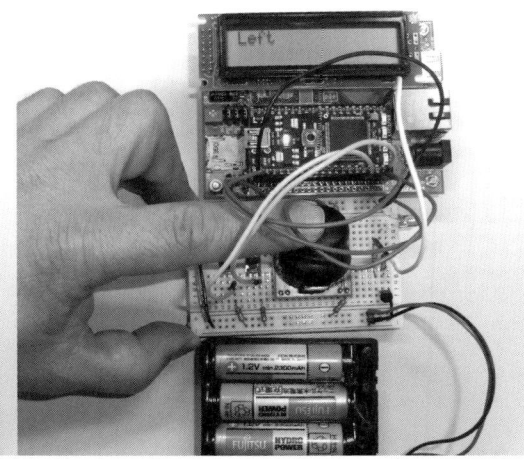

写真4-7 ジョイスティック・リモコンの操作

　どうでしたか？ プログラムは長くなりましたが，基本的な処理はほとんど同じで押されたボタンによって出力する信号を変えているだけなので，それほど難しくはないと思います．これで赤外線の送受信プログラムの作成に必要な知識が得られたのではないでしょうか．今回の赤外線送受信プログラムを少し変更すれば，mbedでリモコンの信号を変換することで，チョロQのリモコンでテレビのチャネルや音量を変えたり，テレビのリモコンでチョロQを操作するなんてこともできてしまいます．

　今回は赤外線リモコンの制御を学ぶ教材としてチョロQを利用しましたが，チョロQの制御をしたい方は，専用のライブラリが開発されています．mbedのホームページ右上にあるsearchに[choroq]と入力し検索すると，チョロQのライブラリにアクセスできます．

　このライブラリを使えば，早く簡単にチョロQを制御するプログラムを作成することができます．このように，いろいろな方が作ったライブラリを簡単に活用できるのもmbedの魅力ですね．

Column…4-1　赤外線を見る

　皆さんはリモコンを操作している際に，赤外線LEDが点灯したり点滅しているようすを見たことはありますか？ きっとないと思います．なぜかというと，赤外線は目に見えないためLEDが点灯していても肉眼では見ることができないからです．

　ところが，**写真4-A**のようにディジタル・カメラで撮った画像はLEDが紫色に点灯しているのがわかります．その理由は，ディジタル・カメラで使われているセンサは赤外線の光を捕らえることができるため，ディジタル・カメラを通して見るとLEDが点灯しているようすを見ることができるのです．今回のように赤外線LEDを制御するプログラムを作

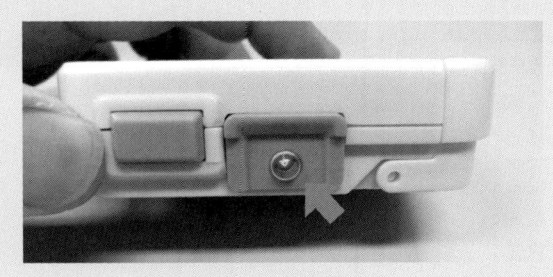

写真4-A　赤外線LEDの動作確認

成する場合，LEDの状態を確認したいことがあります．そんなときは，デジカメや携帯電話のカメラ越しに見ると，点灯の有無を確認することができます．

リスト 4-2　オリジナル・リモコンのプログラム choroq_remocon

```c
#include "mbed.h"
#include "TextLCD.h"

// UP,DOWN,LEFT,RIGHT,DASHのそれぞれのしきい値.
// 使用する電源電圧の値や抵抗値によってチューニングする.
#define U_THR 0.65      // 3.3[V]*0.65=2.15[V]を超えるとジョイスティックを上に倒したと判断する.
#define D_THR 0.2       // 3.3[V]*0.2=0.66[V]を下回るとジョイスティックを下に倒したと判断する.
#define L_THR 0.2       // ここで各センサのしきい値を決める
#define R_THR 0.65
#define H_THR 0.6
#define CH_THR 0.6

// ヘッダの時間 2[ms]
#define HEADER 2

// 各バンドのインターバル時間　表4-4を参照
#define CHA_INTERVAL1 130
#define CHA_INTERVAL2 10
#define CHB_INTERVAL1 110
#define CHB_INTERVAL2 30
#define CHC_INTERVAL1 90
#define CHC_INTERVAL2 50
#define CHD_INTERVAL1 70
#define CHD_INTERVAL2 70

// 信号の値をマジックナンバではなく文字列で表している.
// そのまま0と1でも意味はわかるので，あまりこだわらなくてもよい
typedef enum { OFF, ON } state;

// LCDを使うためのLCD用オブジェクトの宣言.
// ライブラリ忘れずに読み込む
TextLCD lcd(p24, p26, p27, p28, p29, p30);

// LEDを点滅させる際に，PWMにより38[kHz]のパルスを出力する
PwmOut out(p21);

// ジョイスティックやタクトSWの入力
AnalogIn lr_in(p18); // Joystick LR(Left, Right)
AnalogIn ud_in(p19); // Joystick UD(UP,Down)
AnalogIn hs_in(p20); // PSW hs (Dash!)
AnalogIn ch_in(p17); // PSW ch (Change Band)

// ちょっと難しいけど関数のポインタを使う.
// 詳しくは後述
typedef void (*FUNCPTR)();
FUNCPTR pFuncBand;

// onの信号を出力するための関数.
// onの信号は赤外線LEDの出力波形で観測すると最初の0.5[ms]はLowで続く1[ms]がHigh.
// Highのときは38[kHz]のパルス信号を出力する
void on(){
    int begin;
    Timer ton;
    // タイマ開始と同時に時間を取得する
    ton.start();
```

```
    begin = ton.read_us();
    // タイマの時間が，500[us]経過するまでの間出力は0(Low)
    while ( 500 > ton.read_us() - begin )
        out.write(0.0f) ;

    // 再び時間を取得
    begin = ton.read_us();
    // タイマの時間が，1000[us]経過するまでの間38[kHz]の方形波を出力する
    while ( 1000 > ton.read_us() - begin )
        out.write(0.5f) ;
    // タイマの停止
    ton.stop();
}

// offの信号を出力するための関数．
// offの信号は赤外線LEDの出力波形で観測すると最初の0.5[ms]はLowで続く0.5[ms]がHigh.
// Highのときは38[kHz]のパルス信号を出力する
void off(){
    int begin;
    Timer toff;
    // タイマ開始と同時に時間を取得する
    toff.start();
    begin = toff.read_us();
    // タイマの時間が，500[us]経過するまでの間出力は0(Low)
    while( 500 > toff.read_us() - begin )
        out.write(0.0f) ;

    // 再び時間を取得
    begin = toff.read_us();
    // タイマの時間が，500[us]経過するまでの間38[kHz]の方形波を出力する
    while ( 500 > toff.read_us() - begin )
        out.write(0.5f) ;
    // タイマの停止
    toff.stop() ;
}


int flag=0;
// 前進や後進などの進行方向ボタンが押された後の後処理．
// プログラム的に必要．この処理をしないと，ジョイスティックが中央の位置にある間，絶えずSTOPの信号が出力され続ける
void tail()
{
    out.write(0.0f) ;
    flag = 0;
}

// バンドによって出力する信号が違う．
// 表4-2のバンドを表す値のようにバンドによって出力信号を変更する
void bandA(){
    off();off();
}
void bandB(){
    off();on();
}
```

リスト 4-2　オリジナル・リモコンのプログラム choroq_remocon（つづき）

```
void bandC(){
    on();off();
}
void bandD(){
    on();on();
}


Ticker in;
Timer timer;
float lr, ud, hs;
// volatile で ch 変数の最適化をしないようにする
volatile float ch;
int interval1, interval2;

// ジョイスティックやタクト・スイッチの値を読み込むための処理
void input()
{
    lr = lr_in;
    ud = ud_in;
    hs = hs_in;
    ch = ch_in ;
}

// バンドの状態を記憶する変数．
// バンド A → 0,    バンド B → 1    バンド C → 2,    バンド D → 3
int psw = 0;

// ヘッダ信号や信号間のインターバルの信号を作成するための関数
// 引数（iTime インターバルの時間 , s ON または OFF)
void interval(int iTime,state s){
    float signal;
    int t;
    // s の値が ON のときは 38[kHz] の方形波を出力する．
    // OFF のときは何も出力しない
    signal = (s==OFF)? 0.0f : 0.5f;
    // タイマをスタートし，すぐに時間を取得
    timer.start();
    t = timer.read_ms();
    // 引数 iTime の時間が経過するまで ON または OFF の信号を出力する
    while ( iTime > timer.read_ms() - t )
        out.write(signal) ;
    // タイマ停止
    timer.stop();
}


int main() {
    // 0.05 秒ごとに input 関数を呼び出し，センサから入力を得る
    in.attach(&input, 0.05);

    // 26[μs] の方形波を出力する設定  1/26[μs] は，約 38[kHz]
    out.period_us(26);
    // LCD の表示を初期化し，バンド A の設定をする（初期設定はバンド A）
    lcd.cls() ;
```

```c
    lcd.locate(1,1);
    lcd.printf("BAND [A]");
    interval1 = CHA_INTERVAL1;
    interval2 = CHA_INTERVAL2;
    // バンドA関数のアドレスを関数のポインタに代入する.
    // ここで (pFuncBand)(); 関数を実行すると, (pFuncBand)に代入した関数[この場合はbandA()]が
    // 呼び出される.
    // ポインタによる呼び出し関数をpswの値により動的に変更することができる.
    // 関数を実際に呼び出す処理は (pFuncBand)(); と記述する
    (pFuncBand) = &bandA;
    
    while(1) {
        // デバッグ用の表示. TeraTermなどからセンサの値を確認することができる.
        // 最初回路を製作した後, デバッグ表示でどのくらいの入力値があるか確認し,
        // しきい値が適切か確認する.
        // #DEBUG printf("UD%4.2f HS%4.2f ",ud,hs);
        // #DEBUG printf("\tLR%4.2f CH%1d %4.2f \r\n",lr,psw,ch);
        
        // バンドを変更するための処理.
        // chの値は通常は 0.0 タクト・スイッチが押されると, 今回の回路では 0.7 程度の入力になる.
        // タクト・スイッチが押されると, バンドを変更する処理をする.
        // ch 変数を宣言する際にvolatileの指定をしないとコンパイラが勝手に最適化するため,
        // プログラムが正常に動作しない※割り込みで入力するchの値が反映されない
        if( ch >= CH_THR ){
            // while(1)は永久ループ
            while(1){
                // タクト・スイッチを押している間はwhile内をループしている
                // タクト・スイッチから手が離れると, chの値が0.0に戻るのでif文に入る.
                if(ch < 0.2 ){
                    // pswの値が0から2の場合はpswの値をカウント・アップする (pswの値は0以上3以下)
                    if ( psw < 3 ){
                        psw++;
                    }else{
                        // pswの値が4以上になったら0に戻す
                        psw=0;
                    }
                    // psw変数をカウント・アップし, break文でwhileの無限ループから抜ける
                    break;
                }
            }
        }
        
        lcd.locate(1,1);
        // pswの値が0なら, band Aの設定をする.
        // pswの値が1なら, band Bの設定をする
        if(psw == 0 ){
            // 液晶にバンドAの表示
            lcd.printf("BAND [A]");
            // 関数のポインタにbandA()の関数のアドレスを代入
            (pFuncBand) = &bandA;
            // インターバル1と2にバンドAの値を設定
            interval1 = CHA_INTERVAL1;
            interval2 = CHA_INTERVAL2;
        }else if(psw == 1){
            // 液晶にバンドBの表示
            lcd.printf("BAND [B]");
```

リスト 4-2　オリジナル・リモコンのプログラム choroq_remocon（つづき）

```
                        // 関数ポインタにbandB()の関数のアドレスを代入
                        (pFuncBand) = &bandB;
                        // インターバル1と2にバンドBの値を設定
                        interval1 = CHB_INTERVAL1;
                        interval2 = CHB_INTERVAL2;
                }else if(psw == 2){
                        lcd.printf("BAND [C]");
                        pFuncBand = &bandC;
                        interval1 = CHC_INTERVAL1;
                        interval2 = CHC_INTERVAL2;
                }else{
                        lcd.printf("BAND [D]");
                        pFuncBand = &bandD;
                        interval1 = CHD_INTERVAL1;
                        interval2 = CHD_INTERVAL2;
                }
        }
        // ここまでが，タクト・スイッチを使ってバンドを切り替えるための処理．
        // いろいろなものに応用が可能なので，覚えておくと便利．

        // ここからはジョイスティックの値を読み込み，赤外線LEDから制御信号を出力するための処理
        lcd.locate(0,0);
        // udはUP,DOWNの信号でhsはダッシュ・ボタン lrはLeft,Rightの信号．
        // ここでの条件は，udがU_THRよりも大きく（ジョイスティックを上に倒した状態）
        // かつ，hsがH_THRよりも大きく（ダッシュ・ボタンが押されている状態）
        // かつ，lrがL_THRよりも大きく（ジョイスティックが左に倒れていない状態）
        // かつ，lrがR_THRよりも小さい（ジョイスティックが右に倒れていない状態）
        // 結局ジョイスティックを上に倒して，ダッシュ・ボタンを押している状態
        if ( (U_THR < ud && H_THR < hs) && (L_THR < lr && lr < R_THR)){
                // Forward + Dash!(0101)
                // LCDにチョロQの制御状態を表示
                lcd.printf("Forward+Dash!   ");
                // interval1(インターバル1の間OFF．pswの値によって設定されている)
                interval(interval1,OFF);
                // 2[ms]の間ON
                interval(HEADER,ON);
                // pswの値によって呼び出される関数が違う
                (pFuncBand)();
                // 進行方向の信号（表4-3）を出力
                off(); on(); off();on();
                // interval2(インターバル2の間OFF．pswの値によって設定されている)
                interval(interval2,OFF);
                // 2[ms]のヘッダ出力
                interval(HEADER,ON);
                // pswの値によって呼び出される関数が違う．関数のポインタに代入されたアドレスの関数が
                // 呼び出される
                (pFuncBand)();
                // 進行方向の信号出力
                off(); on(); off(); on();
                // 出力を0に戻す
                tail();
        // あとは同様の処理を繰り返すだけ
後進＋加速 }else if((ud < D_THR && H_THR < hs) && (L_THR < lr && lr < R_THR)){
                // Backward + Dash!(1100)
                lcd.printf("Backward+Dash!  ");
```

```
                interval(interval1,OFF); // chA Interval1
                interval(HEADER,ON); //HEADER
                (pFuncBand)();
                on(); on(); off();off(); // Control Code 1100
                interval(interval2,OFF); // chA Interval2
                interval(HEADER,ON); // HEADER
                (pFuncBand)();
                on(); on(); off(); off(); // Control Code 1100
                tail();
前進+加速+左折 }else if ((U_THR < ud && H_THR < hs) && (lr < L_THR)){
                // Forward + Left + Dash!
                lcd.printf("For+Left+Dash!  ");
                interval(interval1,OFF);
                interval(HEADER,ON);
                (pFuncBand)();
                on(); off(); off(); off();
                interval(interval2,OFF);
                interval(HEADER,ON);
                (pFuncBand)();
                on(); off(); off(); off();
                tail();
前進+加速+右折 }else if((U_THR < ud && H_THR < hs) && (R_THR < lr)){
                // Forward + Right + Dash!;
                lcd.printf("For+Right+Dash! ");
                interval(interval1,OFF);
                interval(HEADER,ON);
                (pFuncBand)();
                on(); off(); off(); on();
                interval(interval2,OFF);
                interval(HEADER,ON);
                (pFuncBand)();
                on(); off(); off(); on();
                tail();
後進+加速+左折 }else if((ud < D_THR && H_THR < hs) && (lr < L_THR)){
                // Backward + Left + Dash!
                lcd.printf("Back+Left+Dash! ");
                interval(interval1,OFF);
                interval(HEADER,ON);
                (pFuncBand)();
                on(); on(); off(); on();
                interval(interval2,OFF);
                interval(HEADER,ON);
                (pFuncBand)();
                on(); on(); off(); on();
                tail();
後進+加速+右折 }else if((ud < D_THR && H_THR < hs) && (R_THR < lr)){
                // Backward + Right + Dash!
                lcd.printf("Back+Right+Dash!");
                interval(interval1,OFF);
                interval(HEADER,ON);
                (pFuncBand)();
                on(); on(); on(); off();
                interval(interval2,OFF);
                interval(HEADER,ON);
                (pFuncBand)();
```

リスト4-2　オリジナル・リモコンのプログラム choroq_remocon（つづき）

```
                on(); on(); on(); off();
                tail();
前進＋左折  }else if ( U_THR < ud && lr < L_THR ){
                // Forward + Left
                lcd.printf("Forward+Left    ");
                interval(interval1,OFF);
                interval(HEADER,ON);
                (pFuncBand)();
                off(); on(); on(); off();
                interval(interval2,OFF);
                interval(HEADER,ON);
                (pFuncBand)();
                off(); on(); on(); off();
                tail();
前進＋右折  }else if( U_THR < ud && R_THR < lr){
                // Forward + Right
                lcd.printf("Forward+Right   ");
                interval(interval1,OFF);
                interval(HEADER,ON);
                (pFuncBand)();
                off(); on(); on(); on();
                interval(interval2,OFF);
                interval(HEADER,ON);
                (pFuncBand)();
                off(); on(); on(); on();
                tail();
後進＋左折  }else if( ud < D_THR && lr < L_THR){
                // Backward+Left(1010)
                lcd.printf("Backward+Left   ");
                (pFuncBand)();
                interval(HEADER,ON);
                (pFuncBand)();
                on(); off(); on(); off();
                interval(interval2,OFF);
                interval(HEADER,ON);
                (pFuncBand)();
                on(); off(); on(); off();
                tail();
後進＋右折  }else if (ud < D_THR && R_THR < lr){
                // Backward + Right (1011)
                lcd.printf("Backward+Right  ");
                interval(interval1,OFF);
                interval(HEADER,ON);
                (pFuncBand)();
                on(); off(); on(); on();
                interval(interval2,OFF);
                interval(HEADER,ON);
                (pFuncBand)();
                on(); off(); on(); on();
                tail();
前進        }else if((U_THR <= ud)&&(L_THR < lr && lr < R_THR)){
                // Forward(0001)
                lcd.printf("Forward         ");
                interval(interval1,OFF);
                interval(HEADER,ON);
```

```
              (pFuncBand)();
              off();off();off();on();
              interval(interval2,OFF);
              interval(HEADER,ON);
              (pFuncBand)();
              off();off();off();on();
              tail();
後進     }else if((ud <= D_THR)&&(L_THR < lr && lr < R_THR)){
              // Backward(0010)
              lcd.printf("Backward        ");
              interval(interval1,OFF);
              interval(HEADER,ON);
              (pFuncBand)();
              off();off();on();off();
              interval(interval2,OFF);
              interval(HEADER,ON);
              (pFuncBand)();
              off();off();on();off();
              tail();
左折     }else if(lr < L_THR && (D_THR <= ud && ud <= U_THR)){
              // Left(0011)
              lcd.printf("Left <=         ");
              interval(interval1,OFF);
              interval(HEADER,ON);
              (pFuncBand)();
              off();off();on();on();
              interval(interval2,OFF);
              interval(HEADER,ON);
              (pFuncBand)();
              off();off();on();on();
              tail();
右折     }else if(R_THR < lr && (D_THR <= ud && ud <= U_THR)){
              // Right(0100)
              lcd.printf("Right =>        ");
              interval(interval1,OFF);
              interval(HEADER,ON);
              (pFuncBand)();
              off();on();off();off();
              interval(interval2,OFF);
              interval(HEADER,ON);
              (pFuncBand)();
              off();on();off();off();
              tail();
停止     }else if((D_THR <= ud && ud <= U_THR) && (L_THR < lr && lr < R_THR)){
              // 停止信号はジョイスティックが中央の位置に戻ったとき，少しの間だけ出力される.
              // 停止信号以外の信号が出力されると，tail関数でflagが0に設定される.
              // ジョイスティックが中央に戻ると処理がこの部分に移る.
              // flagが0なら，停止信号を5回出力し，flagを1に設定する.
              // flagが1に設定されたら，次に処理がこの部分に移っても停止信号は出力されず，
              // else内の処理が実行されるため，ジョイスティックが停止位置にあってもずっとLEDが
              // 出力され続けることはない
              if ( flag == 0 ){
                  for ( int i = 0; i < 5 ; i++ ){
                      // STOP(1111);
                      lcd.locate(0,0);
```

リスト4-2　オリジナル・リモコンのプログラム choroq_remocon（つづき）

```
                        lcd.printf("Stop            ");
                        interval(interval1,OFF);
                        interval(HEADER,ON);
                        (pFuncBand)();
                        on();on();on();on();
                        interval(interval2,OFF);
                        interval(HEADER,ON);
                        (pFuncBand)();
                        on();on();on();on();
                    }
                    flag = 1;
            }else{
                    // ジョイスティックは中央にあるが，一度停止信号が出力されるとflagが1になるため，
                    // 次回からは停止信号は出力されない
                    out.write(0.0f) ;
                    lcd.locate(0,0);
                    lcd.printf("                ");
            }
        }
    }
}
```

[第5章]
アナログ入力の活用

赤外線距離センサを使う

飯田 忠夫

　皆さんはセンサと聞いて何を思い浮かべますか？ 温度センサや湿度センサ，照度センサなど人によってそれぞれ思い浮かべるものが違うと思います．センサにはそれほど多くの種類があるのです．皆さんの身の周りを見渡してもいたるところにセンサがあると思いますが，その多くがマイコンにより制御されています．使用方法もマイコンに接続するだけのものから，複雑な周辺回路が必要なものまであります．最近では，センサを動作させるために必要な回路がすべて組み込まれてモジュールとして提供されているものもあり，センサを使用する際にアナログの知識がそれほどなくても使えるようになってきました．後はあなたのアイデアと工夫次第で，いろいろなものを作ることができます．

　そこで，今回はセンサを使いこなすための基礎知識を得るために，赤外線で距離を測定する距離センサを使ってみましょう．

5-1　赤外線距離センサについて

　使用する赤外線距離センサ(**写真5-1**)は，動作に必要な回路がすべて内蔵されているので，mbedとセンサを接続し電源電圧(4.5〜5.5V)を加えるだけで距離(0〜80cm)を測定することができます．測定範囲によっていくつかの品揃えがあり入手もしやすいことから，ホームページなどで多数の使用例が紹介されています．そのため情報が得やすく初心者が最初に使うセンサとしてお勧めできます．

　ただし，このセンサには一つだけ難点があります．それは，距離に対して出力電圧がリニアに変化しないという点です．**図5-1**はセンサに付属していた資料をもとに出力電圧[V]と距離[cm]の関係をグラフに

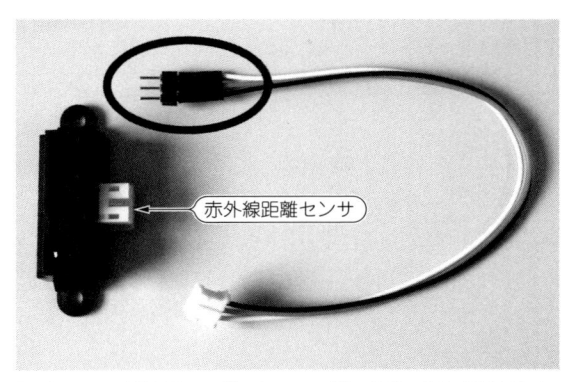

写真5-1　付属ケーブルにヘッダ・ピンを取り付ける

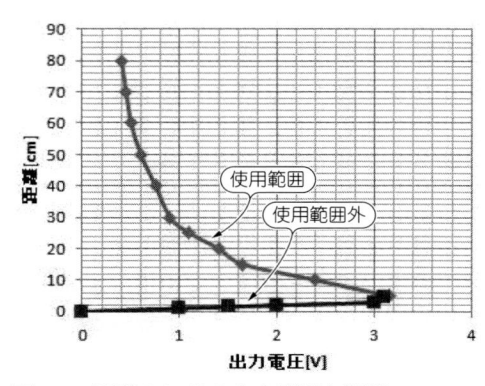

図5-1　距離センサの出力電圧と距離

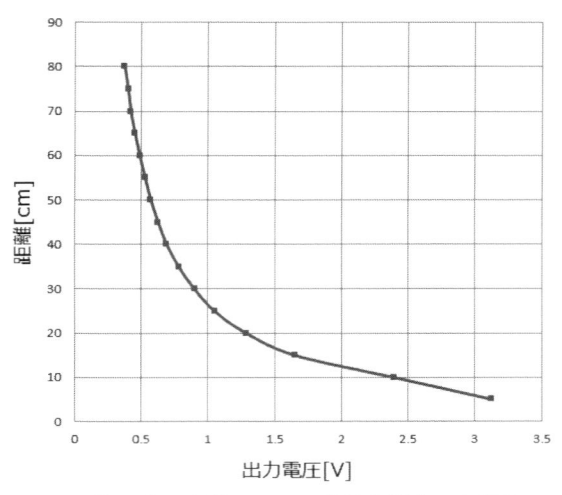

図 5-2　使用する距離センサの特性を測定した結果

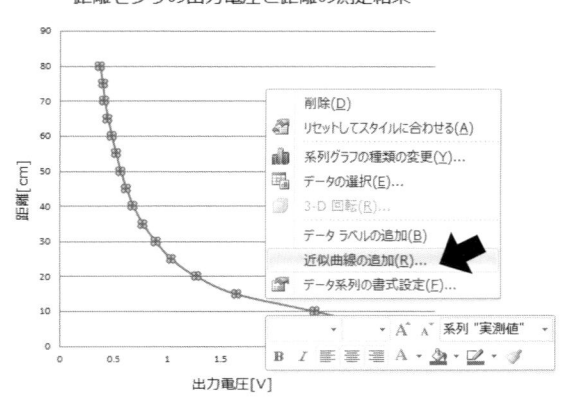

図 5-3　変換式の求め方①

したものですが，グラフを見ると出力と距離の関係が比例していないことがわかります．また，出力電圧が 2V のとき距離が 2cm なのか，それとも 14cm なのか出力電圧からは判断することができません．そこで，グラフの下の部分（0～5cm）を使用範囲外として，グラフの上の部分（5～80cm）だけを使用します．

5-2　出力電圧と距離を変換する式を求めよう

　出力電圧から距離を求めるには，グラフに従って値を変換する必要があります．前項でも述べましたが，出力電圧と距離が比例の関係であれば傾きを求めれば容易に変換できるのですが，グラフは比例の関係になっていません．実はこの距離センサは使用例も多いことから，出力電圧と距離を変換するための変換式や変換方法についていろいろな Web ページで紹介されているので，距離を求めるための情報は容易に入手することができます．

　しかし，いつも変換式や変換方法に関する情報が得られるわけではありません．また，個体差の大きなセンサを使う場合などは，一般的な変換式を使うよりもそのセンサ専用の変換式を求めることができれば，より精度の高い測定や制御を行うことができます．そこで，ここでは Excel を使って簡単に変換式を求める方法を説明します（操作方法は Excel 2010 を使用した）．

(1) 使用するセンサの特性を測定します［今回の場合は出力電圧と距離のグラフ（図 5-2）を作成］．

　この図は距離センサと障害物の距離を 5cm ごとに離していき，出力電圧がどのように変化するかマルチメータで測定し，その結果（2 回平均）をグラフにしたものです．

(2) グラフの青線部分をクリックし青い線すべてが選択状態になったことを確認し右クリックします（図 5-3）．

(3) プルダウンメニューが表示されるので，メニューから［近似曲線の追加］を選びます（図 5-3）．

(4) 近似曲線の書式設定ダイアログ・ボックスが表示されるので（図 5-4），［近似または回帰の種類］で近似曲線の種類を選ぶとグラフに黒線で近似曲線が描かれます．ここで，もっとも測定結果のグラフに近い近似曲線を選んでください．ここでは図 5-4 の［累乗近似］を選びます．

(5) 最後に図 5-4 下の［グラフに数式を表示する］にチェックを入れると，グラフ内に近似式が表示されま

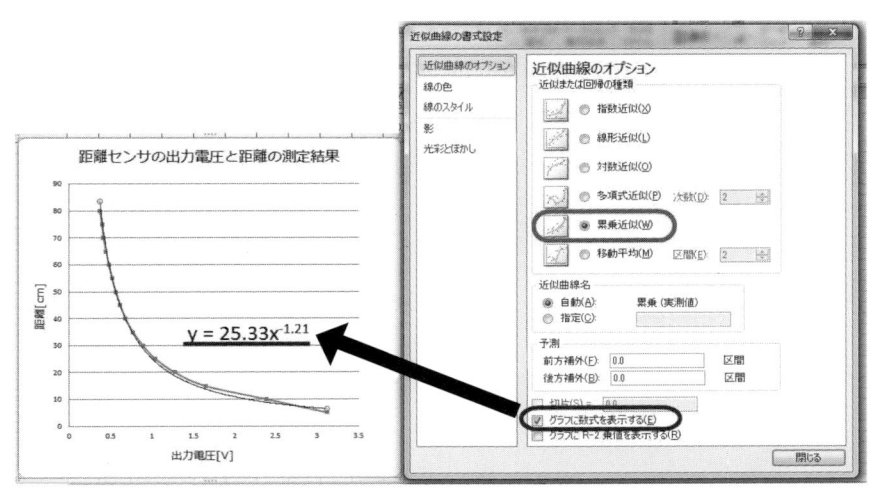

図 5-4　変換式の求め方②

す．式(1)は Excel を使って求めた電圧 - 距離変換式で，この式を使えば電圧を距離に変換することができます．

$$y = 25.33\, x^{-1.21} \ \cdots\cdots\cdots \ (1)$$

　　距離：y [cm]，電圧：x [V]

どんな場合でもこの方法で変換式が求まるわけではありませんが，今回のように手軽に変換式を得られることがあるので，使い方を覚えておくとよいと思います．

5-3　距離センサの加工と mbed との接続

購入した距離センサにはケーブルが付属していたので，**写真 5-1** のようにブレッドボードに取り付けやすいようにヘッダ・ピンを取り付けました．注意点として筆者が準備した距離センサに付属していたケーブルは，センサ側のコネクタと付属していたケーブルで色が合っていませんでした．コネクタに付属のケーブルをつなげると GND 端子には赤色の線が，また V_{CC} 端子には黒色の線がつながってしまいます．もし，ケーブルの色だけを見て回路を製作すると，場合よってはセンサやマイコンを壊してしまうこともあるので，配線する際には必ず付属資料に目を通してから回路を製作するようにしましょう．

今回，距離センサで 5cm 未満の測定は使用範囲外ということで使用しないので，物理的に測定自体ができないように，**写真 5-2** のようにスチレン・ボードで距離センサを納めるケースを自作しました．**写真 5-3** はケースに距離センサを収納した状態です．付属の資料にはセンサの外形寸法なども記載されているので，それらを参考に作成しました．次に，**図 5-5** に従って距離センサを mbed と接続します．先にも述べましたが，必要な回路はすべてセンサに内蔵されているため，3 本の線を mbed に接続するだけで利用できます．

ここで，製作に必要な部品の一覧を**表 5-1** に載せておきます．

5-4　電子定規 e-ruler の作成

それでは，距離センサを使う準備ができたので，早速プログラムを作成していきたいと思います．

mbed	距離センサ
mbed VU	V_{CC}
GND	GND
mbed P20	V_O

図5-5 mbedと距離センサの接続図

写真5-2 距離センサ・ケースを作る
(スチレン・ボード／内側には黒い紙を貼った)

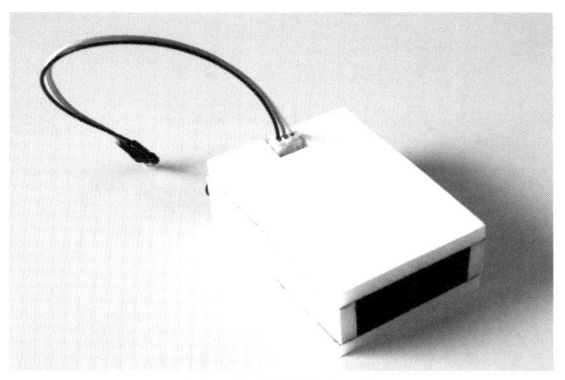

(a) 前から見たケース
(b) 後から見たケース

写真5-3 距離センサをケースに収納

表5-1 距離センサに使う部品

品名	型式	参考価格[円]	備考
☆board Orange		3900	きばん本舗 完成基板 (http://kibanhonpo.shop-pro.jp/?pid=22678756)
ブレッドボード	EIC-801	250	秋月電子通商 EIC-801：(http://akizukidenshi.com/catalog/g/gP-00315/)
	EIC-102J	600	EIC-102J：(http://akizukidenshi.com/catalog/g/gP-02314/)
ピン・ヘッダ	PHA-1x20SG	20	秋月電子通商(http://akizukidenshi.com/catalog/g/gC-04398/)
距離センサ	GP2Y0A21YK	400	秋月電子通商(http://akizukidenshi.com/catalog/g/gI-02551/)
電池ボックス 単3×4本用	SBH-341-AS	150	秋月電子通商(http://akizukidenshi.com/catalog/g/gP-00311/)
単線	各1 m	−	直径0.5mmほど，赤・黒のほかにも複数の色があるとよい
熱収縮チューブ	1 m	−	なくても可
スチレン・ボード	A4 5 mm	−	文具店など
圧電スピーカ	SPT08	100	秋月電子通商(http://akizukidenshi.com/catalog/g/gP-01251/)
抵抗	1 kΩ	−	2本
	3.3 kΩ	−	1本
トランジスタ	2SC1815	100	秋月電子通商(http://akizukidenshi.com/catalog/g/gI-00881/)
OPアンプ	LM358	100	秋月電子通商(http://akizukidenshi.com/catalog/g/gI-02324/)
スピーカ	SP23MM	100	マルツ電波(http://www.marutsu.co.jp/shohin_56484/)
電解コンデンサ	100 μF	−	2個
セラミック・コンデンサ	0.1 μF	−	1個
	0.01 μF	−	1個

リスト 5-1　測定した距離をキャラクタ LCD に表示する e-ruler

```
#include "mbed.h"
#include "TextLCD.h"

// キャラクタ LCD の変数 ( オブジェクト ) 宣言
TextLCD lcd(p24, p26, p27, p28, p29, p30) ;

// 距離センサからアナログ入力を取得するオブジェクトの宣言
AnalogIn in(p20);

// ある時間ごとに関数を呼び出すためのオブジェクト
Ticker input;

// センサから読み込んだ値を一時的に保存する変数
float now = 0.0, old = 0.0 ;

// 関数のプロトタイプ宣言
void run(void);

int main() {

    // 0.5 秒ごとに run 関数を呼び出す
    input.attach(&run,0.5);

    // 無限ループ
    while(1) {

    }
}

// run 関数で 0.5 秒ごとにセンサから値を取得し，距離に変換したものを LCD に表示している
void run(void)
{
    float data;

    // センサから得られる値が安定しないことがあるので,
    // 前回取得した値を old 変数に保持しておき，2 回分の平均値を入力値としている
    old = now ;
    now = in ;
    data = (now +old)/2.0 ;

    lcd.locate(0,0) ;

    // 距離センサは，5 ～ 80 [cm] の距離に対しておよそ 3.2 ～ 0.4 [V] の電圧が出力される.
    // mbed は 0 ～ 3.3 [V] の入力を 0.0 ～ 1.0 に変換し内部で処理している.
    // そこで，距離センサからの出力電圧を 0.0 ～ 1.0 に変換すると
    // 0.121(=0.4/3.3) ～ 0.97(=3.2/3.3) になるので，この値に収まる場合は距離
    // を求め，それ以外は測定範囲外（----）の表示をする
    if (0.121 <= data && data <= 0.970){
        // 先ほど求めた出力電圧から距離を求める近似式を使用する.
        // pow(x,y) は x の y 乗を求める関数
        float range = 25.33 * pow((data*3.3),-1.21);
        // LCD に小数点以下 1 桁で表示している
        lcd.printf("Range: %4.1f[cm]",range) ;
    }else{
        // 測定範囲外の場合の LCD 表示
        lcd.printf("Range: ----[cm]");
    }
}
```

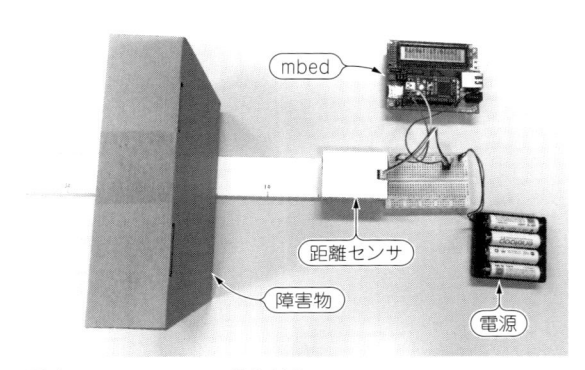

写真 5-4 e-ruler の動作検証

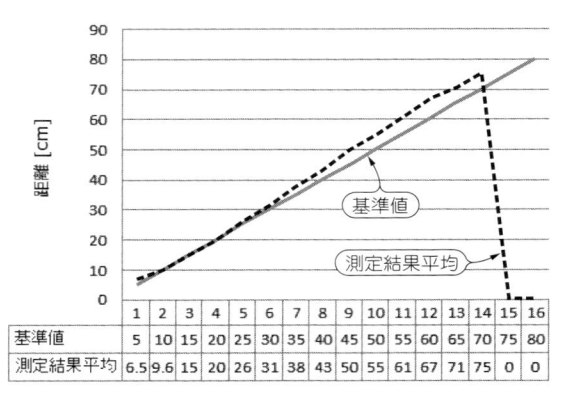

図 5-6 e-ruler の検証結果

	1	2	3	4	5	6	7	8	9	10	11	12	13	14	15	16
基準値	5	10	15	20	25	30	35	40	45	50	55	60	65	70	75	80
測定結果平均	6.5	9.6	15	20	26	31	38	43	50	55	61	67	71	75	0	0

　最初に距離センサで測定した距離をキャラクタ LCD に表示する電子定規 e-ruler を作成します．表示の部分については☆board Orange を使用します．

　まず新しいプログラムを作成します．

　今回は電子定規ということで e-ruler という名前にします．測定した距離をキャラクタ LCD に表示するので，プロジェクトに TextLCD ライブラリを追加してください．プログラムを**リスト 5-1** に示します．

　完成したらプログラムを動作させてみましょう．正しく距離が測定できたでしょうか？　それでは，e-ruler はどの程度の誤差があるか少し調べてみましょう．**写真 5-4** のようにスチレン・ボード上に 5cm ごとに目盛りを振り，障害物をこの目盛りに従って徐々に遠ざけたときの値を e-ruler で測定してみました．**図 5-6** の実線グラフが基準の値で破線のグラフが測定結果です．75～80cm の間は測定範囲外となり測定できませんでした．

　測定中は値がかなりブレる個所もありますが，測定距離が短くなるほど精度よく測定できることがわかりました．特に 20cm 以内では，値も比較的安定し距離もそれなりに正確に測定できています．しかし，測定する距離が長くなるにつれて，値が不安定になり誤差が大きくなりました．実際に使用するにはちょっと厳しいですが，思っていたよりも簡単に電子定規が作れたのではないでしょうか．

5-5　衝突検知システムの製作

　自動車にはバンパーの部分に衝突防止用センサが搭載されていて，自動車が壁などに接触しそうになると運転手に音で知らせるシステムがあります．そこで，距離センサを使ってマイコン・カーなどに搭載する衝突検知システムを製作してみます．ここで製作するのはセンサが障害物を検知すると警告音を発し，mbed 内蔵 LED が点滅して危険を知らせるというものです．

　回路は先ほど e-ruler で使用した距離センサの回路に，障害物がセンサに近づくと運転手に音で知らせるための圧電ブザーを駆動する回路（**図 5-7**）を追加します．

　それではプログラムを作成していきます．プログラムは CollisionAvoidance にしました．プログラムを**リスト 5-2** に示します．

　プログラムが完成したら，実行してみてください．距離センサにだんだん手を近づけると圧電スピーカ

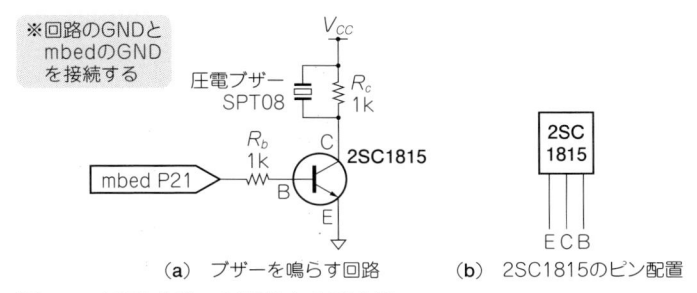

(a) ブザーを鳴らす回路　　(b) 2SC1815のピン配置

図 5-7　圧電ブザーを駆動する回路図

リスト 5-2　衝突検知システムのプログラム CollisionAvoidance

```
#include "mbed.h"
#include "TextLCD.h"

// 距離センサからのアナログ入力を取得するオブジェクトの宣言
AnalogIn in(p20);

// キャラクタ LCD の変数（オブジェクト）宣言
TextLCD lcd(p24, p26, p27, p28, p29, p30) ;

// 圧電スピーカを駆動するための変数
PwmOut out(p21);

// 内蔵 LED を点灯するための変数
DigitalOut myled(LED1);

// 一定時間ごとに関数を呼び出すオブジェクト
Ticker input;
Ticker output;

// 点滅周隔を格納する変数
double flash;

// 入力データを格納する変数
float data,now=0.0,old=0.0;

// センサから入力データを読み込む関数
void run(){
    // 一つ前のデータを old 変数に保存しておく
    old = now;
    // センサからデータを読み込む
    now = in;

    // 古いデータと新しいデータの平均をデータとする.
    // これは，データを安定させるための処理
    data = ( now + old ) / 2.0;
}

void update(){
    float range;
    lcd.locate(0,0);
```

リスト5-2 衝突検知システムのプログラム CollisionAvoidance(つづき)

```
        // ここでのしきい値は，適当に決めればよい
        if ( data < 0.208 ){     // 障害物が40cm以上離れている場合の処理
            flash = 0.0 ;        // センサからの出力は 0.686[V] なので，0.686/3.3 = 0.208
            lcd.printf(" Safty ");
        }else if ( data < 0.272){  // 障害物が 30cm ≦ data < 40cm の場合の処理
            flash = 0.8 ;
            lcd.printf("Caution! ");
        }else if ( data < 0.389){  // 障害物が 20cm ≦ data < 30cm の場合の処理
            flash = 0.4 ;
            lcd.printf("Caution! ");
        }else if ( data < 0.724){  // 障害物が 10cm ≦ data < 20cm の場合の処理
            flash = 0.1 ;
            lcd.printf(" Danger! ");
        }else{                     // 障害物が 10cm より近い場合の処理
            flash = 0.05 ;
            lcd.printf(" Danger! ");
        }

        // 障害物までの距離を求める
        range = 25.33 * pow((data*3.3),-1.21);

        lcd.locate(0,1);
        // 図5-2のグラフによりセンサの出力電圧が 0.4[V] (=0.12*3.3)より小さい場合は
        // RANGE OVER と表示する
        if ( data > 0.12)
            lcd.printf("RANGE %5.2f[cm]",range);
        else
            lcd.printf("RANGE OVER      ");
}
int main() {
    // 0.2秒ごとにセンサの値を読む関数を実行する
    input.attach(&run,0.2);

    // 0.5秒ごとにキャラクタLCDの表示を更新する関数を実行する
    output.attach(&update,0.5);

    // ブザーを鳴らす周波数を1[kHz]に設定する
    out.period(0.001);

    // 無限ループ
    while(1){
        out.write(0.0);
        if ( flash != 0.0 ){
            // 40[cm]より近い場合は距離によって決められた間隔(flash)で
            // LEDを点滅させ音を鳴らす
            myled = !myled ;
            wait(flash) ;
            out.write(0.5);
            wait(flash);
        }else{
            // 40[cm]以上離れている場合はLEDは消灯し，音も鳴らない
            myled = 0;
            out.write(0.0);
        }
    }
}
```

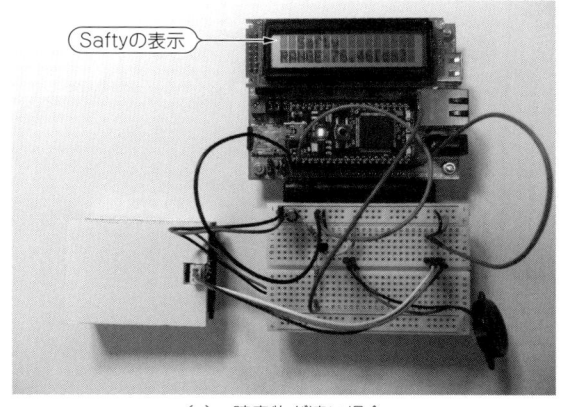

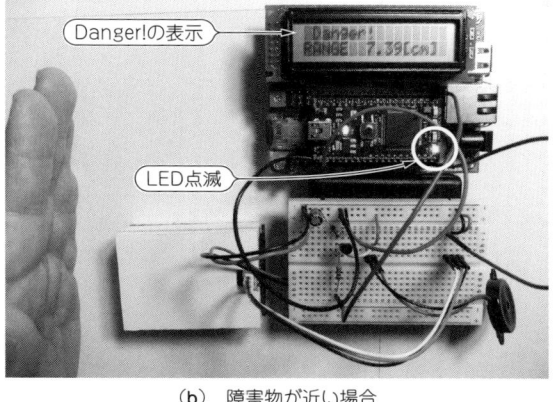

(a) 障害物が遠い場合　　　　　　　　　　　　(b) 障害物が近い場合

写真 5-5　衝突検知システム

から鳴るブザーの音とLEDの点滅の間隔がだんだん短くなり，運転手に障害物が近づいていることを知らせてくれます．

写真 5-5 は動作しているようすで，障害物が距離センサから離れているとキャラクタLCDに[Safty]と表示されmbedの内蔵LEDも点滅しません．ところが，距離センサに手を近づけると，[Danger!]と表示されLEDが激しく点滅します．マイコン・カーなどに搭載すると面白いかもしれませんね．

5-6　なんちゃってテルミンの製作

最後は，距離によって音程が変わる「なんちゃってテルミン」を製作します．

テルミンとは2本のアンテナに手を近づけたり遠ざけたりすることで音程と音量を調整しながら演奏する電子楽器です．ここではこのテルミンをイメージして，センサからの距離によって，音程が変わる「なんちゃってテルミン」を製作します．

マイコンを使って音を出す方法は別の項で説明しましたが，このときは方形波を使って圧電スピーカを動作させたので，音が少しギザギザした機械音のような音色になってしまいました．そこで，ここでは正弦波を使ってもう少し滑らかな音を鳴らしてみたいと思います．

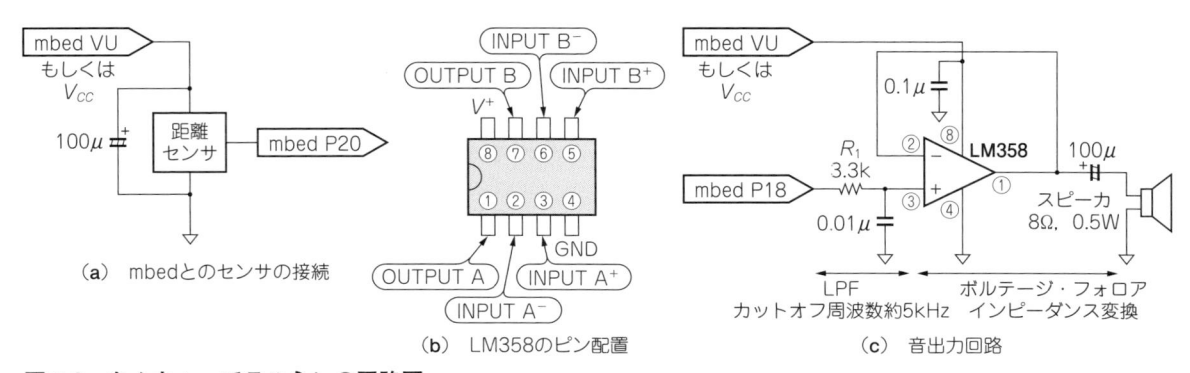

(a) mbedとのセンサの接続

(b) LM358のピン配置

(c) 音出力回路

図 5-8　なんちゃってテルミンの回路図

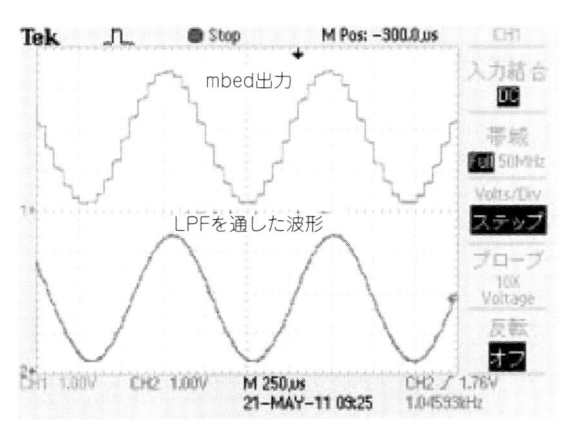

図 5-9
なんちゃってテルミンの
出力波形

　図 5-8 は製作する回路図です．圧電ブザーを動作させたときはもっとシンプルな回路でしたが，こちらは少し複雑な回路になっています．この回路は LPF（ローパス・フィルタ）とボルテージ・フォロア回路で構成されています．それでは，それぞれの回路がどのような機能をもっているのか簡単に説明します．

　図 5-9 は今回のプログラムを実行したときの出力波形です．上の波形が mbed からの出力で，下の波形が LPF を通した後の出力です．制作するプログラムは，正弦波を出力するために $50\mu s$ ごとに出力を変化させることで擬似的に正弦波を作っています．

　そのため，mbed の出力は $50\mu s$ ごとに出力が変化する階段状の波形になっていることが確認できます．この階段状の部分は高周波成分を含んでいるため，LPF で高周波成分を除去することで波形を滑らかにしています．LPF とは言葉のとおり，低い周波数は影響を受けませんが高い周波数を除去する回路のことです．ローパス・フィルタの設計は以下のサイトを利用させていただきました．

　　　`http://sim.okawa-denshi.jp/CRlowkeisan.htm`

　続いてボルテージ・フォロア回路ですが，mbed からは直接圧電スピーカを駆動させることができますが，スピーカを駆動させようとすると小さな音しか出ません．これは，mbed の出力インピーダンスに対してスピーカのインピーダンスが低いからです．図 5-10 はマイコンの出力でスピーカを駆動するイメージ図ですが，この図を見るとわかるようにマイコンの出力インピーダンスとスピーカは直列につながります．ここで，スピーカのインピーダンスが低いと，マイコンの出力インピーダンスに高電圧がかかってしまうため，スピーカにはほとんど電圧が供給されません．

　そこで，ボルテージ・フォロア回路を設け出力インピーダンスを低くすることで，インピーダンスの小さなスピーカにも電圧が供給されるようになり音が鳴るのです．ただし，OP アンプによっては，ボルテージ・フォロア回路として使えないものもあるので，よく資料を確認して使うようにしましょう．また，汎用の OP アンプは周波数が高くなると利得が落ちてしまうので，製作するものによっては使用する周波数帯を確認して適切な OP アンプを選ぶようにしましょう．

　今回使用する 2kHz 程度の周波数であれば汎用の OP アンプでも問題なく使用できます．

　回路の動作を理解したところで，プログラムを作成していきましょう．今回のプログラムは `ImitationTheremin` にします．前回と同じように新しいプログラムを作成し，プログラムに `TextLCD` ライブラリを追加してください．プログラムを**リスト 5-3** に示します．

　プログラムが完成したら**写真 5-6** のように距離センサに手を近づけたり遠ざけたりして，音程が変わる

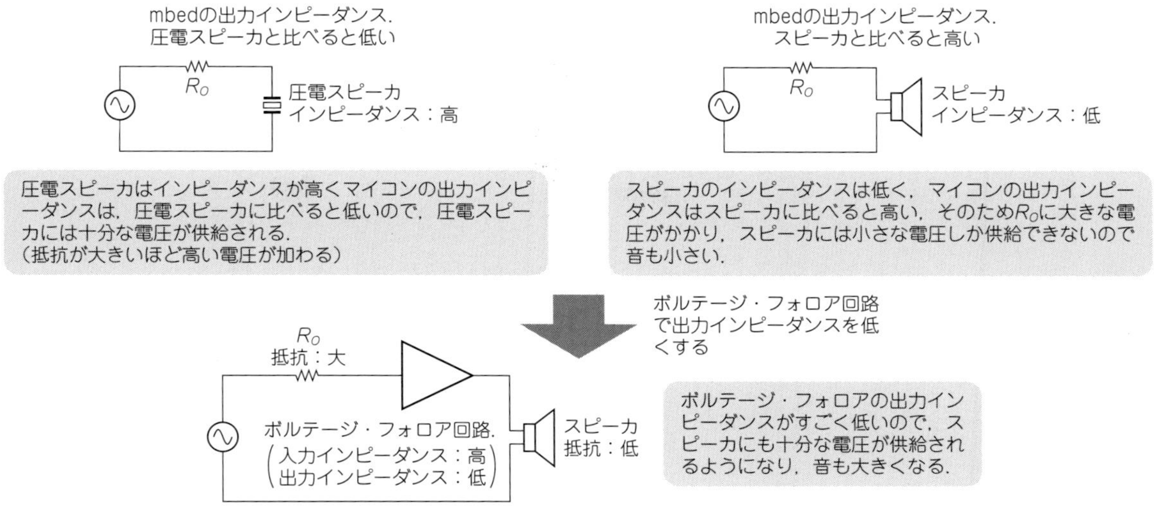

図の説明:
- mbedの出力インピーダンス。圧電スピーカと比べると低い
  - R_O、圧電スピーカ インピーダンス：高
  - 圧電スピーカはインピーダンスが高くマイコンの出力インピーダンスは、圧電スピーカに比べると低いので、圧電スピーカには十分な電圧が供給される。（抵抗が大きいほど高い電圧が加わる）
- mbedの出力インピーダンス。スピーカと比べると高い
  - R_O、スピーカ インピーダンス：低
  - スピーカのインピーダンスは低く、マイコンの出力インピーダンスはスピーカに比べると高い。そのためR_Oに大きな電圧がかかり、スピーカには小さな電圧しか供給できないので音も小さい。

↓ ボルテージ・フォロア回路で出力インピーダンスを低くする

- R_O 抵抗：大 → ボルテージ・フォロア回路（入力インピーダンス：高、出力インピーダンス：低） → スピーカ 抵抗：低
  - ボルテージ・フォロアの出力インピーダンスがすごく低いので、スピーカにも十分な電圧が供給されるようになり、音も大きくなる。

図 5-10 ボルテージ・フォロアの説明図

リスト 5-3 なんちゃってテルミン ImitationTheremin

```
#include "mbed.h"
#include "TextLCD.h"
// プログラム内で使用している数学関数 sin() や pow() は C 言語では math.h を include しないと
// 使えないが、mbed では math.h を include する必要はない．
// #include "math.h"


// 距離センサからのアナログ入力を取得するオブジェクトの宣言
AnalogIn in(p20);

// キャラクタ LCD の変数（オブジェクト）宣言
TextLCD lcd(p24, p26, p27, p28, p29, p30);

// 音を出力するためのアナログ出力用の変数（オブジェクト）宣言
AnalogOut out(p18);

// 一定時間ごとに関数を呼び出すオブジェクト
Ticker input;
Ticker output;

// 出力する周波数を保存する変数
int freq;

double t = 0.0 ;
float data;

// センサから入力データを読み込む関数
void run(){
    // 距離センサから値を取得
    data = in;
}

// 正弦波を出力する関数
void wave(){
```

リスト 5-3　なんちゃってテルミン ImitationTheremin（つづき）

```
    float signal;

    // 距離 - 出力電圧のグラフから，0.4[V] より小さな値 (80[cm] を超える ) のときは
    // 周波数を 0 にして音を出さない．
    // ここの if 文で使用しているしきい値は適当に決めた値．
    // 使用する人が自分の感覚で適当な距離 ( 値 ) を決めればよい
    if ( data < 0.1212){  // 0.4[V] (=0.1212*3.3)  80[cm] を超える場合は音を出さない
        freq = 0;
    }else if ( data < 0.181){  // 0.597[V] (=0.181*3.3)  50[cm] ≦ data < 80[cm]
        // 高いほうのドの周波数
        freq = 2093;
    }else if ( data < 0.242){  // 0.799[V] (=0.242*3.3)  35[cm] ≦ data < 50[cm]
        // シの周波数
        freq = 1976;
    }else if ( data < 0.333){  // 1.098[V] (=0.333*3.3)  25[cm] ≦ data < 35[cm]
        // ラの周波数
        freq = 1760;
    }else if ( data < 0.394){  // 1.300[V] (=0.394*3.3)  22[cm] ≦ data < 25[cm]
        // ソの周波数
        freq = 1568;
    }else if ( data < 0.485){  // 1.600[V] (=0.485*3.3)  15[cm] ≦ data < 22[cm]
        // ファの周波数
        freq = 1397;
    }else if ( data < 0.697){  // 2.300[V] (=0.697*3.3)  10[cm] ≦ data < 15[cm]
        // ミの周波数
        freq = 1319;
    }else if ( data < 0.85 ){  // 2.805[V] (=0.850*3.3)   7[cm] ≦ data < 10[cm]
        // レの周波数
        freq = 1175;
    }else{
        // ドの周波数
        freq = 1046;              //                           5[cm] ≦ data <  7[cm]
    }

    if ( freq != 0 ){
        // 正弦波を出力するための式．
        // V = Vm * sin(2*PI*freq*t)
        // Vm: 波形の最大値，pi:3.1415，f: 周波数，t: 時間
        // sin() の値は  1 ~ -1 で変化するが．mbed は 0.0 ~ 1.0 の範囲に対して 0.0 ~ 3.3[V] の電圧を出力．
        // そこで．Vm を 0.5 倍し 0.5 ~ -0.5 の範囲で変化するようにして．最後に 0.5 を加えることで 0.0 ~ 1.0
        // の範囲で変化するようにした
        signal =0.5*sin(2.0 * 3.1415 * freq * t )+0.5;
        out = signal;
    }

    // t が 1 を超えたら 0 に戻す
    if ( t > 1.0 )
     t = 0.0 ;
    // t の値に 50[us] だけ加算し時間を進める処理をしている．
    // 時間 (t) は，波形の瞬間の値を求めるときに使用している
    t=t+0.00005 ;
}

int main() {

    // 0.5 秒ごとにセンサから値を読み込む関数を呼び出す
    input.attach(&run,0.5);
```

```cpp
    // 50[us]ごとに出力を更新する．
    // あまり時間を短くすると時間内に処理が終わらないため，正常に動作しなくなる
    output.attach_us(&wave,50);


    // 無限ループ
    while(1){
        lcd.locate(0,0);
        // キャラクタ LCD にセンサの値と周波数の値を表示する
        lcd.printf("%5.3f %4d",data,freq);

        // センサの値から距離を求めている
        lcd.locate(0,1);
        if ( 0.12 <= data){
            float range = 25.33 * pow((data*3.3),-1.21);
            lcd.printf("RANGE %5.2f[cm]",range);
        }else{
            lcd.printf("RANGE -----[cm]");
        }
        lcd.locate(12,0);
        // 出力している音をキャラクタ LCD に表示する
        lcd.putc('[');
        if ( freq == 0){
            lcd.putc('-');
            lcd.putc('-');
        }else if ( freq == 2093){
            // ドの表示
            lcd.putc(0xC4);
            lcd.putc(0xDE);
        }else if (freq == 1976){
            // レと（スペース）の表示
            // 以下は同じ処理の繰り返し
            lcd.putc(0xBC);
            lcd.putc(0xFE);
        }else if ( freq == 1760){
            lcd.putc(0xD7);
            lcd.putc(0xFE);
        }else if ( freq == 1568){
            lcd.putc(0xBF);
            lcd.putc(0xFE);
        }else if ( freq == 1397){
            lcd.putc(0xCC);
            lcd.putc(0xA7);
        }else if ( freq == 1319 ){
            lcd.putc(0xD0);
            lcd.putc(0xFE);
        }else if ( freq == 1175){
            lcd.putc(0xDA);
            lcd.putc(0xFE);
        }else{
            lcd.putc(0xC4);
            lcd.putc(0xDE);
        }
        lcd.putc(']');
    }
}
```

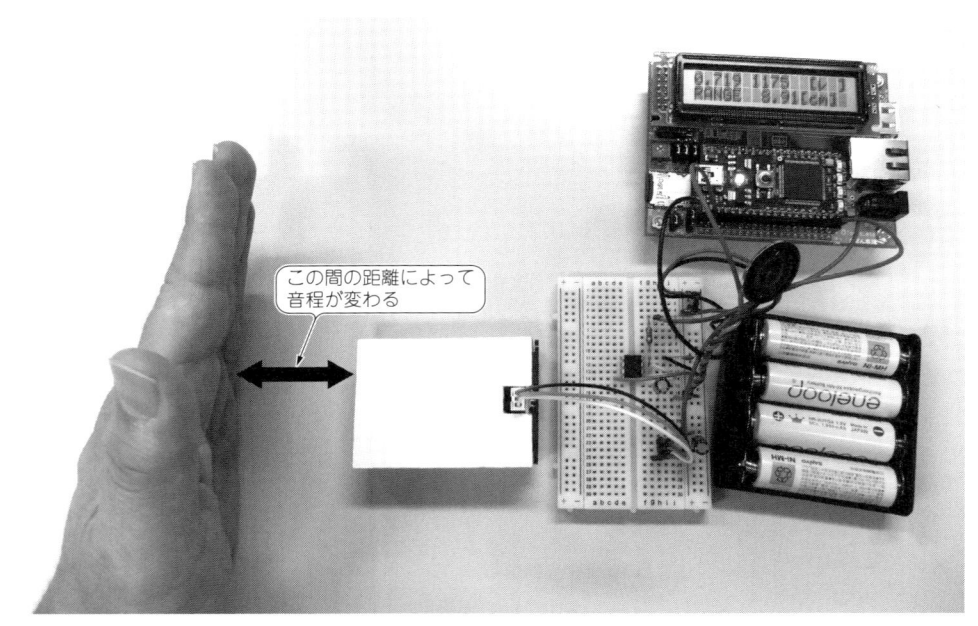

写真5-6 なんちゃってテルミン

か確認してください．距離センサから徐々に手を離していくとド・レ・ミというように音程が変われば正しく動作しています．

今回使用した距離センサは，短い距離(5～80cm)を測定するものを使用しましたが，もっと長い距離を測れるセンサを使えば，人が部屋を横切ることで音を鳴らしたり，配置されている家具を使って音を鳴らすなどアイデアによっていろいろなものが作れそうです．

実際に「なんちゃってテルミン」も，そういうものをイメージして製作しました．まだまだ未完成ですが，レーザー光と組み合わせることでもっと楽しいものが作れそうですね．

さて，ここでは距離センサを使って電子定規や衝突防止システム，そしてなんちゃってテルミンを製作しました．プログラムを見るとわかると思いますが，どれもセンサから得られた距離データを，if文で分岐して処理しているだけです．実用的なものではありませんが，センサを活用すればアイデア次第でいろいろなものが製作できることがわかります．

[第6章]

ネットワークの利用

mbed をネットワークにつなげよう！

飯田 忠夫

　近年，身の回りのものが急速にネットワークにつながるようになってきました．AV機器ではテレビやレコーダなどネットワークに接続できる機器が増えてきましたし，携帯用ゲーム機などはネットワーク接続がもはや当たり前になっています．

　今後は，さらにネットワーク対応機器が増加することで，組み込みの分野でもいずれパソコンのようにネットワーク対応が標準になる日がくるかもしれませんね．

　ところでマイコンはというと，少し前まではネットワークにつなげるにはそれなりのスキルがないと難しかったのですが，最近ではイーサネット・コントローラを内蔵したPICマイコンやArudino用のイーサネット・シールドが販売されるなど，ホビーユースでもネットワークを使った機器を開発できるようになってきました．これにより，開発する人が増えることで新しい発想から今までなかったような面白いものが作成されるかもしれません．

　そこで，ここではmbedをネットワークに接続する事例をいくつか製作したいと思います．

　表6-1はここで使用する部品の一覧です．

表6-1　ネットワーク接続で使用する部品

品名	型式	参考価格[円]	備考
☆board Orange (Star)		3900	きばん本舗 完成基板 (http://kibanhonpo.shop-pro.jp/?pid=22678756)
mbed用イーサネット接続キット	－	500	スイッチサイエンス http://www.switch-science.com/products/detail.php?product_id=555
ブレッドボード	EIC-801	250	秋月電子通商 EIC-801：(http://akizukidenshi.com/catalog/g/gP-00315/) EIC-102J：(http://akizukidenshi.com/catalog/g/gP-02314/)
	EIC-102J	600	
温度センサ	LM35	100	秋月電子通商(http://akizukidenshi.com/catalog/g/gI-00116/)
湿度センサ	CHS-UGS	3360	共立エレショップ(http://eleshop.jp/shop/g/g789139/)
トランジスタ	2SC1815	100	秋月電子通商 (http://akizukidenshi.com/catalog/g/gI-00881/)
単線	各1m	－	直径0.5mmくらい，赤・黒のほかにも複数の色があるとよい
抵抗	10 kΩ	－	1本
	2 kΩ	－	2本
	51 Ω	－	1本
OPアンプ	LM358	100	秋月電子通商(http://akizukidenshi.com/catalog/g/gI-02324/)
セラミック・コンデンサ	0.1 μF	－	1個
赤外線LED	OSIR5113A	－	同等品可

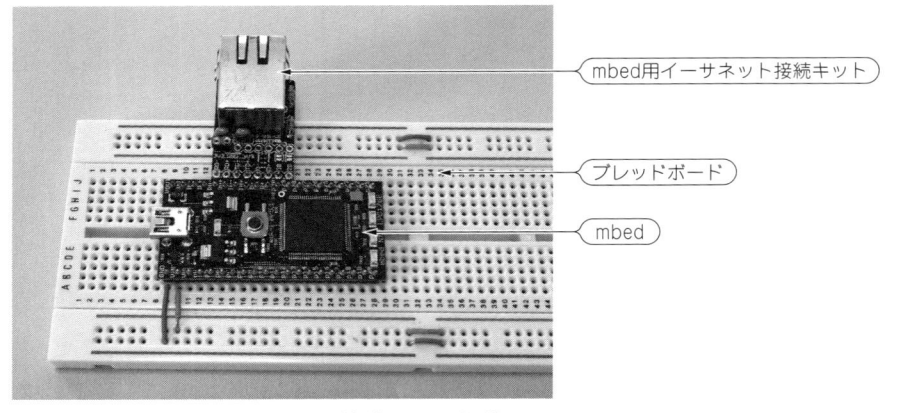

写真 6-1　mbed 用イーサネット接続キットを利用

6-1　mbed をネットワークに接続するための準備

　mbed はイーサネット・コントローラを内蔵しており，パルス・トランス内蔵の RJ45 コネクタを接続するだけでネットワークに接続することができます．ところが，RJ45 コネクタは端子面に凹凸があったり，端子の間隔が通常より狭いためブレッドボードに挿入して使用することができません．
　そこで，スイッチサイエンス社から販売されている mbed 用イーサネット接続キット（http://www.switch-science.com/products/detail.php?product_id=555）を使えば，**写真 6-1** のようにブレッドボードを使って mbed と RJ45 コネクタを接続することができます．
　ここではこのほかにキャラクタ LCD も使用するので，評価ボード☆board Orange を使います．
　mbed はネットワーク用のライブラリも充実しています．mbed のホームページにある Cookbook には，ネットワーク関連のライブラリをはじめ，http サーバや NTP など多くのプログラムが公開されているので，これらを利用したり参考にすることで比較的簡単にネットワークを使ったプログラムを作成することができます．実際にネットワーク・プログラムを作成する前に，どのようなライブラリやプログラムが公開されているか調べたり，実際のプログラム・コードを見てみると参考になるでしょう．

6-2　ネットワーク・プログラムの概略

　ネットワークを介してデータを送受信するには，大きく分けると TCP と UDP の 2 種類の方法があります．
　一つは信頼性は高いがオーバヘッドの大きい TCP を使った通信で，もう一つは，信頼性は低いがオーバヘッドが小さく高速で，1 対多の通信も可能な UDP を使った通信です（**図 6-1**）．
　ネットワーク・プログラムを作成する際には，どちらの方式を採用するか決めなくてはいけません．例えば，音声データを送受信するプログラムは，少しばかりデータが紛失しても若干音声が途切れたり聞き取りにくいだけで大きな影響はありません．それよりも，データを少ない遅延で送受信することのほうがはるかに重要であることから，このような場合は UDP を使います．
　一方，多くのネットワーク・プログラムは TCP を使っています．データが届く順序や再送などの機能

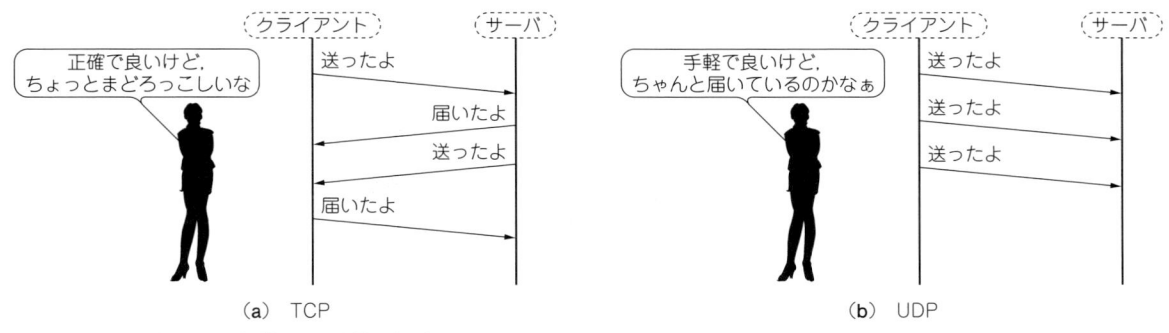

図6-1 TCPとUDPを使った通信の概念図

はすべてTCPが責任をもつため，信頼性の高い通信プログラムを少ない手間で作成できるからです．
　このように，これら二つの方式は送受信するデータやアプリケーションによって使い分けられます．どのようなプログラムのときにどちらの方式が使われているかを一度調べてみると，使い分けのイメージができるようになると思います．

6-3　UDP通信プログラムの作成

　ここで作成するプログラムはmbedで環境データ(温度と湿度)を測定し，そのデータをUDP通信でパソコンに送信するというものです．家の各部屋にmbedを設置し測定したデータをパソコンに送信することで，パソコンから各部屋の環境データをモニタするような用途を想定しました．使用するネットワークは，家庭内LANということで信頼性が高く負荷もそれほど高くないので，データが紛失する可能性は低いと思われます．
　また，温度や湿度はそれほど急激に変化しないので，仮に数回データが紛失しても影響が小さいことから，ここではUDPを使った通信を選びました．
　このプログラムで使用する回路は，第2章の温湿度データの回路(図2-13)と同じなので，回路を組み立てる際はそちらを参照ください．
　図6-2は今回のプログラムの流れ図で，大きく分けて三つの処理が必要になります．
① `setup`関数でネットワークを初期化する
② `host`オブジェクトを作成し，接続先(パソコン側)のIPアドレスとPort番号をセットする
③ `sendto`でメッセージを送信する
　mbedで作成するネットワーク・プログラムは，WindowsやLinuxで作成するネットワーク・プログラムと少し違う部分もありますが，処理の流れについてはほぼ同じです．そのため，プログラムを作成する際は，WindowsやLinuxのネットワーク・プログラムが参考になります．
　それではプログラムを作成していきましょう．最初に，新しいプログラム`UDPDataClient`を作成します．
　プログラムにはmbedからデータを送信するパソコンのIPアドレスが必要です．そこで，あなたが使っているパソコンのIPアドレスを調べる方法を紹介します．
(1) 以下のいずれかの方法でコマンドプロンプトを起動してください．
　(1-1) キーボードのウィンドウズ・マークを押しながらRボタンを押すと，[ファイル名を指定して実行]

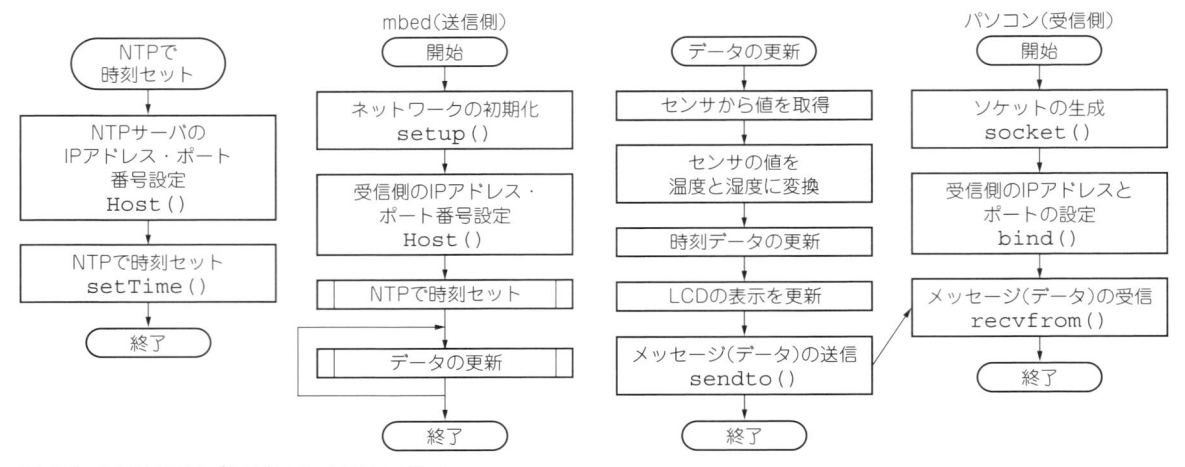

図6-2 UDP通信プログラムの処理の流れ

というダイアログが表示されます．名前と書かれたテキスト・ボックスにcmdと入力し[OK]ボタンを押す．
(1-2) デスクトップ左下のメニューから[全てのプログラム]→[アクセサリ]→[コマンドプロンプト]を選ぶ．
(2) コマンドプロンプトが表示されたら，ipconfigと入力し[Enter]キーを押してください．
(3) 図6-3のようにネットワークに関する情報が表示されます．
　無線LANで接続している場合は上の枠内の，
　　［Wireless LAN adapter ワイヤレスネットワーク接続］を
　また，有線LANで接続している場合は下の枠内の，
　　［イーサネット アダプター ローカル エリア接続］

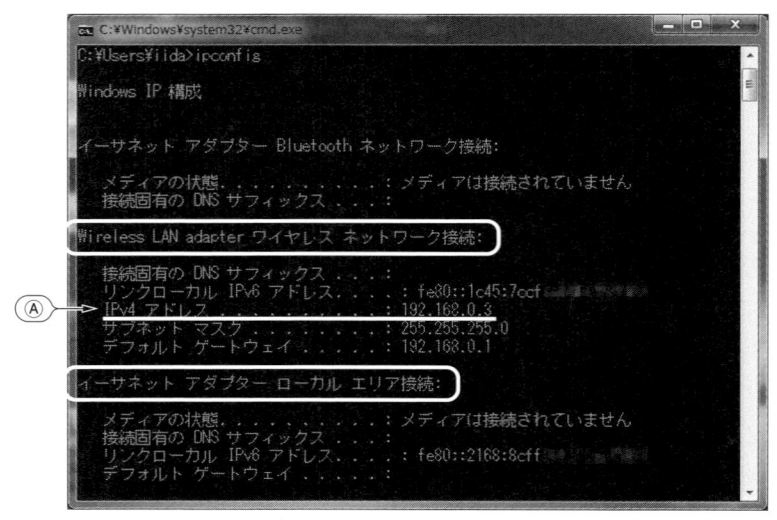

図6-3 コマンドプロンプトでIPアドレスの確認

の部分をそれぞれ確認します．

今回は無線LANを使用しているのでWireless LANの部分を詳しく見ると，[IPv4アドレス]という項目（図6-3 Ⓐ）があり，ここにパソコンが使用しているIPアドレスが記載されています．後でプログラムを作成する際にこのIPアドレスを使用するのでメモしてください．

IPアドレスの確認に使った`ipconfig`コマンドは，パソコンがネットワークに接続できない場合に，ネットワークの情報を確認するためによく使うコマンドの一つです．このコマンドでネットワークに関する設定が正しいかどうか確認できるので，覚えておくとネットワークのトラブル時に役立ちます．

それではプログラムを作成していきましょう．プログラムをリスト6-1に示します．

6-4　UDPDataClientの動作確認

それでは，作成したプログラムの動作を確認してみましょう．

最初にmbedから送信したデータを受信するプログラムUDPEnvRecv.exeを，本書のサポート・ページからダウンロードしてください．このプログラムは，筆者が今回のUDP通信の受信確認を行う目的で作成したもので無保証・無サポートです．

このプログラムは50001番ポートに送られてきた[,]で区切られた四つのデータ[場所コード(int)，温度(float)，湿度(float)，時刻(文字列)]を読み込み，UDPEnvRecvプログラムに表示します．

プログラムをmbedに書き込んだら，mbedのリセット・ボタンを押してプログラムを実行します．正常に動作するとmbedにつながっているキャラクタLCDに[NW Setup ...[OK]]と表示され，IPアドレスが正常に取得できないなどのエラーが発生すると[NW Setup Error!]と表示してプログラムの実行が終了します．

プログラムが正常に動作すると写真6-2のように上段に時刻が，下段に湿度と温度が表示されます．続いて先ほどダウンロードしたUDPEnvRecv.exeをパソコンで実行し，[受信]ボタンを押してください．すると，mbedから送られてきたデータが表示されます（図6-4）．表示されるデータは場所コードによって表示位置が異なります．最大で3か所のデータをモニタすることができ，

リスト6-1　UDPを使った通信 UDPDataClient

```
//      プログラムでEthernetNetIfやUDPSocketなどのオブジェクトを使用するので，ヘッダ・ファイル
//      をincludeする．
//      ヘッダ・ファイルには，EthernetNetIfやUDPSocketなど標準で提供されていない変数型や関数が
//      定義されていて，ヘッダ・ファイルをinclude（インクルード）することによって，それらをプログラム
//      内で使用できるようになる．
//      今回は以下の三つのライブラリを使用したので，それぞれのライブラリをImportする．
//      (1)   EthernetNetIf
//      (2)   NTPClient
//      (3)   TextLCD

#include "mbed.h"
#include "EthernetNetIf.h"
#include "UDPSocket.h"
#include "NTPClient.h"
#include "TextLCD.h"
```

リスト 6-1　UDP を使った通信 UDPDataClient（つづき）

```c
// ポート番号 mbedは50001番のポート番号に向けてデータを送信する.
// 受信側のパソコンでは 50001番ポートでデータを受信する
#define PORT 50001

// 場所を指定するコード.
// パソコン側の受信プログラムは場所コードによって表示する位置が異なる.
//    場所コード:1000 … 一番上の欄
//    場所コード:2000 … 真ん中の欄
//    場所コード:その他 … 一番下の欄
#define LOCATION 1000

TextLCD lcd(p24, p26, p27, p28, p29, p30);
AnalogIn temp_in(p20);
AnalogIn humid_in(p19);

Host server;
IpAddr ip;
UDPSocket udp;
NTPClient ntp;

Ticker  in;

// データを更新する関数を10秒間隔で呼び出しているが，これはデバッグのため.
// 間隔時間はもっと長く30[分]くらいでもよい
void Update(){
    char msg[64] ;
    float r_temp, r_humid;
    float temp,humid;
    char strTimeMsg[16];
    time_t ctTime;

    // センサからデータを取得
    temp = temp_in;
    humid = humid_in;

    // 入力値から温湿度データを求める
    r_humid = humid * 3.3 * 100 ;
    r_temp  =  temp * 55.0  ;

    // 時刻データの更新
    ctTime = time(NULL)+32400;
    strftime(strTimeMsg,16,"%y/%m/%d %H:%M",localtime(&ctTime));

    // 時刻と温湿度をLCDに表示する
    lcd.cls();
    lcd.locate(0,0);
    lcd.printf("%s",strTimeMsg);

    lcd.locate(0,1);
    lcd.printf("H%5.1f%% T%5.1f",r_humid,r_temp);

    // ℃を表示
    lcd.locate(14,1);
    lcd.putc(0xDf);
    lcd.putc(0x43);
```

```cpp
    // 温湿度データの文字列作成 ( サーバ送信用 )
    sprintf(msg, "%4d¥t,%6.2f¥t,%6.2f¥t,",LOCATION,r_temp,r_humid);
    // 温湿度データと時刻データを結合している
    strcat(msg,strTimeMsg);
    
    // sendto でメッセージをパソコンに送信している
    udp.sendto( msg, strlen(msg), &server );
    
    // 送信したデータをターミナルにも表示
    printf("%s¥r¥n",msg);
}

// NTP ネットワークを使った時刻合わせの関数
void setRTC_NTP()
{
    char strNtpErrMsg[32] ;
    
    // NTP サーバの設定
    Host ntpsrv(IpAddr(), 123, "ntp.nict.jp") ;
    
    // 時刻データをセットする
    NTPResult ntpResult = ntp.setTime(ntpsrv) ;
    
    // NTP で時刻をセットした状態を表示する
    if( ntpResult == NTP_OK ){
        sprintf(strNtpErrMsg,"NTP Connect OK!");
    }else if ( ntpResult == NTP_PRTCL ){
        sprintf(strNtpErrMsg,"NTP Protocol error.") ;
    }else if ( ntpResult == NTP_TIMEOUT ){
        sprintf(strNtpErrMsg,"Connection timeout.");
    }else if ( ntpResult == NTP_DNS ){
        sprintf(strNtpErrMsg,"Could not resolve DNS hostname.") ;
    }else if ( ntpResult == NTP_PROCESSING ){
        sprintf(strNtpErrMsg,"Processing.");
    }else{
        sprintf(strNtpErrMsg,"NTP Error.");
    }
    
    // NTP の状態をターミナルに出力
    printf("[%s]¥r¥n",strNtpErrMsg);
}

int main() {
    
    char ipaddr[16];
    
    // DHCP が使えるときのネットワーク設定.
    // ほとんどの場合はこちらの設定で OK
    EthernetNetIf eth;        // (1)   -- DHCP
    
    // 自分で IP アドレスを設定する場合は (1) をコメントにし.
    // 以下の 5 行にネットワーク情報を記述する.
    //    EthernetNetIf eth( // (2)   -- static IP address
    //        IpAddr(192,168,0,2),      // IP Address
```

リスト 6-1　UDP を使った通信 UDPDataClient（つづき）

```
    //           IpAddr(255,255,255,0),    // Subnet Mask
    //           IpAddr(192,168,0,1),      // Default Gateway
    //           IpAddr(192,168,0,1)       // DNS Server
    //     ) ;

    lcd.cls();
    lcd.locate(0,0);
    lcd.printf("NW Setup ...     ");

    // EthernetNetIf オブジェクトの初期化．
    // エラーがある場合は，ethErr にエラー・コードが代入される
    EthernetErr ethErr = eth.setup();

    // eth が正常に初期化できない場合のエラー処理
    if( ethErr != ETH_OK )
    {
        lcd.locate(0,0);
        lcd.printf("NW Setup Error! ", ethErr);
        printf("NW Setup Error!¥r¥n");
        return -1;
    }

    lcd.locate(0,0);
    lcd.printf("NW Setup ...[OK]");

    // ここに先ほど調べたパソコンの IP アドレスを記述する
    ip = IpAddr(192,168,0,3);

    // ここで接続先の IP アドレスとポート番号をセットして，host オブジェクトを作成する．
    // ここではパソコン（受信側）の IP アドレスを 192.168.0.3，ポート番号を 50001 としている．
    // UDPEnvRecv(UDP 受信側プログラム ) はポート番号 50001 でデータを待っている．
    // IP アドレスでパソコンを識別しポート番号でプログラムを識別する．
    // （※少し正確な表現ではないが…）
    server = Host(ip, PORT, NULL);

    // 接続先（パソコン）の IP アドレスを LCD に表示する
    lcd.locate(0,1);
    sprintf(ipaddr,"%d.%d.%d.%d ",ip[0],ip[1],ip[2],ip[3]);
    lcd.printf("%s",ipaddr);
    wait(1.0);

    // NTP で時刻を合わせるための関数
    setRTC_NTP();

    // データ更新関数を 10 秒ごとに呼び出す．
    // 更新間隔はもっと長くてもよいが，動作を確認するにはこのくらいが適当
    in.attach(&Update,10);

    // 無限ループ
    while(true)
    {
        Net::poll();
    }
}
```

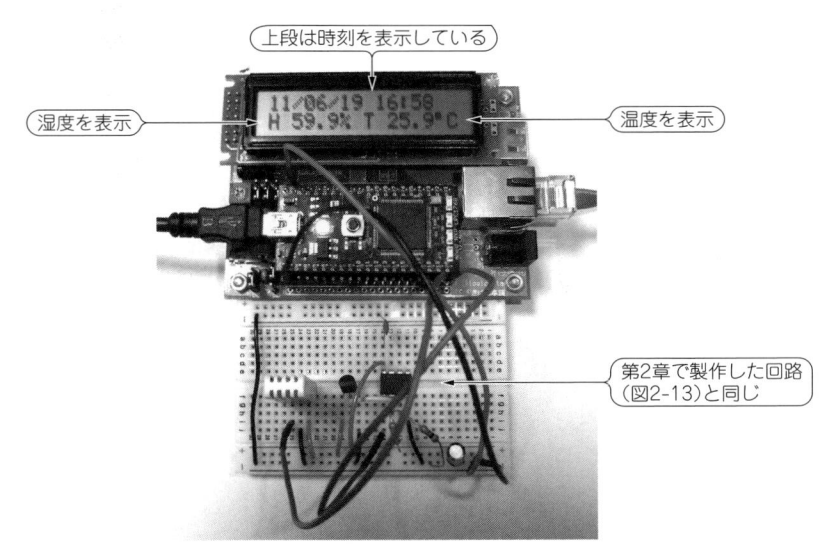

写真 6-2　UDPDataClient の実行画面

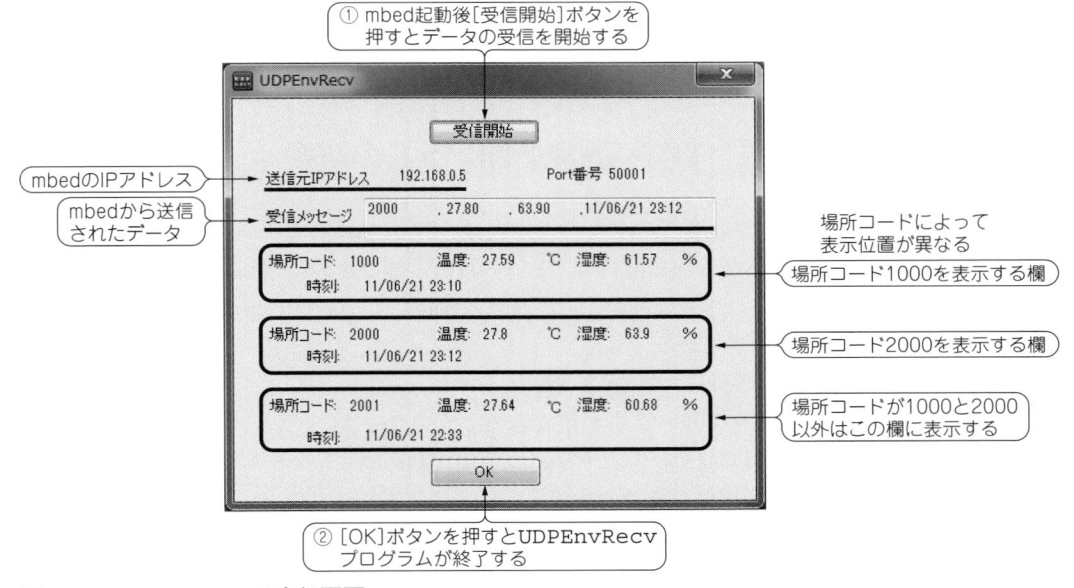

（上段は時刻を表示している／湿度を表示／温度を表示／第2章で製作した回路（図2-13）と同じ）

図 6-4　UDPEnvRecv の実行画面

① mbed起動後[受信開始]ボタンを押すとデータの受信を開始する
（mbedのIPアドレス／mbedから送信されたデータ／場所コードによって表示位置が異なる／場所コード1000を表示する欄／場所コード2000を表示する欄／場所コードが1000と2000以外はこの欄に表示する）
② [OK]ボタンを押すとUDPEnvRecvプログラムが終了する

　場所コードが 1000 の場合は，一番上の欄
　場所コードが 2000 の場合は，真ん中の欄
　それ以外は一番下の欄
にデータが表示されます．

　今回は送られてきたデータをパソコンに表示するだけのプログラムですが，mbed は[MySQL Client]ライブラリも提供されているので，直接データベースにデータを追加することもできます．データベースを利用すれば，より本格的なシステムが開発できそうです．

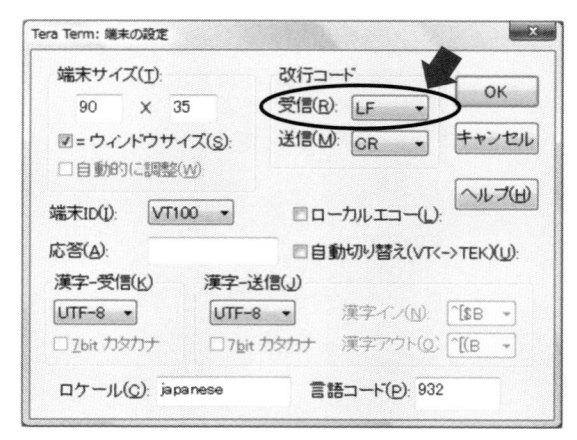

図6-5 Tera Term の改行設定

　プログラム作成中のデバッグ時や実行時の動作を確認するときに，ターミナル・ソフトを使って確認していると思います．著者はこのターミナル・ソフトに[Tera Term]というフリーソフトを使用しています．ところが，mbed の出力を Tera Term で表示すると改行コードの違いから表示がズレてしまいます．実害はあまりないのですが，Tera Term のメニューから[設定]→[端末]で受信の改行コードを図 6-5 枠のように[LF]に変更すると正しく表示されるようになります．

6-5　TCP 通信プログラムの概要

　先ほどは UDP を使ったプログラムを作成したので，次は，TCP を使ったプログラムを作成します．
　作成するプログラムはパソコンから mbed 内蔵 LED の点灯・消灯を遠隔制御するというものです．処理の流れを図 6-6 に示します．ここでも前回の UDP 通信と同様に Unix や Windows などの TCP ネットワーク・プログラムの処理手順が参考になります．
　それでは，プログラムの概略を説明していきます．
(1) 初期設定でプログラムからネットワークを利用できるようにします．
(2) `bind` 関数を呼び出し，接続用のソケットにサーバ(mbed)の IP アドレスやポート番号を割り当てます．
(3) `listen` 関数を呼び出し，接続要求を待ちます．
(4) ここでクライアント側から接続要求(`connect` 要求)があると，イベント処理が発生し，`accept` 関数が呼び出されます．
(5) `accept` 関数で正常に接続処理が完了すると，通信用の新たなソケットが生成されます．
(6) この通信用のソケットを使ってデータを送受信します．
　今回はプログラムを簡単にするために，クライアントであるパソコンから mbed に向けて制御データを送信し，mbed はパソコンからのデータを受信するだけという，一方向だけの通信にしました．

6-6　TCP 通信プログラムの作成

　最初に新しいプログラム `TCPCtrlServer` を作成し，以下の二つのライブラリを[Import]します．

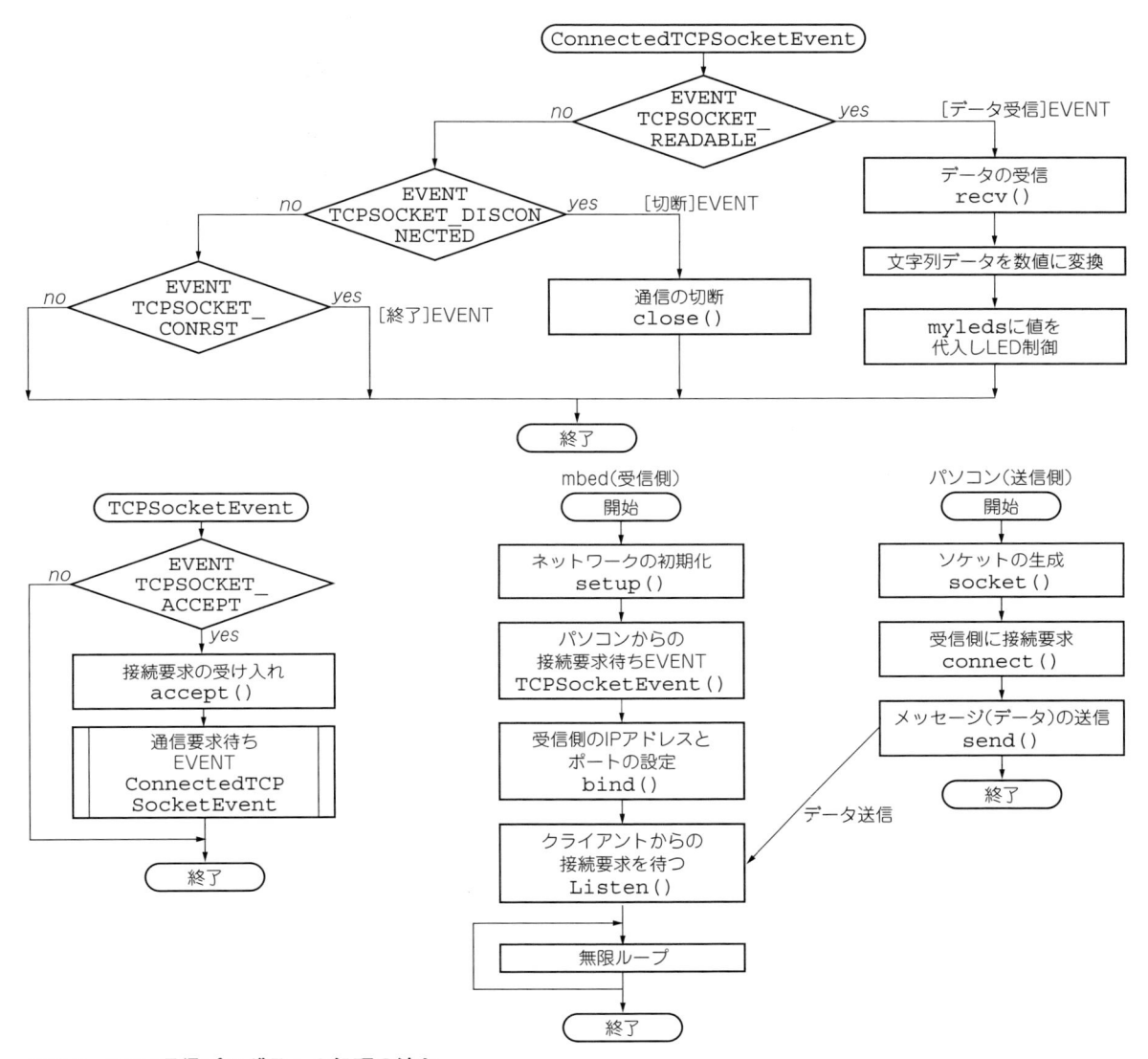

図 6-6　TCP 通信プログラムの処理の流れ

(1) EthernetNetIf ライブラリ
(2) TextLCD ライブラリ

　ここでは，TCP 通信用のあまり見慣れない関数を使用します．それらの関数についての情報は以下の URL の TCPSocket や Host のリンクに記述されています．

　　`http://mbed.org/users/donatien/programs/NetServicesSource/5zh9t/docs/annotated.html`

　関数についての詳しい説明はしないので，必要な場合はこれらの情報を参照ください．それでは，準備が整ったのでプログラムを作成していきます．プログラムの流れを**図 6-6** に，プログラムを**リスト 6-2** に示します．

リスト6-2　TCPを使った通信 TCPCtrlServer

```c
//   -- 宣言部 --
// プログラムでEthernetNetIfやTCPSocketのオブジェクトを使用するので,
// それぞれのヘッダ・ファイルをincludeする. リスト6-1はUDP通信だったので,
// UDPSocket.hを使ったが, 今回はTCP通信なのでTCPSocket.hを使用する
#include "mbed.h"
#include "EthernetNetIf.h"
#include "TCPSocket.h"
#include "TextLCD.h"

// 50505のポートに送られてきたデータを受信する
#define TCP_LISTENING_PORT 50505

BusOut myleds(LED1, LED2, LED3, LED4);
TextLCD lcd(p24, p26, p27, p28, p29, p30);


// 関数のプロトタイプ宣言.
// プロトタイプ宣言のないプログラムも存在するが, その場合は関数の本体を
// main関数の前に記述する. 今回は関数の本体がmain関数の後にあるので,
// プロトタイプ宣言が必要になる.
// プロトタイプ宣言の書き方は,
//     関数の戻り値  関数名 ( 引数の型  変数名 , 引数の型  変数名 , … );
// という形式で記述する. 変数名の記述は必須ではないが,
// プログラムの可読性が上がるので, 記述するようにつとめる.
// 関数のプロトタイプ宣言の最後には, セミコロンが必要
// なので忘れずに付ける.
// 以下の二つのイベント関数がどのような処理をするかについては後で説明.
void onTCPSocketEvent(TCPSocketEvent e) ;
void onConnectedTCPSocketEvent(TCPSocketEvent e) ;

// TCPSocket変数を2個宣言しているが, 一つはクライアントとの接続処理用で,
// もうひとつはクライアントから送信されるデータを受信するための通信用.
// 一方の変数には*(アスタリスク)が付いていて, ポインタ変数を表している
EthernetNetIf eth ;
TCPSocketErr tcpErr ;
TCPSocket tcpSock ;
TCPSocket* pConnectedSock ;
Host client ;

int main() {

    // -- ネットワークに接続するための設定 --
    lcd.locate(0,0);
    lcd.printf("Setting up...");

    // この部分はUDPと同じ処理で, ネットワークを初期化している.
    // IPアドレスが自動で割り振られるDHCP環境下ではこちらを使用する
    EthernetNetIf eth;    // (1)  …… DHCP

    // 静的なIPアドレスを使用している場合は, こちらを使用する.
    //     EthernetNetIf eth( // (2)  …… static IP address
    //         IpAddr(192,168,0,2),      // IP Address
    //         IpAddr(255,255,255,0),    // Subnet Mask
    //         IpAddr(192,168,0,1),      // Default Gateway
    //         IpAddr(192,168,0,1)       // DNS Server
```

```
//     ) ;

EthernetErr ethErr = eth.setup();
if( ethErr != ETH_OK )
{
    lcd.locate(0,0);
    printf("Error %d in setup.¥r¥n", ethErr);
    lcd.printf("NW Setup Error!", ethErr);
    return -1;
}
lcd.locate(0,0);
lcd.printf("Setup OK      ");
printf("Setup OK¥r¥n");

// 自分自身 (mbed) の IP アドレスを取得している
IpAddr ip = eth.getIp() ;

lcd.locate(0,1);
lcd.printf("%d.%d.%d.%d",ip[0],ip[1],ip[2],ip[3]);
printf("mbed IP Address is [%d.%d.%d.%d]¥r¥n", ip[0], ip[1], ip[2], ip[3]) ;

// tcpSock ソケットにイベントが発生したら，onTCPSocketEvent 関数に
// 処理が移る．具体的にはパソコンから接続要求 (connect) が来たら
// TCPSOCKET_ACCEPT イベントが発生する．
//
// setOnEvent 関数の引数 (関数に渡す値) は，
// ポインタ ( * (アスタリスク)) を要求している．
// ※プログラム内で使用している，いろいろな関数の詳細については，
// p.137 で紹介した関数について記載されているページを参照のこと．
//
// 引数にポインタが要求されている場合は，アドレスを渡す．
// ちなみに，& は変数が格納されているアドレス (番地) の値になり，
// この場合関数 (onTCPSocketEvent) が格納されているアドレスを
// 引数として渡している．
tcpSock.setOnEvent(&onTCPSocketEvent) ;

// bind 関数でサーバ (mbed 自身) の IP アドレスとポート番号を
// tcpSock ソケットに割り当てる．
printf("Bindding...¥r¥n") ;
tcpErr = tcpSock.bind(Host(IpAddr(), TCP_LISTENING_PORT));
if ( tcpErr != ETH_OK ){
    printf("Bindding Error.¥r¥n") ;
    return -1 ;
}

// listen 関数でクライアントからの接続要求を受け付ける
printf("Listen...¥r¥n");
tcpErr = tcpSock.listen() ;
if ( tcpErr != ETH_OK ){
    printf("Listen Error.¥r¥n") ;
    return -1 ;
}
```

リスト 6-2　TCP を使った通信 TCPCtrlServer（つづき）

```
        // 無限ループでイベントが発生するのを待つ．
        // クライアントからの接続要求やデータの送受信イベントなどが発生すると
        // それぞれのイベント関数へ処理が飛ぶ
        while(1) {
            Net::poll();
        }
}

//    -- イベントが発生したときの処理 --
// どの処理でどのようなイベントが発生しているか確認できるように，いろいろな場所に printf 関数を使用している．
// イベントとは周辺機器やプログラムで何か状態に変化があったときにそれをプログラムに知らせるような処理のこと．
// 今回のプログラムでは，パソコンから接続要求（connect）があったときには，TCPSOCKET_ACCEPT イベント
// が発生し，同じくクライアントからデータが送られてくると TCPSOCKET_READABLE イベントが発生する．
// TCPSocketEvent にどのようなイベントがあるかは
// http://mbed.org/users/donatien/programs/NetServicesSource/5zh9t/
//                      docs/TCPSocket_8h.html#af722595f029cb38c689442ed94b62a2d
// に記述されているので，一度確認のこと．

// TeraTerm でイベントの発生するタイミングを確認すると，プログラムの動きが理解しやすい．
//
// このように printf 関数は，動作を確かめたい場合やデバッグなどに利用できる．
// プログラムが正しく動作しない場合は，値を表示したり適当な文字列を表示して
// 実際に処理がその部分を実行しているか確かめるようにしよう．


void onTCPSocketEvent(TCPSocketEvent e)
{
        // このイベント関数に処理が飛ぶと，以下が表示される．
        // どういうイベント処理でこの表示が出力されるか確認しよう
        printf("---IN TCPSocketEvent ---\r\n");

        // クライアントから接続要求（connect）があると，TCPSOCKET_ACCEPT イベント
        // が発生し，以下の if 文の中に処理が移る．
        // 具体的には TCPCtrl プログラムで ［mbed 接続］ボタンを押すと
        // パソコンから mbed に対して connect の要求が発生し，このイベントが発生する
        if ( e == TCPSOCKET_ACCEPT ){
            printf("Listening: TCP Socket Accepted\r\n");

            // 接続が正常に完了すると client 変数から接続相手（パソコン側）の
            // ネットワークに関するデータが参照でき，pConnectedSock には新しい通信用の
            // ソケットが生成される．
            // ここでは関数の第 1 引数がポインタ，第 2 引数はダブル・ポインタになる．
            // ここでは，以下のように記述する
            tcpErr=tcpSock.accept(&client, &pConnectedSock);

            if ( tcpErr != TCPSOCKET_OK ) {
                printf("onTcpSocketEvent Error \r\n");
                return;
            }
            // -> はアロー演算子．
            // tcpSock 変数と関数の間は．（ピリオド）を使用していたが，
            // pConnectedSock 変数と関数は ->（アロー演算子）を使用する．
            // これは，pConnectedSock がポインタ変数を使用しているため．
            // 接続用のソケットにイベントが発生したら．
```

```
        // 引数内の関数に処理が移る
        pConnectedSock->setOnEvent(&onConnectedTCPSocketEvent);

        // パソコン側のIPアドレスを取得している
        IpAddr clientIp = client.getIp();
        printf("Controler IP Address is [%d.%d.%d.%d].\r\n",
            clientIp[0], clientIp[1], clientIp[2], clientIp[3]);
    }
    // このイベント関数が終了すると，以下の文が表示される
    printf("--- OUT TCPSocketEvent ---\r\n\r\n") ;
}

// 通信用ソケットのイベント
void onConnectedTCPSocketEvent(TCPSocketEvent e)
{
    // クライアントからデータが送られてきたり，接続を切断すると
    // このイベントが発生する
    printf("--- IN ConnectEvent ---\r\n");
    char buf[128] ;

    switch(e)
    {
        case TCPSOCKET_CONNECTED:
            printf("Connected to host.\r\n") ;
            break;
        case TCPSOCKET_WRITEABLE:
            printf("Can write data to buf.\r\n");
            break;
        case TCPSOCKET_READABLE:
            // パソコンからデータが送られてくると，ここに処理が移る
            printf("Data in buf.\r\n");
            // クライアントからのデータをrecv関数で受信する
            pConnectedSock->recv(buf,sizeof(buf)) ;
            printf("n = %s\r\n",buf) ;
            // atoi関数は文字列を整数型に変換する関数．
            // myledsはBusOutライブラリを使って，LED1からLED4をまとめて
            // 一つの変数として扱っている．
            // パソコン側のプログラム (TCPCtrl) では，各LEDのチェック・ボックスに
            // チェックを入れるとそれぞれ以下の値が足され，その値をmbed (サーバ)
            // に送信するようになっている．
            // LED1 = $2^0$ ……(1)
            // LED2 = $2^1$ ……(2)
            // LED3 = $2^2$ ……(4)
            // LED4 = $2^3$ ……(8)
            // とりあえず，チェック・ボックスのチェックの付け方で16通りの
            // 処理ができる
            myleds = atoi(buf) ;
            break;
        case TCPSOCKET_CONTIMEOUT:
            printf("Connection timed out.\r\n");
            break ;
        case TCPSOCKET_CONRST:
            // クライアント・プログラムの [終了] ボタンを押すと，
            // このイベントが発生する
```

リスト6-2 TCPを使った通信 TCPCtrlServer（つづき）

```
                printf("Connection was reset by remote host.¥r¥n");
                break ;
        case TCPSOCKET_CONABRT:
                printf("Connection was aborted.¥r¥n") ;
                break ;
        case TCPSOCKET_ERROR:
                printf("Unknown error.¥r¥n") ;
                break ;
         case TCPSOCKET_DISCONNECTED:
                // クライアント・プログラムの[mbed切断]ボタンを押すと,
                // このイベントが発生する
                printf("Tcp Socket Disconnected¥r¥n") ;
                pConnectedSock->close() ;
                break;
    }
    printf("--- OUT ConnectEvent ---¥r¥n¥r¥n");
}
```

6-7　TCPCtrlServerの動作確認

それでは，以下の手順に従って動作を確認してみましょう．
(1) mbedにプログラムを書き込む
(2) パソコンで動作するTCPCtrl.exeプログラムをダウンロードし実行する
(3) Tera Termを起動する
(4) mbedを再起動しプログラムを実行する

プログラムを実行すると，Tera Termに[Bindding...]，続いて[Listen...]と表示され，イベント待ちになります．その後でmbedのキャラクタLCDに表示されているIPアドレスをTCPCtrl（図6-7）の[mbed IPアドレス]の欄に入力します．

次に，ポート番号は50505のままにして[mbed接続]ボタンを押すとmbedに接続要求します．このときmbedに接続できない場合は，エラー・ダイアログが表示されTCPCtrlが終了します．

正常に接続できたら[mbed LED Control]のLED1からLED4のチェック・ボックスにチェックを付け[送信]ボタンを押すと，チェックを付けたmbedの内蔵LEDが点灯します（写真6-3）．

続いて，LED2のチェックを外し再度[送信]ボタンを押すと，チェックを外したmbedの内蔵LEDが消灯します．[mbed切断]ボタンを押すと接続が切断されます．

図6-8は，TCPCtrlを操作した際のTCPCtrlServerのイベント処理のタイミングをTera Termで確認した結果です．

TCPCtrlで赤や青で記述されている操作をすると，その処理に対するメッセージが表示されます．例えば，TCPCtrlの[接続]ボタンを押すと,パソコンからconnect要求がmbedに送られます．これにより，接続用のtcpSockソケットに割り当てたonTCPSocketEvent関数が呼び出され，TCPSOCKET_ACCEPTイベントが発生し，その部分に処理が移っていることが，

　　[--- IN TCPSocketEvent ---]と,

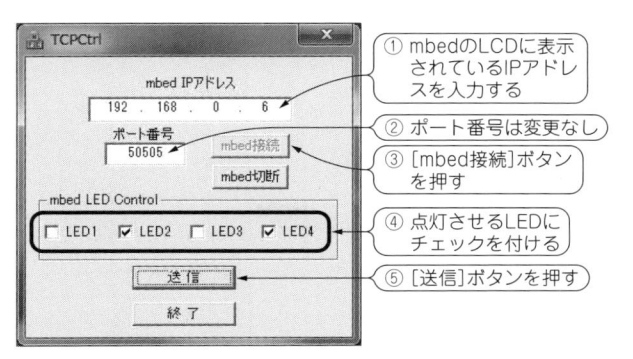

図 6-7　TCPCtrl の操作

①mbedのLCDに表示されているIPアドレスを入力する
②ポート番号は変更なし
③[mbed接続]ボタンを押す
④点灯させるLEDにチェックを付ける
⑤[送信]ボタンを押す

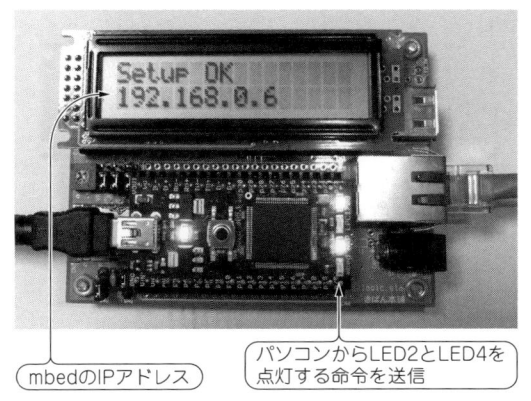

写真 6-3　TCPCtrlServer の実行画面

mbedのIPアドレス
パソコンからLED2とLED4を点灯する命令を送信

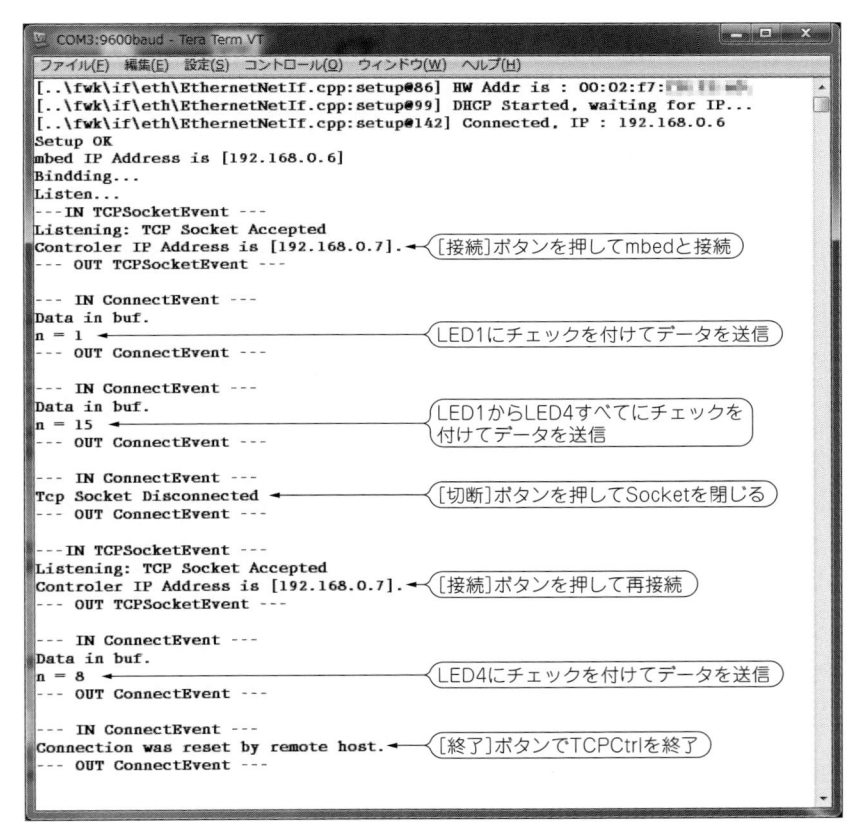

[接続]ボタンを押してmbedと接続
LED1にチェックを付けてデータを送信
LED1からLED4すべてにチェックを付けてデータを送信
[切断]ボタンを押してSocketを閉じる
[接続]ボタンを押して再接続
LED4にチェックを付けてデータを送信
[終了]ボタンでTCPCtrlを終了

図 6-8　TCPCtrlServer のイベント発生の確認

　　[Listening: TCP Socket Accepted]
の表示から確認することができます．
　また，TCPCtrl の LED の各チェック・ボックスにチェックを付け，送信ボタンを押すと，データ送信用の pConnectedSock ソケットに割り当てた onConnectedTCPSocketEvent 関数が呼び出

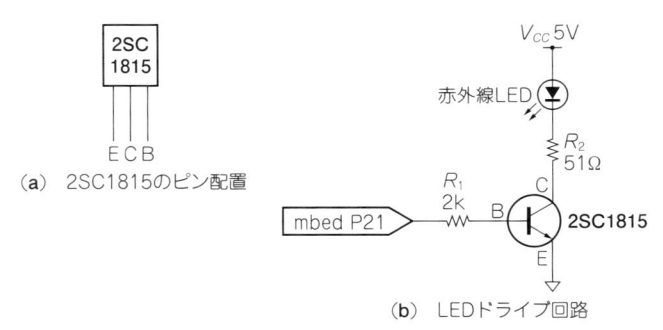

図 6-9　赤外線リモコン回路

され，`TCPSOCKET_READABLE` イベントが発生し，その部分に処理が移っていることが，
　`[--- IN ConnectEvent ---]`と，
　`[Data in buf.]`
の表示から確認できます．

このように Tera Term での表示結果を確認することで，TCP 通信の処理についての動きが理解できるようになります．

6-8　ネットワークを使ったチョロ Q 遠隔制御プログラムの作成

最後にこれまで作成したプログラムを組み合わせて，パソコンからネットワークを使って mbed に制御コマンドを送信し，チョロ Q を遠隔操作するプログラムを作成したいと思います．

遅延などもありちょっと実用的ではないのですが，面白そうだったので作成してみました．このプログラムが遠隔制御を行うプログラムを作成する際のヒントになればと思います．

ここで作成するプログラムは，TCP 通信のプログラムと前に作成した赤外線リモコンでチョロ Q を制御するプログラムをカット・アンド・ペーストで組み合わせただけのものです．そのため，プログラムの詳細な説明は省きますが，これまでのプログラムの処理が大体理解できていれば，それほど難しいプログラムではありません．

赤外線リモコンの回路部分は，mbed からの PWM 信号で赤外線 LED を点滅させるだけの簡単な回路（**図 6-9**）です．

それでは，プログラム（TCPChoroqCtrl）を作成していきましょう．今回使用するライブラリは以下の二つなので，それぞれ Import してください．
(1) EthrnetNetIf
(2) TextLCD
　プログラムを**リスト 6-3** に示します．

6-9　TCPChoroQCtrl の動作確認

それでは，以下の手順に従って動作を確認してみましょう．
(1) mbed にプログラムを書き込む

リスト6-3　チョロQ用遠隔制御プログラム TCPChoroqCtrl

```c
#include "mbed.h"
#include "EthernetNetIf.h"
#include "TCPSocket.h"
#include "TextLCD.h"

// 赤外線リモコンのプログラムをそのまま流用
typedef enum { OFF, ON } state;

#define TCP_LISTENING_PORT 50001
#define HEADER 2
#define CHA_INTERVAL1 130 // 130
#define CHA_INTERVAL2 10  // 10
#define CHB_INTERVAL1 110 // 130
#define CHB_INTERVAL2 30  // 10
#define CHC_INTERVAL1 90  // 130
#define CHC_INTERVAL2 50  // 10
#define CHD_INTERVAL1 70  // 130
#define CHD_INTERVAL2 70  // 10

TextLCD lcd(p24, p26, p27, p28, p29, p30);
PwmOut out(p21);
BusOut myleds(LED1, LED2, LED3, LED4);

void onTCPSocketEvent(TCPSocketEvent e) ;
void onConnectedTCPSocketEvent(TCPSocketEvent e) ;

// 変数の宣言
EthernetNetIf eth ;
TCPSocketErr tcpErr ;
TCPSocket tcpSock ;
TCPSocket* pConnectedSock ;
Host client ;
int handle,band,data;

typedef void (*FUNCPTR)();
FUNCPTR pFuncBand;

int flag=0;
Timer timer;
int interval1, interval2;

// この辺りも赤外線リモコンのプログラムをそのまま流用.
// 赤外線リモコンからONの信号を出力する関数
void on(){
    int begin;
    Timer ton;
    ton.start();
    begin = ton.read_us();
    while ( 500 > ton.read_us() - begin )
        out.write(0.0f) ;
    begin = ton.read_us();
    while ( 1000 > ton.read_us() - begin )
        out.write(0.5f) ;
    ton.stop();
}
```

リスト 6-3　チョロ Q 用遠隔制御プログラム TCPChoroqCtrl（つづき）

```c
// 赤外線リモコンから OFF の信号を出力する関数
void off(){
    int begin;
    Timer toff;
    toff.start();
    begin = toff.read_us();
    while( 500 > toff.read_us() - begin )
        out.write(0.0f) ;

    begin = toff.read_us();
    while ( 500 > toff.read_us() - begin )
        out.write(0.5f) ;
    toff.stop() ;
}

// 信号を出力しないための処理
void tail()
{
    out.write(0.0f) ;
    flag = 0;
}

// バンドの信号を出力する関数
void bandA(){
    off();off();
}
void bandB(){
    off();on();
}
void bandC(){
    on();off();
}
void bandD(){
    on();on();
}

// ヘッダ信号や信号間のインターバル信号を作成し出力する関数
void interval(int iTime,state s){
    float signal;
    int t;
    signal = (s==OFF)? 0.0f : 0.5f;
    timer.start();
    t = timer.read_ms();
    while ( iTime > timer.read_ms() - t )
        out.write(signal) ;
    timer.stop();
}

// ほとんどがリスト 6-2 で作成した TCP 通信のプログラムと同じ．
// 違うのは while 文の中でパソコンから送られてきた信
// 号によって．赤外線 LED から出力する信号を変えるだけ
int main() {

    printf("Setting up...\r\n");
    lcd.locate(0,0);
    lcd.printf("Setting up...");
```

```
    EthernetErr ethErr = eth.setup();
    if( ethErr != ETH_OK )
    {
        printf("Error %d in setup.\r\n", ethErr);
        lcd.locate(0,0);
        lcd.printf("NW Setup Error! ", ethErr);
        return -1;
    }
    printf("Setup OK\r\n");
    lcd.locate(0,0);
    lcd.printf("Setup OK      ");
    wait(1.5);

    IpAddr ip = eth.getIp() ;

    printf("mbed IP Address is [%d.%d.%d.%d]\r\n", ip[0], ip[1], ip[2], ip[3]) ;

    lcd.cls();
    lcd.locate(0,0);
    lcd.printf("%d.%d.%d.%d",ip[0], ip[1], ip[2], ip[3]);
    lcd.locate(0,1);
    lcd.printf("PORT[%5d]",TCP_LISTENING_PORT);
    wait(3.0);

    tcpSock.setOnEvent(&onTCPSocketEvent) ;

    printf("Bindding...\r\n") ;
    tcpErr = tcpSock.bind(Host(IpAddr(), TCP_LISTENING_PORT));
    if ( tcpErr != ETH_OK ){
        printf("Bindding Error.\r\n") ;
        return -1 ;
    }

    printf("Listen...\r\n");
    tcpErr = tcpSock.listen() ;
    if ( tcpErr != ETH_OK ){
        printf("Listen Error.\r\n") ;
        return -1 ;
    }
    lcd.cls();
    out.period_us(26);
    while(1) {
        Net::poll();

        // パソコンから送信された制御用のデータは，変数 data に入力される．
        // これ以降は data の信号を解析して，band や進行方向のデータを出力する

        // data の 5-6bit の BAND 信号を取り出す
        band = (data&0x30)>>4;

        lcd.locate(0,0);
        if(band == 0 ){
            lcd.printf("BAND [A]");
            (pFuncBand) = &bandA;
            interval1 = CHA_INTERVAL1;
            interval2 = CHA_INTERVAL2;
```

リスト 6-3　チョロ Q 用遠隔制御プログラム TCPChoroqCtrl（つづき）

```
        }else if(band == 1){
            lcd.printf("BAND [B]");
            (pFuncBand) = &bandB;
            interval1 = CHB_INTERVAL1;
            interval2 = CHB_INTERVAL2;
        }else if(band == 2){
            lcd.printf("BAND [C]");
            pFuncBand = &bandC;
            interval1 = CHC_INTERVAL1;
            interval2 = CHC_INTERVAL2;
        }else{
            lcd.printf("BAND [D]");
            pFuncBand = &bandD;
            interval1 = CHD_INTERVAL1;
            interval2 = CHD_INTERVAL2;
        }

        // data の下位 4bit から進行方向のデータを取り出す
        lcd.locate(0,1);
        handle = data&0x0F;

        // handle の値にしたがって，出力を生成する．
        // 方向の処理は前進と後進，停止の三つだけにした．
        // この部分は以前作成したチョロ Q 制御のプログラムがそのまま流用できる

        if( handle == 1 ){
            myleds = handle;
            // Forward(0001)  前進の処理
            lcd.printf("Forward         ");
            interval(interval1,OFF);
            interval(HEADER,ON);
            (pFuncBand)();
            off();off();off();on();
            interval(interval2,OFF);
            interval(HEADER,ON);
            (pFuncBand)();
            off();off();off();on();
            tail();
        }else if( handle == 2 ){
            myleds = handle;
            // Backward(0010)  後進の処理
            lcd.printf("Backward        ");
            interval(interval1,OFF);
            interval(HEADER,ON);
            (pFuncBand)();
            off();off();on();off();
            interval(interval2,OFF);
            interval(HEADER,ON);
            (pFuncBand)();
            off();off();on();off();
            tail();
        }else if( handle == 15 ){
            if ( flag == 0 ){
                myleds = handle;
                for ( int i = 0; i < 5 ; i++ ){
                    // STOP(1111)  停止の処理
```

```
                    lcd.locate(0,1);
                    lcd.printf("Stop          ");
                    interval(interval1,OFF);
                    interval(HEADER,ON);
                    (pFuncBand)();
                    on();on();on();on();
                    interval(interval2,OFF);
                    interval(HEADER,ON);
                    (pFuncBand)();
                     on();on();on();on();
                }
                flag = 1;
            }else{
                out.write(0.0f) ;
                myleds = 0;
                data = 0;
                lcd.locate(0,1);
                lcd.printf("              ");
            }
        }
    }
}

//  今回はイベント処理を大幅に削除した
void onTCPSocketEvent(TCPSocketEvent e)
{
    if ( e == TCPSOCKET_ACCEPT ){
        tcpErr=tcpSock.accept(&client, &pConnectedSock);

        if ( tcpErr != TCPSOCKET_OK ) {
            return;
        }
        pConnectedSock->setOnEvent(&onConnectedTCPSocketEvent);
        IpAddr clientIp = client.getIp();
    }
}

//  ここでも必要なさそうなイベントを削除した
void onConnectedTCPSocketEvent(TCPSocketEvent e)
{
    char buf[128] ;

    switch(e)
    {
        case TCPSOCKET_READABLE:
            pConnectedSock->recv(buf,sizeof(buf)) ;
            // パソコンから送られてきた文字列データをint型に変換する
            data = atoi(buf);
            break;
         case TCPSOCKET_DISCONNECTED:
            pConnectedSock->close() ;
            break;
    }
}
```

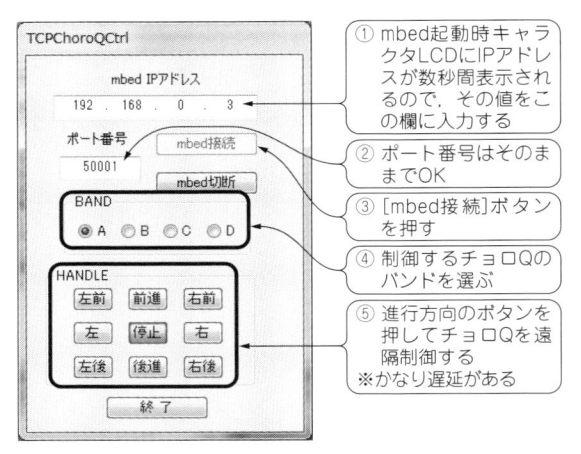

図6-10 TCPChoroQCtrl の操作

① mbed起動時キャラクタLCDにIPアドレスが数秒間表示されるので，その値をこの欄に入力する
② ポート番号はそのままでOK
③ [mbed接続]ボタンを押す
④ 制御するチョロQのバンドを選ぶ
⑤ 進行方向のボタンを押してチョロQを遠隔制御する
※かなり遅延がある

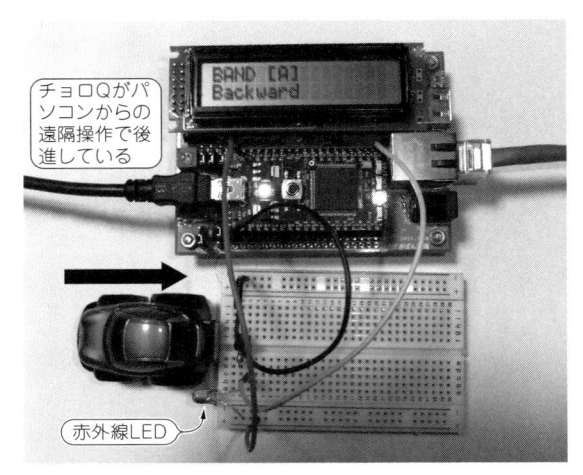

写真6-4 チョロQの遠隔制御実行画面

チョロQがパソコンからの遠隔操作で後進している
赤外線LED

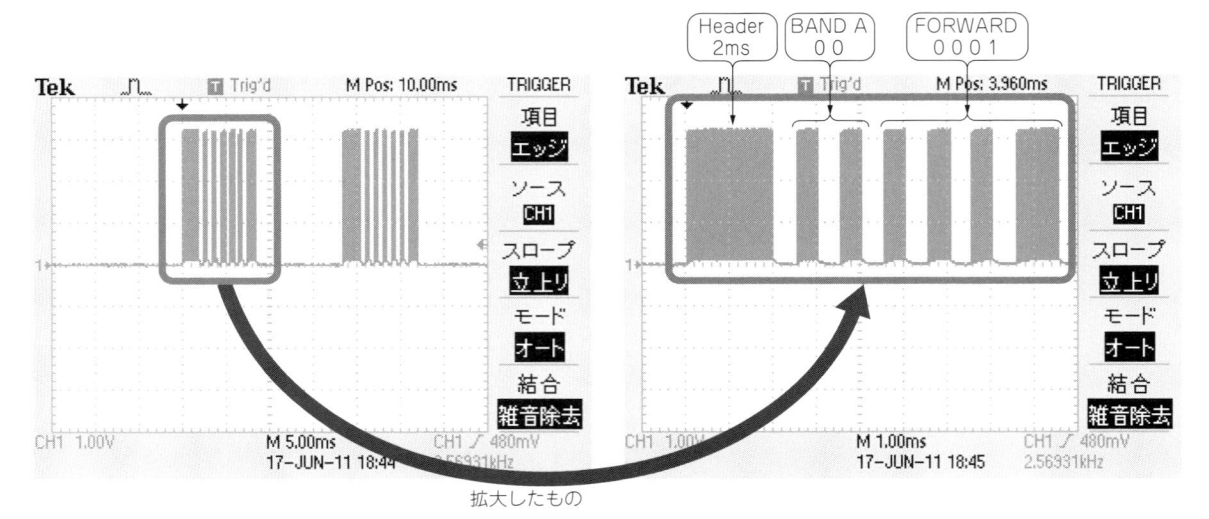

図6-11 前進のリモコン信号

拡大したもの

Header 2ms / BAND A 0 0 / FORWARD 0 0 0 1

(2) パソコンで動作する TCPChoroQCtrl.exe プログラムをダウンロードし実行する
(3) mbed を再起動しプログラムを実行する

　mbed 起動時にキャラクタ LCD に数秒間だけ mbed の IP アドレスが表示されるので，メモしておいてください．

　次に TCPChoroQCtrl(図6-10)の[mbed　IPアドレス]に，先ほどメモしたIPアドレスを入力します．この際にポート番号は 50001 のままにして[mbed接続]ボタンを押します．

　mbed に接続できない場合は，エラー・ダイアログが表示され TCPChoroQCtrl が終了し，正常に接続すると方向ボタンが活性化され，進行方向ボタンを押すことができるようになります．

　次に，使用するチョロ Q のバンドに合わせてバンド欄にチェックを付けます．最後に進行方向ボタンを押してチョロ Q を遠隔制御します．ただし，今回のプログラムは前進と後進，停止しか動作しなので，

皆さんでハンドルの機能を追加してください．

　どうですか？　ちゃんとパソコンからの指示に従ってチョロQが動作しましたか？　**写真6-4**はパソコンから後進の制御信号を送った際のチョロQのようすです．少し遅延があるため操作は難しいですが，ちゃんとパソコンからの操作でチョロQを動かすことができました．

　次に赤外線LEDの信号をオシロスコープを使って測定してみました．**図6-11**の左側の波形は前進時の制御信号で右側の波形は信号の一部を拡大して［ヘッダ］＋［バンド］＋［信号方向］の波形を観測したもので，正しく信号が出力されていることが確認できました．

＊

　ネットワーク・プログラミングと聞くとすごく難しいイメージがありますが，ほとんどの部分は決まった処理なので，mbedでネットワーク・プログラミングを作成する場合は，本記事が参考になると思います．ポインタなど難しい部分も少なくないですが，記事を参考にぜひ皆さんもネットワークを使ったオリジナル・プログラムの作成にチャレンジしてみてください．

（注）2012年8月にライブラリが大きく変更されたので，このままでは動作しません．新しいライブラリに対応したプログラムはサポート・ページを参照ください．

[第7章]

ネットワークと外部コントロールの組み合わせ

mbedで作る電力不足時代対策システムの製作

応用

久保 幸夫

7-1　mbedで作る電力不足時代対応システム

　2011年の3・11の震災と東京電力福島原発の事故以降，電力不足が続いています．特に3月後半には，東京電力管内での計画停電の実施や，それに伴う社会の混乱などさまざまな影響が出ました．そんな中，東京電力のホームページにて電力供給状況が発表されるようになり，リアルタイムではありませんが，1時間ごとの電力供給状態がパソコンで閲覧できるようになりました．しかし，情報が数値でなくグラフで表示されており，mbedなどのリソースが少ない組み込み用マイコンからでは，アクセスをすることが難しい状況でした．

　そんな中，複数の有志により，東京電力の電力供給状況のページを，Webアプリケーションから扱いやすくしたAPIが開発されました．それをきっかけに，停電対策用のWebサイトやアプリケーション，スマートフォン用のガジェットなどが，数多く開発されています．

　しかし，PCやスマートフォンでは，電力供給状態をディスプレイ画面に表示することはできても，インターネットから得た電力供給状態に応じて，自律的に機器のON/OFF制御をすることはできません．制御となると，やっぱり組み込みマイコンの登場です．

　ここでは，高速プロトタイピング・ツールであるmbedを使用して，電力不足時代に対応するための，図7-1のシステムを製作してみました．

　（1）電力供給状況表示装置
　（2）電力供給状況対応電源制御装置
　（3）電力供給逼迫時シャットダウン装置

　電力供給状況表示装置（写真7-1）は，インターネット上の電力供給の情報（東京電力版[*1]）の場合は，東京電力電力供給状況APIにアクセスし，電力消費率に合わせて，AC100Vのランプや回転灯を点灯させ，省エネの必要性をお知らせする装置です．写真7-2は，電力消費率が91.6％で，赤ランプ（警報）がONになっている状態です．この装置は，AC100Vで駆動する機器ならランプや回転灯以外でもON/OFF制御をすることができます．

　電力供給状況対応電源制御装置は，電力供給状況表示装置と同じハードウェアを使用し，プログラムを少し変更したもので，電力会社の供給量に余裕があるときだけ機器の電源がONになる制御システムに応用したものです．電力使用率が規定値を超えたら，自動的にAC100Vの電源を切ることができます．これにより，電力網に負担をかけない「やさしい電源制御」を行うことができます．

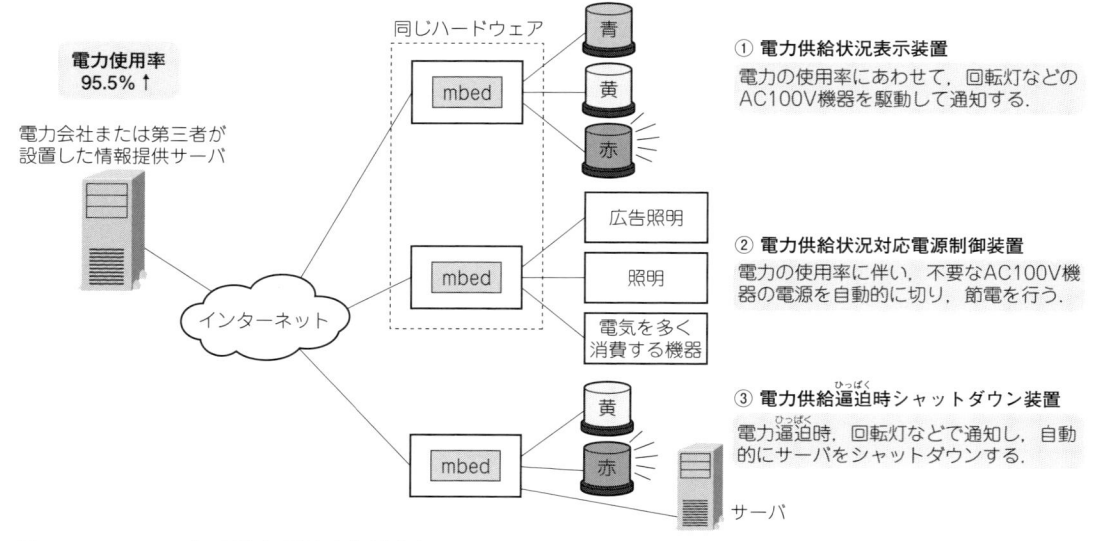

図 7-1　mbed で作る電力不足時代対応システム

① **電力供給状況表示装置**
電力の使用率にあわせて，回転灯などの AC100V 機器を駆動して通知する．

② **電力供給状況対応電源制御装置**
電力の使用率に伴い，不要な AC100V 機器の電源を自動的に切り，節電を行う．

③ **電力供給逼迫時シャットダウン装置**
電力逼迫時，回転灯などで通知し，自動的にサーバをシャットダウンする．

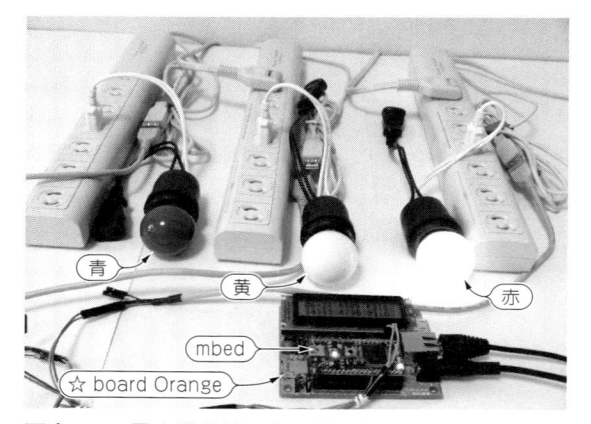

写真 7-1　電力供給状況表示装置（東電版）

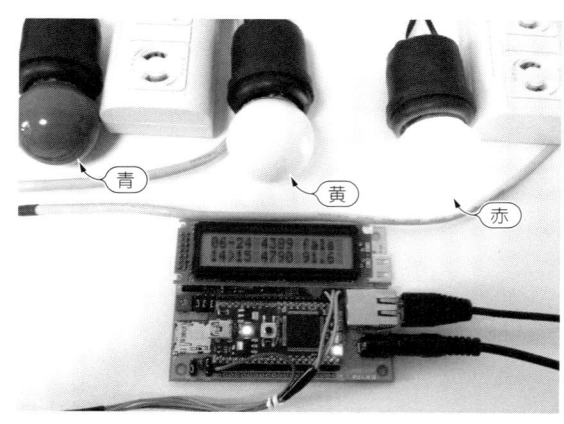

写真 7-2　電力 85％超で赤ランプ点灯（電力消費率 91.6％）

（＊1）エレキジャックの Web ページ上では，汎用 東京電力電力供給状況表示装置の名称にしているが，電力不足は東日本に留まらず，全国的に広がりつつある．本装置の開発を開始した 3 月下旬の時点では，電力供給状況を公開しているのは東京電力だけだったが，6 月上旬に東北電力も公開を開始し，さらにこの原稿執筆時点（6 月末）では，中部電力と関西電力でも各社の Web サイトで「でんき予報」として，電力供給状態の発表が始まった．現時点では，これらには対応できていないが，今後対応できる分については，エレキジャックの Web ページ上で公開していく予定（ただし，各電力会社が公開しているデータ形式はバラバラで，また mbed から使用可能な API の有無によっては，対応が難しい場合も考えられる）．

　そのために，本書では，汎用 東京電力電力供給状況表示装置の名称から，「東京電力」を外し，電力供給状況表示装置（東電版）と名称を変えた．また，Web ページの「汎用 東京電力電力供給状況表示装置の応用」は，電力供給状況対応電源制御装置と名称を変えている．

参考 YouTube 動画
「東京電力の供給状況をランプで表示するヤツ」
http://www.youtube.com/watch?v=sYMkB-SeK6o

写真 7-3　電力供給逼迫時シャットダウン装置（東電版）

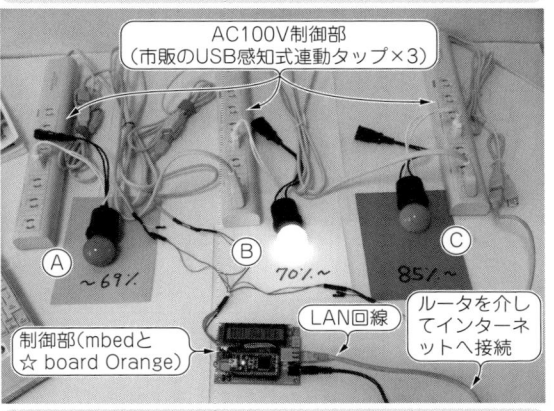

写真 7-4　試作零号機

　しかし，サーバや PC などのコンピュータ機器は，いきなり電源を切るとデータの消失やハードディスクの損傷などのトラブルになりがちです．そこで，インターネットから入手した電力供給状況により，安全にコンピュータ機器（Windows マシン）をシャットダウンさせるのが，電力供給逼迫時シャットダウン装置です（**写真 7-3**）．

　本章では，これらの装置の製作を順番に解説していきます．

7-2　電力供給状況表示装置の製作

● 電力供給状況表示装置とは

　インターネット上で公開されている電力会社の電力供給量の情報にアクセスし，電力消費率に合わせて，AC100V のランプや回転灯を点灯させ，省エネの必要性を通知する装置です．原稿執筆時点では，まだ東京電力しか対応していないので，以下の説明は，東京電力の電力供給量の情報（東京電力電力供給状況 API[*2]）を対象とした東京電力版（以下，東電版）の内容になっています．なお，東電版以外でもソフトウェアが異なるだけで，ハードウェアは基本的に同じものが使用できるようにする予定です．

　図 7-2 が本装置の利用イメージです．**写真 7-4** が，製作例（試作零号機）です．

◆ 精度と信頼性

　本装置（東電版）の精度は，東京電力電力供給状況 API（http://tepco-usage-api.appspot.com/）に依存していますが，現在（2011 年 6 月末）では，もともとの東京電力の Web サイト（http://www.tepco.co.jp/en/forecast/html/index-e.html）の更新が 1 時間に 1 回であり，あ

（＊2）東京電力電力供給状況 API（http://tepco-usage-api.appspot.com/）は，スイッチサイエンスの @ssci さんが開発された API（アプリケーション・プログラミング・インターフェース）．東京電力の Web ページ（http://www.tepco.co.jp/en/forecast/html/index-e.html）の CSV データを元に，プログラムから簡単に情報を GET できるようになっている．

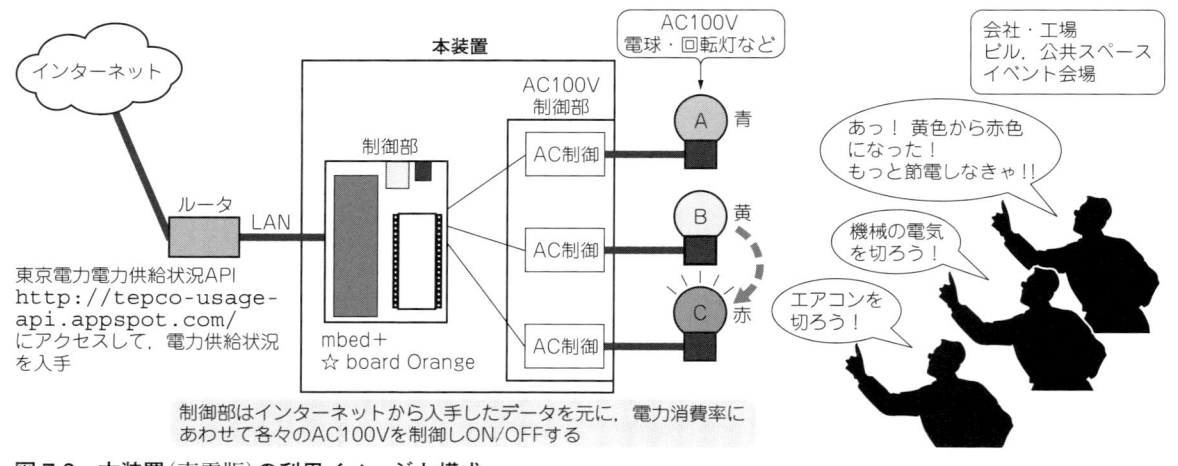

図 7-2　本装置(東電版)の利用イメージと構成

Column…7-1　システムの問題点と，ゆるい草の根スマートグリッドへの応用

　電力供給状況対応電源制御装置や電力供給逼迫(ひっぱく)時シャットダウン装置を使用すると，インターネットから入手した電力網の電力消費データに合わせて，エンド・ユーザ側における自律的な節電制御ができそうです．しかし，個人での使用はともかく，業務などで大々的に活用するには，問題があります．

　東電版の場合，(執筆時点では)東京電力が公開している元データの更新周期は1時間に1回だけで，そのため，それを参照している東京電力電力供給状況APIなどのサービスから得られる情報も粗いものとなっています．そのため，きめ細かい制御は難しいのが現状です．また，東京電力電力供給状況APIなどのサービスも，提供者のご厚意による活動で，オフィシャルなものではありません．

　そこで，一歩進んで，電力会社や国がオフィシャルなサービスとして，東京電力電力供給状況APIと同様な情報提供サービスを行って，もう少しきめの細かいデータを提供していただければ，さらに活用範囲が広がると考えます(図7-A)．

◆ **緩い草の根スマートグリッド？　が実現できるかも？？？**

　特に国がそのようなサービスを提供する場合，気象庁の天候の予測データと組み合わせることにより，さらに効果的な節電のための運用ができるかもしれません．

　また，情報を提供するサーバも，アクセス超過によるサーバ・ダウンやサイバ攻撃を避けるため，複数のクラウド上に堅牢なキャッシュ・サーバを設けるなどの，可用性の向上やセキュリティ対策の工夫も必要でしょう(クライアント側は複数のサーバを参照することにより，ある程度のデータの正当性を確認できる)．もし，このようなオフィシャルで安定した情報提供サービスが実現されるとなると，図7-Aのように，ユーザ・サイドで自主的に運用する，緩いスマートグリッドともいえるシステムが実現できるかもしれません．

　これは，中央集権型のスマートグリッドとは違い，スマートグリッド全体の制御を行うセンタが，エンド・ユーザに対する強制力を持ちません．そのため，電力逼迫時に各家庭のエアコンの温度設定を変える，さらに緊急時には強制的にエアコンを切るといった，強い制御能力はありません．あくまで，ユーザ・サイドの個人個人の意思で設定した範囲での緩い電力制御になります．言い換えると，これは，エンド・ユーザ主導型のゆるい草の根スマートグリッド？とも言えるかもしれません．

　コンピュータや通信の世界では，ホスト・コンピュータを中心とした中央集権型のネットワークか

くまで「目安」程度となるもので，精度が高いものではありません．

また，停電により本装置の機能は停止しますが，制御部の mbed マイコンは，電池などのバッテリ駆動にすることも可能です．しかし停電した場合，家庭や企業のルータや光回線の ONU，ADSL モデムなどのネットワーク機器が停止すると，当然ながらインターネットに接続できません．そのため，情報に高い精度や信用度が求められる用途や，高い信頼性を要する用途には適していません．

● **システムの構成**

図 7-2 のように，本装置のハードウェア構成は，制御部と AC100V 制御部から構成します．

◆ **制御部**

高速プロトタイピング・ツール mbed と ☆ board Orange（スターボード・オレンジ）と，LCD 表示器を使用します．☆ board Orange は完成基板も販売されているので，はんだ付けが苦手な人でも本装置を製作できます．**写真 7-5** が制御部の外観です．

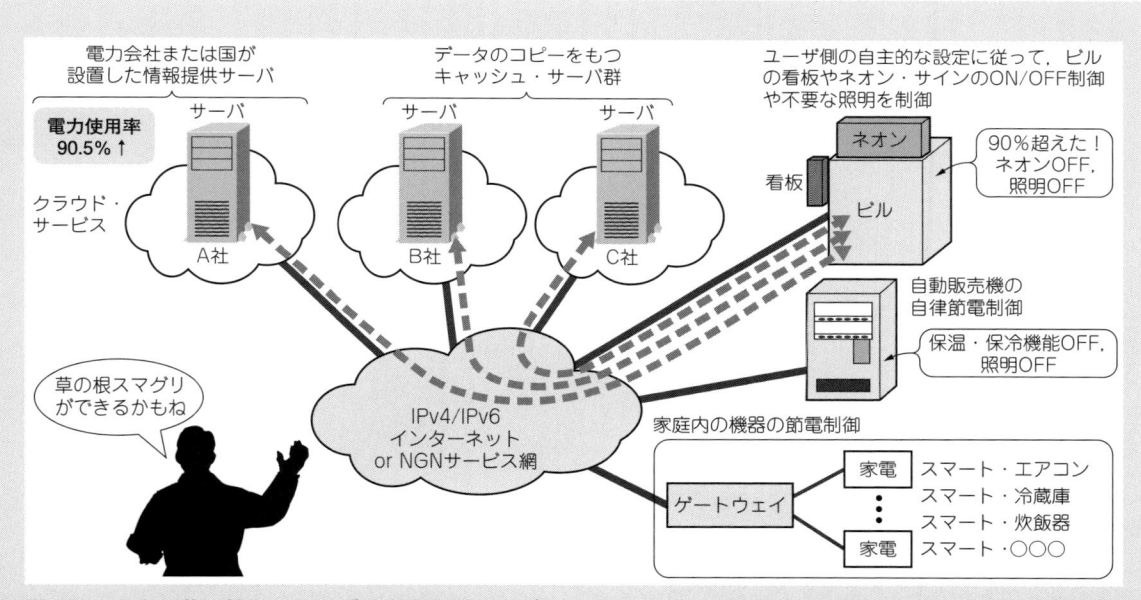

図 7-A　ゆるい草の根スマートグリッドのイメージ

ら，自律的に分散したインターネットへのシフトが進み，現在に至っています．インターネットは誰も制御できない不安定さをはらんでいますが，協調しながら動作しています（無論，セキュリティなどの問題も抱えているが）．スマートグリッドも，自律分散型のほうが，全体としてはうまく機能するかもしれません．

また，本格的なスマートグリッドの構築には，中長期的な展望が必要かと思いますが，草の根スマートグリッドなら，既存の技術の応用と，既存のインフラの活用で実現可能かもしれません．ただし，緩いので，効果のほどは，ひとりひとりの節電の意思しだいです．

7-2　電力供給状況表示装置の製作 **157**

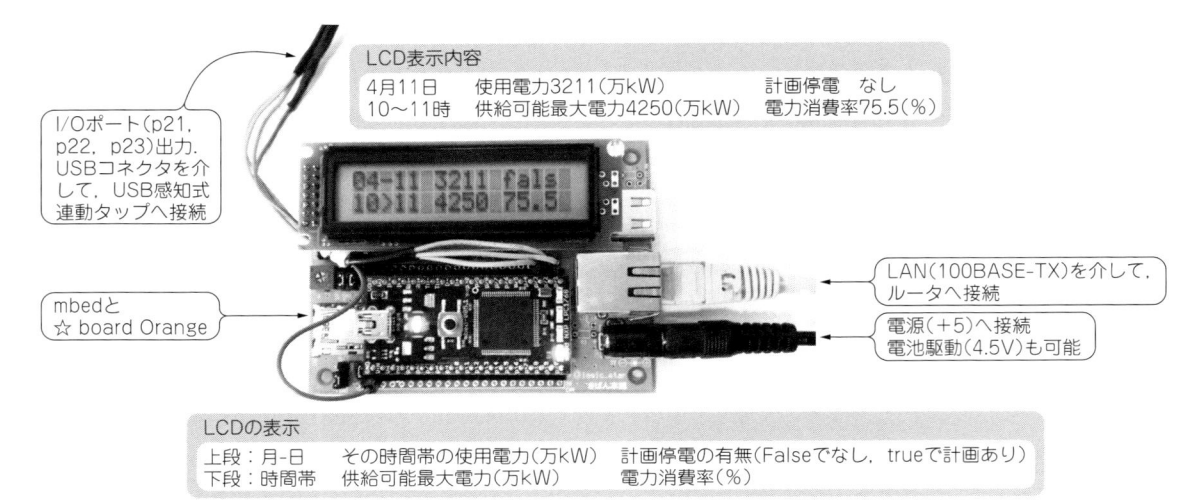

写真 7-5　制御部（mbed と ☆ board Orange）

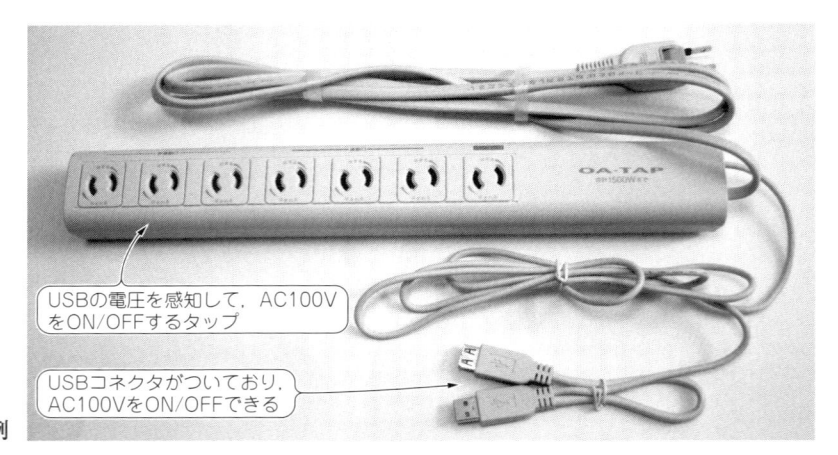

図中の注記：
- I/Oポート(p21, p22, p23)出力．USBコネクタを介して，USB感知式連動タップへ接続
- LCD表示内容
  - 4月11日　　使用電力3211(万kW)　　計画停電　なし
  - 10〜11時　　供給可能最大電力4250(万kW)　電力消費率75.5(%)
- mbedと☆ board Orange
- LAN(100BASE-TX)を介して，ルータへ接続
- 電源(+5)へ接続　電池駆動(4.5V)も可能
- LCDの表示
  - 上段：月-日　　その時間帯の使用電力(万kW)　計画停電の有無(Falseでなし，trueで計画あり)
  - 下段：時間帯　供給可能最大電力(万kW)　　　電力消費率(%)

写真 7-6　USB 感知式連動タップの例

図中の注記：
- USBの電圧を感知して，AC100VをON/OFFするタップ
- USBコネクタがついており，AC100VをON/OFFできる

◆ AC100V 制御部

　AC100V の ON/OFF は，USB 感知式の連動電源タップ[*3]を使用します．USB 感知式の連動電源タップは，USB コネクタの電源のラインに 3 〜 5V の電圧[*4]を印可すると，内蔵のリレーが ON になり，AC100V が ON になります．そのため，mbed の I/O ポートに USB コネクタの電源のラインを接続し，"H" レベルを出力してやると，AC100V を簡単かつ安全に制御することができます．

　写真 7-6 には例として，USB 電圧感知式の電源タップ（エレコム T-Y12USBA）を示します．

(*3) USB 感知式の連動電源タップ
◆エレコム社：USB 電圧感知式 PC 連動タップ…T-Y12USBA
◆サンワサプライ社：USB 連動タップ…TAP-RE8U
　その他同等品．
(*4) 3 〜 5V の電圧…エレコム製 USB 電圧感知式 PC 連動タップ T-Y12USBA，およびサンワサプライ製 TAP-RE8U で筆者が試してみた値．また，メーカが想定する使用用途ではないので，動作を保証するものではない．

● はんだ付けなしでも工作可能

　今回の製作は，はんだ付けが苦手な人でも工作できるようにしています．これは，一般のITエンジニア（ソフトウェア・エンジニア）でも，工作できるようにするための方策です．そのため，AC100V制御部に市販のUSB感知式連動タップを使用しており，電気に弱い人でも安全・簡単にON/OFFできるように工夫しています．

● システムの動作（試作零号機）

　電源を入れると，初期メッセージをLCDに表示後，テストのため3個のランプを順番に点灯させ，インターネットに接続します．インターネット上から電力供給状況の情報の入手に成功すると，電力消費率を計算し，LCDに情報を表示します（LCDの表示例は**写真7-5**を参照）．また，計算した電力消費率を元に，3個のUSB感知式連動タップを制御してAC100Vのランプを点灯させます．

　ランプの点灯は，暫定的に，

```
電力消費率　〜69％なら…青（余裕あり）
　　　　　　70％〜84％…黄（注意）
　　　　　　85％〜　………赤（危険）
```

にしています（この値は暫定値なので，必要に応じて変更のこと．7月から予定されている電力各社の「でんき予報」に合わせる方法もある）．

　その後，約10分後に，インターネットに接続し，データを更新します．

　インターネットに接続できない場合，または，電力供給状況のデータを入手できない場合，エラーとなりLCDに0000を表示し，3個のランプを全部点灯します．その場合，約2分後に，再度，インターネットに接続を試みます．

● mbedとUSB感知式連動タップのつなぎ方

　まずは，図7-3に基本的なmbedとUSB感知式連動タップの接続方法を示します．この図はp21のみを表していますが，p22，p23も基本的に同じ方法で接続します．

　USB感知式連動タップのUSBコネクタは，DOS/V機用のケース用USBケーブルを使用して，+5Vのライン（赤）とGND（黒）を引き出します（**写真7-7**）．

　そしてmbedのp21をUSBの+5Vのライン（赤），mbedのGNDをGND（黒）のラインに接続します（ケーブルのオス・メスが，逆のときは，変換ケーブルなどを使用して工夫のこと）．USB感知式連動タップの連動口にON/OFFさせるAC100Vで動作する機器をつなぎます．

　写真7-4の例では，ホーム・センタで販売されているプラグ付きのソケット[*5]を使いました．このソケットには，100Vのプラグと拡張用のコンセントも付いているので，簡単に数珠つなぎ方式で，電球を増やすことができます．ここでは，装飾看板用の7Wの小型電球（寸丸球）を使っていますが，AC100Vの電球や器具なら使用可能です．もちろん省エネ・タイプのLED電球も使えます．

● ハードウェアの作り方

　mbedのマイコン・モジュールは完成品で販売されていますし，☆board Orangeも完成品を購入すれ

(*5) プラグ付きのソケット：ELPA製 KW-15H…口金26mm プラグ付きソケット（電源プラグ・ボディ付 6A 125V）．

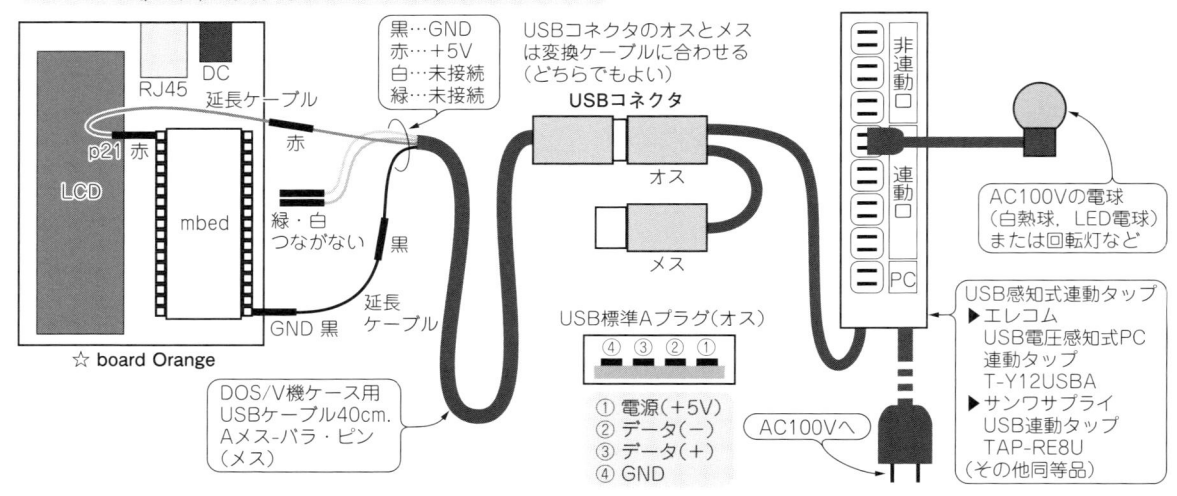

図7-3 AC100V制御部(mbedとUSB感知式連動タップの接続．p21の場合)

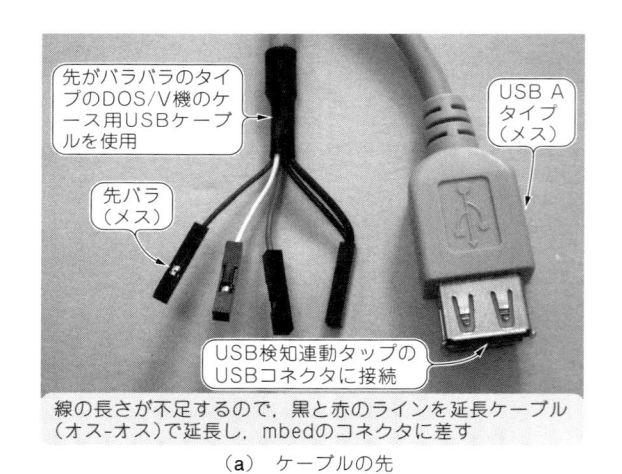

写真7-7 USBケーブルの利用方法
(a) ケーブルの先
(b) DOS/V機ケース用USBケーブルの例

ば，はんだ付けを伴う電子工作は必要なく(☆ board Orangeはキットもあるので，自分で作りたい人はどうぞ)，各部品を電線で接続すればすぐに完成します．

図7-4に本装置の接続図を示します．

なお，USB感知式連動タップが入手できない場合やコストを下げたい場合には，AC100V用のリレーやSSRなどを使用して，電子工作で自作することも可能です(その場合，AC100Vまわりは，感電，火災など危険が出ないように，注意して工作すること)．

● 電力供給状況表示装置(東電版)のソフトウェアの解説

次にソフトウェアの解説をします．

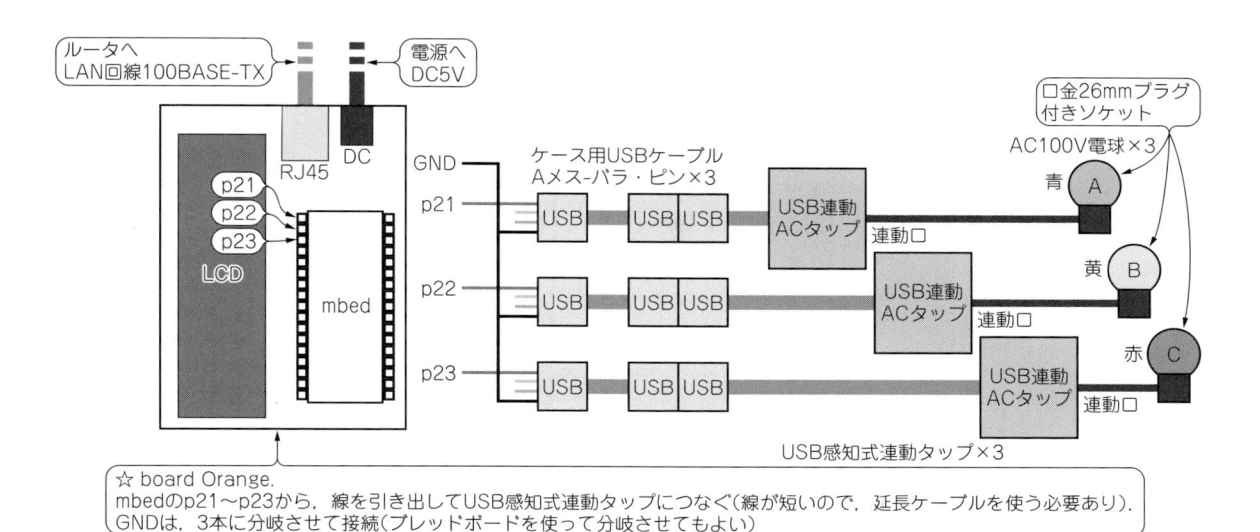

図7-4 電力供給状況表示装置の接続図

なお，これから解説するプログラムは，早く作ることを目標にしたので，多くの改良の余地があります．いわば，サンプル・プログラムに近いものです．このサンプル・プログラムが，皆さまの創作のヒントとなり，インターネット上でマッシュアップされ，改良されたシステムや，より良いしくみが実現できればと願います．

● ソース・ファイルの入手方法とコンパイル

電力供給状況表示装置（東電版）のソース・ファイル（TOUDEN_ALERT_V090）は mbed のユーザ・ページ（**図7-5**）；

```
http://mbed.org/users/tenten/notebook/
                                touden-alert-ver-090-prototype/
```

に置いてあります．

同ページの画面の下にある /media/uploads/tenten/touden_alert_v090.zip をローカル PC の任意のフォルダにダウンロードします．または，http://mbed.org/media/uploads/tenten/touden_alert_v090.zip を Web ブラウザで直接入力して PC にダウンロードする方法もあります．

ダウンロードしたファイルは，zip 形式の圧縮ファイルですが，解凍せずに，そのままで，mbed の開発環境にインポートできます．

ソース・ファイルの mbed の開発環境へのインポート手順を**図7-6**に示します．
ソース・ファイルのコンパイルと mbed への書き込み手順を**図7-7**に示します．
これだけで，実行プログラムを mbed へ書き込む作業が完了します．

● 電力供給状況表示装置（東電版）の起動

実行プログラムの mbed へ書き込みが終わったら，書き込んだプログラムを起動させます．LAN ケーブルをつなぎ，mbed のリセット・ボタンを押すと，書き込んだプログラムが起動し，LCD 初期メッセー

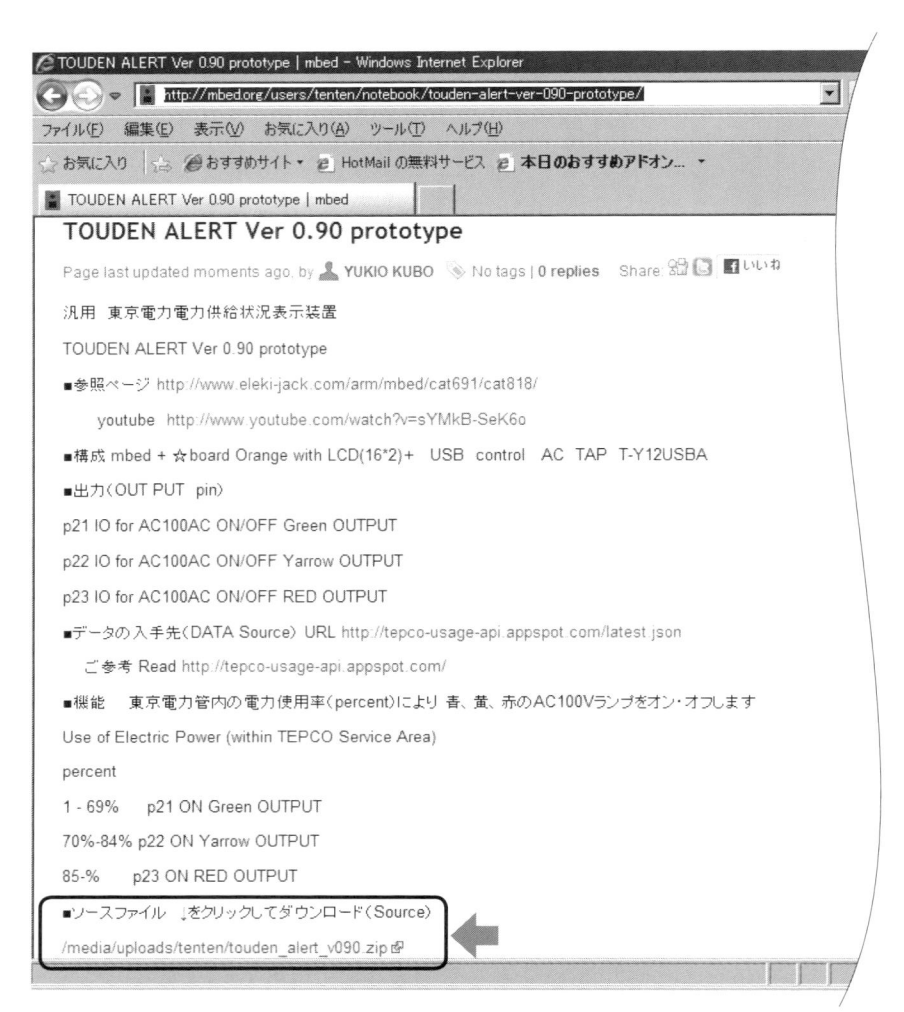

図 7-5
ソース・ファイルをダウンロードする

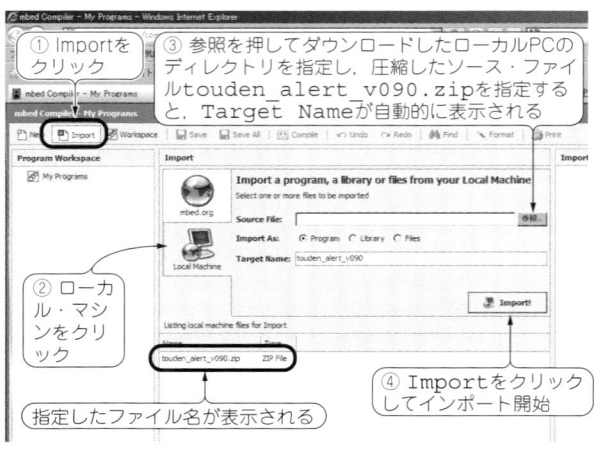

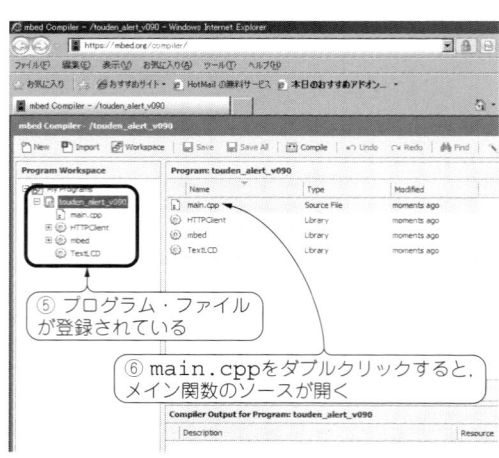

(a) mbedの開発環境へのインポートする手順

(b) mbedの開発環境へのインポートが完了した画面

図 7-6　mbed の開発環境へのインポート手順

(a) コンパイル画面

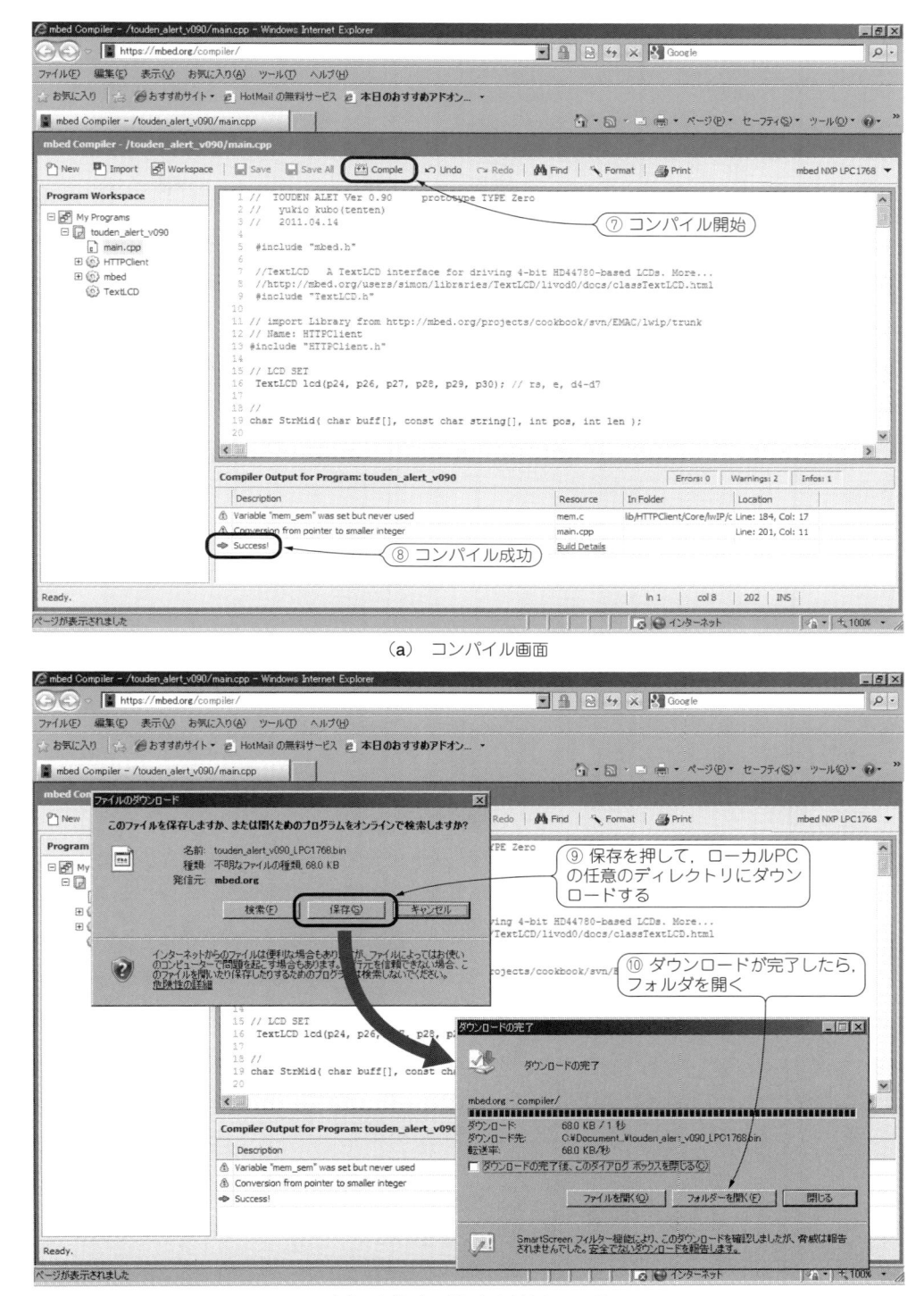

⑦ コンパイル開始
⑧ コンパイル成功

(b) 実行プログラムのダウンロード

⑨ 保存を押して，ローカルPCの任意のディレクトリにダウンロードする
⑩ ダウンロードが完了したら，フォルダを開く

図 7-7 コンパイルと書き込み手順

7-2 電力供給状況表示装置の製作

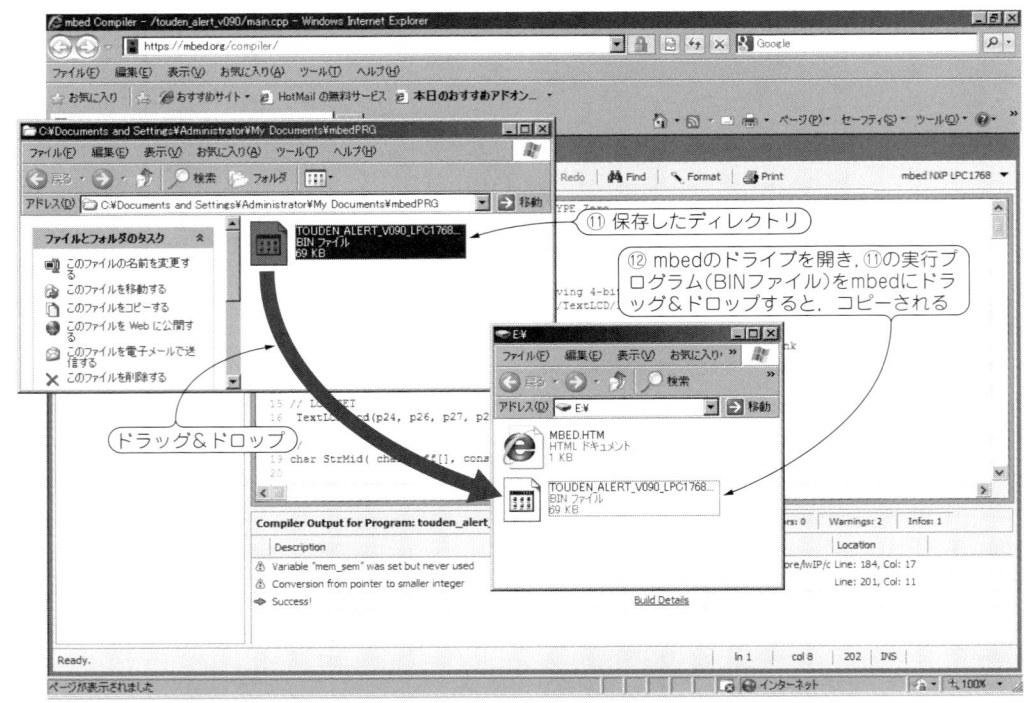

(c) 実行プログラムのmbedへの書き込み

図7-7 コンパイルと書き込み手順(つづき)

ジを表示し，ランプが青，黄，赤の順にテスト点灯します．その後，HTTPプロトコルで，URL(http://tepco-usage-api.appspot.com/latest.json)へアクセスします(このとき，LANケーブルを接続してネットワークをつなげておかないと，次の処理に進まない)．

数秒してアクセスに成功し，インターネットからデータが入手できたら，LCDにデータを表示し，電力消費率に応じて，AC100VのランプのON/OFF制御を開始するはずです．

● 注意事項

後でも説明しますが，このプログラムでは，インターネットからデータを得た後，mbedのローカル・ドライブ上のファイル(東電版ではTOUDEN_D.txt)にデータを書き込み，いったんファイルを閉じます．その後，再度TOUDEN_D.txtを開き，必要なデータを取り出してからファイルを閉じ，LCDに表示させ，AC100VのランプのON/OFFをしています．mbedのプログラムが，ファイルを開いているときは，PC側からmbedのドライブが見えなくなります．

もし，LAN環境の不具合やプログラムの不具合により，PC側からmbedのドライブが見えなくなった場合，mbedのリセット・スイッチを押したままの状態で，USBケーブルを差し込んでください．こうすると実行プログラムがオートスタートしないので，mbedのドライブがPCから見えるようになるはずです．

この状態で，実行プログラム(BINファイル)を消去すると，mbedのドライブがPCから見える状態に戻るはずです．なお，元々からあるMBED.HTMは消さないように注意してください．

リスト 7-1　LCD の初期化

```
#include "HTTPClient.h"

// LCD SET
 TextLCD lcd(p24, p26, p27, p28, p29, p30); // rs, e, d4-d7M
```

リスト 7-2　DHCP で IP アドレスなどのネットワーク設定情報を取得する

```
HTTPClient http;
/* NOT USE of DHCP   Please write USE of IP address and NETmask,GW IP address,
                                                             DNS IP address
HTTPClient http("wolf", // Brings up the device with static IP address
                                                          and domain name.
                IPv4(192,168,0,123),    // IPv4 address
                IPv4(255,255,255,0),    // netmask
                IPv4(192,168,0,1),      // default gateway
                IPv4(192,168,0,1));     // dns server
*/
```

● プログラムの説明

　プログラムを簡単に説明します．なお，このプログラムは早く作ることを目的に作ったため，一応の動作テストは行っていますが，まだまだ改良の余地が残っていると思います．また，電力会社に依存する部分は(東電版)と示しています．

　このサンプル・プログラムは，LCD 表示に LCD 表示ライブラリ `TextLCD` を使用しています．このライブラリの情報は，以下の URL で参照できます．

　　`http://mbed.org/users/simon/libraries/TextLCD/livod0/docs/`
　　　　　　　　　　　　　　　　　　　　　　　　　`classTextLCD.html`

　リスト 7-1 に示す `TextLCD lcd()` の引数は，☆ board Orange と 16 × 2 の LCD 表示に合わせています．

　また，HTTP のクライアント・ライブラリ `HTTPClient` を使用しています．このライブラリの情報は，以下の URL で参照できます．

　　`http://mbed.org/projects/cookbook/api/EMAC/lwip/trunk/`
　　　　　　　　　　　　`HTTPClient/HTTPClient#HTTPClient.HTTPClientd`

　このライブラリは，DHCP を使用して IP アドレスなどの情報を取得することが可能です．そこで，`main()` の前に，**リスト 7-2** のように記述して，DHCP で IP アドレスなどのネットワーク設定情報を取得するようにしています．

　もし，DHCP が使えない環境では，`HTTPClient http;` の行をコメント・アウトして，`/* ～ */` でコメント・アウトしている個所に，手作業で mbed の IP アドレス，サブネット・マスク，デフォルト・ゲートウェイ(ルータ)の IP アドレス，DNS サーバの IP アドレスを設定して，再コンパイルする必要があります．

　USB 検知型 AC タップを ON/OFF するために p21 ～ p23 の I/O ポートの設定を，**リスト 7-3** のように記述しています．なお，LED1 は mbed 本体の青色 LED です．

リスト 7-3　p21 〜 p23 の I/O ポートの設定

```
// OUTPUT
DigitalOut led(LED1);    // LED
DigitalOut G_OUT(p21);   // Green OUTPUT
DigitalOut Y_OUT(p22);   // Yellow OUTPUT
DigitalOut R_OUT(p23);   // RED OUTPUT
```

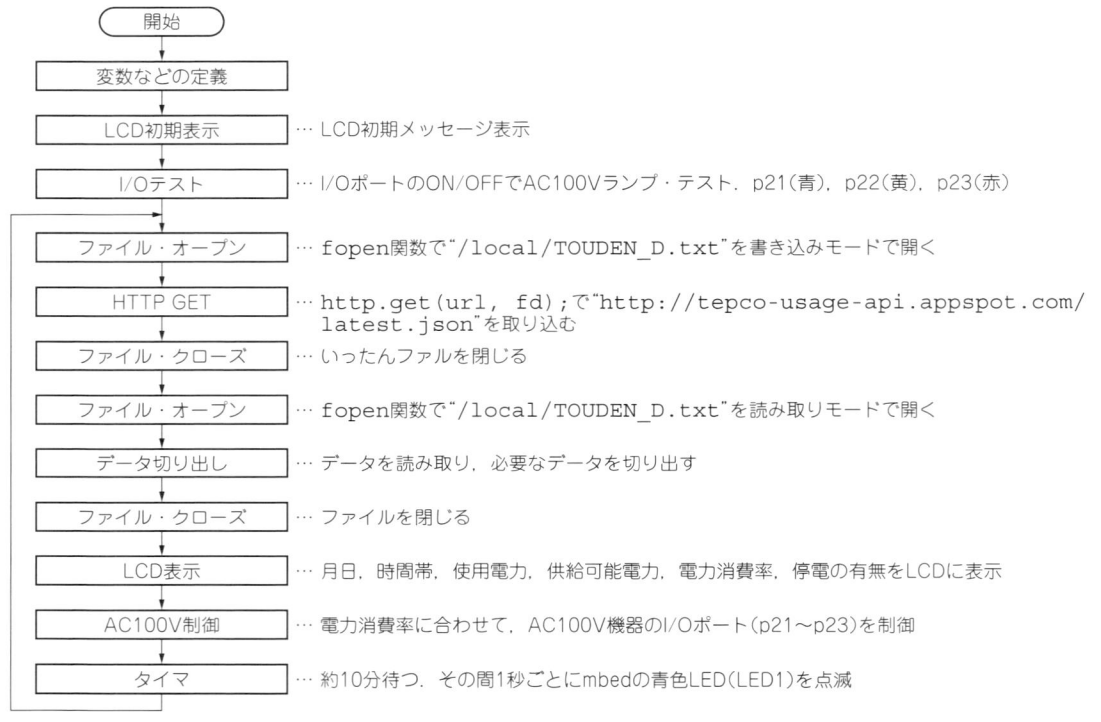

```
開始
　↓
変数などの定義
　↓
LCD初期表示         … LCD初期メッセージ表示
　↓
I/Oテスト           … I/OポートのON/OFFでAC100Vランプ・テスト．p21(青)，p22(黄)，p23(赤)
　↓
ファイル・オープン  … fopen関数で"/local/TOUDEN_D.txt"を書き込みモードで開く
　↓
HTTP GET           … http.get(url, fd);で"http://tepco-usage-api.appspot.com/
                     latest.json"を取り込む
　↓
ファイル・クローズ  … いったんファルを閉じる
　↓
ファイル・オープン  … fopen関数で"/local/TOUDEN_D.txt"を読み取りモードで開く
　↓
データ切り出し      … データを読み取り，必要なデータを切り出す
　↓
ファイル・クローズ  … ファイルを閉じる
　↓
LCD表示            … 月日，時間帯，使用電力，供給可能電力，電力消費率，停電の有無をLCDに表示
　↓
AC100V制御         … 電力消費率に合わせて，AC100V機器のI/Oポート(p21〜p23)を制御
　↓
タイマ             … 約10分待つ．その間1秒ごとにmbedの青色LED(LED1)を点滅
```

図 7-8　電力供給状況表示装置の main 関数の概略フローチャート

以上の初期設定以外，文字列を切り出すための関数 char StrMid() のプロトタイプ宣言を行った後，main() を呼び出します．

● main() の説明（東電版）

図 7-8 に main 関数の概略フローチャートを示します．

fopen 関数でファイル名 "TOUDEN_D.txt" を開いた後，インターネットから HTTP の GET 要求でデータを得た後，ファイルに書き込み，いったんファイルを閉じています．この方法は，データをいったんファイルに落とすことにより，PC から mbed 上のファイルの中身を直接見ることができ，プログラムを作りやすくできる利点があります．

その後，再度 TOUDEN_D.txt を開き，必要なデータを切り出して，LCD 画面に表示させ，電力消費率に合わせて，AC100V を制御するために p21 〜 p23 の I/O ポートを ON/OFF しています．

ファイル TOUDEN_D.txt のオープンと HTTP の GET 要求の個所は，**リスト 7-4** のように記述して

リスト 7-4　ファイル TOUDEN_D.txt のオープンと HTTP の GET 要求

```
   // Open a file to write.
   // File Name   "TOUDEN_D.txt"
   FILE *fd = fopen("/local/TOUDEN_D.txt", "w");

   // TOUDEN   KYOUKYUU   API   URL
   sprintf(url, "http://tepco-usage-api.appspot.com/latest.json");

   // HTTTP   GET
   // Request a page and store it into a file.
   http.get(url, fd);
   // Close the file.
   fclose(fd);
```

います．

　fopen 関数でファイル TOUDEN_D.txt を書き込みモードで開いておきます（FILE 構造体のポインタ変数は fd としている）．

　そして，アクセスすべき東京電力電力供給状況 API の URL（http://tepco-usage-api.appspot.com/latest.json）を sprintf 関数で文字列 url に設定した後，http.get(url, fd); を実行すると，fd で示されたファイルに，GET 要求の応答として Web サーバから送られてきたテキストを自動的に書き込んでくれます．mbed を使うと，たったこれだけの記述で，HTTP の GET 要求ができることには驚きます．なお，このプログラムでは，エラー処理は行っていないので，必要に応じて追加してください．

　後は，TOUDEN_D.txt を再度読み取りモードで開き，ファイルに含まれる情報から必要なデータを切り出し，LCD に表示しています．また，使用電力（s_usage）と供給電力（s_capacity）から，電力消費率（percent）を計算しています．

　そして，電力消費率もとに，if 文で青（p21），黄（p22），赤（p23）の AC100V を ON/OFF するために，I/O ポートを制御しています．その後，約 10 分タイマを入れて，再度インターネットにアクセスするようにしています．

● 東電版のデータの加工について

　東京電力電力供給状況 API から入手したデータは，JSON 形式のようです．

　リスト 7-5 に，データ（TOUDEN_D.txt）の内容を示します（なお，見やすくするため，便宜上，改行コードは＜改行＞と書き換えている）．

　今回のプログラムでは，このデータを格納する文字列から usage（使用量）や capacity（供給量）などの必要な属性のデータを，現物合わせで切り出しています（JSON を操作できるライブラリと組み合わせると，もう少しスマートに記述できたかもしれない）．

　なお，main() 中で使用している char StrMid(char buff[], const char string[], int pos, int len) 関数は，string[] から Pos で指定した位置から len で指定した文字数分の文字列を，char buff[] に抽出する関数で，文字の切り出しに使っています（インターネット上にあった，エクセルの MID 関数に似た関数）．

　その他の部分の詳細は，サポート・ページからダウンロードしていただきソース・ファイルを見てくだ

リスト 7-5　データ TOUDEN_D.txt の内容

```
{<改行>
"saving": false, <改行>
"hour": 11, <改行>
"forecast_peak_period": 18, <改行>
"capacity_updated": "2011-04-17 16:05:00", <改行>
"forecast_peak_updated": "2011-04-18 00:00:00", <改行>
"month": 4, <改行>
"usage_updated": "2011-04-18 03:05:43", <改行>
"entryfor": "2011-04-18 02:00:00", <改行>
"capacity_peak_period": 18, <改行>
"forecast_peak_usage": 3350, <改行>
"year": 2011, <改行>
"usage": 3260, <改行>
"capacity": 4100, <改行>
"day": 18<改行>
}
```

さい．

7-3　電力供給状況対応電源制御装置の製作

電力供給状況表示装置は，プログラムの修正により，警告灯などを点灯させるだけではなく，AC100V電源で動作する機器をON/OFF制御することができます（ただし，許容電力以内に限る）．例えば，店舗の看板の照明を，電力消費率が90％を超えたとき，AC100VをOFFに制御して節電するような使い方が考えられます（図7-9）．

今回使用したUSB電圧感知式の電源タップ（エレコム製T-Y12USBA）または（サンワサプライ製USB連動タップ TAP-RE8U）の場合，1500Wまで使用できます．そのため，家庭向きの機器はたいていつないでON/OFFできます．

● 改造のヒント

電力供給状況表示装置のプログラムの main.cpp 中で，if 文で percent（電力消費率）を比較して

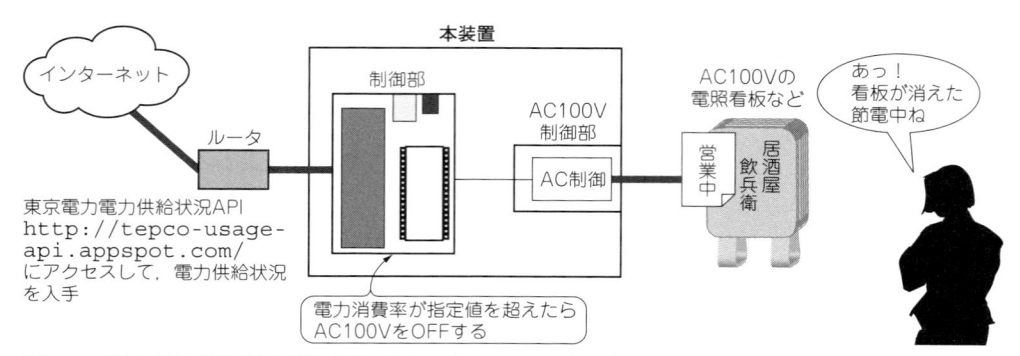

図 7-9　電力供給状況対応電源制御装置の応用イメージ例（自動的に節電する電照看板）

リスト 7-6 出力が 1 系統の場合
この例では，電力消費率が 90％未満で Green のラインが ON，90％以上で OFF する．

```
  // G/Y/R OUTPUT      実際は Green のライン（p21）しか使用しない
  if (percent <= 0.0){
    // ERR
・・省略・・
  }
  else {  // NOT ERR
     if ( percent >= 90.0  )// RED    ←90％以外の場合，ここを変更する
        {
          G_OUT=0;// Green    90％以上で OFF
          Y_OUT=0;// Yellow   未使用
          R_OUT=1;// RED      未使用
          // ALERT Sound program   if You need
          //
        }
     else   // Green
        {
          G_OUT=1;// Green    90％未満で ON
          Y_OUT=0;// Yellow   未使用
          R_OUT=0;// RED      未使用
        }
  }// IF end
```

いる部分を変更すれば，AC100V を ON/OFF させるしきい値を，任意の値に変更できます．

　具体的には AC100V の ON/OFF が 1 系統でよい場合は，**リスト 7-6** の例になります．ここでは，電力消費率がしきい値の 90％を超えると OFF になる例です．しきい値を変える場合は，if 文の条件式中の 90.0 を任意の値にしてください．なお，ハードウェアは，Green のライン（mbed の p21）のみに，USB 検知式連動タップを接続してください．

　リスト 7-7 は，オリジナルの電力供給状況表示装置と同じように，3 系統の AC100V ON/OFF をする場合の，パラメータの変更個所です．

◆ 問題点
　本装置を使用すると電力会社管内の電力消費率に合わせて，ユーザ側で自律的に節電制御ができそうです．しかし，冒頭のコラム「システムの問題点と，ゆるい草の根スマートグリッドへの応用」にも書いたように，節電効果は，電力会社から提供される情報に依存します．電力会社には，きめ細かく，リアルタイムな情報提供を望むところです．

7-4 電力供給逼迫時シャットダウン装置の製作

　電力供給逼迫時シャットダウン装置とは，インターネットから入手した電力供給情報を元に AC100V の警告灯などの ON/OFF の制御に加え Windows の UPS サービスを使用して OS をシャットダウンさせる装置です（**図 7-10**）．
　試作品では，電力消費率が 90％を超えた場合，Windows（2000,XP 以降）のシリアル・ポートに信号を出して，シャットダウンさせています．Windows 側は UPS サービスを起動させる必要がありますが，UPS（無停電電源装置）の代わりに，本装置が UPS のふりをして，シャットダウン信号を出します（いわば，

リスト7-7 出力が3系統の場合のパラメータ変更点

```
// G/Y/R OUTPUT
 if (percent <= 0.0){
 // ERR
‥省略‥
 }
 else {   // NOT ERR         70.0%～85.0%の場合    黄のラインをON
     if( ( percent >= 70.0) && (percent  <85.0) ) // Yellow ←ここのパラメータを変更する
        {
         G_OUT=0;// Green    ┐
         Y_OUT=1;// Yellow   ├必要に応じて変更する
         R_OUT=0;// RED      ┘
        }   //                    85.0%以上の場合      赤のラインをON
     else if ( percent  >= 85.0 )// RED     ←ここのパラメータを変更する
        {
         G_OUT=0;// Green    ┐
         Y_OUT=0;// Yellow   ├必要に応じて変更する
         R_OUT=1;// RED      ┘
         // ALERT Sound program   if  You need
         //
        }
     else  // Green         70%未満の場合　緑のラインをON
        ⋮
```

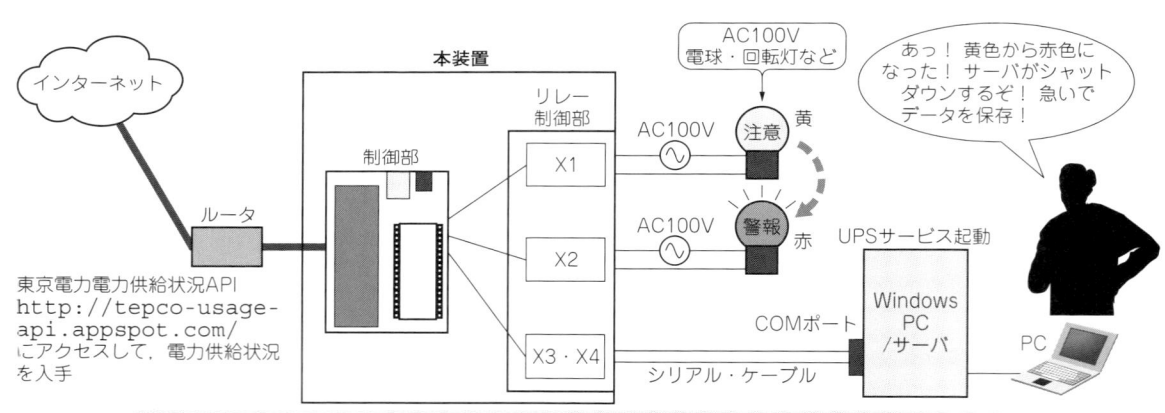

図7-10 本装置の利用イメージと構成

無・無停電電源装置シャットダウン装置）．

すでに同様のことができるソフトウェアはほかにもありますが，本機はハードウェアで動くので，OSがシャットダウンする前に，AC100Vの警告灯（赤ランプ）などで周囲に通知ができる利点があります．また，電力消費率が設定値（試作品では70%）を超えると，注意を促すための黄色のランプを点灯させることができます．もちろん，リレーを使ってその他のAC100V機器をON/OFFさせることもできます．

● 精度と信頼性

冒頭でも書きましたが，現状の東電版では，東京電力電力供給状況APIが参照している東京電力から

写真7-8　4個のリレーを搭載するgalileo 7のRelays Shield．単純なAC100VのON/OFF用の回路が2回路．ON/OFFおよび，正・逆切り替えができる回路（2個のリレーの組み合わせ）が1回路ある

写真7-8　Relays Shield の外観

写真7-9　mbedのマザーボードであるmbeduinoは，arduinoのシールドを載せることができるユニークなボード．なお，写真のようにXBeeモジュールを載せることもできる（なお，今回の製作ではXBeeは使っていない）

写真7-9　mbeduino の外観

発表される情報が1時間に1回だけで，リアルタイム性が低いため，実用性は高くないと思います（2011年6月末現在）．

しかし，本記事の内容はmbedに限らず，組み込み用マイコンからのWindowsのUPSサービスを使用した電源制御方法の参考となると思います．

● 電力供給逼迫時シャットダウン装置の構成

今回は，リレーを使用して，シャットダウン信号の出力や，AC100VのON/OFFを行います．そのため，Arduino用のリレーを搭載したシールド（Relays Shield，**写真7-8**[*6]）を使いました．また，Arduino用のRelays Shieldとmbedをつなぐために，mbeduino（**写真7-9**[*7]）というマザーボードを使いました．

利用するときには，**写真7-10**のように重ねます．

● Windows PC やサーバの UPS サービスを使う

Windows PC（ノートを除く）やサーバには，UPSサービスと呼ぶ，OSに含まれる機能があります．通常のUPSを接続する場合，UPSから電源異常またはバッテリ残量少の信号を受けると，OSをシャットダウンさせるように設定します．今回は，UPSのようにバッテリでバックアップはしませんが，電力の使用量が供給可能量に逼迫し，電力消費率が100％に近づいた場合（例えば，90％超過で）に，mbedからOSをシャットダウンさせるための信号を出すようにします．

これにより，電力供給に余裕がない場合，サーバを安全にシャットダウンさせることができます．また，早めに余裕をもって（例えば，85％超過で）サーバのシャットダウンする設定にすると，電力不足時の省電

（*6），（*7）Relays Shieldとmbeduinoと共に，galileo 7で販売している．組み立てキットはキット製作サービスを使用すると，代理で製作してくれる．シールドとは，Arduinoの上に重ねて使うサブボードの名称．
http://www.galileo-7.com/

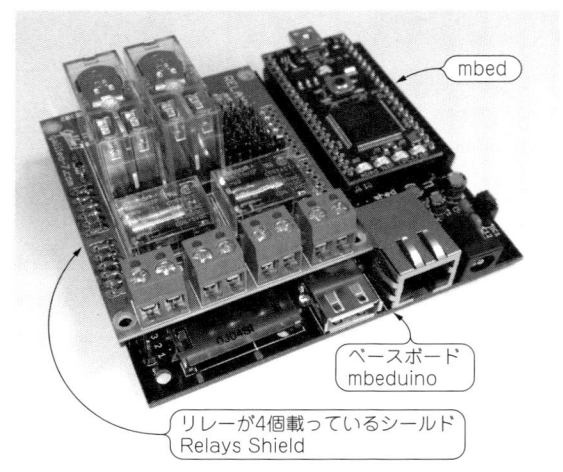

写真 7-10　mbed ＋ mbeduino ＋ Relays Shield の構成

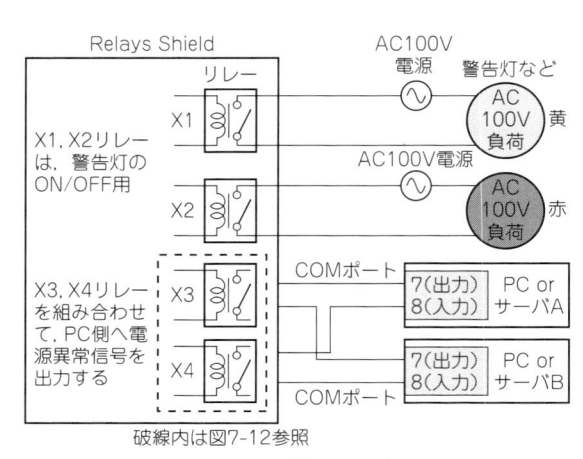

図 7-11　Relays Shield を使った本装置の出力

力にもつながります（その分，サーバは早く落ちるが…）．

● Relays Shield と mbed を接続

　前述したように Relays Shield は Arduino 用のシールドであるため，mbed との接続に，mbeduino を使用します．mbeduino には，イーサネット LAN のインターフェース（パルス・トランス付の RJ45 コネクタ）があるので，ルータを介してインターネットへ接続することができます．ただし，キャラクタ表示 LCD とのインターフェースがないので，別途 I/O ポートの線を引き出すか，I^2C を使用して I^2C 用の LCD を接続する必要があります．

　今回は，とりあえず LCD なしで試作してみました．その代わり mbed 本体の LED2 〜 LED4 を使用して，電力の消費電力の状態を表示させています（プログラム上では，LCD 表示を残している．LCD を☆ board Orange の場合と同じように接続すると，LCD に表示するはず）．

● Relays Shield の出力回路と外部との接続

　Relays Shield は 4 個のリレー（X1 〜 X4）を搭載しています．X1 と X2 の 2 回路は単純な ON/OFF の制御用です．X3 と X4 は，2 個で 1 組の ON/OFF と正／逆の切り替えができる回路構成になっています．

　図 7-11 に本装置の出力を示します．

　X1 と X2 の出力は，黄色や赤の警告灯を点灯させるために，AC100V を ON/OFF できるようにつなぎます．破線内の X3，X4 は本装置の目的である PC やサーバに対してシャットダウンを行うための信号（電源障害／バッテリ駆動中信号）を出力するために使います．

　破線内を詳しく書いたものが図 7-12 で，本装置と PC（またはサーバ機）のシリアル・インターフェースの接続部分を示します．

　PC のシリアル・インターフェースに接続する X3，X4 のリレーは，本来は ON/OFF 制御と正・逆切り替えのためのリレー回路です．しかし，今回は，単純な ON/OFF の制御だけで済むので，2 回路分の単純な ON/OFF 制御ができるようにしています．そのため，イレギュラな結線となっています．

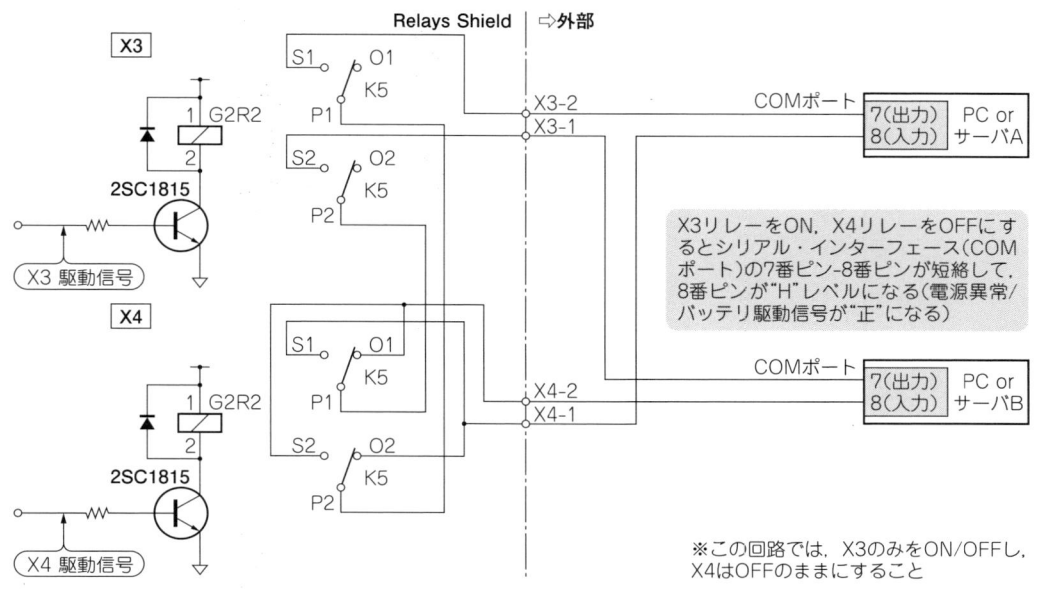

図7-12　PCのシリアル・インターフェースとの接続部分

● UPSサービス使用時のシリアル・インターフェース（COMポート）

UPSサービスを使用する場合のシリアル・インターフェース（COMポート）の信号を**表7-1**に示します．シリアル・インターフェースは＋12V前後と－12V前後を使用して通信をします．PC側でUPSサービスを有効にすると，指定したCOMポートの7番ピン（出力）が"H"レベル（約＋12V）になります．これを，リレーを使用して8番ピン（入力）につなぐと，電源障害／バッテリ駆動中信号が"H"レベルになり，電源障害のイベントが発生します．

電源障害のイベントが発生すると，WindowsのUPSサービスで設定しておいた指定時間経過後シャットダウン動作を開始させることができます．

● UPSサービスの使用方法

図7-13にWindows XPの場合のUPSサービスの使用方法を示します．ただし，デスクトップ用PCのサービスで，ノートPCでは使用できないようです（もともとバッテリを積んでいるので）．また，Windows VistaやWindows 2003サーバなどのほかのWindowsでも，同様なUPSサービスが使えると思います．

● シリアル・ケーブルの作成

WindowsのUPSサービスを使うために必要なシリアル・ケーブルを作ります．

表7-1
UPSサービスを使用する場合のシリアル・インターフェース（COMポート）の信号

PC側COMポートのピン番号	信号線（入力／出力）	意　味
1	DCD（入力）	バッテリ残量の低下
7	RTS（出力）	UPSサービス起動中（WindowsでUPSサービスを起動すると約＋12Vを出力する）
8	CTS（入力）	電源障害／バッテリ駆動中

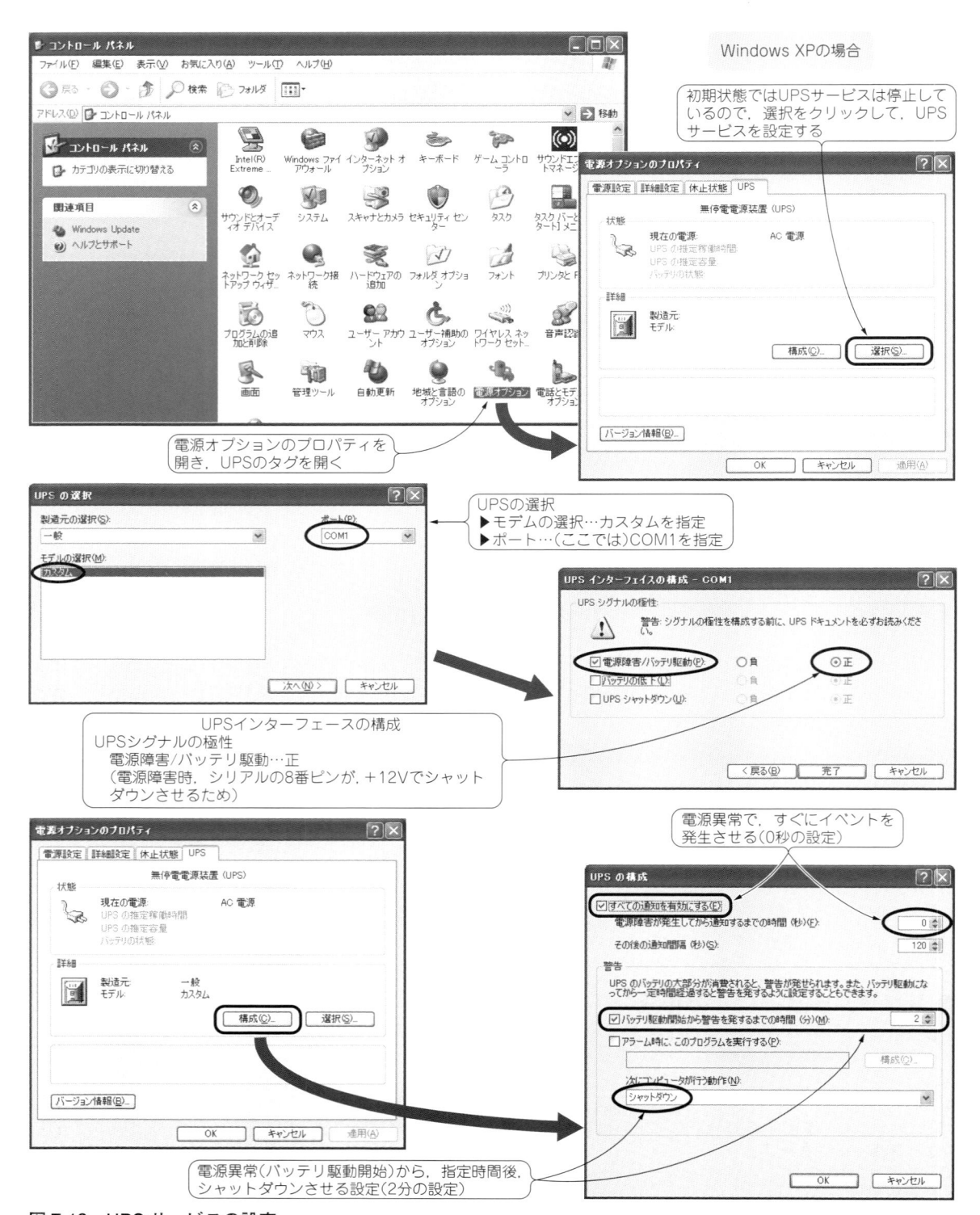

図 7-13 UPS サービスの設定

写真 7-11 シリアル・ケーブルの調査と加工

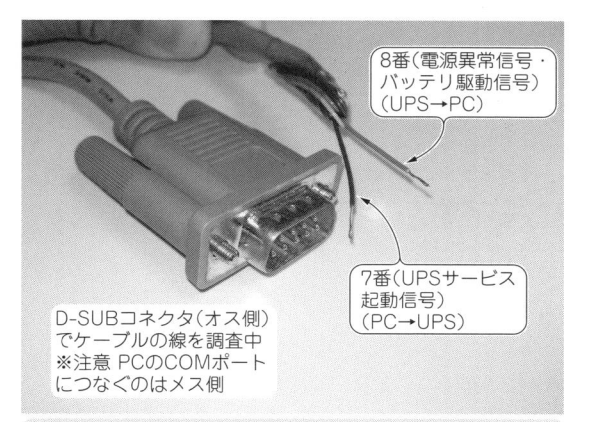

9ピン・シリアルのストレート・ケーブル(フル結線タイプ)を途中で切断し，テスタで7番ピンと8番ピンの線を探す．写真では，オスのD-SUBコネクタ(テスタで調べやすい)側で調べている．この事例の場合，7番が紫，8番が灰色であった(ほかの線は使わない)．
実際にPCに接続するときは，反対のメス側のコネクタを使うので，反対側のケーブルを加工し，7番と8番の線を引き出す

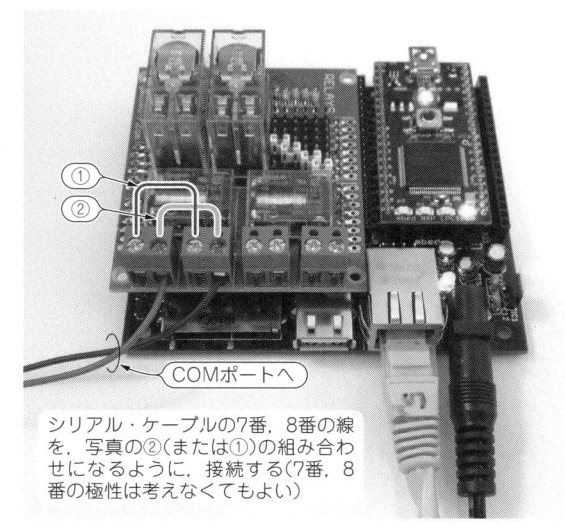

写真 7-12 Relays Shieldとシリアル・ケーブル7番，8番の結線

シリアル・ケーブルの7番，8番の線を，写真の②(または①)の組み合わせになるように，接続する(7番，8番の極性は考えなくてもよい)

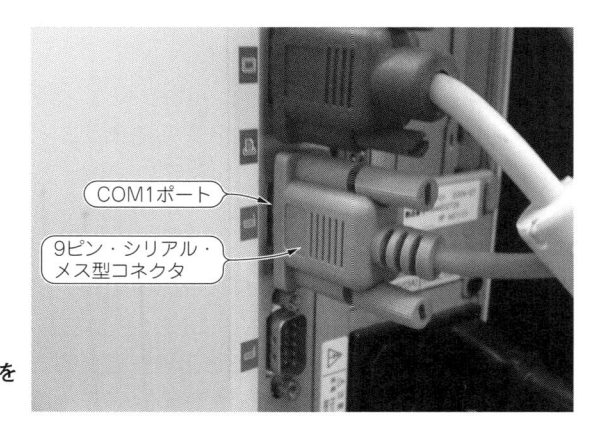

写真 7-13
加工したシリアル・ケーブルをPCのCOMポートに接続

まずは，シリアル・ケーブルの7番ピンと8番ピンをテスタで探します．そして，それ以外の線は使用しないので，短絡しないように処理をしておきます(**写真 7-11**)．なお，PCやサーバへの接続は，メス側のコネクタを使います．

● シリアル・ケーブルでRelays ShieldとPCを接続

写真 7-12のように，シリアル・ケーブルの7番と8番の線を，Relays Shieldに接続します．
反対側の9ピンDSUBコネクタは，PCやサーバのUPSサービスで指定したCOMポートにつなぎます(**写真 7-13**)．

● ソフトウェア編

これまで，装置の概要とハードウェアを中心に書いてきたので，次はソフトウェアについて書きます．

表7-2 Relays Shield のリレーと mbed のピン割り当て

リレー	Shield のピン番号	mbed のピン番号	意　味
X1	4	p30	黄色いランプ点灯(注意)
X2	5	p22	赤ランプ点灯(シャットダウン開始)
X3	6	p23	シャットダウン信号
X4	7	p11	

mbeduino の Arduino Shield のピン割り当ては，以下のURLで参照できる．
http://mbed.org/users/okini3939/notebook/mbeduino/

◆ サンプル・プログラムの入手の方法

電力供給逼迫時シャットダウン装置のソース・ファイル(touden_shutdown_v090)は mbed のユーザ・ページ：

http://mbed.org/users/tenten/notebook/
touden-alert-ver-090-prototype/

に置いてあるので，ダウンロードしてください．

◆ ソフトウェアの説明

基本的には電力供給状況表示装置と同じなので，違う部分を示します．

Relays Shield のリレー(X1～X4)の制御 mbed から mbeduino を介して Relays Shield を制御するためにI/Oの設定をします．

そのためには，Relays Shield のリレーと mbed のピン割り当てを決める必要があります．Relays Shield のリレーは，ジャンパでI/Oの番号を変更させることができます．ここでわかりやすいように，Arduino Shield のピン4～7の順に Relays Shield のリレー X1～X4 を割り当てました．そして，**表7-2**のように mbed のI/Oの割り当てをしました．

◆ プログラムの説明

表7-2の設定をプログラムにしたものが**リスト7-8**(の後半)です．なお，mbeduino には LCD がありませんで，LCD の代わりに，mbed の LED2～LED4 を使用して，電力供給状態を示すことにします．そのため，**リスト7-8**の前半で LED2～LED4 の出力を設定しています．

次に，**リスト7-9**にリレーの制御部分を示します．

リスト7-8 Relays Shield のリレーと mbed のピン割り当て

```
// OUTPUT   LED
DigitalOut led1(LED1); // LED
DigitalOut led2(LED2); // LED
DigitalOut led3(LED3); // LED
DigitalOut led4(LED4); // LED
// OUTPUT  Relays Shield + mbeduino  (galileo-7.com)
//  more Info
//   Relays Shield http://www.galileo-7.com/?pid=22163783
//   mbeduino http://www.galileo-7.com/?pid=23835216
DigitalOut X1_OUT(p30);// X1 OUTPUT
DigitalOut X2_OUT(p22);// X2 OUTPUT
DigitalOut X3_OUT(p23);// X3 OUTPUT
DigitalOut X4_OUT(p11);// X4 OUTPUT
```

リスト7-9　リレーの制御部分

```
// G/Y/R OUTPUT
 if (percent <= 0.0){
  // ERR
    led2=1;led3=1;led4=1; // LED Monitor  ALL ON (ERR)
  }
  else {   // NOT ERR
    if( ( percent >= 70.0) && (percent  <90.0) )  // Yellow   << please change
      {
      led2=0;led3=1;led4=0; // LED Monitor  Yellow
       X1_OUT=1; // X1  ON  Yellow LAMP ON
       X2_OUT=0; // X2
       X3_OUT=0; // X3
      }
    else if  ( percent  >= 90.0 ) // RED          << please change
      {
      led2=0;led3=0;led4=1; // LED Monitor RED(LED4)   ShutDown
       X1_OUT=0; // X1
       X2_OUT=1; // X2   ON    RED LAMP ON
       X3_OUT=1; // X3   ON    ShutDown ON
      }
    else   // Green
      {
      led2=1;led3=0;led4=0; // LED Monitor  Green(LED2)
       X1_OUT=0; // X1
       X2_OUT=0; // X2
       X3_OUT=0; // X3
      }
  } // IF end
```

　基本的な考え方は電力供給状況表示装置と同じで，if文でpercent(電力消費率)を見て，シャットダウンさせるか否かを判断させています．この例では，percentが90％以上でシャットダウンさせるようにX3をONにしています(同時にX2の赤のランプもONにしている).

　70～90％未満の場合，注意を促すために，X1の黄色のランプをONにしています．この2か所の90.0(90％)を変更することにより，シャットダウンさせる電力消費率を変更することができます．また，70.0を変更することにより，黄ランプを点灯させる電力消費率を変更することができます．

● 動作の概要

　UPSサービスを起動させたWindowsマシンのCOMポートに本装置を接続し，LANケーブルでインターネットに接続します．しばらくして，インターネットからデータを入手すると，mbedのLED1が点滅し，電力消費率に合わせて，LED2～LED4が点灯します．サンプルのプログラムでは，電力消費率が70％未満の場合LED2(意味は余裕ありで青信号)が，電力消費率が70～90％未満の場合LED3(注意で黄信号)が，電力消費率が90％以上の場合LED4(シャットダウン警報で赤信号)が点灯します．

　同時に，LED3の点灯と共に，X1リレー(黄)がONになり，また，LED4の点灯と共に，X2リレー(赤)がONになり，X3がONになって，COMポートへシャットダウンのための信号をONにします．

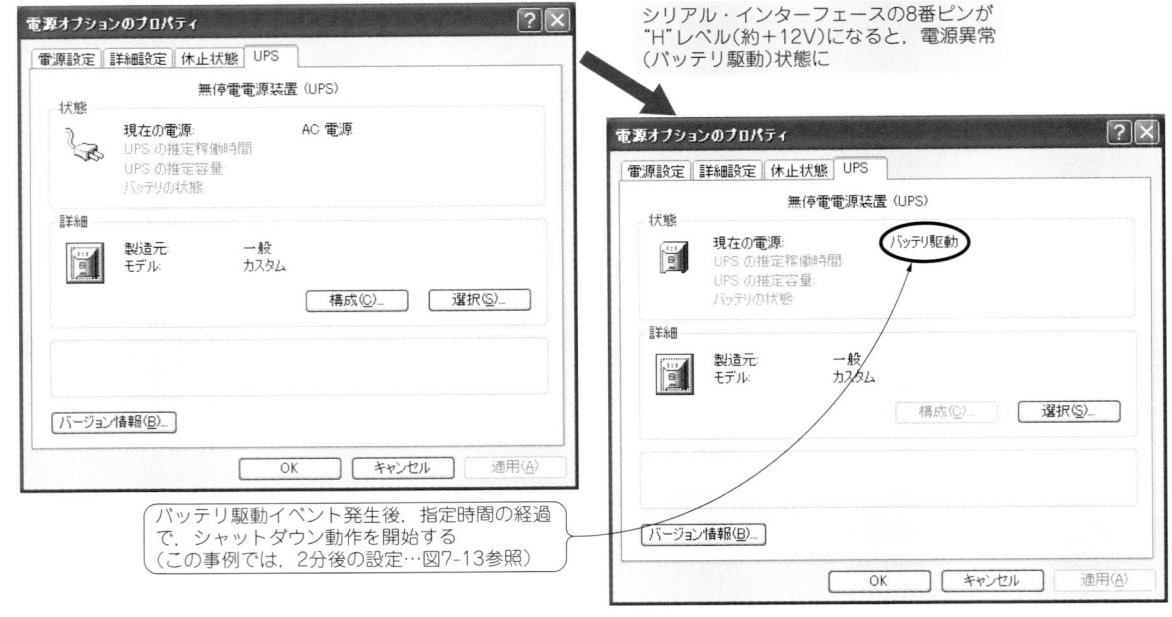

図7-14 電源異常時の変化

● 動作の確認

　WindowsマシンのUPSサービスの動作試験は，シリアル・ケーブルの7番の線と8番の線をショートさせるだけで，試験をすることができます（要は，本装置はこの2本の線をリレーでつないでいるだけ）．

　後は，本装置を接続しての試験となりますが，サンプル・プログラムでは東京電力の電力供給量がしきい値90％を超えると，シリアル・ケーブルからシャットダウンのための信号が出力するようになっています．実際には，90％を超えることは少ないかと思うので，前述のプログラムの説明を参考にして，しきい値を70％などに一時的に変更して，シャットダウン動作を実行するかを試してください．

　LED4が点灯し（X3がONになり），シリアル・ポートにシャットダウンのための信号が出ると，しばらくしてから，Windowsマシンがシャットダウンします（図7-13の設定例では約2分後，シャットダウン開始）．そのとき，Windowsの電源オプションのプロパティ画面を開いておくと，図7-14のような変化が確認できるはずです．

　また，UPSサービスによる電源異常イベントの検知とシャットダウン動作のイベントは管理ツールのシステム・ログでも確認することができます（図7-15）．

● さらなる応用も

　mbedを使用して，インターネット上の情報を読み取り，自動的にシャットダウンさせる装置の説明をしました．このWindowsマシンをシャットダウンさせる方法は，いろいろな応用ができると思います．

　今回の製作例では，Relays Shieldを使いましたが，自作のリレー回路でも製作可能です．ただし，AC100Vを直接つなぐ場合には，安全を十分に配慮してください．また，シャットダウンのための信号の制御には，リレーの代わりに，RS232CドライバICなどを使うこともできると思います（機器間の絶縁という意味では，リレーのほうが優れている）．

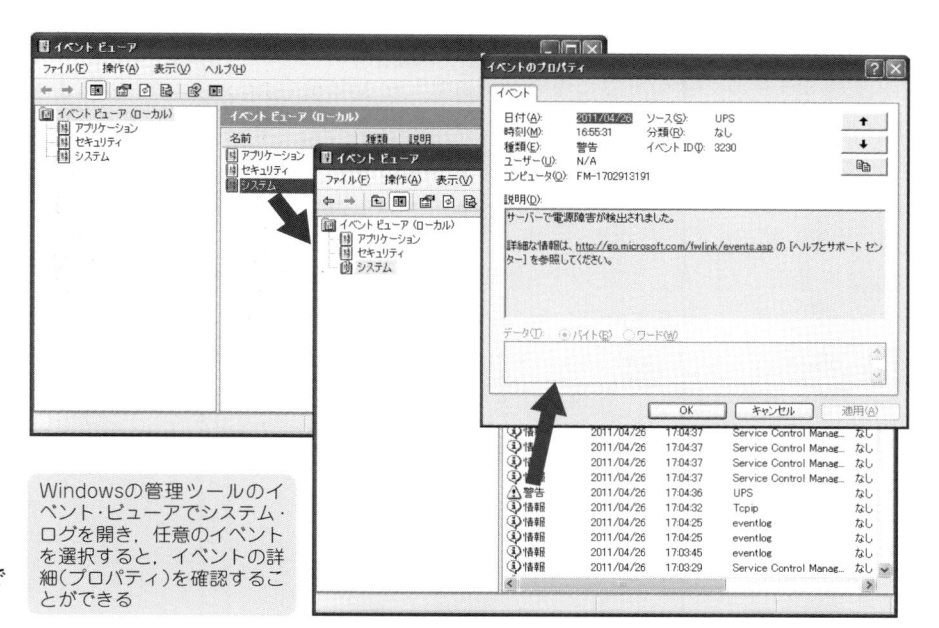

図 7-15
イベント・ビューアで
イベントを確認

Windowsの管理ツールのイベント・ビューアでシステム・ログを開き，任意のイベントを選択すると，イベントの詳細（プロパティ）を確認することができる

写真 7-14
赤と黄色の2色警告灯を取り付けた例（黄色が点灯中）

　なお，**写真 7-14** は，赤と黄色の2色警告灯（パトライト社製）を取り付けた事例です．この警告灯は，15W の AC100V ランプを使用しており，本装置の Relays Shield で ON/OFF しています（なお，この警告灯は電球を使う古いタイプで，現在は省エネに優れた LED タイプが販売されている．なお，LED タイプも AC100V で動作するらしい）．

　ちなみに，この**写真 7-14** の本装置には，黒いアンテナが付いています．今回使用した mbeduino には，XBee（ディジ インターナショナル社の XBee シリーズ）を搭載させることができます．XBee を使用すると無線 PAN（パーソナルエリアネットワーク）IEEE802.15.4 または ZigBee などを介して，電波で

7-4　電力供給逼迫時シャットダウン装置の製作　**179**

AC100V 機器を ON/OFF することができます．
　XBee モジュールの値段も安くなり，手ごろになったので，次に XBee の API モードを使用した本装置の機能拡張にも挑戦したいと思います．これについては，エレキジャックの Web サイト上で発表していきたいと思います．

● まとめ

　mbed を使用した，電力不足時代対応システムについて解説しました．
　mbed は，LAN のインターフェースを備えており，公開されている TCP/IP のライブラリを使うことにより，簡単にインターネットへの接続ができます．Web 技術と mbed などの組み込みマイコン技術により，今回の記事のような，節電や停電対策のためのアプリケーションを手早く作ることができます．将来的には立派な？ スマートグリッドを構築することも大切ですが，今ある技術やインフラを最大限に活用して，エンド・ユーザ・レベルでも現状の電力不足に対処していくことも必要かと考えます．本記事が，皆様の発想のヒントとなり，さらに多くの人によってマッシュアップされ，広く世の中に役立つことを，切望いたします．

[第8章]

Bluetoothと外部コントロールの組み合わせ

壁を這うロボット

勝 純一

応用

8-1 クラウドの環境では開発するためのツール以外に，コミュニティ機能も備わっている

　本書の最初でも説明しているとおり，Webブラウザ上の開発環境でプログラムを作り，手軽にマイコン工作を楽しめるmbedは，Webブラウザ上にプログラム開発環境があるだけではなくコミュニティ機能も備わっています（図8-1）．例えば，自分で作ったコードをライブラリとして公開することや，それに関してドキュメントを書いて公開することができます．
　これらのメニューそれぞれの特徴を説明します．

> ◆Forum…フォーラム
> 　トピックを立てて質問したり，意見交換したりすることができる．
> ◆My Notebook…マイ・ノートブック
> 　ブログのように自分のページを作って公開することができる．作った物の写真や動画，パブリッシュしたプログラムやライブラリを貼り付けることが可能．

　また，逆にそれらを流用させてもらえば簡単に応用作品が作れたり，コードからプログラムを勉強したりすることが可能です（図8-2）．
　そこで，筆者はmbedサイトのCookbookで公開されているBlueUSBを使って，Wiiリモコンで操作するロボット（写真8-1）を作ってみました．
　Bluetoothというのは，音楽プレーヤのワイヤレス・ヘッドホンやパソコンのワイヤレス・マウスなどに使用されている短距離のディジタル無線通信で，Wiiリモコンと通信することができます．最近のパソコンではBluetooth機能が初めから内蔵されている場合が多いですが，内蔵されていないパソコンではBluetoothドングルというものをUSBに挿すことでBluetoothが使えるようになります．このBluetoothドングルをmbedのUSBポート（写真8-2）につなぐことで，mbedでもBluetoothでの通信が可能になります．

図8-1　mbedサイト上部のメニュー（ログインした状態）

Network clients and servers

- HTTP Client - GET and POST requests
- HTTP Server - handle HTTP requests
- SMTP Client - a simple email client supporting plain authentication
- NTP Client - set the RTC
- Twitter - post to twitter
- SuperTweet - post to Twitter via SuperTweet
- Pachube - post to pachube.com
- MySQL Client - connect to MySQL
- DNSResolver - synchronous version of the DNS handling
- POP3 - a POP3 library
- TCPLineStream - a library wrapping a TCP stream in a simple-to-use interface
- NTPClientMin - bugfix version of the NetServices NTPClient
- SimpleWebService - a simple web service library, caling with HTTP GET and parses the resulting XML
- Sockets API - the basics

USB

- USBBluetoothHost - Using a USB dongle to connect via bluetooth
- USBMSDHost - USB MSD (FLASH Disk) Host
- USBMIDI - Send and receive MIDI events over USB

LCDs and Displays

- Text LCD - A driver for Text LCD panels
- LCD serial with shift register
- 1 wire shift LCD
- Nokia LCD - controlling a 130x130 Nokia display
- VT100 Terminal - control cursor position
- Embedded Artists OLED Display - A 96x64 pixel OLED
- 4D SGC TFT Screen - A library for 320 x 240 16bits color touch screen

図 8-2
いろいろな"作り方"が公開されている Cookbook の Web ページの一部分
mbed＋ネットワークや USB，液晶に関する回路図やプログラムが公開されている．

写真 8-1　Wii リモコンで操作するロボット「うおーるぼっと Neo」
磁石を搭載し，ホワイト・ボードや冷蔵庫の側面も走れる．

写真 8-2　mbed の USB ポート
矢印のところに Bluetooth ドングルをつなげる．

写真 8-3 基板とUSB Aコネクタ，mbed を取り付けるためのピン・ヘッダ

写真 8-4 USB Aコネクタは基板に穴をあけて取り付ける

写真 8-5 ピン・ソケットは mbed に取り付けた状態ではんだ付けしたほうがやりやすい
ただし熱しすぎには注意が必要．

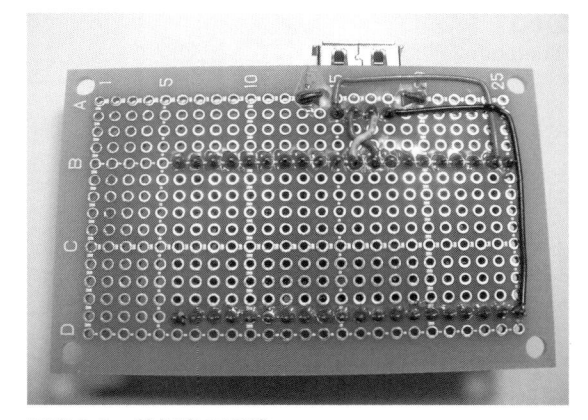

写真 8-6 基板裏の配線

8-2 USB ポートで Bluetooth の通信

　まずは，Bluetooth の通信を確認するために mbed に USB Aコネクタを取り付けます．**写真 8-3** に，使用する部品を示し，製作手順を解説していきます．

(1) 基板に 20P のピン・ソケットと USB Aコネクタをはんだ付けする．

　基板に穴をあけ，USB Aコネクタを差し込み，はんだ付けします（**写真 8-4**）．

　ピン・ソケットをプリント基板に差し込み，mbed その上に差してから，プリント基板にはんだ付けをします（**写真 8-5**）．

(2) USB Aコネクタのそれぞれのピンを mbed とつなげる．

　写真 8-6 のように，ピンをはんだ付けします．そして，USB と 4 本の配線をします．

　回路図は **図 8-3** です．mbed と USB コネクタをつなげたのみで，これだけで Bluetooth の実験ができます．

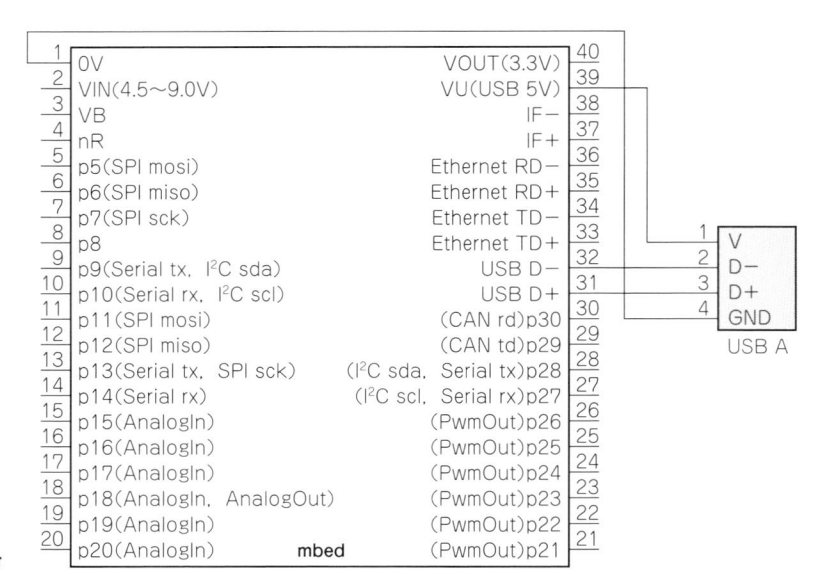

図 8-3
Bluetooth の実験用回路

```
1  0V                           VOUT(3.3V)     40
2  VIN(4.5〜9.0V)                VU(USB 5V)     39 ──── 1  V
3  VB                           IF−            38              2  D−
4  nR                           IF+            37              3  D+
5  p5(SPI mosi)                 Ethernet RD−   36              4  GND
6  p6(SPI miso)                 Ethernet RD+   35         USB A
7  p7(SPI sck)                  Ethernet TD−   34
8  p8                           Ethernet TD+   33
9  p9(Serial tx, I²C sda)       USB D−         32
10 p10(Serial rx, I²C scl)      USB D+         31
11 p11(SPI mosi)                (CAN rd)p30    30
12 p12(SPI miso)                (CAN td)p29    29
13 p13(Serial tx, SPI sck)      (I²C sda, Serial tx)p28  28
14 p14(Serial rx)               (I²C scl, Serial rx)p27  27
15 p15(AnalogIn)                (PwmOut)p26    26
16 p16(AnalogIn)                (PwmOut)p25    25
17 p17(AnalogIn)                (PwmOut)p24    24
18 p18(AnalogIn, AnalogOut)     (PwmOut)p23    23
19 p19(AnalogIn)                (PwmOut)p22    22
20 p20(AnalogIn)                (PwmOut)p21    21
                      mbed
```

写真 8-7　Bluetooth ドングルによっては認識されないものがある
この写真に写っている以下のメーカの Bluetooth ドングルは動作確認済み．
　corega 製　……CG-BT2USB02C
　BUFFALO 製…BSHSBD03BK

写真 8-8　完成品の☆board Orange を使用すればはんだ付けしなくても実験できる
基板の準備はこれで完了．

　USB の 5V は mbed の VU 端子から供給しますが，この端子は mbed 上の USB 端子から 5V が供給されているので，mbed に VIN 端子から電源を供給する場合は別途 5V の電源を用意する必要があります．また，mbed のベース・ボードである☆ board Orange（**写真 8-8**）にも USB A コネクタが取り付けられているので，この USB ソケットに USB ドングルをつないでも実験は可能です．

8-3　プログラムの準備

　次にプログラムを準備します．

Buletoothと Wii リモコンの通信の確認だけであれば mbed サイトの Cookbook にある BuleUSB がそのまま使用できるので，それをコンパイルして mbed に書き込めば大丈夫です．

（1）BuleUSB を自分のプログラム環境に取り込む．
　図 8-4 に手順を示します．最後に Import ボタンをクリックすると，コンパイラの画面（図 8-5）になります．

（2）コンパイルして，Bin ファイルを mbed に入れる
　Import すると画面左のプロジェクト欄に BlueUSB が追加されるので，それを選んで Compile ボタンをクリックします（図 8-6）．すると `BlueUSB_LPC1768.bin` がダウンロードされるので，それを mbed に入れます．

● 通信の確認

　それでは通信の確認をしてみましょう．USB A コネクタに Bluetooth ドングルを差し込んで，mbed をパソコンに接続します．通信の状況はシリアルのメッセージで mbed から出力されるので，mbed のシリアル出力をパソコンで見られるようにします．
　Mac ではターミナルで「`ls　/dev/tty.usbmodem*`」というコマンドを実施し，表示された番号で「`/dev/tty.usbmodem***`」（***は表示された番号）を実施すれば，mbed からのシリアル・メッセージが表示されます．Windows では，mbed サイトにドライバがあるのでそれをインストールします．ハイパーターミナルや Tera Term などのシリアル・ターミナルのソフトで，mbed のシリアル・ポートとして認識しているポートを選択し，ボーレートは 460800bps に設定します（図 8-7）．それと，改行コードが「LF」のみなので，見やすくするためにシリアル・ターミナル・ソフトの設定も合わせます（図 8-8）．
　Bluetooth ドングルが正常に認識されると図 8-9 のようなメッセージが表示されます．
　そして，Wii リモコンの①ボタンと②ボタンを同時に押し，しばらくすると Wii リモコンの LED が一つだけ点灯した状態になります（写真 8-9）．
　その状態でシリアル出力を見ると，図 8-10 のようなメッセージが次々と表示されます．これが Wii リモコンから取得したボタンと加速度センサの情報で，それぞれボタンを押すと値が変化するのがわかります．
　ここまでできれば Wii リモコンで何かを動かすという目標にグンッと近づいたと思います．プログラム上でこのメッセージを出力しているところを探し，そこで値の変化で動作するようにすれば Wii リモコンで操作できる何かを作ることができます．

● BlueUSB のソースと Bluetooth 通信

　BlueUSB は Bluetooth ドングルによる Wii リモコンとの通信以外にも写真 8-10 のような Bluetooth マウスやキーボード，USB メモリ（マスストレージ）も扱えるようになっています．
　公開されているソース・コードを見てみると，それらを実現するためにとても複雑なプログラムになっていますが，公開されているコードから学べることも多くあります．
　ここでは，ソース・ファイルの構成と簡単に Bluetooth 通信について説明します．
　表 8-1 のファイル構成に示すように，Bluetooth の通信は Ethernet のように通信層が分かれていて，各通信層の中で用途に応じてプロトコルが分かれています．USB の Bluetooth ドングルの場合，mbed との論理的な通信レイヤと Wii リモコンとの通信は，図 8-11 のようなイメージになります．

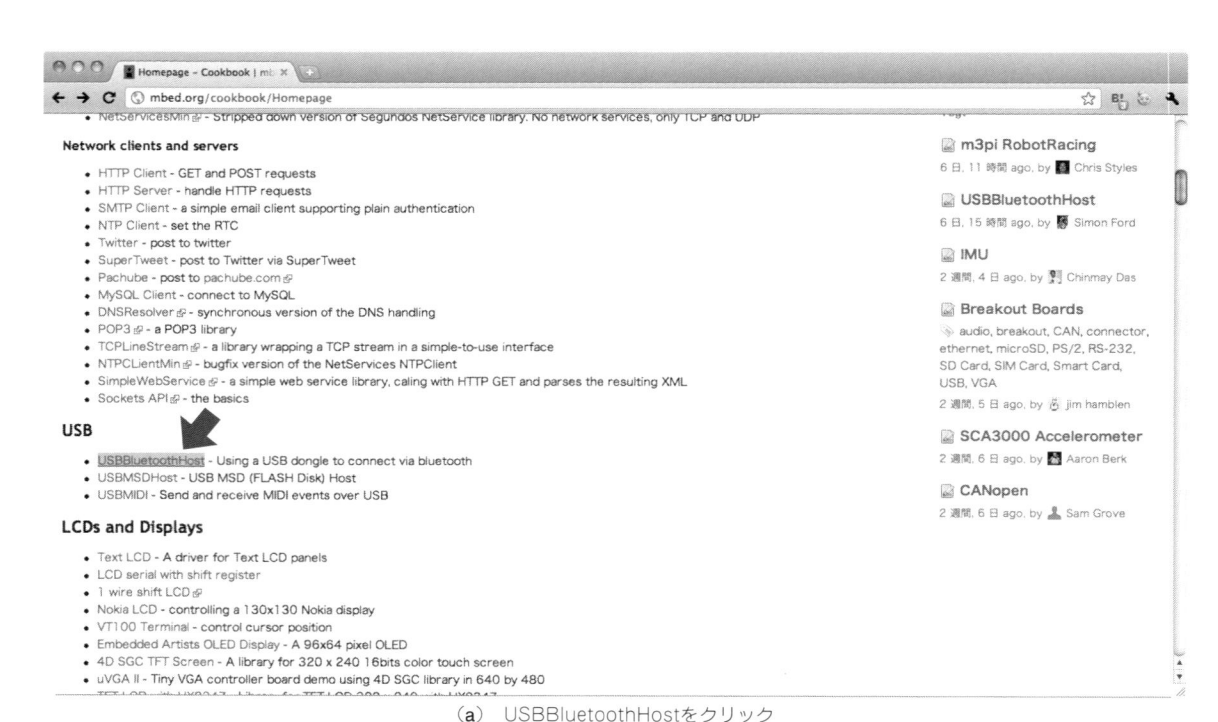

(a) USBBluetoothHostをクリック

(b) BlueUSBのリンクをクリック

図 8-4 Cookbook のページ

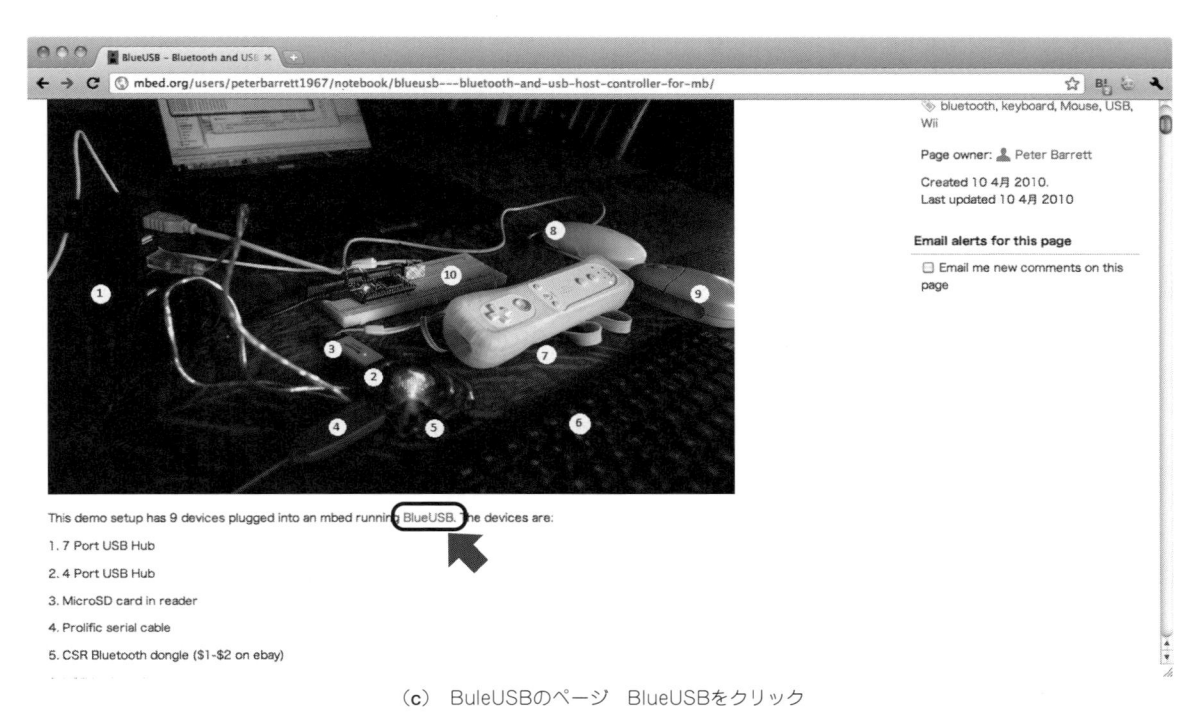

（c） BuleUSBのページ　BlueUSBをクリック

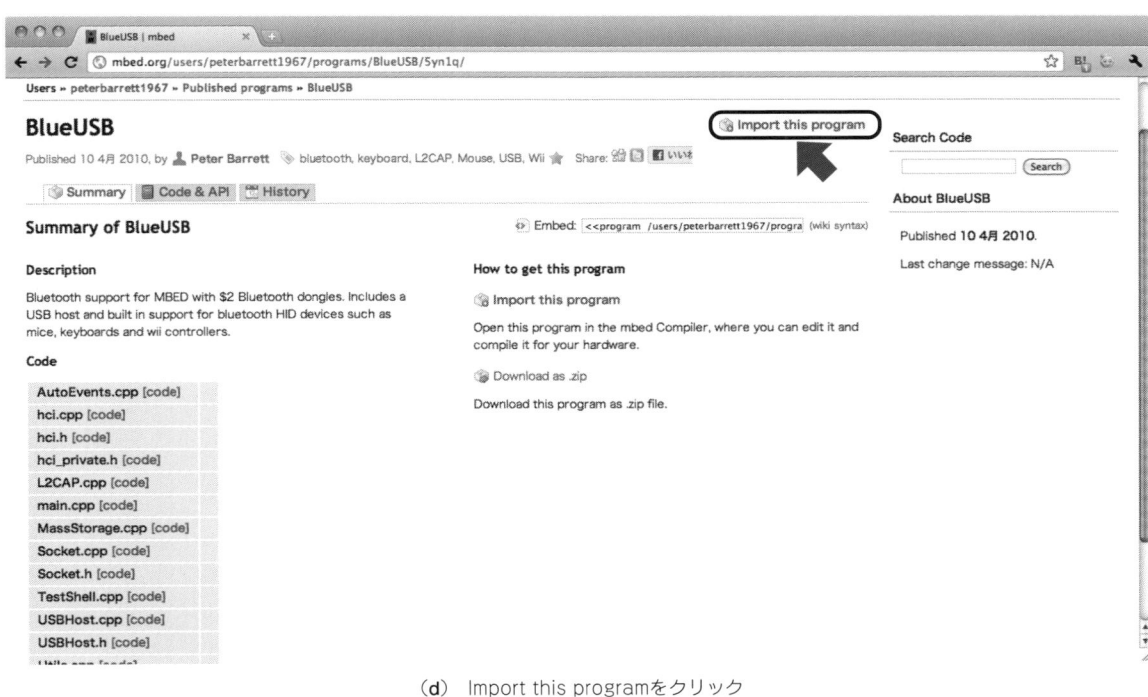

（d） Import this programをクリック

8-3　プログラムの準備

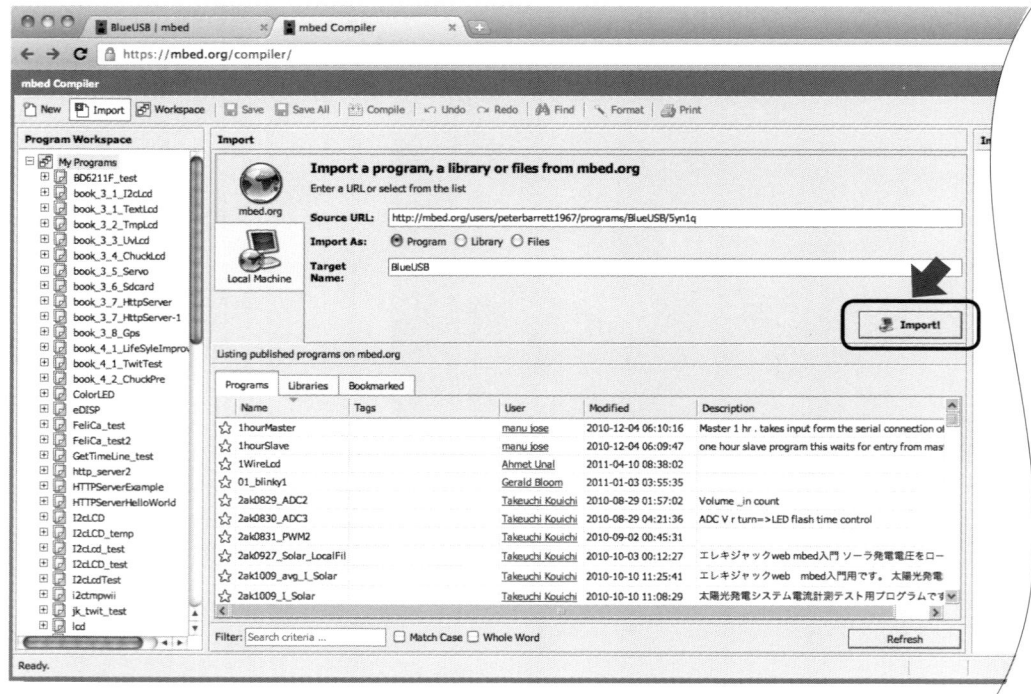

図 8-5　ログインしていれば，コンパイラの画面になる

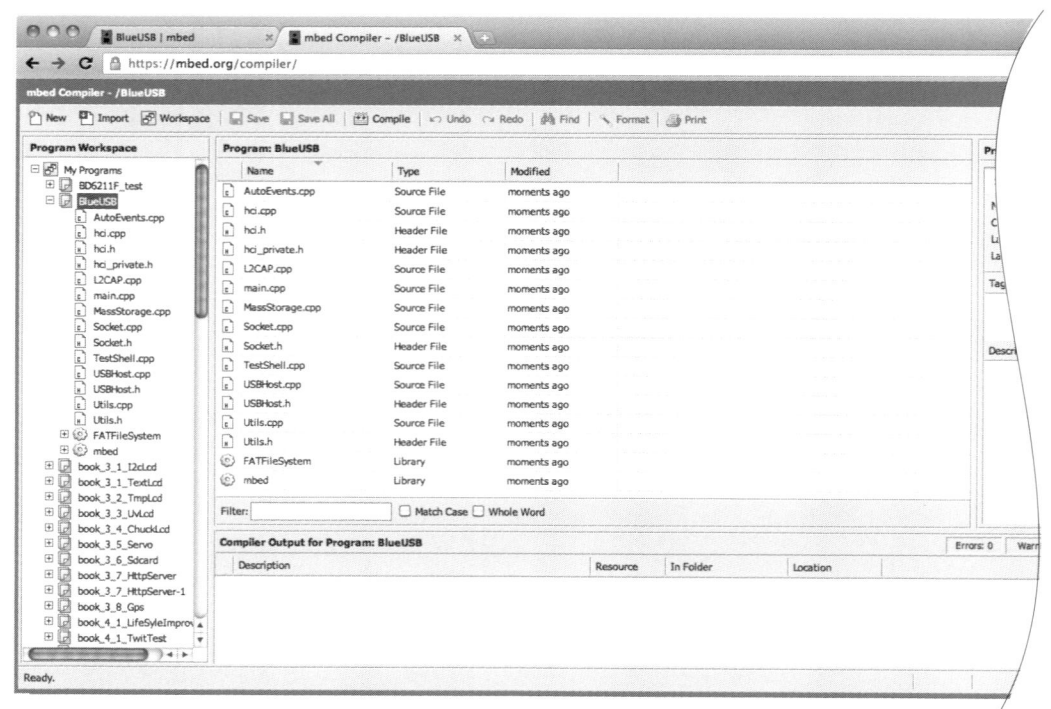

図 8-6　mbed 開発環境に Import した BlueUSB

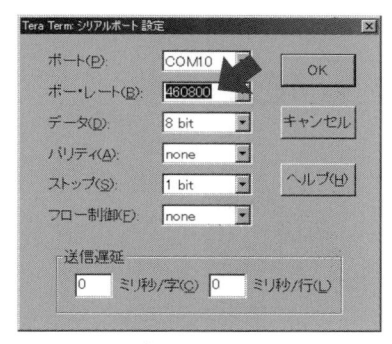

図 8-7　TeraTerm のシリアル・ポート設定画面

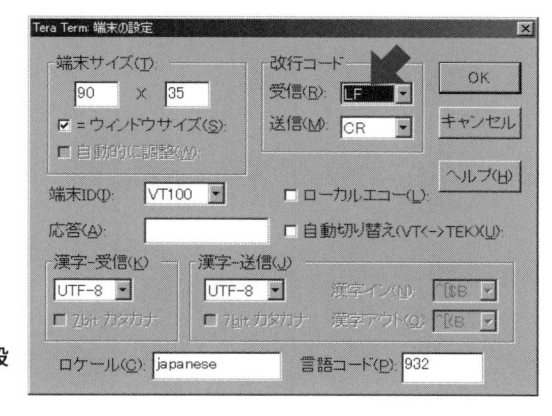

図 8-8　TeraTerm の通信設定と端末の設定

```
Bluetooth inserted of 1
Inquiry..
Status Unknown Cmd OK
CALLBACK_READY
HIDBluetooth 20
Inquiry..
Status HCI_OP_INQUIRY OK
CALLBACK_INQUIRY_RESULT A4:5C:27:25:4F:E8
Inquiry Complete 1: 01
CALLBACK_INQUIRY_DONE
DEVICE CLASS 3: 04 25 00
Connecting to A4:5C:27:25:4F:E8
Status HCI_OP_CREATE_CONN OK
Connected on 002A
ConnectionComplete A4:5C:27:25:4F:E8100003c8 10000300
```

図 8-9
Bluetooth を認識したときのメッセージの内容

写真 8-9　mbed と接続中の Wii リモコン

写真 8-10　Bluetooth キーボードやマウス，USB メモリ

```
===================wii===================
0000 A1 30 00 00                              .0..
¥rOnHidControl
0000 00                                       .
¥rOnHidControl
WII 0000 493 494 590
WII 0000 491 494 590
WII 0000 491 494 590
WII 0000 492 494 590
WII 0000 491 492 590
```

図 8-10
Will リモコンから送られてくる情報

8-3　プログラムの準備 | 189

表 8-1 BlueUSB のファイル構成

ファイル名	処理の内容
`AutoEvents.cpp`	USB イベント処理
`hci.cpp`	HCI(USB-Bluetooth 間のインターフェース)クラス
`hci.h`	`hci.cpp` のヘッダ
`hci_private.h`	HCI 処理のデバッグ・メッセージ出力用の定義と処理
`L2CAP.cpp`	L2CAP(Bluetooth のデータ・リンク層プロトコル)クラス
`main.cpp`	メイン処理と USB ファイル・システム定義
`MassStorage.cpp`	USB マスストレージ・クラスの処理
`Socket.cpp`	Bluetooth のリンク用ソケット・クラス
`Socket.h`	`Socket.cpp` のヘッダ
`TestShell.cpp`	シェルや Bluetooth のアプリケーション処理
`USBHost.cpp`	USB ホスト(OHCI)クラス
`USBHost.h`	`USBHost.cpp` のヘッダ
`Utils.cpp`	デバッグ・メッセージ用のユーティリティ
`Utils.h`	`Utils.cpp` のヘッダ

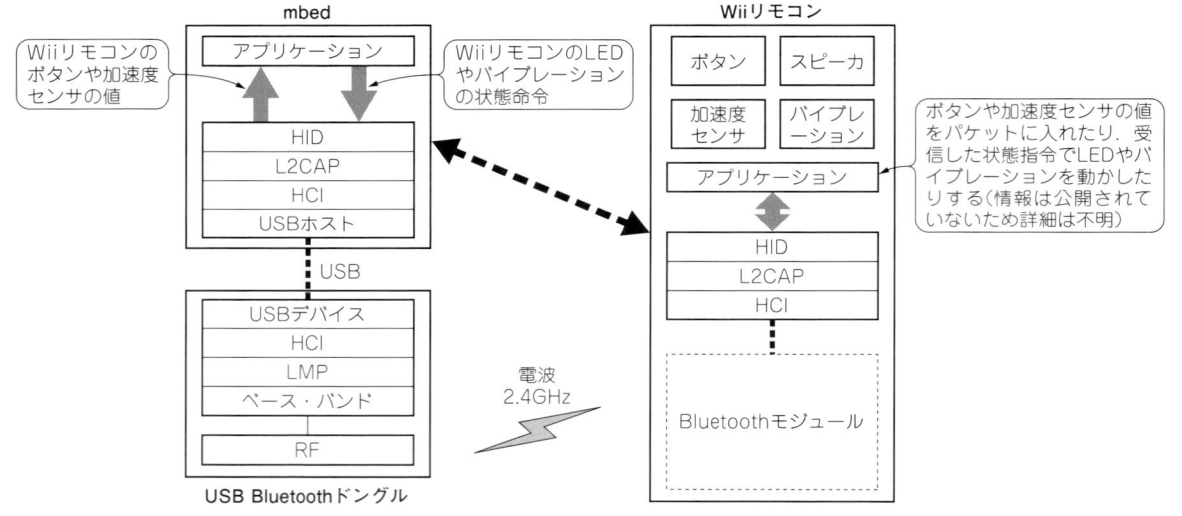

図 8-11 Bluetooth 通信のイメージ

最終的には Wii リモコンと HID プロトコルで通信しているイメージとなります．ソース・コード上では `TestShell.cpp` の 104 行目にあるメソッドが，Wii リモコンから受け取った HID パケットを解釈し，メッセージを出力している部分になります(**リスト 8-1**)．

①の部分は，最初に Wii リモコンから受信したときに Wii リモコンに対し，LED1(左端の LED)を点灯させて，ボタンと加速度センサの情報を送信するように指定します．それ以降は②の部分で Wii リモコンから受信した情報を分解し，ボタンと加速度センサの情報に分けてシリアル出力するようになっています．

つまり，この部分でボタン情報や加速度センサ情報を見て何か動作するようにプログラムを追加するか別なクラスのインターフェースを用意して渡せば，いいわけです．

Wii リモコンのボタン情報はビット単位で表されています．ボタンとビットの割り当ては**図 8-12** のようになっています．

Bluetooth や Ethernet などの通信層のプログラムはとても複雑でさまざまな通信仕様に対応し，通信

リスト8-1　Bluetooth HID プロトコルの受信でコールされる処理（TestShell.cpp 104行目〜．説明のためコメントを追加している．Web ブラウザ上で直接日本語は書けない）

```
static void OnHidInterrupt(int socket, SocketState state, const u8* data,
                                        int len, void* userData)
{
    HIDBluetooth* t = (HIDBluetooth*)userData;
    if (data)
    {
        if (t->_devClass == WII_REMOTE && data[1] == 0x30)    // ……①
        {
            printf("================wii====================\r\n");
            t->Led();       // Wii リモコンのLED1を点灯させる．
            t->Hid();       // Wii リモコンに対して，ボタンと加速度センサの情報を送信
                            // するように指令する．
            t->_devClass = 0;
        }

        const u8* d = data;
        switch (d[1])
        {
            case 0x02:
            {
                int x = (signed char)d[3];
                int y = (signed char)d[4];
                printf("Mouse %2X dx:%d dy:%d\r\n",d[2],x,y);
            }
            break;

            case 0x37: // Accelerometer
                       //    http://wiki.wiimoteproject.com/Reports //  ……②
            {
                int pad = (d[2] & 0x9F) | ((d[3] & 0x9F) << 8);  // ボタン
                int x = (d[2] & 0x60) >> 5 | d[4] << 2;     // 加速度センサ X 軸
                int y = (d[3] & 0x20) >> 4 | d[5] << 2;     // 加速度センサ Y 軸
                int z = (d[3] & 0x40) >> 5 | d[6] << 2;     // 加速度センサ Z 軸
                printf("WII %04X %d %d %d\r\n",pad,x,y,z);
            }
            break;
            default:
                printHex(data,len);
        }
    }
}
```

状況に応じた異常対応もする必要があります．BlueUSB のプログラムは Wii リモコンや Bluetooth マウスと通信するのみの単機能な実装しかされておらず，異常時の対応も不十分な状態です．それでも，これだけのプログラムがすぐ動かせるレベルで公開されているのはとてもありがたいことです．また mbed.org では，BlueUSB を元に改善，または機能を追加プログラムも公開されているので，それらも参考になると思います．

　ここではとりあえず BlueUSB をそのまま使い，簡単に Wii リモコンのボタンと傾きで mbed 上の LED をコントロールしてみます．

　TestShell.cpp の最初の部分に**リスト 8-2** のプログラムを追加します．

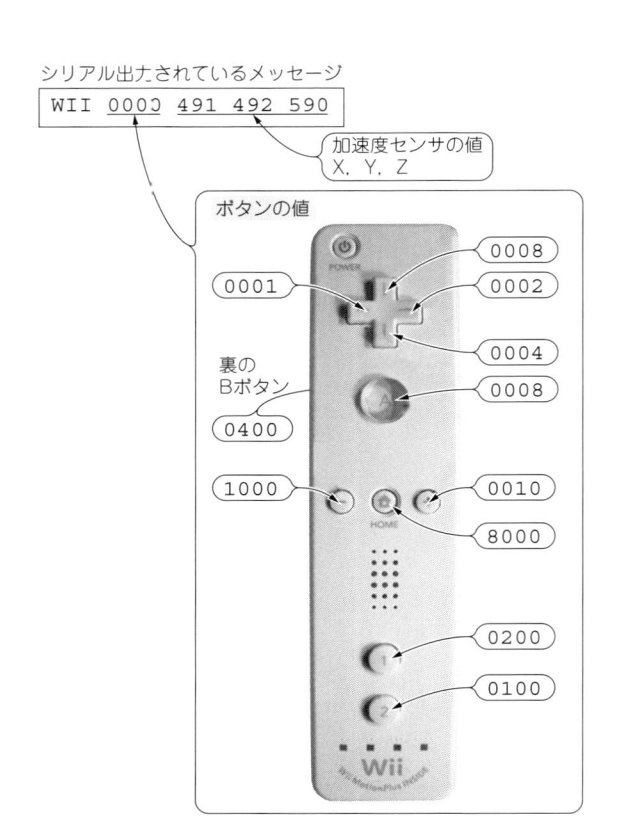

シリアル出力されているメッセージ
```
WII 0000 491 492 590
```
加速度センサの値 X, Y, Z

ボタンの値

- 0001
- 0008
- 0002
- 0004
- 0008
- 裏のBボタン 0400
- 1000
- 0010
- 8000
- 0200
- 0100

図 8-12 Wii リモコンのボタンの割り当て

リスト 8-2 TestShell.cpp に追加する部分

```cpp
#include "Utils.h"
#include "USBHost.h"
#include "hci.h"
#include "mbed.h"

DigitalOut   led1(LED1);
DigitalOut   led2(LED2);
```

リスト 8-3 Bluetooth HID プロトコルの受信で呼ばれる処理の追加する部分

```cpp
            case 0x37: // Accelerometer
                       //   http://wiki.wiimoteproject.com/Reports //  ……②
            {
                int pad = (d[2] & 0x9F) | ((d[3] & 0x9F) << 8);   // ボタン
                int x = (d[2] & 0x60) >> 5 | d[4] << 2;           // 加速度センサ X 軸
                int y = (d[3] & 0x20) >> 4 | d[5] << 2;           // 加速度センサ Y 軸
                int z = (d[3] & 0x40) >> 5 | d[6] << 2;           // 加速度センサ Z 軸
                printf("WII %04X %d %d %d\r\n",pad,x,y,z);

                led1 = (pad & 0x0800);      // A ボタンで LED1 を点灯する

                if( x > 500 )               // 傾きで LED2 を ON/OFF する
                {
                    led2 = 1;
                }
                else
                {
                    led2 = 0;
                }
            }
            break;
```

写真8-11 WiiリモコンのAボタンを押すとmbedのLEDが点灯，離すと消灯

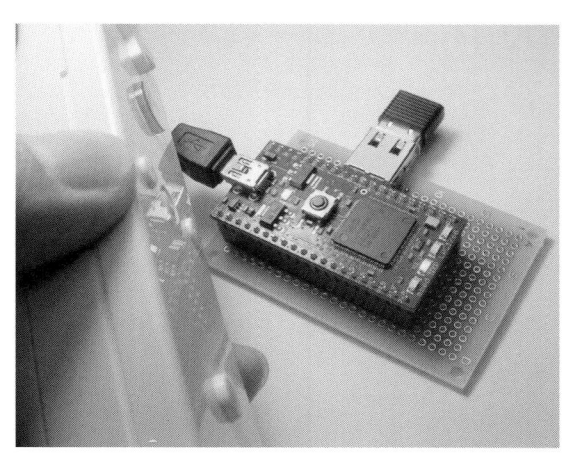

写真8-12 Wiiリモコンを横に傾けるとmbedのLEDが点灯，戻すと消灯

次に，**リスト8-3**にBluetooth HIDプロトコルの受信で呼ばれる部分に処理を追加します．

これでWiiリモコンのAボタンを押すとLED1が点灯（**写真8-11**），Wiiリモコンを傾けるとLED2が点灯します（**写真8-12**）．

それでは次にWiiリモコンへ指令を送ってみます．LEDの点灯とバイブレーションの動作は，指令を送信するメソッドが用意されているのでそれを使います．**リスト8-4**に追加する部分を示します．

HOMEボタンを押すと押している間のみWiiリモコン上のLED4が点灯し，バイブレーションが動きます．ボタンが変化したタイミングでLed()のメソッドをコールして，指令を送るようになっています．

Wiiリモコンに対するLEDの指令もビット単位で指定します．Led()のメソッドは引数で指令値を受け取り，ヘッダを付けてWiiリモコンに送信します．指令値はビット単位で**表8-2**のようになっています．

8-4 車体の用意

実際にWiiリモコンで動くロボットとして組み立てたものを紹介します．ただWiiリモコンで走りまわる車ではつまらないので，筆者の場合は磁石を取り付けてホワイト・ボードや冷蔵庫の側面を壁走りできるようにしました（**写真8-13**）．このロボットは壁（ウォール）とロボットから「うおーるぼっと」と呼んでいます．

● 車体

写真8-14はうおーるぼっとの車体です．タミヤのユニバーサルプレートとプラ板，スペーサなどで構成しました．足回りはタミヤのダブルギヤボックス（左右独立4速タイプ）に，同じくタミヤのナロータイヤセット（58mm径）を壁走りするためにちょっと改造したものを使用しています．

● 使用した磁石

取り付けた**写真8-15**の磁石は，100円ショップで購入した強力タイプです．これは強力なネオジム磁石ではありませんが，ネオジム磁石もネット通販で手軽に手に入るようになってきたので，それを使用し

リスト 8-4　LED の点灯部分を追加

```
                    case 0x37: // Accelerometer
                               //   http://wiki.wiimoteproject.com/Reports //  ……②
                    {
                        int pad = (d[2] & 0x9F) | ((d[3] & 0x9F) << 8);  // ボタン
                        int x = (d[2] & 0x60) >> 5 | d[4] << 2;          // 加速度センサX軸
                        int y = (d[3] & 0x20) >> 4 | d[5] << 2;          // 加速度センサY軸
                        int z = (d[3] & 0x40) >> 5 | d[6] << 2;          // 加速度センサZ軸
                        printf("WII %04X %d %d %d¥r¥n",pad,x,y,z);

                        led1 = (pad & 0x0800);      // AボタンでLED 1を点灯する。

                        if( x > 500 )               // 傾きでLED 2をON/OFFする。
                        {
                            led2 = 1;
                        }
                        else
                        {
                            led2 = 0;
                        }

                        int home = (pad & 0x8000);          // HOMEボタンを取得
                        static int old = home;              // 前回値保持用

                        if( home != old )                   // 変化があったら処理をする
                        {
                            old = home;                     // 前回値を保持
                            if( home != 0 )                 // HOMEボタンが押されている
                            {
                                t->Led(0x91);               // LED4とバイブレーションをON
                            }
                            else
                            {
                                t->Led(0x10);               // LED1のみONにする
                            }
                        }
                    }
                    break;
```

表 8-2　LED 指令のビット割り当て

ビット7	ビット6	ビット5	ビット4	ビット3	ビット2	ビット1	ビット0
LED4	LED3	LED2	LED1	−	−	−	バイブレーション

てもいいと思います．このロボットの場合は，磁石で張り付く強さは鉄板の厚みによって異なるので，**写真 8-16** のように取り付ける量で調整できるようにしてあります．

　磁石はただ強力なものを付ければ良いわけでもなく**図 8-13**のようなバランスで調整する必要があります．また，磁石が地面にくっつけてしまうと傷をつけることもあるので，微妙に浮かす必要もあります．

● 全体の回路

　図 8-14 に示す回路は，電源回路とモータ・ドライバのみの単純なものです．モータ・ドライバはスイッ

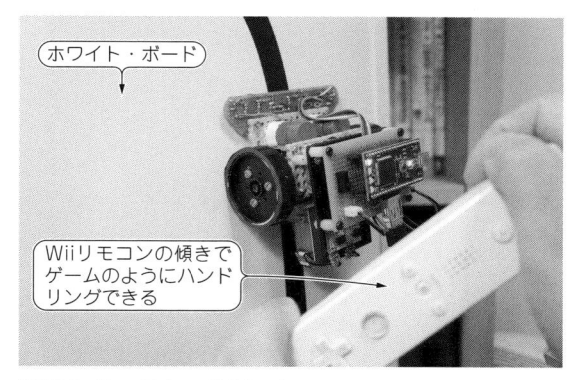

写真 8-13　うぉーるぼっと

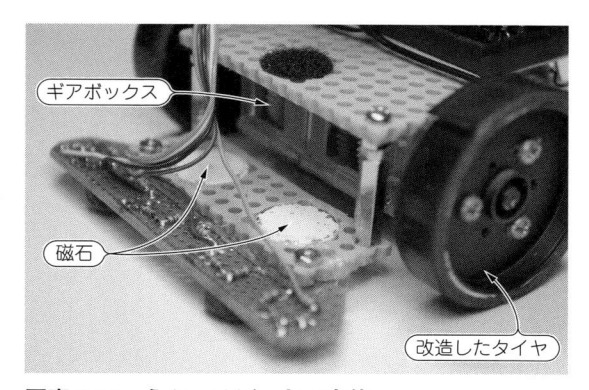

写真 8-14　うぉーるぼっとの車体

写真 8-15　うぉーるぼっとに取り付けられている磁石

写真 8-16　うぉーろぼっとに取り付けた磁石

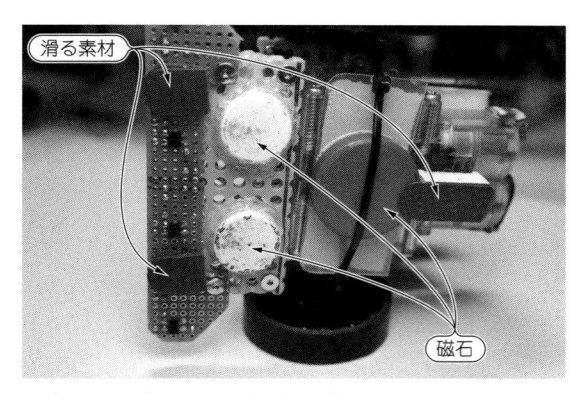

写真 8-17　うぉーるぼっとの底面
地面と接触する部分には滑る素材を貼り付けている．

写真 8-18　ネオジム磁石
強力なため，取り扱いには注意が必要．反発しあってこれ以上近づけて置けないほど強力．

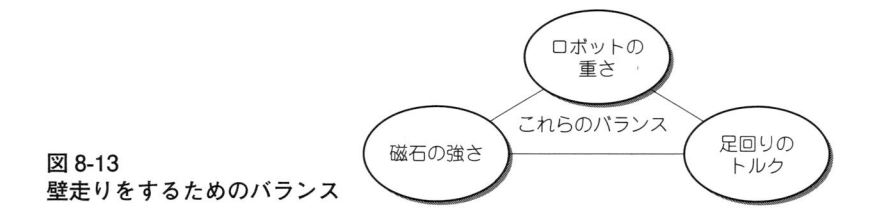

図 8-13
壁走りをするためのバランス

（ロボットの重さ／磁石の強さ／足回りのトルク　これらのバランス）

8-4　車体の用意

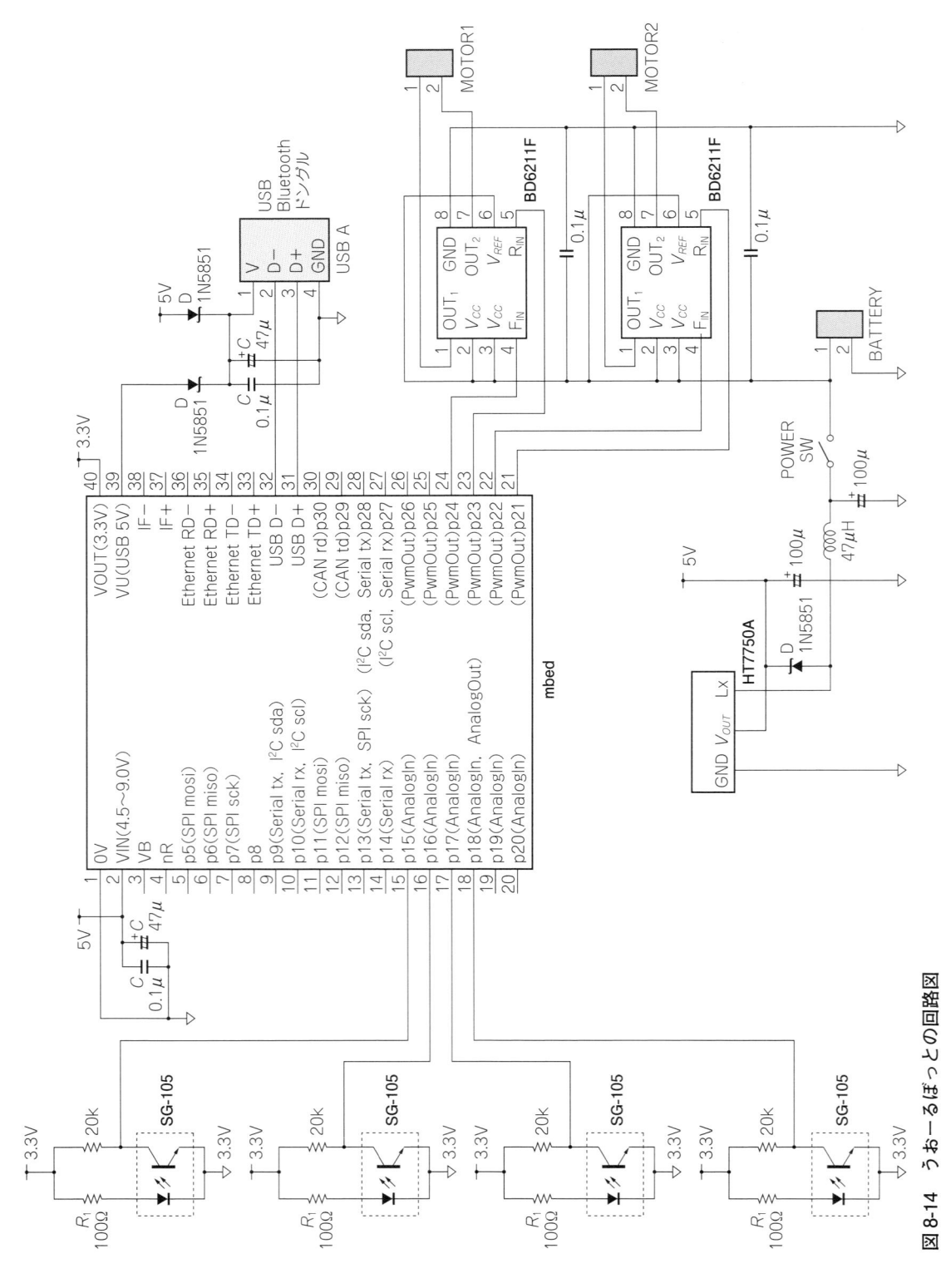

図 8-14 うぉーるぼっとの回路図

回路図上には SG-105 というフォト・インタラプタと抵抗があるが、後々に黒い線を感知してロボットを動かそうとして設計したもので、Wii リモコンで操作するロボットとしては不要。

第 8 章 壁を這うロボット

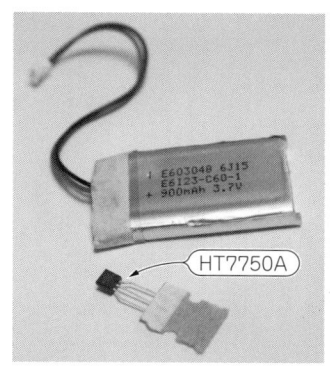

写真 8-19　リチウム・ポリマ・バッテリと HT7750A

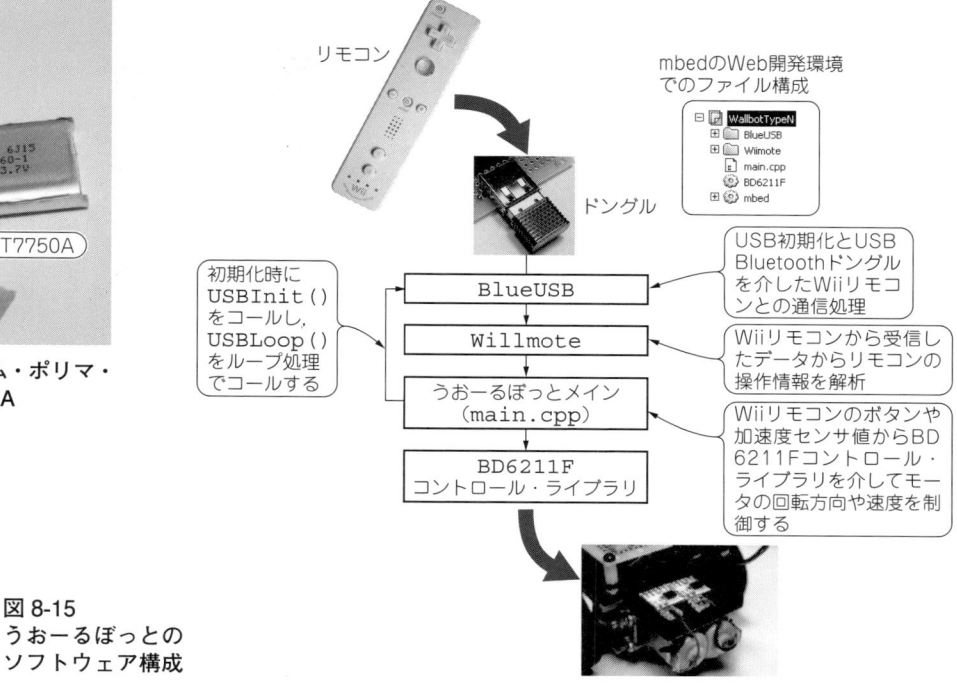

図 8-15　うぉーるぼっとのソフトウェア構成

チサイエンスで販売されている BD6211F 搭載モータ・ドライバ・モジュールを使用しています．

バッテリは 3.7V　900mAh のリチウム・ポリマ・バッテリを使用しています（**写真 8-19**）．mbed の電源や USB の電源のため，HT7750A という 5V 200mA が取り出せる DC-DC コンバータ IC を用いて，3.7V を 5V に昇圧させています．

リチウム・ポリマ・バッテリはノート・パソコンや携帯電話などで広く使用されており，エネルギー密度が高く，重さに対して大きな電圧や電流を得ることができます．アルカリ電池やニッケル水素電池も検討しましたが，リチウム・ポリマ・バッテリと同じぐらいの出力を得るためには少なくとも 3 本以上必要で，大きさと重さがあるため選択肢から外れました．

ただし，リチウム・ポリマ・バッテリは取り扱いを間違えると発火や爆発の危険性もあるため，ショートさせないことや必ず専用の充電器を使用するなどの注意が必要です．

● プログラム

プログラムは BlueUSB と筆者の作成した BD6211F をコントロールするライブラリ，mbed サイトでシェアされているプログラムから見つけた Wii リモコンの通信解析用プログラム，うぉーるぼっととしてのメイン・プログラムから構成されています（**図 8-15**）．

ここで制作したプログラムは以下で公開しています．

```
http://mbed.org/users/jksoft/programs/WallbotTypeN/lqhes2
```

参考にしてみてください．もしここからさらに応用したら，ぜひ公開してみてください．

また，このロボットの動画も以下で公開しています．

```
http://www.youtube.com/watch?v=n2-s-t0L9Ko
```

写真 8-20
mbed 用 2 輪型
ロボット・ベース・
ボード（試作）

写真 8-21
磁石がくっつく壁を
走ることも可能

● おわりに

今回紹介したロボットを元にmbed用の2車輪型ロボット・ベース・ボード（**写真 8-20**）として基板を設計して，基板メーカに注文して作ってみました．Bluetoothのドングルを挿せばWiiリモコンで操作できるロボットを簡単に作ることができます．また，ライン・センサ用のフォト・インタラプタを搭載しているので，床の線を辿るライン・トレーサとしても動かすことが可能です．さらに磁石用のマウントも用意されているのでバッテリとタイヤを交換して，壁を走るロボットにすることも可能です（**写真 8-21**）．

[第9章]

充電とデータ・ロギング

太陽光発電モニタ・システムの製作

竹内 浩一

[応用]

　太陽光発電パネルの発電電圧をmbedで計測できるシステムを製作します．前半では，mbedにLCDモジュールを接続し，太陽光発電パネルの電圧・電流，バッテリ電圧を計測・表示し，内蔵フラッシュ・メモリに記録します．そして後半では，インターネット経由で発電のようすを確認できるシステムに発展させ，さらに無線LAN対応にバージョンアップします．

● システムの構成

　ベースとなるmbedを使った太陽光発電モニタ・ファイル記録システムの構成を図9-1に示します．

9-1　MPPTソーラ・チャージ・コントローラの製作

　太陽光発電パネルの電力を効率良くバッテリに充電するのがソーラ・チャージ・コントローラ(＊1)です．ここではエレキジャック No.10(2009年2月発刊)『エコロジ電源を手にしよう(澤田淳一著)』を参考にして，MPPT = Maximum Power Point Tracking：最大電力点追従制御方式ソーラ・チャージ・コントローラを製作します．

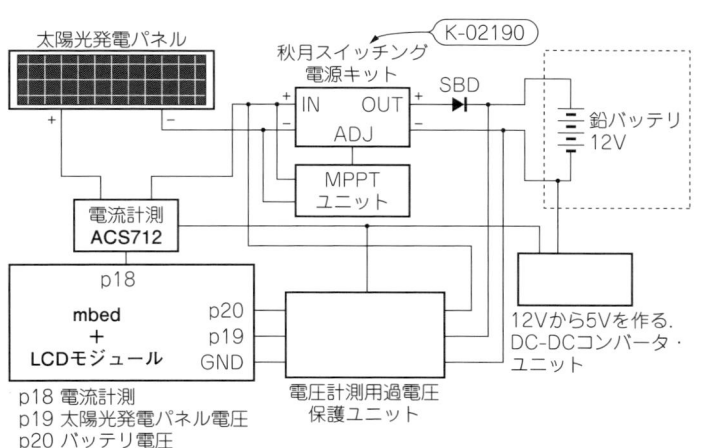

図9-1　mbedを使った太陽光発電モニタ＆ファイル記録システムの構成図

(＊1) 電圧によって抵抗値が変化する太陽光発電パネルから効率良くバッテリに充電するには必須．

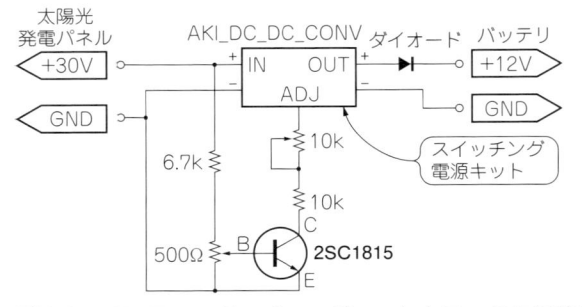

図 9-2 MPPT ソーラ・チャージ・コントローラの回路図

表 9-1 MPPT ソーラ・チャージ・コントローラで使用する部品

部品名	個数
秋月電子通商スイッチング電源キット	1
6.7kΩ 抵抗	1
10kΩ 抵抗	1
500Ω 半固定抵抗	1
10kΩ 半固定抵抗	1
ダイオード 20V 3A 以上	1
トランジスタ 2SC1815	1

(※) 抵抗はすべて 1/6W 以上.

● **MPPT ソーラ・チャージ・コントローラの回路**

　秋月電子通商で販売しているスイッチング電源キット(*2)の出力を 13.8V に固定して，トリクル充電用として使うことも可能ですが，太陽光発電パネルの出力電圧が高い場合，約 18V 以上の電力部分は使われないままになってしまいます．MPPT(*3)を導入して，この部分の有効活用を実験することにします．

　スイッチング電源キットの出力電圧は「ADJ 端子」に加える電圧で制御されています．このキットには TL594C という電源コントローラが使用されています．ADJ 端子は TL594C の 16 ピンに接続されており，ADJ 端子に何も接続しない＝解放の場合は 12V が出力されるように設定されています．キットの標準では，ここに 100kΩ ボリュームを接続して出力電圧を可変します．

　この出力電圧可変 ADJ 端子に，**図 9-2** の MPPT 回路を接続します．**図 9-2** の "AKI_DC_DC_CONV" と書かれている部分がスイッチング電源キットです．太陽光発電パネル電圧を監視して，パネル電圧が一定になるように，ADJ 端子を可変します（充電上限電圧は守る）．この装置によって，特に薄曇りのときなど，発生電力が低めのときに太陽光発電パネルから可能な限りの電流を取り出すことができるようになります．

　また，太陽光発電パネルからの出力がゼロになったとき，バッテリ電圧がチャージ・コントローラ出力側に逆流しないようにダイオードを追加します．

　使用する部品を**表 9-1** に示します．

● **基板のパターン**

　MPPT ユニットは簡易方式としたので，部品点数が少なく，小さな基板に収めることができました（**図 9-3**）．スイッチング電源キットの上面部分に両面テープなどで貼り付けて一体化します．

　プリント基板 CAD ソフトの PCBE による基板パターン 2ak0920_MPPT_pcb.zip は，本書のサポート・ページからダウンロードできます．

● **組み立て**

　秋月電子スイッチング電源キットを説明書に従い組み立てます．電圧可変用ボリュームは取り付けません．扱いやすいように入力と出力側には車用 2 ピン・コネクタを取り付けました．簡易 MPPT ユニット

(*2) 安価なキットだが，応用範囲が広くて重宝している．中心となる DC-DC コンバータ・ユニットに電解コンデンサ，基板などを含んでいるので単品で購入するよりもお得．http://akizukidenshi.com/catalog/g/gK-02190
(*3) 充電制御は MPPT ユニットに任せて mbed の負担を軽減している．

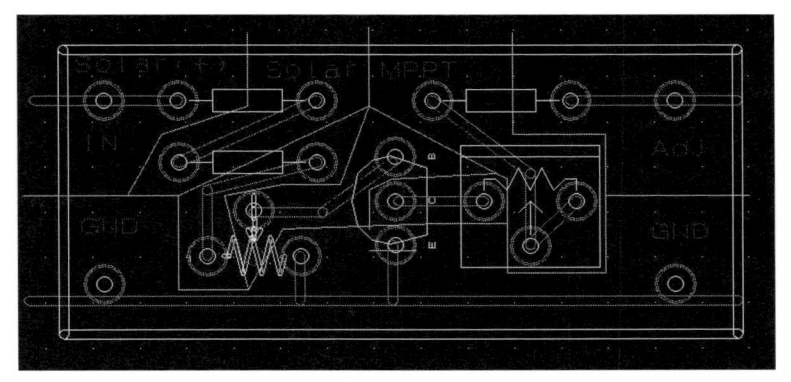

図 9-3 MPPT ソーラ・チャージ・コントローラ基板のパターン図

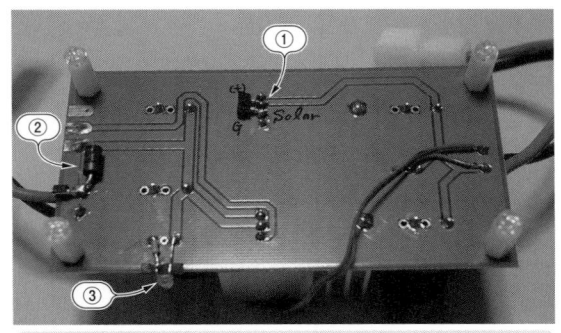

① Solar と書かれた部分……太陽光発電パネル電圧測定用端子．端子はピン・コネクタを利用している．
② 写真左……パターンをカットして，ダイオードを取り付ける．
③ 写真下……動作確認用青色 LED．10kΩ 抵抗を直列に入れて取り付ける．

写真 9-2　スイッチング電源のはんだ面

▶ MPPT ユニットの入力（+）……スイッチング電源キットの入力に取り付ける．
▶ MPPT ユニットの出力（+）……電源キットの adj 端子＝ボリュームを取り付ける端子の真ん中に取り付ける．
▶ MPPT ユニットの出力（GND）……入力（GND）と共通なので，接続を省略してもかまわない．

写真 9-1
MPPT を搭載したスイッチング電源

は図 9-3 を参考にして，手彫り基板もしくはユニバーサル基板などで組み立てます．
　次に，完成したスイッチング電源キットと MPPT ユニットを組み合わせます（写真 9-1）．
　スイッチング電源キットのはんだ面を写真 9-2 に示します．
　太陽光発電パネル動作確認用青 LED は，基板の端から上に向けています．ダイオードのカソードより先に LED を取り付けると，バッテリ運用時の動作を確認することができます（写真 9-3）．

● MPPT ユニットの調整
　安定化電源または太陽光発電パネルを用意します．調整はテスタで電圧を測定しながら行います．電流測定を併用すれば完璧です．
　安定化電源の出力を，使用する太陽光発電パネルの電圧（20V 程度）にセットしてスイッチング電源キットの入力に接続します．電流制限できる場合は，最小位置にセットします．

写真 9-3　確認用 LED

写真 9-4　完成した MPPT+ スイッチング電源

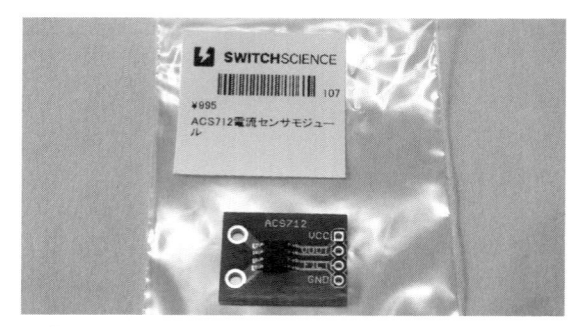

写真 9-5　スイッチサイエンス社で購入した ACS712

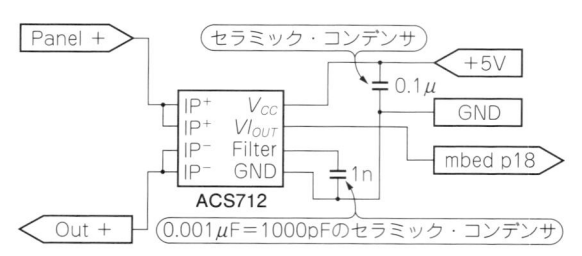

図 9-4　電流センサ・モジュール ACS712 の回路図

(1) 500Ω 半固定抵抗を回してトランジスタ 2SC1815 を ON にする．
(2) 10kΩ 半固定抵抗を回してトリクル充電：13.8V，サイクル充電：14.5V にセットする．
(3) 500Ω 半固定抵抗を回して，太陽光発電パネルの最適動作電圧に合わせる．わからない場合は解放電圧 × 80% の電圧に合わせる．
(4) バッテリを接続する．安定化電源の電流調整を無制限にする．500Ω 半固定抵抗を回して電流が最高になる位置に微調整する．

この調整をすることで，入力電圧が高いときには出力を上げ，低いときには下げます．つまり，入力電圧が一定になるように制御します．

以上で MPPT ユニットの調整は終了です（**写真 9-4**）．

9-2　電流計測ユニット

ここで使用する電流計測ユニットは ACS712[*4]（**写真 9-5**）で，スイッチサイエンス社の通販で購入できます．

図 9-4 は ACS712 電流計測ユニットの回路図です．IP^+ ～ IP^- を通過する電流で内蔵しているコイルを駆動し，磁力を発生します．この磁力をホール素子により検出し，電流を測定します．ACS712 は 0A 時

(*4) 5A まで測定できるユニット．+5V 電源が別途必要．詳細 http://www.eleki-jack.com/ejackino/2010/03/no20-ejackinolcd13.html

写真9-6
使用するセラミック・コンデンサ

(a) 0.1μFセラミック・コンデンサの取り付け
(b) 1000pFセラミック・コンデンサの取り付け 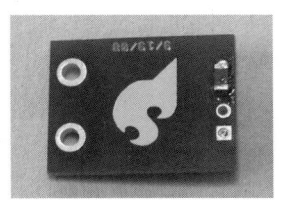
(c) 配線材の取り付け 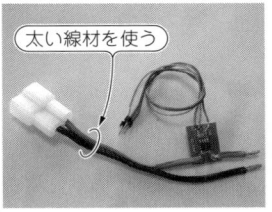
(d) ACS712の完成 

写真9-7　ACS712の組み立て

に2.5Vを出力します．185mV/1Aの換算電圧を出力するので，この電圧データからA（アンペア）に換算します．

ACS712は若干の外付け部品が必要です．1nF=1000pFセラミック・コンデンサは手持ちのチップ・タイプを使いました（**写真9-6**）．

まず，V_{CC}-GND間に0.1μFのセラミック・コンデンサを取り付けます［**写真9-7(a)**］．次に，Filter-GND間に1nFセラミック・コンデンサを取り付け［**写真9-7(b)**］，さらに，接続用配線を取り付ければ完成です［**写真9-7(c)**］．IP$^+$〜IP$^-$は発電電力が通過するので，太い配線材を使用しましょう．

完成したACS712電流計測ユニットをMPPTユニット入力側＝太陽光発電パネル側に取り付けて完了です［**写真9-7(d)**］．

9-3　過電圧保護ユニットの製作

ここでは，小型の過電圧保護ユニットを製作します．

● 回路図

図9-5は製作する過電圧保護ユニットの回路図です．太陽光発電パネルの発電電圧は26V，バッテリ電圧は最大15Vとマイコンなどの電子回路に比べると高電圧です．一方，mbedのA-Dコンバータの最大入力電圧は5V[*5]です．5V以上の過電圧が加わって，mbedが壊れることがないように過電圧保護ユニットを装備します．

(＊5) mbedのアナログ入力電圧は標準3.3V．最大でも5V．

図 9-5　過電圧保護ユニットの回路図

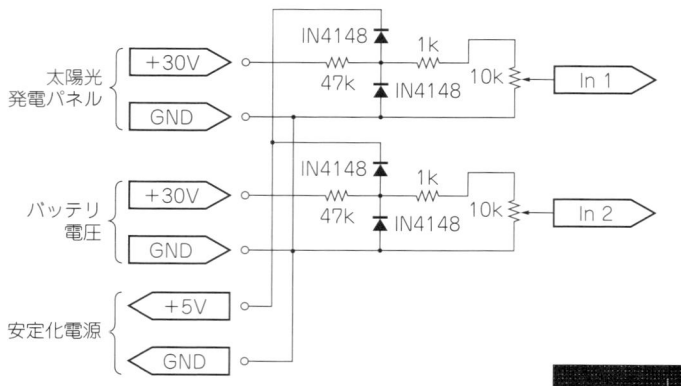

表 9-2　過電圧保護ユニットで使う部品

部品名	個数
47kΩ 抵抗	2
1kΩ 抵抗	2
10kΩ 半固定抵抗	2
ダイオード 1N4148（1S1588 同等品）	4

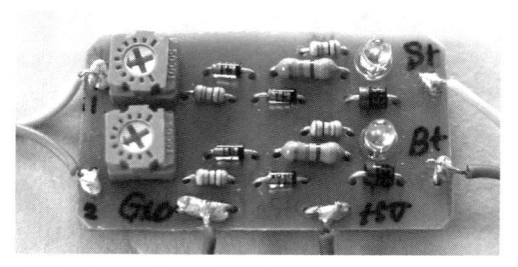

写真 9-8　完成した過電圧保護ユニット

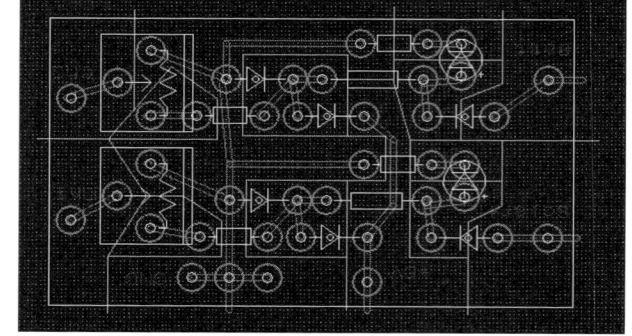

図 9-6　過電圧保護ユニット基板パターン

　具体的には，入力電圧を分圧し 5V 以下になるようにしたうえで，2 本のダイオードでクランプすることにより過電圧から保護します．mbed 入力端子の上限である 5V を決定する基準電圧は 5V 安定化電源より供給します．

　使用する部品を**表 9-2** に示します．

● 基板パターン

　かさばらないように基板を小型化しました（**図 9-6**）．

　プリント基板 CAD ソフトの PCBE によるこの小型過電圧保護ユニット基板パターン 2ak1026_small_kadenatu_hogo.zip は，本書のサポート・ページからダウンロードできます．

　基板は手彫り法[*6]により製作しました．できあがったプリント基板には，基板に背の低い部品から取り付けます（**写真 9-8**）．

　過電圧保護ユニットの基板上にマジックペンで手描きされている個所と mbed やパネルとの接続は**写真 9-9** のように行います．

9-4　5V 安定化電源ユニット

　mbed 電源，過電圧保護ユニット制限電圧用 5V 電源は，100 円ショップなどで販売している DC-DC コ

（＊6）手彫り例 http://www.eleki-jack.com/indoorplane/2008/12/156.html

S+……太陽光発電パネル	1………mbed19ピン
B+……バッテリ	2………mbed20ピン
+5V…5V電源	GND…電源グラウンド

写真9-9 mbedと接続した過電圧保護ユニット

（a） パッケージ

（b） 内部のユニットを取り出した

写真9-10
100円ショップで販売されている5V出力DC-DCコンバータの例

▶ACS712電流計測ユニット⇨mbed p18ピン
▶太陽光発電パネル→過電圧保護ユニット⇨mbed p19ピン
▶バッテリ→過電圧保護ユニット⇨mbed p20ピン

写真9-11 各ユニットを接続する

ンバータ・ユニットなどを使うと安価に済ますことができます．**写真9-10(a)**は販売されている一例です．

分解して内部のユニットを取り出し，入出力用の配線材を取り付けます．入力/出力を間違えないようにしてください[**写真9-10(b)**]．

● 完成！

写真9-11のように各ユニットとmbedの接続ピンをつなぎます．すべてを図9-1のとおりに接続すればシステムは完成です．

次は，完成したハードウェアに搭載するプログラムを楽しみましょう．

9-4　5V安定化電源ユニット | **205**

9-5　太陽光発電モニタ・ファイル記録システムの mbed プログラム

測定した太陽光発電パネル電圧・電流・電力，バッテリ電圧をファイルに記録する mbed プログラムを考えましょう．

● Publish

mbed プログラムは下記 URL で Publish しています．
http://mbed.org/users/takeuchi/programs/
　　　　　　　　　　　　　　　2ak1010_LocalFile_W_solar/lg28bo

● 注目の mbed 命令

◆ #define max_minutes 210

最大記録時間を分で記述します．例では 210 分 = 3 時間 30 分記録します．最大記録時間が経過するとファイルをクローズしてからプログラムは終了します．

◆ #define I_trim 0.15

ACS712 電流計測ユニットは小電流測定時には誤差が出ます．そこで，10 秒ごとに積算した電圧・電流値を平均し，I_trim の値により補正します．

```
Vsolar_sum=Vsolar_sum+Vsolar;
Isolar_sum=Isolar_sum+Isolar;
k++;
if(k==10){
   k=0;
   Vsolar_avg=Vsolar_sum/10;
   Isolar_avg=Isolar_sum/10-I_trim;
   Vsolar_sum=0;
   Isolar_sum=0;
}
```

◆ AnalogIn Isolar_adc(p18);

電流計測ユニットの出力は mbed の p18 に接続し，A-D コンバータに入力します．

◆ Isolar=(Isolar_adc.read()*3.3-2.5)/185*1000;

ACS712 は 0A 時に 2.5V を出力します．185mV/1A の換算電圧を出力するので，上記式により A（アンペア）に換算します．

◆ lcd.printf("W:%2.2fW",Vsolar*Isolar);

電圧×電流により太陽光発電パネルの発電電力を表示します．

◆ FILE *fp=fopen("/local/Solar.txt","a");

ファイルを追加モード[*7]でオープンします．予期しないリセット時に上書きされることを防ぎます．

(*7) mbed はリセットごとにファイル・システムもリセットする．追加モードでオープンしておけば，リセットしても同じファイル名に追加で記録する．

● **プログラム全体**

電圧，電流，電力をファイルに記録するプログラムを**リスト 9-1** に示します．

● **システムの完成！**

太陽光発電パネルに接続して，テスト運用中です．システム一式はプラスチックの箱に収納しています[**写真 9-12(a)**]．

テスト運用なので，バッテリはポータブル・タイプを接続しています．満充電後は屋内に持ち込み，携帯電話などの充電に活用します[**写真 9-12(b)**]．

直射日光下の液晶パネルは読みにくいですが，システムは正常に作動しています[**写真 9-13(a)**]．

写真 9-13(b)はシステム・スタート時の表示です．太陽光発電パネル電圧・電流，バッテリ電圧，発電電力，経過時間(記録回数)を表示します[**写真 9-13(c)**]．記録終了[*8]時のようすです．パソコンに接続

リスト 9-1 測定した太陽光発電パネル電圧・電流・電力，バッテリ電圧をファイルに記録するプログラム

```
// 2ak1009_Solar_VI
// for Solar charger Copyright by K.Takeuchi

#include "mbed.h"
#include "TextLCD2004.h"

#define ON 1
#define OFF 0
#define max_minutes 210
#define I_trim 0.15

AnalogIn Vbat_adc(p20);
AnalogIn Vsolar_adc(p19);
AnalogIn Isolar_adc(p18);

TextLCD lcd(p24, p25, p26, p27, p28, p29, p30,20,4); // rs, rw, e, d0, d1, d2, d3
LocalFileSystem local("local");

int main() {
    float Vbat,Vsolar,Isolar;
    float Isolar_sum,Isolar_avg,Vsolar_sum,Vsolar_avg,Wsolar;
    int k=0,s_count=60,m_count=max_minutes;
    lcd.cls();
    lcd.locate(0,0);
    lcd.printf("=Solar MPPT Sys.=");
    lcd.locate(0,1);
    lcd.printf("File open...");
    FILE *fp=fopen("/local/Solar.txt","a");
    if(!fp){
      lcd.locate(0,2);
      fprintf(stderr,"File/local/Solar.txt cant't opened");
      exit(1);
    }
```

(*8) mbedの電源を切り，パソコンに接続するとプログラムが再スタートしてしまう．リセット・ボタンを押し続けるとドライブが表示されるので，SOLAR.TXT をコピーして内容を確認してほしい．

リスト 9-1 測定した太陽光発電パネル電圧・電流・電力，バッテリ電圧をファイルに記録するプログラム（つづき）

```
    lcd.locate(0,1);
    lcd.printf("System start!!");
    fprintf(fp,"¥n");
    wait(2.0);

    while(1){
      Vbat=Vbat_adc.read()*30;
      Vsolar=Vsolar_adc.read()*30;
      Isolar=(Isolar_adc.read()*3.3-2.5)/185*1000;
      Wsolar=Vsolar_avg*Isolar_avg;
      lcd.cls();
      lcd.locate(0,0);
      lcd.printf("=Solar MPPT Sys.=");
      lcd.locate(0,1);
      lcd.printf("Sp V:%2.1fV,I:%1.2fA",Vsolar_avg,Isolar_avg);
      lcd.locate(0,2);
      lcd.printf("Vbat:%2.1fV",Vbat);
      lcd.locate(0,3);
      lcd.printf("W:%2.1fW %d:%d",Wsolar,m_count,s_count);
      wait(0.5);
      lcd.locate(0,0);
      lcd.printf("=Solar MPPT Sys =");
      wait(0.5);
      Vsolar_sum=Vsolar_sum+Vsolar;
      Isolar_sum=Isolar_sum+Isolar;
      k++;
      if(k==10){
        k=0;
        Vsolar_avg=Vsolar_sum/10;
        Isolar_avg=Isolar_sum/10-I_trim;
        Vsolar_sum=0;
        Isolar_sum=0;
      }
      s_count--;
      if(s_count==0){
        s_count=60;
        m_count--;
        fprintf(fp,"%2d, %2.1f, %2.2f, %2.2f, %2.1f¥n",m_count,
                                    Vsolar_avg,Isolar_avg,Wsolar,Vbat);
      }
      if(m_count ==0){
        lcd.cls();
        lcd.locate(0,0);
        lcd.printf("=Solar MPPT Sys.=");wait(0.2);
        lcd.locate(0,1);
        lcd.printf("File close...");wait(0.2);
        fprintf(fp,"¥n");
        fclose(fp);
        lcd.locate(0,2);
        lcd.printf("Recording Finish!");
        wait(5.0);
        exit(1);
      }
    }//while
}//main
```

(a) システム全体  (b) ポータブル・バッテリは持ち運べて便利

写真9-12 太陽光発電パネルとバッテリを接続して運用中

(a) 直射日光下での液晶表示 　(b) システム・スタート時のメッセージ 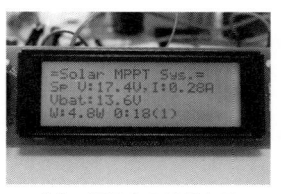　(c) 運用中の液晶表示 　(d) システム終了！

写真9-13 LCDへの表示

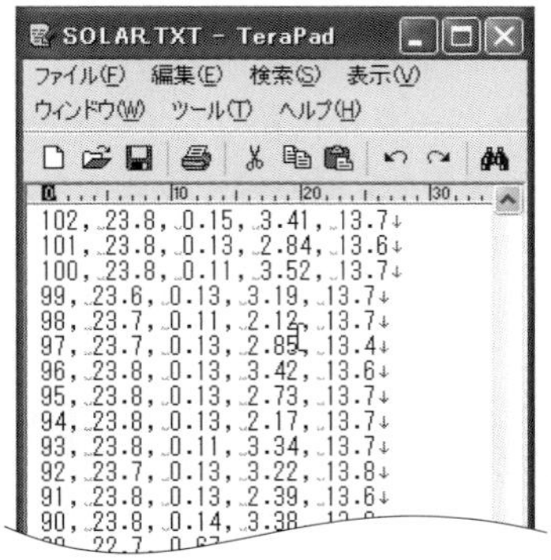

図9-7 SOLAR.TXTの記録内容

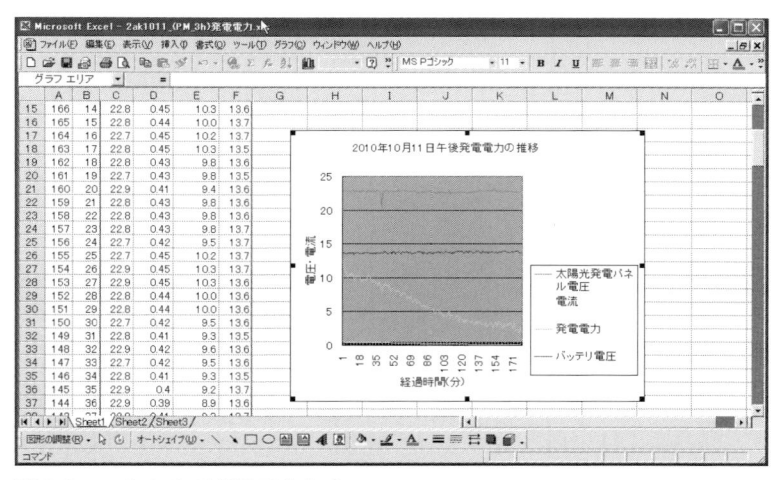

図9-8 エクセルでグラフ化した

して，データを取り出します[**写真9-13(d)**]．

● 記録終了

3時間ほど，データを記録しました．**図9-7**のようにSOLAR.TXTに記録されています．
記録されたデータはパソコンにコピーします．Excelにインポートして，グラフ化しました(**図9-8**)．
晴天のため，発電電圧はほぼ一定です．充電の進行に従って，発電電流が緩やかに減少しています．こ

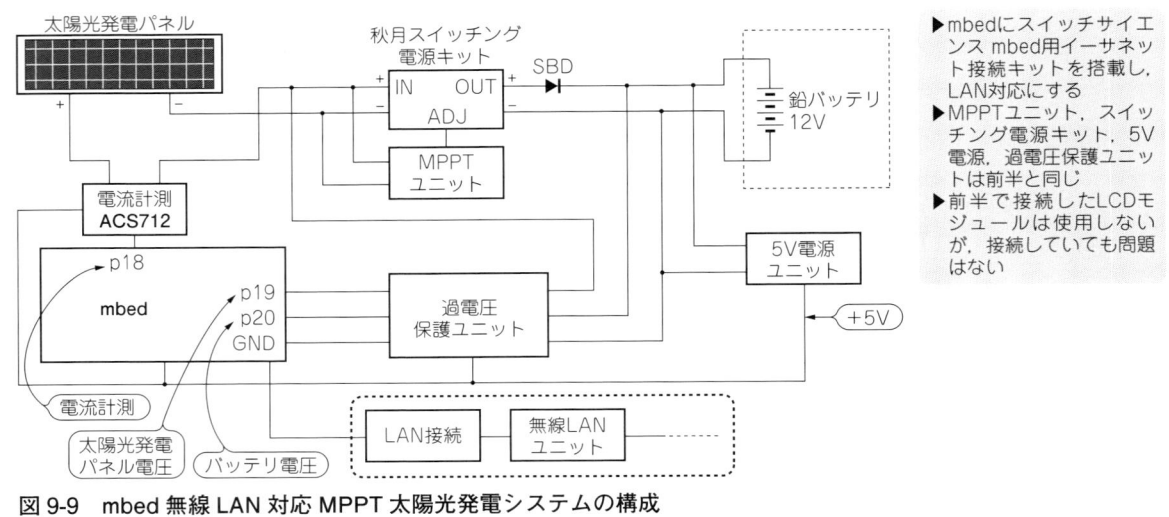

図9-9 mbed 無線 LAN 対応 MPPT 太陽光発電システムの構成

れで，太陽光発電システムはうまく動作していることが確認できました．

少し前までは難しいと思われたシステム構築が，最小限の努力と知識で実現できてしまうのがmbedの魅力です．自分の考えを形にするには最適のアイテムだと思います．

9-6　無線 LAN 対応にバージョンアップ

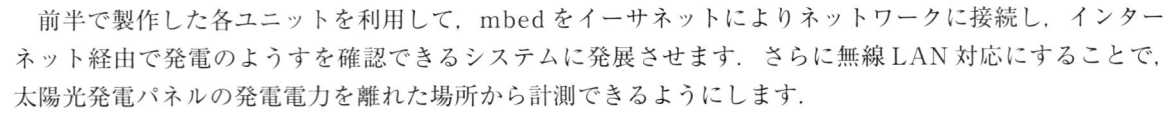

前半で製作した各ユニットを利用して，mbed をイーサネットによりネットワークに接続し，インターネット経由で発電のようすを確認できるシステムに発展させます．さらに無線 LAN 対応にすることで，太陽光発電パネルの発電電力を離れた場所から計測できるようにします．

mbed 無線 LAN 対応 MPPT 太陽光発電システムの構成を図 9-9 に示します．

9-7　LAN 接続

● mbed 用イーサネット接続キットを使う

mbed にはイーサネットに接続するために必要なハードウェアのかなりの部分が標準で搭載されています．これまではパルス・トランス内蔵モジュラ・ジャックを加工して mbed と接続していましたが，スイッチサイエンス社より mbed 用イーサネット接続キットが発売されました(**写真9-14**)．このパルス・トランス内蔵モジュラ・ジャックと専用基板がセットになっているこのキットを使うと，ブレッドボード上でmbed と簡単に接続することができます．

http://www.switch-science.com/products/detail.php?product_id=555

● mbed とイーサネット接続キットの回路と組み立て

mbed とイーサネット接続キットは図 9-10 のように接続します．ブレッドボードを使えば配線材[*9]は不要です．

写真 9-14　スイッチサイエンス mbed 用イーサネット接続キット

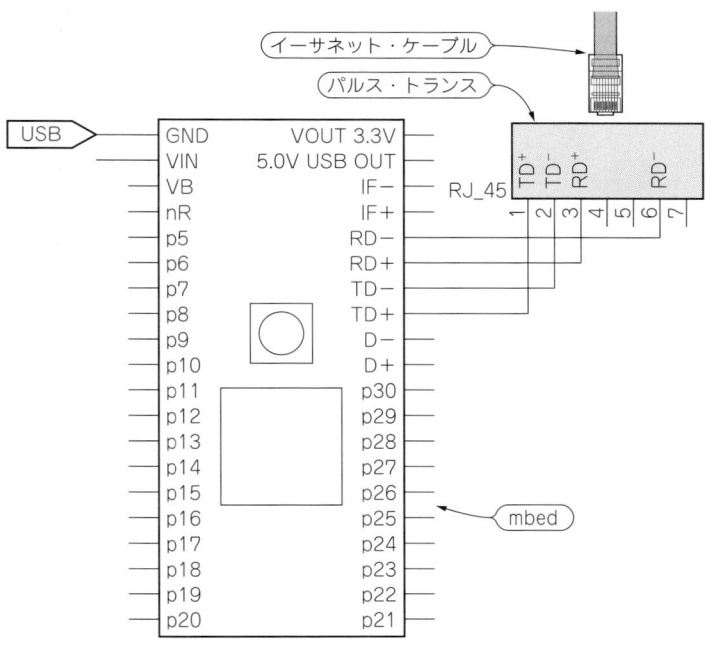

図 9-10　mbed - イーサネットの接続回路

　それでは mbed 用イーサネット接続キットを組み立てます．すべてはんだ付けにより取り付けます．**写真 9-15(a)** は接続キットの全部品です．
　モジュラ・ジャックに内蔵されている LED を点灯するための抵抗 150Ω（茶緑茶）を 2 本取り付けます [**写真 9-15(b)**]．
　0.1μF セラミック・コンデンサを 2 個取り付けます [**写真 9-15(c)**]．
　8 ピン・ヘッダを基板と直角になるように取り付けます [**写真 9-15(d)**]．
　モジュラ・ジャックを取り付けます [**写真 9-15(e)**]．ピン数が多いので，慎重に基板に差し込んでください．
　イーサネット安定動作用の 3.3V 電源端子として 2 ピン・コネクタを取り付けます（キットには付属していない）．イーサネットの動作が不安定の時は，ここに mbed 本体の 3.3V 電源出力を接続します [**写真 9-15(f)**]．
　以上で，mbed 用イーサネット接続キットが完成しました [**写真 9-15(g)**]．

● mbed とキットの接続
　ブレッドボードに差して mbed と接続します．**写真 9-16** の向かって左から，
▶ RD^-，RD^+，TD^-，TD^+ とイーサネット接続キットのピンが一致するように差し込む
▶ D^- と D^+ はイーサネットには使わない．配線引き出し用
▶ p30 と p29 は LED 点灯用使用可能（プログラムが必要）

(＊9) ブレッドボードに差すことができる配線材．

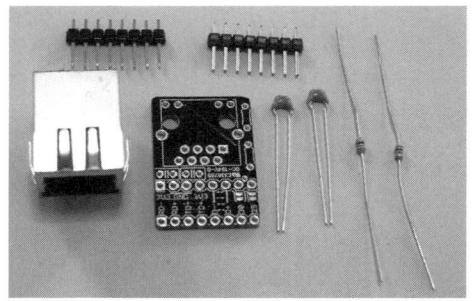

(a) 全部品　　(b) 抵抗の取り付け　　(c) コンデンサの取り付け
(d) ヘッダ・ピンの取り付け　　(e) モジュラ・ジャックの取り付け　　(f) 2ピン・コネクタの取り付け　　(g) mbed用イーサネット接続キットの完成

写真9-15　mbed用イーサネット接続キットの組み立て手順

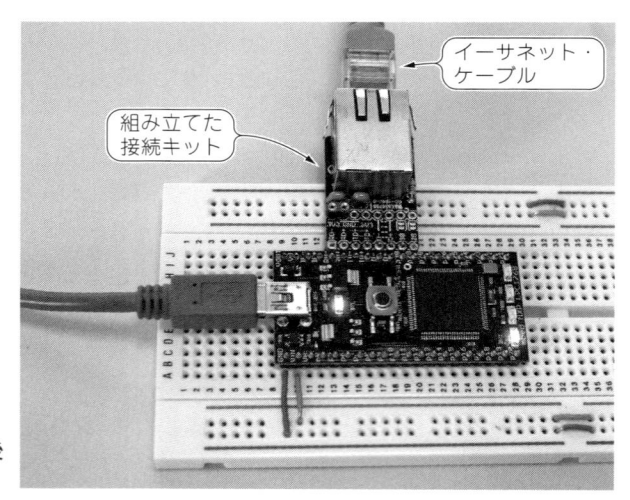

写真9-16
mbedとキットを接続した後ネットワークへ接続する

続いて，イーサネット・ケーブルを接続します．後で紹介するプログラムを搭載すれば，動作を開始します．

● システムの完成

mbed，過電圧保護ユニット，安定化電源+MPPTユニット，電流計測ユニットを接続すれば，mbed

写真 9-17　システムの完成

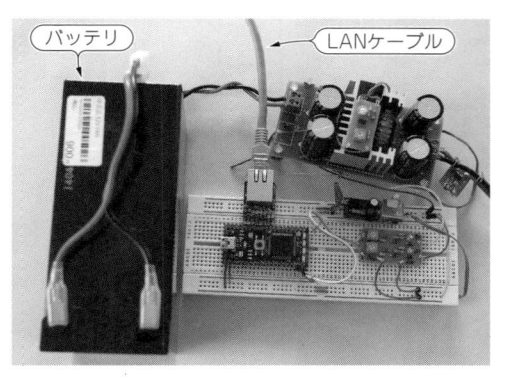

写真 9-18　LAN ケーブルとバッテリを接続

LAN 対応太陽光発電モニタ・システムの完成です(写真 9-17)．これらに，バッテリ，太陽光発電パネル，LAN ケーブルを接続して使用します(写真 9-18)．

9-8　無線 LAN への対応

　太陽光発電システムは屋外に設置します．取得したデータを無線 LAN 経由で離れた場所で記録できれば大変便利です．
　mbed には無線 LAN 機能は内蔵されていませんが，外付けの無線 LAN 子機を購入することにより簡単に無線 LAN 対応になります．ここでは BUFFALO 社の WLI-TX4-G を購入して利用しました．
　TX4 を自宅に設置している無線 LAN ルータに接続できるように設定します．設定方法は付属のマニュアルを参考に行います．TX4 は無線 LAN ルータに接続すると，Security ランプがオレンジ色に点灯するのですぐにわかります．IP アドレス[*10]はあくまでも mbed に対して発給されます．TX4 は有線ケーブルを無線に置き換えるイメージで使います．
　mbed に搭載した mbed 用イーサネット接続キット経由で TX4 と接続すれば，接続完了です．TX4 の電源は DC-DC コンバータより 5V を供給しています．以後，mbed は無線 LAN 経由でネットワークに接続されます(写真 9-19)．

● 無線 LAN 対応　太陽光発電モニタ・システムの完成！

　システム一式を屋外用防水ボックスに収納しました(写真 9-20)．
　雨がかかりにくいようにボックスは太陽光発電パネルが屋根代わりなるように設置しています．雑な置き方ですが，台風の雨でも内部に浸水することはありませんでした(写真 9-21)．
　太陽光発電パネルには，草よけの風呂ふたを前面に敷いています．特別なメインテナンスは不要です．地面に設置しているために草取りだけはまめに行い，パネル面が陰にならないようにしています(写真 9-22)．

(*10) 無線 LAN 子機が親機から認識されないとルータから IP アドレスが発給されない．mbed と無線 LAN 子機が同時に ON になる場合は，無線 LAN 子機をまず認識させる．

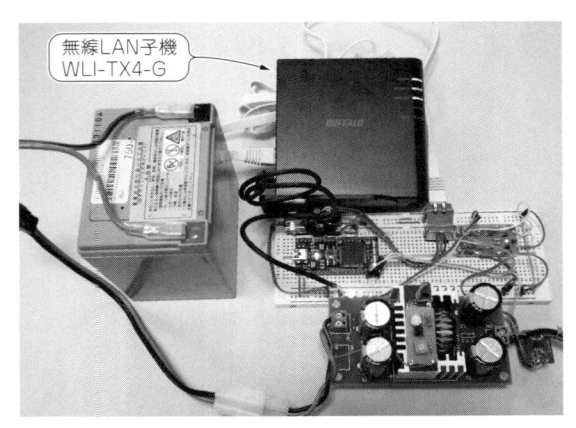

写真9-19 無線LAN対応システムの完成

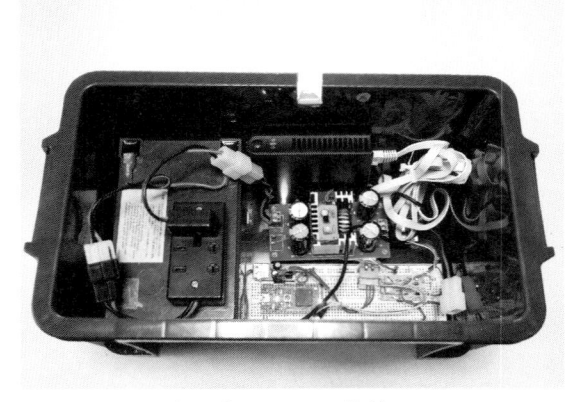

写真9-20 屋外用ボックスへの格納

写真9-21 屋外で運用中のようす

写真9-22 使用している太陽光発電パネル

9-9 無線LAN対応のプログラム

完成したシステムにmbed用プログラムを搭載します．JavaScriptを含むmbedサーバ側のプログラムを用意しました．

● mbedプログラミング

JavaScriptを含むプログラム一式 `2ak1031_solar_http_server.zip` は本書のサポート・ページからダウンロードできます．

ダウンロードしたパッケージを解凍すると次のファイルになります．三つともmbedドライブに転送してください．

- ▶ `2ak1016_web_HTTPServer_LPC1786.bin` ……mbed用サーバ・プログラム
- ▶ `mbedRPC.js` ……mbed ⇄ JavaScript インターフェース・プログラム
- ▶ `sindex.htm` ……表示用htmlファイル

図9-11 モニタした各値をWebブラウザで表示

● Webブラウザの表示にはJavaScript(mbedRPC.js)を使う

　太陽光発電パネル電圧・電流・電力，バッテリ電圧をブラウザに表示するためのmbed ⇄ JavaScriptによるインターフェース・プログラムです．

　ARM社でPublishしているJavaScriptを参考にして記述しています．見やすさを重視し，表組み内に表示されるようにプログラミングを工夫しました．プログラム・リストはページの都合で掲載していませんが，サポート・ページからダンロードして入手してください．

● システムの完成！

　電源投入後，無線LAN子機WLI-TX4-G(以後，TX4)の電源を先に入れます．Securityランプが点灯し，無線LANルータが認識したことを確認します．mbedのリセット・ボタンを押してしばらくして，LED1がゆっくりと点滅すればIPアドレスを取得して正常に動作を開始しています．LED2の点滅周期に同期して電圧を測定し，データを転送しています．全LEDが点滅するときは，IPアドレスの取得に失敗しています．再度リセットからやり直してください．

　　`http://192.168.1.9/sindex.htm`

　無線LAN経由で図9-11のように表示されれば成功です．

　これでmbed無線LAN対応MPPT太陽光発電システムは完成です．自然の恵み太陽光発電のようすを無線LANで計測してお楽しみください．

9-10　ネクストエナジー・アンド・リソース(株)見学レポート

　長野県は晴天率が高く，太陽光発電には適した地区と言われています．南信地方も最適な場所に入るた

めに太陽光発電がとても盛んです．駒ヶ根市[*11]中沢にあるネクストエナジー・アンド・リソース(株)(以後，ネクストエナジー・アンド・リソース社)は，使用済みの中古太陽光発電パネルを扱う全国でも注目の会社です．

● 本社

ここでは，中古太陽光発電パネルを多数取り扱っています．今までに15000枚の中古パネルを流通させています．

代表取締役の伊藤敦さん，オフグリット事業部部長 南澤桂さん(右)，営業 宮澤章宏さんにお話をお伺いしました(**写真9-23**)．

レポータは中学生のチャレンジャ・一平君です．太陽光発電には住宅の屋根などに設置して電力会社に電気を売ることを前提とした"連携型システム"，これらから切り離された"オフグリッド・システム[*12]"＝独立型システムがあります．街灯・道路標識などはオフグリッド・システムの仲間です．

この会社では個人向けオフグリッド・システムとして，太陽光発電パネル，チャージ・コントローラ，バッテリのシステムを販売しています(**写真9-24**)．オフグリッド・システムは太陽光発電電力を無駄なく活用するために，DC-ACコンバータを使わない，12V家電製品システムの一環です．

● 工場

太陽光発電パネルの整備出荷をしている工場を見学しました．

中古パネルが全国より集まっています．中古パネルを扱い始めたきっかけですが，以前は新品が高かったために，安価にパネルを供給することができないかと考えたからです．パネルの大きさ，発電量もさまざまです．集まったパネルはこの工場で各種検査を行います．検査を終えたパネルはこのように1枚ずつ丁寧に梱包し，性能検査票・保証書を添付して出荷します(**写真9-25**)．

筆者もGL144Nという中古太陽光発電パネルを1枚購入しました(**写真9-22**)．本文で使用している中

(a) 代表取締役 伊藤敦さん　　　(b) お話をお伺いした南澤さん，宮澤さん

写真9-23 ネクストエナジー・アンド・リソース会社でお話しを伺った

(*11) 長野県 南信地方のほぼ中央に位置している．中沢地区は天竜川の東側．
(*12) 山小屋や海上など電力線から電気を引き込めない場所で電気を使うのに最適．

写真 9-24　オフグリッド・システムの商品群

写真 9-25　工場のようす

古パネルです．中古とはいえ，ネクストエナジー・アンド・リソース社の性能試験[*13]済みです．定格出力：54.6W，解放電圧：26.58V，短絡電流：2.91A を保証しています．

もちろん，新品パネルの設置も扱っています．筆者の住む長野県上伊那郡宮田村 保健センター（**写真 9-26**）の太陽光発電パネルもこの会社で設置しています．

政府の補助金制度を活用した本格的な住宅用太陽光発電システムはとても素晴らしいです．そして，手軽な値段の中古が出回り，個人で太陽光発電パネルが気軽に購入できるようになった今こそ，いろいろな挑戦を楽しむのに最適な時期だと思います．

写真 9-26　新品パネルを設置した保健センターのようす

(*13) I-V 検査＝発電特性，EL 検査＝発光検査などを行う．EL 検査は発電パネルに通電し，特殊カメラで通電発光状況を撮影する検査．見学したかったのだが，企業秘密とのこと．

[第10章]

応用

画像データのハンドリング

シリアル接続カメラと有機ELディスプレイ内蔵スイッチで作るmbedディジタル・カメラ

光永 法明

10-1 mbedでデジカメを作る

　カメラとディスプレイをmbedにつなぐと何ができそうでしょう？ カメラで撮影した画像に反応して…と想像はふくらみます．その第1歩としてはカメラの画像をディスプレイで見て撮影するディジタル・カメラを作ってみるのがよさそうです．そこで，本章ではシリアル接続のカメラとディスプレイを使って，mbedデジカメを作ってみましょう（**写真10-1**）．

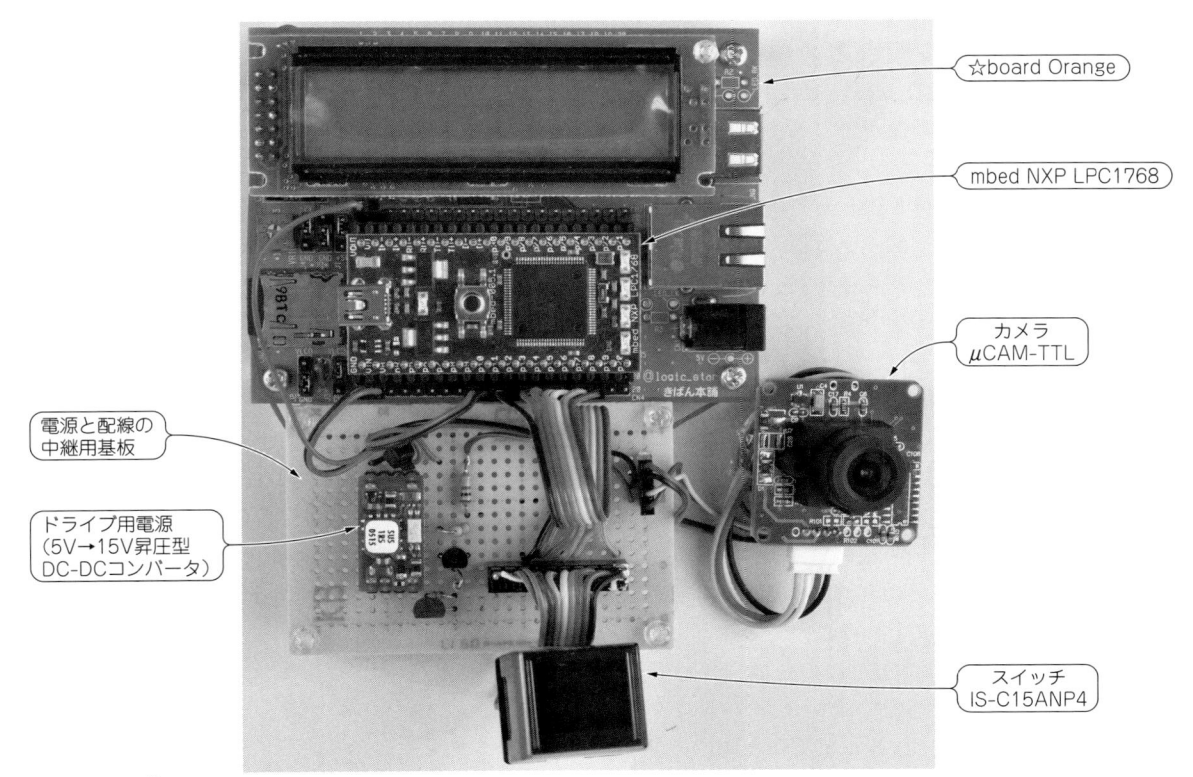

写真10-1 ☆board Orange（スターボード・オレンジ）に載せたmbedとシリアル接続カメラμCAM-TTL，有機ELディスプレイ内蔵スイッチIS-C15ANP4で作るmbedディジタル・カメラ

表10-1 4D SystemsのμCAMシリアル接続カメラの主な仕様

型番	μCAM-TTL	μCAM-232
解像度	最大640 × 480 ピクセル(VGA)	
通信速度	9600bps から 921.6Kbps	
画角	90度または120度	
電源電圧	3.3V (3.0 ～ 3.6V)	5V (4.5 ～ 5.5V)
信号レベル	3.3V	EIA-232
入手先	4D Systems オンライン・ショップなど	
参考価格	AU\$59 (4D Systems オンライン・ショップ)	

写真10-2　4D SystemsのμCAM-TTLシリアル接続カメラ

写真10-3　有機ELディスプレイ内蔵スイッチIS-C15ANP4の外観

表10-2　IS-C15ANP4の主な仕様

型番	IS-C15ANP4
表示サイズ	0.65 インチ (13 × 9.6mm)
画素数	64 × 48 ピクセル
色数	各ピクセル 65536 色
スイッチ	単極単投 N.O.
スイッチ定格	100mA 12V DC
ロジック系電源	2.8V (2.4 ～ 3.5V)，0.2mA
ドライブ系電源	16.0V (15.0 ～ 17.0V)，4.6mA
入手先	マルツ電波など部品店
参考価格	4,261 円(マルツパーツ館)

● μCAM シリアル接続カメラ

　μCAMシリーズは4D Systems(オーストラリア)製のシリアル接続カメラです(写真10-2)．JPEG画像以外に非圧縮の撮影画像が得られます．OminiVision Technologies(アメリカ)のCMOSカメラ(OV7640シリーズ)とJPEGシリアル・ブリッジ(OV528またはOV529)から構成されており，カメラで撮影した画像を非同期シリアルで得ることができます．電源電圧，シリアル・レベル(TTL/EIA-232)，シリアル・ブリッジなど仕様の違う製品があります．

　ここでは3.3V動作のμCAM-TTLを利用しています(表10-1)．4D Systemsのオンライン・ショップから購入してオーストラリア・ドルで\$59，送料\$15でした．画角は90度と120度のものがあるようですが，購入したものは90度でした．ほかにもシリアル接続カメラが発売されています．mbedで画像処理をするなら非圧縮画像を取得できるものがお勧めです．

● 有機EL(OLED)ディスプレイ内蔵スイッチ

　日本開閉器工業(NKK)のISシリーズは有機EL(OLED)ディスプレイを内蔵したスイッチです．モノクロでロッカ・スイッチ内蔵のロッカISと，カラーで押しボタン・スイッチ内蔵のカラーIS(スイッチを省略し表示のみのIS-C01Pもある)があります．今回はIS-C15ANP4を使ってみました(写真10-3，表10-2)．

　画面は小さいのですがOLEDのため視野角が非常に広くなっています．ディスプレイ部分はSPI[*1]接続，スイッチ部分は通常のモーメンタリ・タイプの押しボタン・スイッチです．有機ELの駆動用に16Vの電源が必要です．マルツ電波など国内の部品店で入手できます．

(*1) SPI；Serial Peripheral Interface

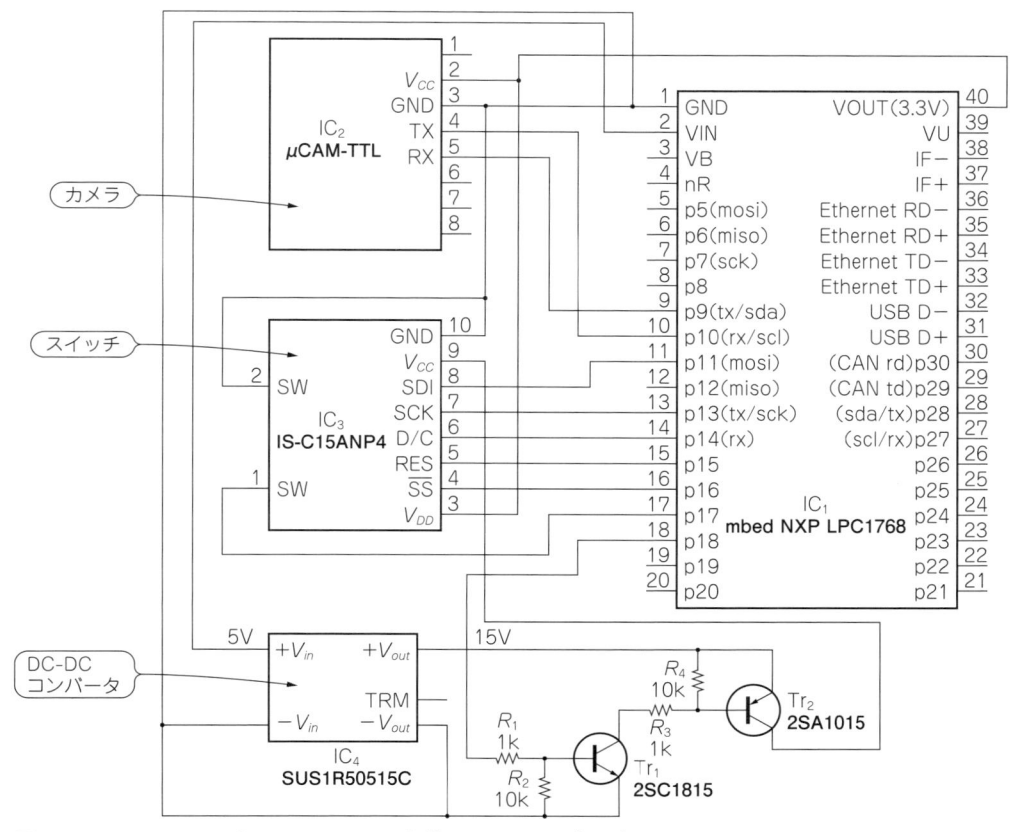

図 10-1 μCAM-TTL と IS-C15ANP4 を使った mbed ディジタル・カメラの回路図

10-2　mbed ディジタル・カメラの回路

　カメラ μCAM-TTL と OLED ディスプレイ内蔵スイッチ IS-C15ANP4 を，mbed に**図 10-1** の回路でつなぎました．部品表は**表 10-3** のとおりです．この接続で，☆board Orange を使うと，キャラクタ液晶や SD Card を利用できます．シャッタ・ボタンは IS-C15ANP4 のスイッチ部です．

　全体の電源は mbed のレギュレータを利用し，3.3V としています．IS-C15ANP4 の推奨動作電圧より少し電圧が高く，IS-C15ANP4 の絶対最大定格が 3.5V のため，V_{DD} の電圧を確認しておくとよいでしょう．

　有機 EL 駆動用の電源には入手が容易だったコーセルの DC-DC コンバータ・モジュール（15V 出力）を使っています．突入電流の関係か，USB バスパワーでは全体の動作が不安定になるため，5V の AC アダプタを VIN 端子へつなぎ，DC-DC コンバータの入力としています．DC-DC コンバータの代わりに 15Vの AC アダプタを使ってもよいでしょう．電源投入のタイミングが指定されているので，mbed からトランジスタ 2 石を使ったスイッチで 15V の出力を制御しています．

　μCAM-TTL のピン番号は**図 10-2** のとおりです．基板には 4 ピンのコネクタが実装されていて，コネクタの 1 番ピンが基板上の 5 番になるので注意してください．IS-C15ANP4 のピン番号は**図 10-3** のとおりです．

表 10-3　μCAM-TTL と IS-C15ANP4 を使った mbed ディジタル・カメラの部品表

部品番号	品　名	メーカ	型番・規格	個数	備　考
IC_1	マイコン・モジュール	NXP Semiconductors	mbed NXP LPC1768	1	
IC_2	シリアル接続カメラ	4D Systems	μCam-TTL	1	電源が 3.3V のもの
IC_3	有機 EL ディスプレイ付きスイッチ	日本開閉器工業	IS-C15ANP4	1	
IC_4	DC-DC コンバータ	コーセル	SUS1R50515C	1	5V 入力 15V 出力
R_1, R_3	炭素皮膜抵抗		1kΩ（茶黒赤金），1/6W または 1/4W	2	
R_2, R_4	炭素皮膜抵抗		10kΩ（茶黒橙金），1/6W または 1/4W	2	
Tr_1	小信号用 NPN トランジスタ	東芝	2SC1815	1	ランクは問わない
Tr_2	小信号用 PNP トランジスタ	東芝	2SA1015	1	ランクは問わない
	ベース・ボード		☆ board Orange など	1	必要に応じて
	AC-DC アダプタ		5V/1A	1	安定化出力のもの
	基板		ユニバーサル基板またはブレッドボード	1	必要に応じて
	配線材		ビニール線，ジャンプ・ワイヤなど		必要に応じて

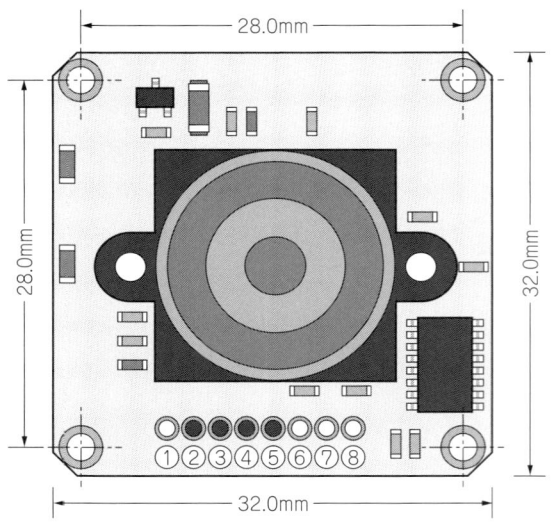

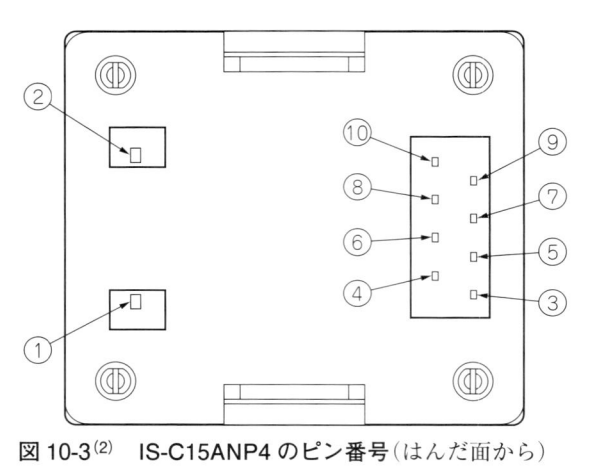

図 10-2(1)　μCAM のピン番号（レンズ側から）

図 10-3(2)　IS-C15ANP4 のピン番号（はんだ面から）

10-3　μCAM の利用手順

● μCAM の初期化

μCAM のコマンドは表 10-4 のとおりです．電源投入後 mbed と μCAM の通信を SYNC コマンドで初期化する必要があります．まず，mbed のシリアル・ポートを設定します．通信条件をデータ 8 ビット，スタート・ビット 1，ストップ・ビット 1 にします．ボーレートは，μCAM のオート・ボーレート機能が働く 14400bps，56000bps，57600bps，115200bps のいずれかにします．そして図 10-4 のように SYNC コマンドを mbed から繰り返し送り，ACK と SYNC が返ってきたら ACK を送ります．この後で必要なら SET BAUDRATE コマンドで通信速度を変更します．

表 10-4　μCAM のコマンド一覧

コマンド名	1バイト目 0xaa	2バイト目 コマンド番号	3バイト目 パラメータ1	4バイト目 パラメータ2	5バイト目 パラメータ3	6バイト目 パラメータ4
INITIAL	0xaa	0x01	0x00	カラー・タイプ	RAW 解像度	JPEG 解像度
GET PICTURE		0x04	Picture タイプ	0x00	0x00	0x00
SNAPSHOT		0x05	Snapshot タイプ	Skip Frame (LOW)	Skip Frame (High)	0x00
SET PACKAGE SIZE		0x06	0x08	Package Size (LOW)	Package Size (High)	0x00
SET BAUDRATE		0x07	1st ディバイダ	2nd ディバイダ	0x00	0x00
RESET		0x08	Reset タイプ	0x00	0x00	0x00/0xff
DATA		0x0a	Data タイプ	Length(LOW)	Length(MID)	Length(HIGH)
SYNC		0x0d	0x00	0x00	0x00	0x00
ACK		0x0e	コマンド番号 (2バイト目)	ACK カウンタ	0x00/Package ID (LOW)	0x00/Package ID (HIGH)
NAK		0x0f	0x00	NAK カウンタ	エラー番号	0x00
LIGHT		0x13	周波数タイプ	0x00	0x00	0x00

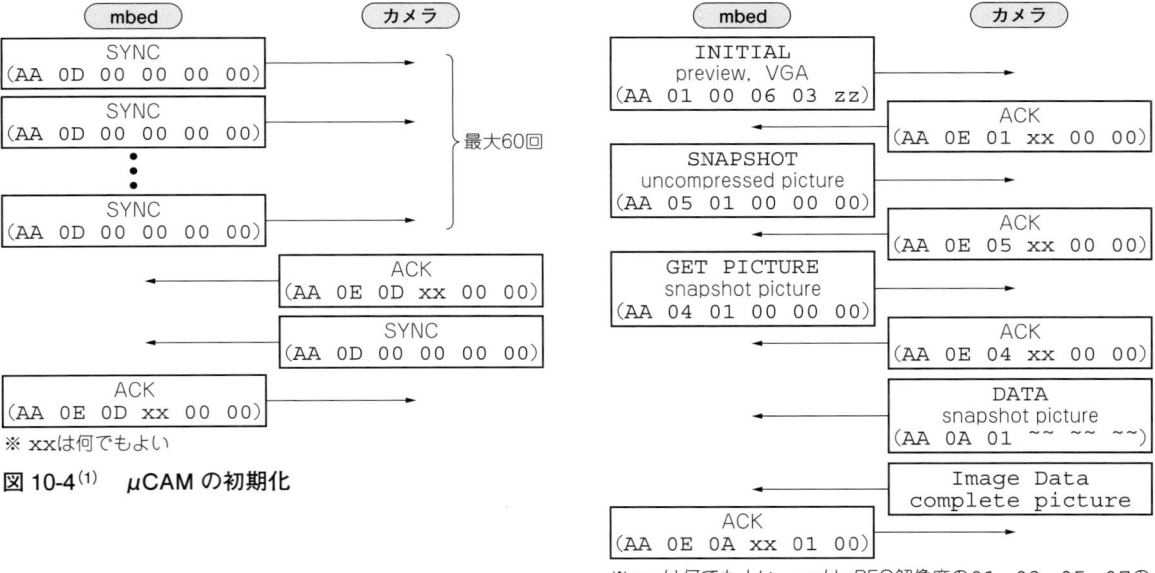

図 10-4(1)　μCAM の初期化

図 10-5　160 × 120 ピクセルの RAW 画像の取得

※ xx は何でもよい．zz は JPEG 解像度の 01，03，05，07 のいづれか．~~ ~~ ~~ はカメラから送られてくる画像のバイト数を表す．

● μCAM から RAW 画像を取得する

　RAW 画像を取得するには図 10-5 のようにします．この図では，RGB565（2バイト）カラーで 160 × 120 ピクセルを INITIAL コマンドで指定しています．INITIAL コマンドのカラー・タイプ（表 10-5）と RAW 解像度（表 10-6）を変えると，ほかの解像度の画像が取得できます．画像はパケットに分かれることなく，カメラから一気に送られてきます．

● μCAM から JPEG 画像を取得する

　JPEG 画像を取得するには図 10-6 のようにします．この図では 640 × 480 ピクセルを INITIAL コマ

表 10-5　μCAM の INITIAL コマンドのカラー・タイプ

カラー・タイプ	モード
0x01	2ビット・モノクロ
0x02	4ビット・グレースケール
0x03	8ビット・グレースケール
0x04	8ビット・カラー (RGB332)
0x05	12ビット・カラー (RGB444)
0x06	16ビット・カラー (RGB565)
0x07	JPEG

表 10-6　μCAM の INITIAL コマンドの RAW 解像度

RAW 解像度	解像度
0x1	80 × 60
0x3	160 × 120
0x5	320 × 240
0x7	640 × 480
0x9	128 × 128
0xb	128 × 96

表 10-7　μCAM の INITIAL コマンドの JPEG 解像度

JPEG 解像度	解像度
0x1	80 × 64
0x3	160 × 128
0x5	320 × 240
0x7	640 × 480

図 10-6[(1)]　640 × 480 ピクセルの JPEG 画像の取得

```
         mbed                              カメラ
   ┌──────────────────┐
   │ INITIAL          │
   │ JPEG preview, VGA│──────▶
   │ (AA 01 00 07 07 07)│       ┌──────────────────┐
   └──────────────────┘    ◀───│ ACK              │
                                │ (AA 0E 01 xx 00 00)│
   ┌──────────────────┐       └──────────────────┘
   │ SET PACKAGE SIZE │
   │ 512bytes         │──────▶
   │ (AA 06 08 00 02 00)│       ┌──────────────────┐
   └──────────────────┘    ◀───│ ACK              │
                                │ (AA 0E 06 xx 00 00)│
   ┌──────────────────┐       └──────────────────┘
   │ SNAPSHOT         │
   │ compressed picture│──────▶
   │ (AA 05 00 00 00 00)│       ┌──────────────────┐
   └──────────────────┘    ◀───│ ACK              │
                                │ (AA 0E 05 xx 00 00)│
   ┌──────────────────┐       └──────────────────┘
   │ GET PICTURE      │
   │ snapshot picture │──────▶
   │ (AA 04 01 00 00 00)│       ┌──────────────────┐
   └──────────────────┘    ◀───│ ACK              │
                                │ (AA 0E 04 xx 00 00)│
                               └──────────────────┘
                               ┌──────────────────┐
                          ◀───│ DATA             │
                               │ snapshot picture │
   ┌──────────────────┐       │ (AA 0A 01 ~~ ~~ ~~)│
   │ ACK              │       └──────────────────┘
   │ Package ID:0000h │──────▶
   │ (AA 0E 00 00 00 00)│       ┌──────────────────┐
   └──────────────────┘    ◀───│ Image Data Package│
                               │ 512bytes, ID:0000h│
   ┌──────────────────┐       └──────────────────┘
   │ ACK              │
   │ Package ID:0001h │──────▶
   │ (AA 0E 00 00 01 00)│       ┌──────────────────┐
   └──────────────────┘    ◀───│ Image Data Package│
                               │ 512bytes, ID:0001h│
              ⋮                 └──────────────────┘
                               ┌──────────────────┐
                          ◀───│ Last Image Data  │
   ┌──────────────────┐       │ Package          │
   │ ACK              │       └──────────────────┘
   │ Package ID:F0F0h │──────▶
   │ (AA 0E 00 00 F0 F0)│
   └──────────────────┘
```

バイト1				バイトN
ID (2バイト)	Data Size (2バイト)	Image Data (パッケージ・サイズ−6バイト)	Verify Code (2バイト)

←―――――――――――― パッケージ・サイズ ――――――――――――→

図 10-7[(1)]　μCAM のデータ・パケット

ンドで指定しています．INITIAL コマンドで指定する JPEG 解像度は**表 10-7** のとおりです．画像はパケットに分けて送られてきます．パケットをそのまま連結してファイルに保存すると，PC などで JPEG 画像として見ることができます．

　パケットは**図 10-7**のような構成になっており，ID は 0 から増加していきます．Data Size は Image Data の部分のバイト数，Verify Code は 1 バイト目から $N-2$ バイト目までの和の最下位バイトです．2 バイトありますが上位バイトは 0 です．SET PACKAGE SIZE コマンドで設定するのはパケット全体の最大サイズ N です．

10-4 カラーISスイッチの利用手順

● カラーISスイッチ IS-C15ANP4 の初期化

IS-C15ANP4 の有機 EL は初期化の順序が，(1)ロジック系電源(V_{DD})を ON，(2)リセット信号を"L"に $3\mu s$ 以上保ち"H"に，(3)ドライブ系電源(V_{CC})を ON，(4)初期化コマンドを送る，と指定されています．初期化のコマンドを変える必要はないので詳細を省略します．詳しくはマニュアルまたはプログラムを参照してください．

電源を OFF にするには(3)→(2)→(1)を推奨されています．今回の工作では電源 OFF の順序は考慮していません．

● カラーISスイッチ IS-C15ANP4 の SPI 通信

通常の SPI 通信ではマスタからのクロック(sck)と，マスター・スレーブ双方からのデータ信号(mosi/miso)の 3 本が使われますが，カラー IS スイッチでは，スイッチからの信号(mbed の miso)が省略されています．そのため，現在の表示状態を確認するといったことはできません．

SPI 通信をするときには，D/C 信号でカラー IS 内のレジスタを選択し("H"：データ，"L"：コマンド)，SS(スレーブ・セレクト)を"L"にし，mbed から 1 バイトを送り，SS を"H"にします．表示を更新するときには，一部を書き換えることはできず，画面全体を更新します．表示色数は 256 色(1 ピクセル 1 バイト，RGB232) または 65536 色(1 ピクセル 2 バイト，RGB565)の 2 通りを選択できます．以下では 65536 色モードを使っています．

10-5 μCAM-TTL と IS-C15ANP4 を使った mbed ディジタル・カメラ

リスト 10-1 を見てください．完成した mbed ディジタル・カメラの main 関数です．① 初期化部分と，② ループ部分に分れています．

① 初期化部分では，スイッチをつないでいるピンのプルアップ，SPI 通信の初期化と IS-C15ANP4 の初期化と画面のクリア，μCAM-TTL の初期化をしています．

② ループ部分では，(1) μCAM から画像を取得し，(2)データを変換した後で，(3)ディスプレイに表示しています．そしてスイッチ(シャッタ・ボタン)が押されていれば，(4)JPEG 画像を mbed の内蔵フラッシュへ保存します．

● μCAM と IS-C15ANP4 の画素数の違い

μCAM と IS-C15ANP4 では画素数が違います．μCAM は 80 × 60 ピクセル，IS-C15ANP4 で表示できるのは 64 × 48 ピクセルです．いずれも左上の画素から順に右下まで 1 画素について 2 バイトずつ並んでいます(**図 10-8**，**図 10-9**)．

図の各マスの上の段がデータの先頭からのバイト数です．カメラの画像の幅を w_C，ディスプレイの画像の幅を w_D とすると，座標が (x, y) の画素の μCAM のデータの位置は，

$(x + w_C \times y) \times 2$

$(x + w_C \times y) \times 2 + 1$

リスト10-1　mbedディジタル・カメラのmain関数
本書のサポート・ページからダウンロードできるプログラムから主要部分を抜粋し，日本語のコメントを追加している．

```
int main() {
    unsigned char cam[80*60*2], oled[64*48*2];
    int n = 0;
                                                              ① 初期化
    sw1.mode(PullUp);                        // スイッチ入力のピンについて内部プルアップを有効に
    spi.format(8, 3);                        // SPIの通信形式の設定
    spi.frequency(4000000);                  // SPIの通信速度の設定(4MHz)
    ISC15.Init(ISC15_DEVICE_ISC15, &spi);    // IS-C15ANPの初期化
    ISC15.Cls();                             // IS-C15ANPの表示をクリア
    if (!ucam.Init())                        // μCAMの初期化
        goto ERROR;
    timer.attach_us(checkSW, 20000);         // スイッチを見張るためのタイマの設定
                                                              ② ループ
    for (;;) {
        // (1) μCAMからスナップショット画像を得る
        if (!ucam.SnapshotRaw(UCAM_COLOR_TYPE_RGB565,
                                            UCAM_RAW_RESOLUTION_80X60, cam))
            goto ERROR;
        // (2) μCAMの形式をIS-C15ANPの形式に変換する
        for (int y=0; y<48; y++) {
            unsigned char *rg = cam + 8*2 + (6+y)*80*2;
            unsigned char *gb = rg + 1;
            unsigned char *p = oled + y*64*2;
            for (int x=0; x<64; x++, rg+=2, gb+=2) {
                *p ++ = (*gb <<3)    | (*rg & 0x7);
                *p ++ = (*gb & 0xe0) | (*rg >> 3);
            }
        }
        ISC15.Disp(ISC15_DSPMODE_64K, dat);        // (3) IS-C15ANPへ画像を表示する
        // (4) スイッチが押されていたらJPEG画像を保存する
        if (sw1pressed) {
            char fname[20];
            sprintf(fname, "/local/%05d.jpg", n);  // ファイル名を連番に
            SaveJPEG(fname);                       // 画像を撮影してJPEGに保存する
            n ++;
            sw1pressed = false;
        }
    }
ERROR:
}
```

の2バイトでIS-C15ANP4の画素の場合は，

$$(x + w_D \times y) \times 2$$
$$(x + w_D \times y) \times 2 + 1$$ ············①

の位置の2バイトになります．そこでμCAMの画像の，

$$(x + 8 + w_C \times (6 + y)) \times 2$$
$$(x + 8 + w_C \times (6 + y)) \times 2 + 1$$

の位置の2バイトを①の位置へコピーすれば，80×60ピクセルの中央64×48ピクセルを表示できるこ

	x →								
	0 (0, 0) のRG	1 (0, 0) のGB	2 (1, 0) のRG	3 (1, 0) のGB	4 (2, 0) のRG	‥‥‥	156 (78, 0) のRG	157 (78, 0) のGB	158 (79, 0) のRG	159 (79, 0) のGB
	160 (0, 1) のRG	161 (0, 1) のGB	162 (1, 1) のRG	163 (1, 1) のGB	164 (2, 1) のRG	‥‥‥	316 (78, 1) のRG	317 (78, 2) のGB	318 (79, 1) のRG	319 (79, 1) のGB
	:	:	:	:	:		:	:	:	:
y ↓	9440 (0, 59) のRG	9441 (0, 59) のGB	9442 (1, 59) のRG	9443 (1, 59) のGB	9444 (2, 59) のRG	‥‥‥	9596 (78, 59) のRG	9597 (78, 59) のGB	9598 (79, 59) のRG	9599 (79, 59) のGB

図10-8 μCAMのデータの並び

	x →								
	0 (0, 0) のBG	1 (0, 0) のGR	2 (1, 0) のBG	3 (1, 0) のGR	4 (2, 0) のBG	‥‥‥	124 (62, 0) のBG	125 (62, 0) のGR	126 (63, 0) のBG	127 (63, 0) のGR
	128 (0, 1) のBG	128 (0, 1) のGR	129 (1, 1) のBG	129 (1, 1) のGR	130 (2, 1) のBG	‥‥‥	252 (62, 1) のBG	253 (62, 2) のGR	254 (63, 1) のBG	255 (63, 1) のGR
	:	:	:	:	:		:	:	:	:
y ↓	6016 (0, 47) のBG	6017 (0, 47) のGR	6018 (1, 47) のBG	6019 (1, 47) のGR	6020 (2, 47) のBG	‥‥‥	6140 (62, 47) のBG	6141 (62, 47) のGR	6142 (63, 47) のBG	6143 (63, 47) のGR

図10-9 IS-C15ANP4のデータの並び

とになります．これをリスト10-1のプログラムではポインタとforループで実現しています．

● μCAMとIS-C15ANP4のデータの並びの違い

図10-10を見てください．1画素のデータが2バイトで表されるのはμCAMとIS-C15ANP4で共通です．μCAMでは1バイト目に赤(R)5ビットと緑(G)の上位3ビットが入っていて，2バイト目に緑(G)の下位3ビットと青(B)5ビットが入っています．一方，IS-C15ANP4の場合には赤と青の位置が入れ替わっています．そこで，2バイト目の青のデータを左に3ビット・シフトし，1バイト目の緑のデータと合わせて1バイト目に，

図 10-10
μCAM と IS-C15ANP4 の色データの並びの違い

(a) μCAMの色データの並び

| 1バイト目 | MSB R4 | R3 | R2 | R1 | R0 | G5 | G4 | LSB G3 |
| 2バイト目 | MSB G2 | G1 | G0 | B4 | B3 | B2 | B1 | LSB B0 |

(b) IS-C15ANPの色データの並び

| 1バイト目 | MSB B4 | B3 | B2 | B1 | B0 | G5 | G4 | LSB G3 |
| 2バイト目 | MSB G2 | G1 | G0 | R4 | R3 | R2 | R1 | LSB R0 |

リスト 10-2 スイッチを見張る checkSW 関数

```
void checkSW() {
    if (sw1 == 0) {
        /* スイッチが押されている */
        sw1pressed = true;
        sw1pressing = true;
        led2 = 1;
    } else {
        /* スイッチが押されていない */
        sw1pressing = false;
        led2 = 0;
    }
}
```

```
*p ++ = (*gb <<3) | (*rg & 0x7);
```
と代入し，1バイト目の赤のデータを右に3ビット・シフトし，2バイト目の緑のデータと合わせて2バイト目に，
```
*p ++ = (*gb & 0xe0) | (*rg >> 3);
```
と代入すると変換できます．

● スイッチを見張る checkSW 関数

mbed が μCAM からデータを受け取るには1秒程度の時間がかかります．そのため main 関数内でスイッチを確認すると，シャッタ・ボタンの反応が悪くなってしまいます．そこで mbed ライブラリの Ticker を使って定期的にスイッチを確認するようにします．Ticker オブジェクトである timer の attach_us 関数を呼び出し，20ms(20000μs)ごとに checkSW 関数を呼び出すよう登録しています(**リスト 10-1 ①**)．20msにしているのはスイッチのチャタリング対策です．

checkSW 関数(**リスト 10-2**)では，スイッチのつながっているピンが"L"なら押されているとし，sw1pressed を true にしています．この変数を main 関数で確認し JPEG 保存をするか判断しています．

10-6 mbed デジカメを動かしてみる

プログラムをサポート・ページから入手して mbed に書き込みます．mbed をリセットすると，LEDが二つ点灯し消灯したら，ディスプレイにカメラからの画像が表示されます．画像は1秒前ぐらい前のものが表示されます．ディスプレイがシャッタ・ボタンになっていて，押し込むと撮影されます(**写真 10-4 と 写真 10-5**)．画像は mbed のフラッシュ・メモリのプログラムと同じフォルダ(ディレクトリ)に記録し

写真 10-5 mbed デジカメで撮影した画像（320 × 240 ピクセル）

写真 10-4
mbed デジカメで撮影しているようす

ます．
　カメラからの画像転送速度はシリアル通信速度で決まります．シリアルの通信速度をできるだけ速くしたいので，mbed の取りこぼしが出なかった57.6kbpsとしています．また，640 × 480 ピクセルのJPEG画像取得がうまくいかなかったため，画素数320 × 240 ピクセルで記録しています．

● ディジタル・ズームを試してみる
　ディジタル・ズーム機能は，カメラで撮影した画像の中央部のみを切り出すことで実現されています．μCAM で撮影する画素数を 160 × 120 ピクセルにし，中央部 64 × 48 ピクセルだけを取り出せば約2倍のディジタル・ズームになります．
　ダウンロードしたファイルの main.c の，
　　`#if 1    /* D1: Set 1 to test RGB565 mode */`
とある行の '1' を '0' に，
　　`#if 0    /* D5: Set 1 to test cropping (digital zoom) */`
とある行の '0' を '1' にし，コンパイルして mbed に書き込んで試してみてください．表示が拡大されます．JPEG 画像は元のサイズで保存されます．

● グレー・スケールの画像を表示してみる
　μCAM にはグレー・スケール画像の撮影機能があります．8ビットのグレー・スケール画像の場合には1ピクセルを1バイトで表し，黒から白までを0～255までの数値で表します．ある画素が無彩色（グレー）で明るさがVであることを，RGBカラーで表現するならR = G = B = V とします（RGBそれぞれを1バイトで表すとき）．ここでは，RGB565の形式で表すので，Vの上位5ビットまたは6ビットを B, G, R の値とします．計算は，
　　B = V>>3
　　G = V>>2

```
    R = V>>3
```
と右に3または2ビットシフトすればOKです．

　IS-C15ANPで表示できる形式にするには，1バイト目はB<<3 | G>>3 となり，2バイト目はG<<5 |Rです．まとめて計算するなら，

　1バイト目：(V & 0xf8) | V>>5
　2バイト目：((V<<3) & 0xe0) | V>>3

とできます．

　ディジタル・ズームの場合と同様に，ダウンロードしたファイルのmain.cのコメントにD1とある行の'1'を'0'に，

```
  #if 0    /* D3: Set 1 to test 8bit gray mode */
```

とある行の'0'を'1'にし，コンパイルしてmbedに書き込むとグレー・スケールで表示されます．カメラから受け取るデータが半分になるので，表示の更新（フレームレート）が速くなります．

● 画像間の差を計算してみる

　画像に大きな変化が現れたときだけディスプレイに表示するにはどうしたらいいでしょうか．2枚の画像の差を計算すればよさそうです．グレー・スケール画像なら，2枚の画像の同じ位置の画素の明るさを V_1, V_2 とするなら，

$$|V_1 - V_2|$$

の総和を計算し，総和が大きいなら表示するようにします．絶対値をとっていることに注意してください．明るさの差が正でも負でも，変化として足すためです．2乗和でもよいのですが，計算に時間がかかります．RGB565画像の場合，一度RGBの値を求めてから，それらの差を計算して和を求めます．

　ダウンロードしたファイルのmain.cのコメントにD1とある行の'1'を'0'に，

```
  #if 0    /* D7: Set 1 to show RGB565 image when images'
                                differential is large */
```

とある行の'0'を'1'にし，コンパイルしてmbedに書き込んで試してみてください．この例ではRGBではなく，緑（G）のみの差の総和を計算しています．緑成分に変化が少ない場合には検出できないことになりますが，比較的多くの場合を検出できます．また変化の大きな部分だけを表示するとどうなるでしょうか．

```
  #if 0    /* D6: Set 1 to test 8bit gray differential image */
```

の行の'0'を'1'にして試してみてください．

● おわりに

　ダウンロードしたプログラムには紙面で紹介していない例があります．そちらもぜひ試してみてください．mbedとカメラを組み合わせるといろいろな場面に応用できそうです．この記事が作品作りの参考になれば幸いです．

◆ 引用文献 ◆

(1) 4D Systems, μCAM-TTL Serial JPEG Camera Module Data Sheet (Revision 4.0).
(2) 日本開閉器工業，2010年カタログ pp.539～546.

[第11章]

ARMと組み込み技術を手軽に学ぶ

ビュート ローバー ARM による開発入門

竹内 浩一

11-1　ビュート ローバー ARM の組み立て

　Vstone社より販売中のビュート ローバー・シリーズにARM版が加わりました．その名も"ビュート ローバー ARM"です．この製品は，2モータ，2赤外線センサを搭載した組み立てやすいライントレース・ロボットを基本とした車体に，NXPセミコンダクターズ社のARM LPC1343マイコンを搭載したCPUボードVS-WRC103LVにより制御します（**写真11-1**）．

● GUIプログラミング・ツールとC言語が使える

　制御するプログラムは，制御ブロックを並べてフローチャートを描くようにプログラミングできる「ビュートビルダー2」と，開発環境LPCXpressoで動作するC言語に対応しています．ここではその両方を説明します．

　キットの内容のメインは，**写真11-2**に示すのがオールインワンCPUボードVS-WRC103LVです．NXPセミコンダクターズ社製のARM/LPC1343（Cortex-M3）マイコンを搭載しています．mbedは96

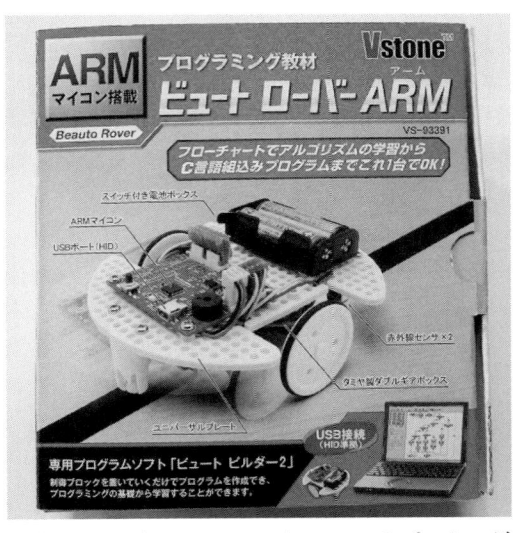

写真11-1　ビュート ローバー ARM のパッケージ

写真11-2　CPU ボード VS-WRC103LV

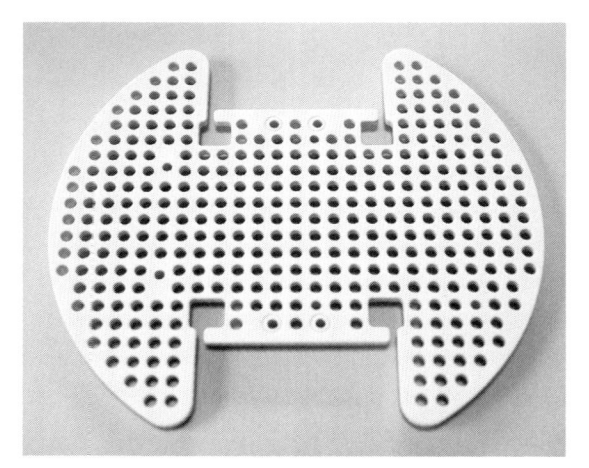

写真 11-3 部品取り付けのベースとなるロボットの機体

写真 11-4 メカ部品

写真 11-5 タミヤ製ギアボックス

写真 11-6 CD-ROM をパソコンにセットする

MHz で動作する LPC1768 を搭載しています．

　ビュート ローバー ARM の機体を**写真 11-3** に示します．ユニバーサル・ボード(*1)になっているので，自由に組み替えが可能です．**写真 11-4** は車輪，モータ，センサなどの部品です．タミヤ製ダブルギアボックスが付属しています(**写真 11-5**)．これらの部品類を使って機体を組み立て，プログラミングを楽しむことができます．

　付属 CD-ROM をパソコンにセットして(**写真 11-6**)，マニュアル・フォルダを開きます．最初にビュート ローバー組み立て説明書を開いてください．グラフィカルなマニュアルが現れるので，ひととおり目を通しておきます(**図 11-1**)．

● ギアボックスの組み立て

　最初に，ギアボックスを 38.2：1 のギア比で組み立てます．モータ側に出力シャフトが入るタイプです．両側のギアボックスを組み立てます．左右対称になっているので，向きに注意します(**写真 11-7**)．

(*1) 標準的な製作後に穴を使って自由に組み替えることができる．

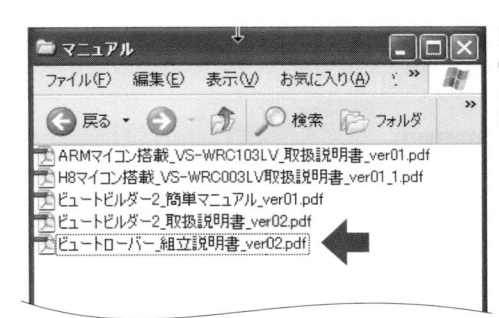

図 11-1
CD-ROM に収録されている組み立て説明書

写真 11-7 組み上がったギアボックス

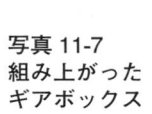

写真 11-8 モータへのギアの取り付け

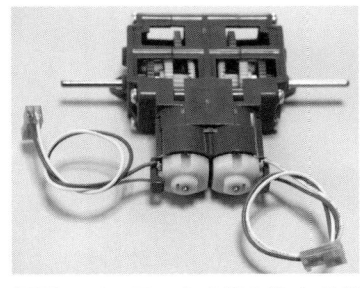

写真 11-9 モータを組み込んだギアボックス

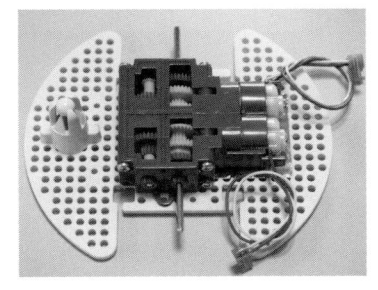

写真 11-10 ギアボックスの取り付け

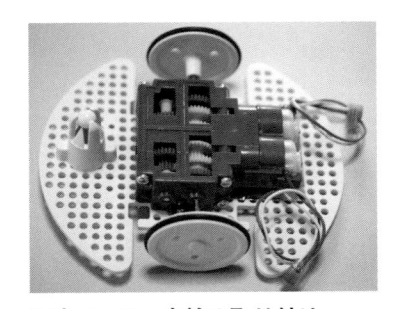

写真 11-11 車輪の取り付け

写真 11-12 センサの取り付け

写真 11-13 ボール・キャスタの取り付け

次に，モータにピニオンギアを取り付けます．2組用意します．ピニオンギアは最初手で押し込み，机の上などに押しつけながら根本まで挿入します(**写真 11-8**)．モータがギアボックスに無理なくすっと入ればギアボックスの完成です(**写真 11-9**)．

● 機体の組み立て

機体の上面と下面を確認してください．ここではでっぱりのある面を"上面"と呼びます．

前部ボール・キャスタの取り付け場所を基準にして，六角シャフトが車体中心に来る位置にギアボックスを取り付けます(**写真 11-10**)．そして，六角シャフトに車輪を奥まで押し込みます(**写真 11-11**)．

赤外線センサを**写真 11-12**の位置に取り付けます．さらに，後部にボール・キャスタを取り付けます(**写真 11-13**)．

CPU ボード VS-WRC103LV をタッピング・ビス4本で取り付け(**写真 11-14**)，モータ接続コネクタを

写真 11-14　CPU ボードの取り付け 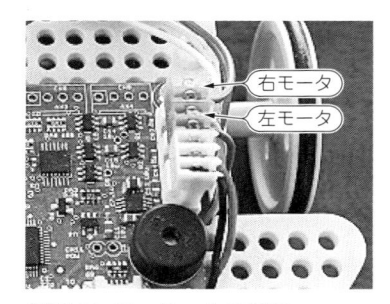　　写真 11-15　モータの接続 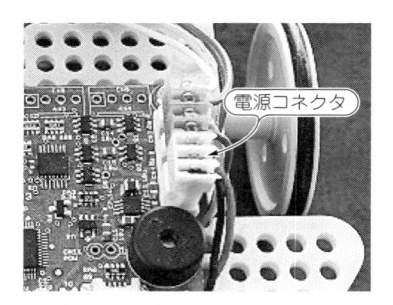　　写真 11-16　電源コネクタの接続

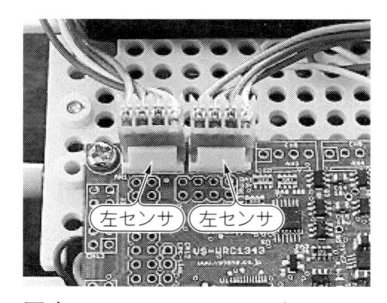

写真 11-17　センサ・コネクタの接続

写真 11-18　ビュート ローバー ARM の完成

取り付けます（**写真 11-15**）．

次に，電源コネクタを取り付け（**写真 11-16**），センサ・コネクタを取り付けます（**写真 11-17**）．

電池をセットすれば完成です．赤いボードがきれいです．速そうですね～（**写真 11-18**）．

● 動作確認

次の手順で動作確認をしましょう．

① ビュート ローバー ARM を手に持つ

（1）単 3 形乾電池 2 本を電池ボックスにセットする

（2）電源レバーを ON にする

（3）LED の緑，橙が両方とも点灯する

（4）リセット・スイッチを押す

（5）LED の緑と橙が交互に点灯し，ド，レ，ミ～とメドレーを奏でる

　　➡ ここまで動作すれば CPU ボードは正常に動作しています．

そのまま確認を続けます．

② センサの確認

（1）右センサに指をかざす　➡　緑 LED が点灯する

（2）左センサに指をかざす　➡　橙 LED が点灯する

　　➡ ここまで動作すればセンサは正常に動作しています．LED の点灯が逆の場合はセンサ・コネクタ

図 11-2　cl_edit2.exe を起動する

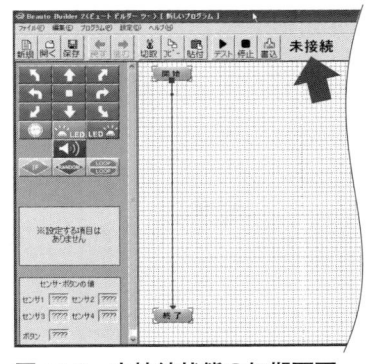

図 11-3　未接続状態の初期画面

写真 11-19　USB ケーブルでパソコンと接続する

を差し替えます．

③ モータの確認
(1) ビュート ローバー ARM を白紙の上，または白っぽい床に置く
(2) 前進　➡後退　➡左旋回　➡右旋回を繰り返す
　➡動作が逆のときは，コネクタ[*2]の位置が逆になっています．
以上が確認できれば動作は正常です．

11-2　ビュートビルダー 2 の使い方

　ビュート ローバーにはフローチャートを描く感覚でプログラミングが楽しめる"ビュートビルダー 2"が付属しています．車の動作を理解するのに便利なツールです．C 言語でプログラミングする前に使ってビュート ローバーに慣れておきましょう．

● ビュートビルダーの起動

　付属 CD-ROM に収録されているソフトウェアの中でインストール不要版[*3]を使います．Beauto Builder2_004 の中の cl_edit2 を起動します(図 11-2)．
　図 11-3 がビュートビルダー 2 の初期画面です．ビュート ローバー ARM が接続されていない場合は"未接続"と表示されます．

● ビュート ローバー ARM を接続する

　ビュート ローバー ARM をパソコンと USB で接続します(写真 11-19)．
　ビュート ローバーとパソコンを接続すると，右上に"接続中"と表示されます．ビュート ローバー ARM の電源が入っていないときは"接続中(ARM)0.1V"と表示されます(図 11-4)．そして，ビュート ローバー ARM の電源が入ると"接続中(ARM)3.0V"と表示されます(図 11-5)．

(＊2) 逆差しはできないしくみになっているが，左右間違いは起こるかもしれない．
(＊3) インストール版も添付されている．

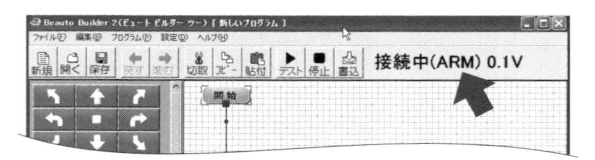

図11-4　接続中(ARM)状態

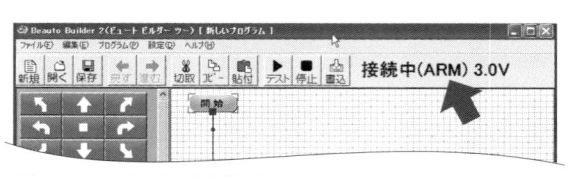

図11-5　3.0Vに上昇した

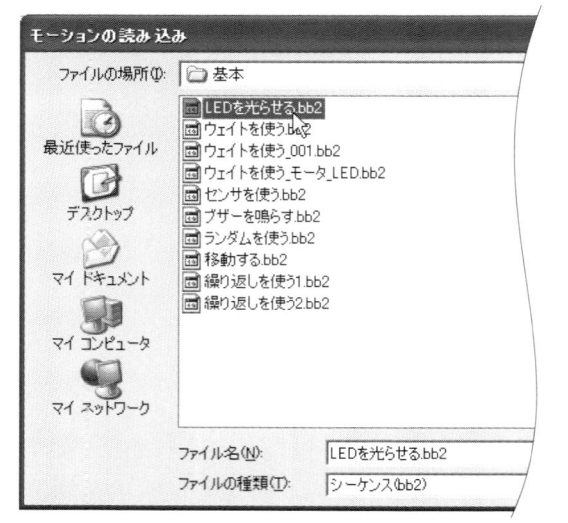

図11-6　LEDを光らせる.bb2を読み込む

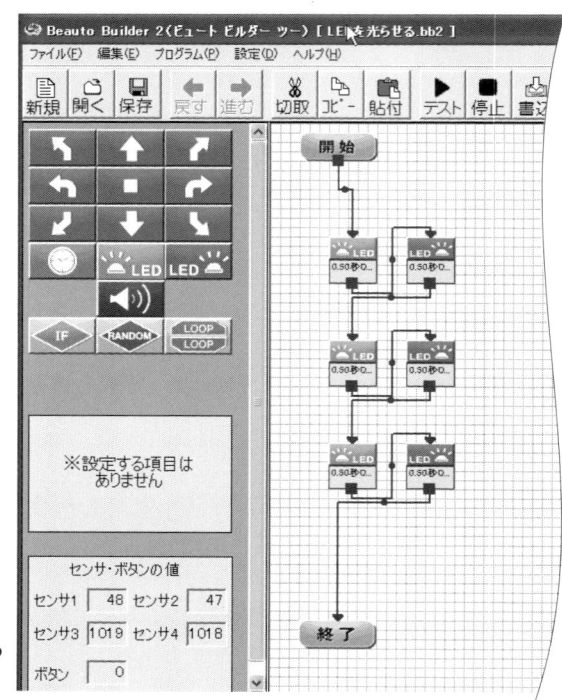

図11-7
橙と緑のLEDを0.5秒ずつ
交互に点灯

● サンプル・プログラムの実行

　では，サンプル・プログラムを試しましょう．付属CD-ROMの中のサンプル・プログラム ⇒ 基本 ⇒ LEDを光らせる.bb2を選択します(図11-6)．

　LEDを光らせる.bb2が読み込まれました．橙(ダイダイ)LEDと緑LEDを0.5秒ずつ交互に点灯するプログラムです(図11-7)．テスト・ボタン(*4)を押して，ビュート ローバー ARMで実行します(図11-8)．

　ビュートビルダー上で実行しているブロックにカーソルが次々と移動し，ビュート ローバー ARMのLEDが点滅します(写真11-20)．

● ビュート ローバー ARMへの書き込み

　作成したプログラムはビュート ローバー ARMへ書き込んで，USBケーブルを切断しても独立状態(*5)

(*4) 三角マークのボタン．カセット・テープレコーダの頃から再生はこのマーク．
(*5) スタンドアローンのこと．

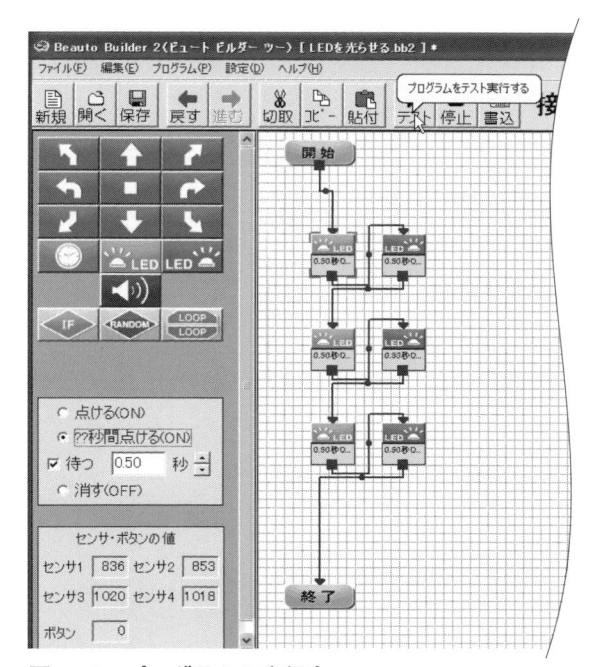

図11-8 プログラムの実行中

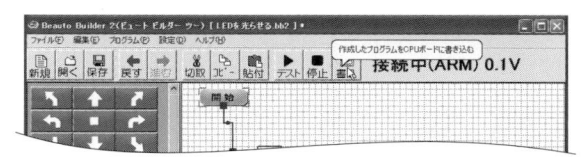

図11-9 ビュート ローバー ARM への転送

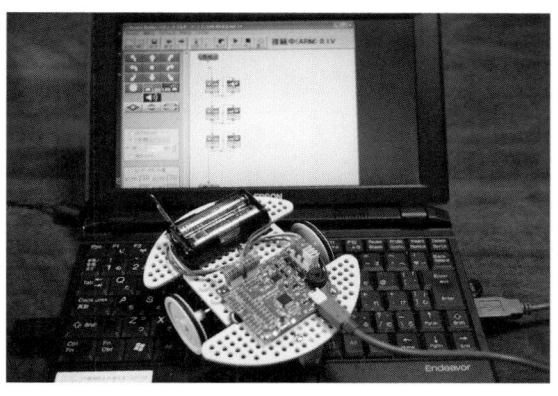

写真11-20 車体上にある LED が点滅して正しくプログラムが動作していることが確認できた

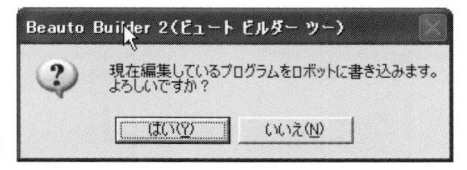

図11-10 書き込み確認

で実行することができます.

　書き込みボタンを押すと(**図11-9**),確認画面が表示されるので,"はい"を押してください(**図11-10**).

　USB ケーブルを外して電源スイッチを ON にします.リセット・ボタンを押すとプログラムが実行されます.LED が交互に点灯すれば成功です.

　サンプル・プログラムはまだたくさん付属しているので,試してみましょう.

● プログラムの作成

　では,オリジナルの橙 LED と緑 LED を交互に点灯させるプログラムの作成に挑戦しましょう.最初に,メニューにある橙 LED ブロック(＊6)をクリックします[**図11-11(a)**].そして,プログラム・エリア(＊7)でクリックすると,橙 LED ブロックが貼り込まれます[**図11-11(b)**].

　開始ブロックの青い■をドラッグすると,マウスが矢印の形になります[**図11-11(c)**].その矢印を橙 LED ブロックまで引っ張ります[**図11-11(d)**].そうすると,橙 LED ブロックに接続されます[**図11-11(e)**].

(＊6) 動作＝アクションが設定されているアイコンの呼び名.
(＊7) ブロックを置いてプログラムを作成する場所の呼び名.

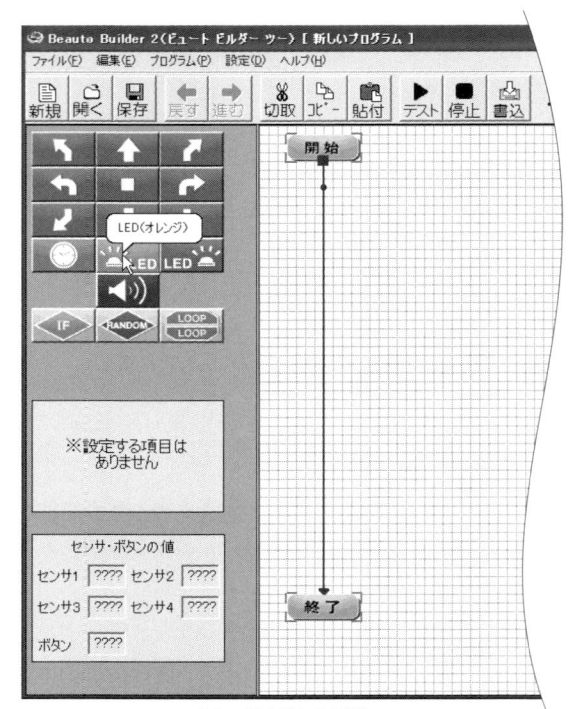

(a) 橙 LED の選択

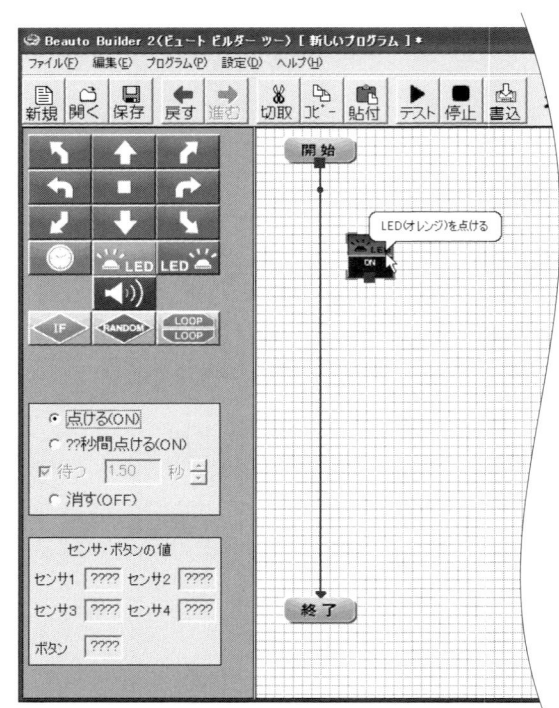

(b) 橙 LED の貼り込み

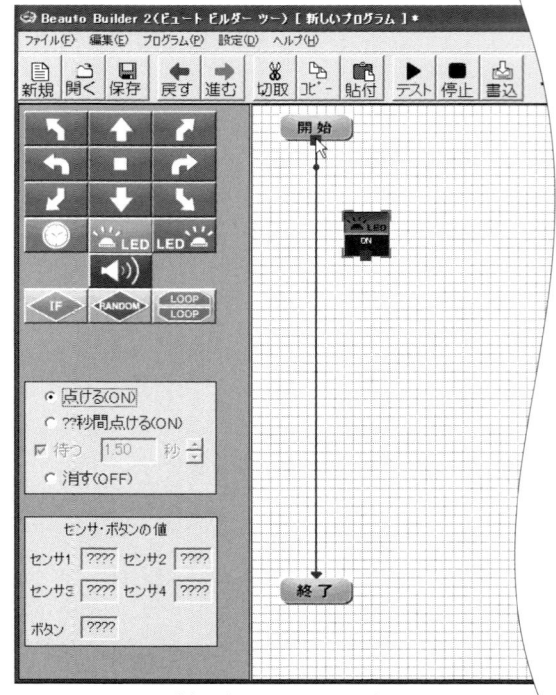

(c) 青い■ をドラッグ

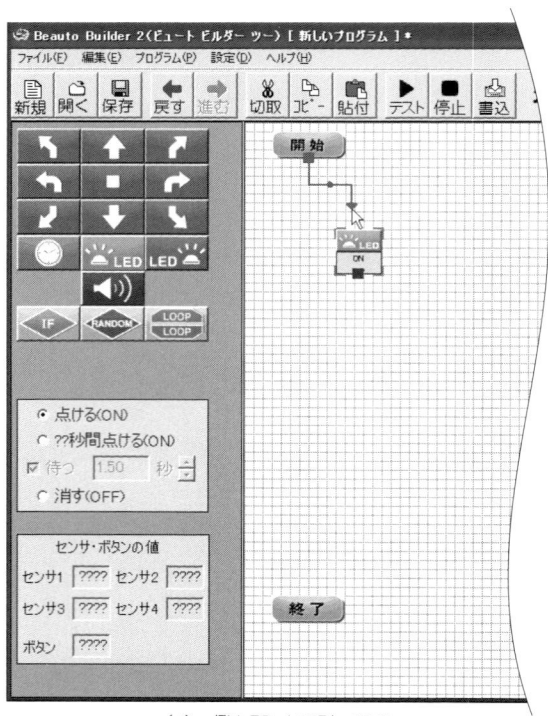

(d) 橙 LED まで引っ張る

図 11-11　ビュート ビルダーでプログラムを作る

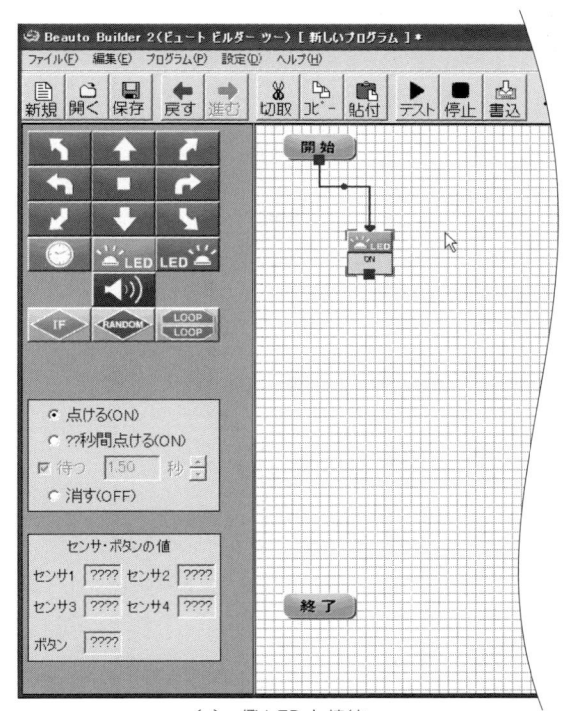

(e) 橙 LED と接続

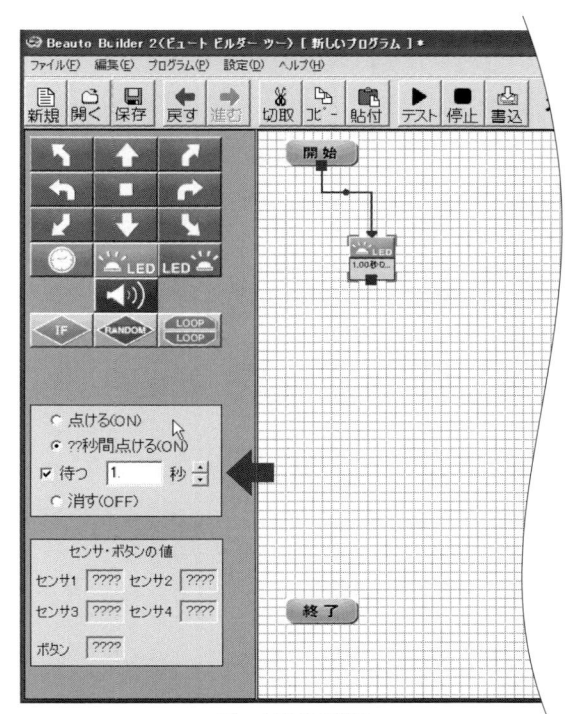

(f) 1 秒待つ設定

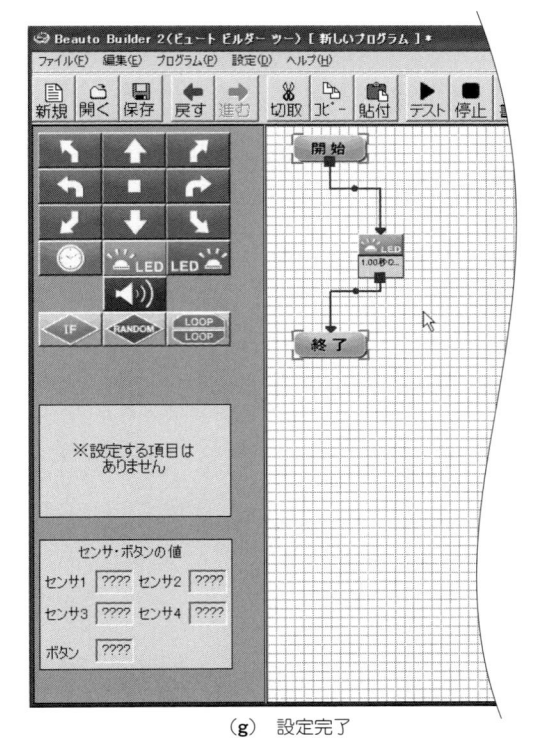

(g) 設定完了

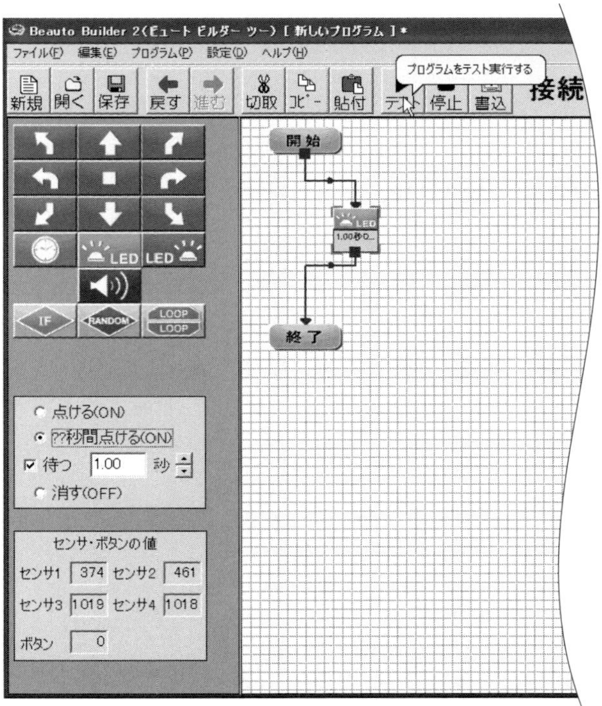

(h) 橙 LED が 1 秒点灯した

11-2 ビュートビルダー 2 の使い方

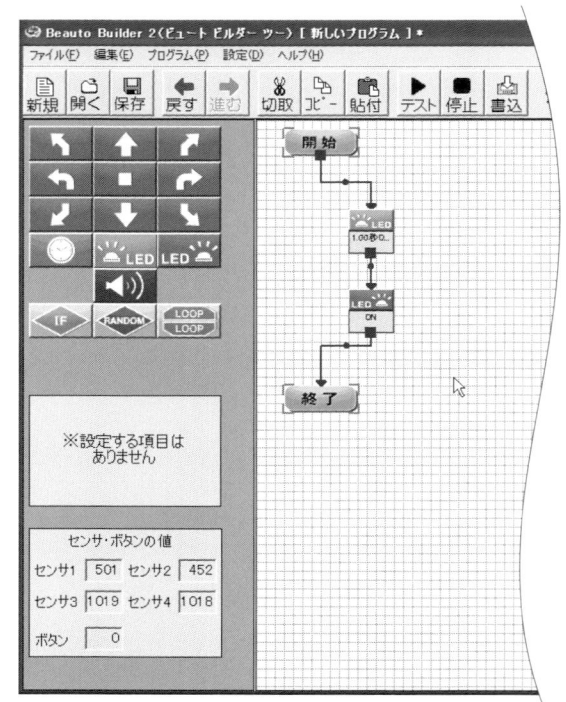

(i) 緑LEDがうまく点灯しない？

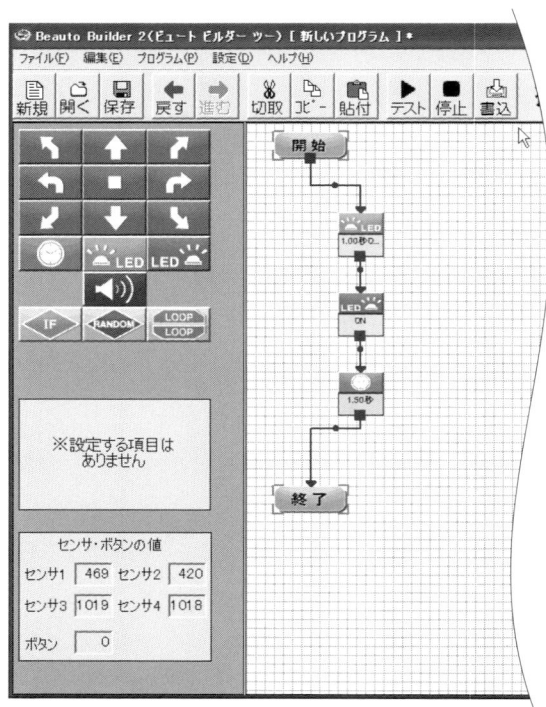

(j) 今度はうまくできた

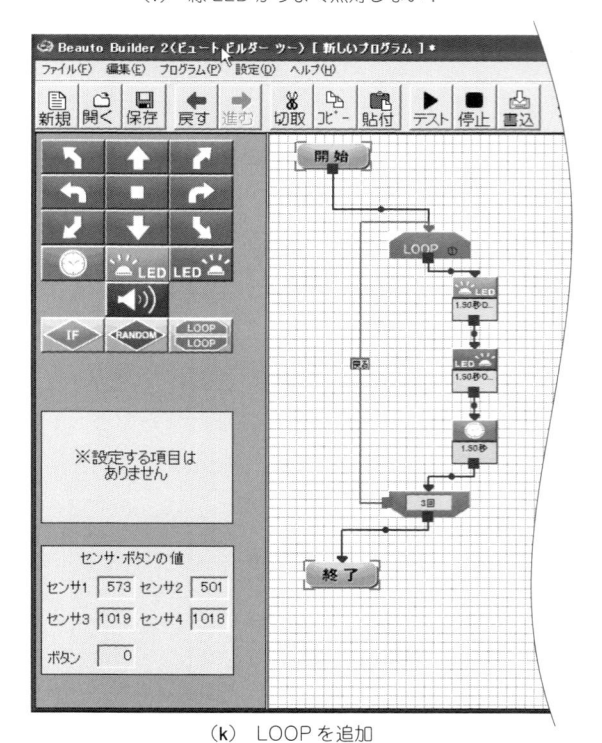

(k) LOOPを追加

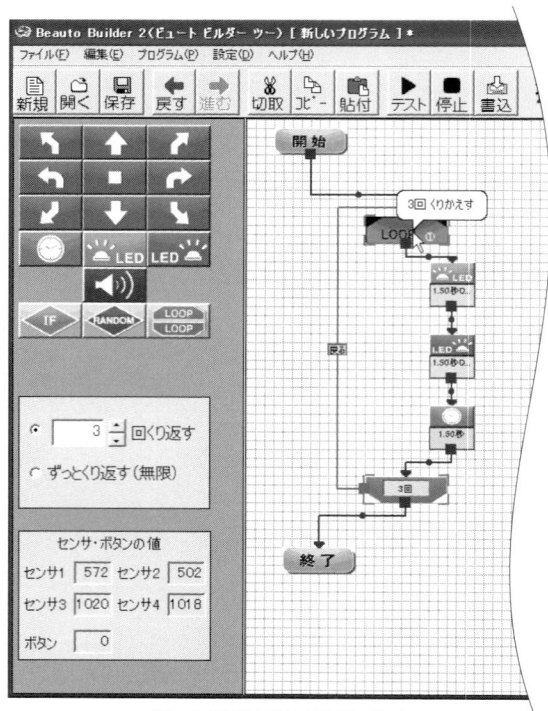

(l) LOOP回数は3回に設定

図11-11　ビュート ビルダーでプログラムを作る（つづき）

(m) 無限 LOOP に設定

図 11-11　ビュート ビルダーでプログラムを作る
（つづき）

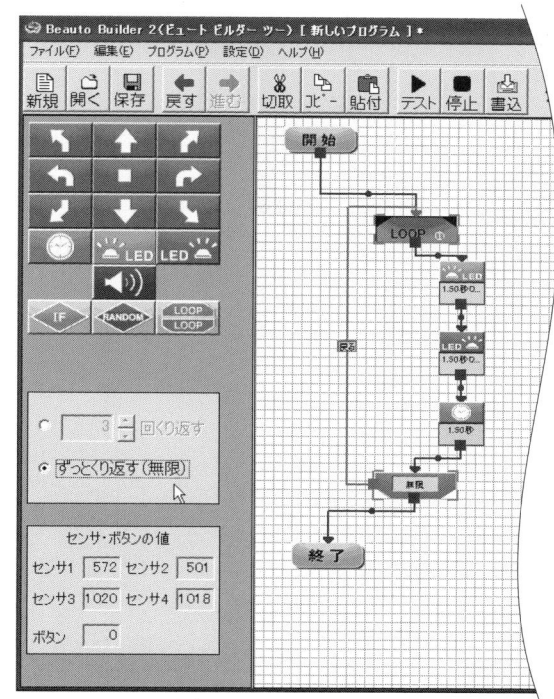

写真 11-21　書き込みと実行が成功

橙 LED ブロックをクリックし，LED の設定エリア[*8]で"待つ，1秒"に設定します[**図 11-11(f)**].

以上で，橙 LED ブロックの張り込みが完了です[**図 11-11(g)**].

テスト・ボタンを押して，ビュート ローバー ARM の橙 LED が1秒点灯すれば成功です[**図 11-11(h)**].

同様に，緑 LED ブロックも貼り込みます．テスト・ボタンを押すと…あれれ，緑 LED がすぐに消えている感じ？です．緑 LED 点灯後，すぐにプログラムが終了しているのが原因です[**図 11-11(i)**].

待ちブロックを貼り込み，1.5 秒に設定します．これでうまくできました[**図 11-11(j)**].

このままだと1回だけ実行して終わってしまいます．何度も実行できるように，LOOP を追加します[**図 11-11(k)**].

ループを3回に設定すると，LED 点灯を3回実行します[**図 11-11(l)**].

今度はループを"ずっとくり返す"に変更してみます．こうすると，無限ループになってずっと繰り返すことが確認できます[**図 11-11(m)**].

完成したプログラムをビュート ローバー ARM に書き込むと，USB ケーブルを外して独立して動かすことができます(**写真 11-21**)．このように，難しいロボット・プログラミングをビュートビルダー2を使うことにより簡単に楽しむことができます．

(*8) センサやループの値，スピーカの音程などを設定する場所の呼び名．

写真 11-22
赤外線センサの実験中

● 赤外線センサの活用

次に，装備されている赤外線センサ[*9]を活用しましょう．センサの動作状況は，ビュートビルダー2の赤外線センサ設定エリアで調べることができます．まず，白い紙の上にビュート ローバー ARM を置き，赤外線センサを反応させます．

　センサ 1：48
　センサ 2：47

センサは反射[*10]が多いと低い値になります（**写真 11-22**）．
ビュート ローバー ARM を机から浮かせて赤外線センサと白い紙との隙間を増やします．

　センサ 1：698
　センサ 2：603

赤外線センサは反射が少ないと値が大きくなることが確認できます．

● 赤外線センサを利用したプログラムの作成

赤外線センサを活用するには IF ブロックを使用します．センサの値により IF ブロックで分岐させて実行する処理を変えます．
前回作成したプログラムに IF ブロックを追加します．分岐条件はそのままです（**図 11-12**）．
実行します（**写真 11-23**）．
　➡白い紙の上などよく反射する場所　➡橙 LED 点灯
　➡赤外線センサを浮かせるなど反射が少ない場所　➡緑 LED 点灯

● スピーカの活用

次は，音程を変えることができる基板に搭載しているスピーカ[*11]を活用しましょう．
LED 点灯プログラムにスピーカ・ブロックを追加します．設定エリアで音程はどちらも"ド"に設定し

（*9）ビュート ローバー ARM には標準で2組の赤外線センサが付属している．拡張ボードを装備することで赤外線センサを増やすことができるようになる．
（*10）周囲の状況により刻々と変化する．ライントレース・ロボットではこの変化をうまく見極めることが大切．
（*11）通電すると音が鳴るスピーカを装備している．音の周波数を可変することで音程を作り出すことができる．

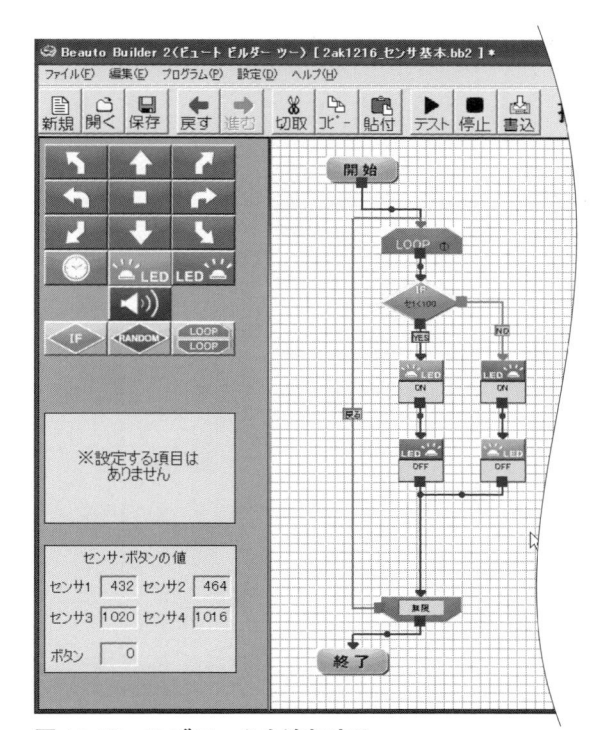

図 11-12　IF ブロックを追加する 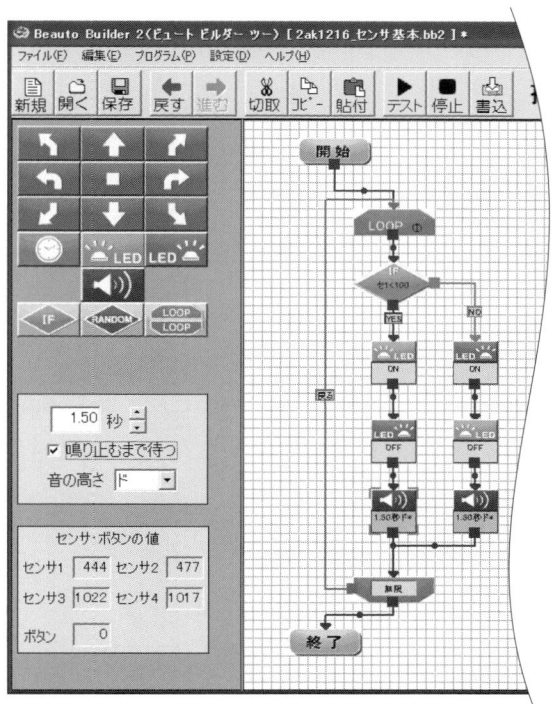　　　　　　　　図 11-13　スピーカ・ブロックの追加

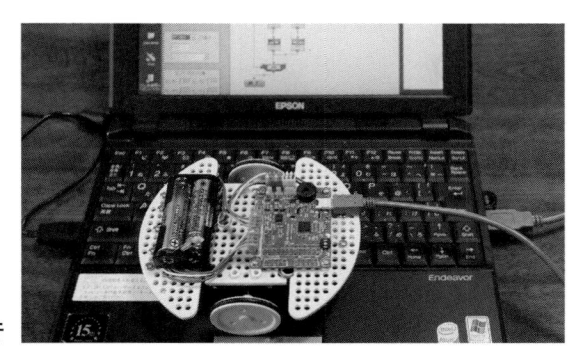

写真 11-23
IF ブロックのテストを実行

ます(図 11-13).
　テストします.音がぶつぶつちぎれてしまい,残念ながら失敗です.
　対策します.音を鳴らした後にタイマを追加します.音は"ド"と"ミ"です(図 11-14).
　テストします.センサの反応によって"ド"と"ミ"が鳴るようになりました.

● モータ[*12]を使おう

　ビュート ローバー ARM は動力用モータを 2 個搭載しています.ビュートビルダー 2 から簡単に使う

(*12) USB 接続したままモータを動かすと,思わぬ方向へビュート ローバー ARM が走行し,USB コネクタを傷める可能性があるため,車体を浮かせるなどすることにより保護する.

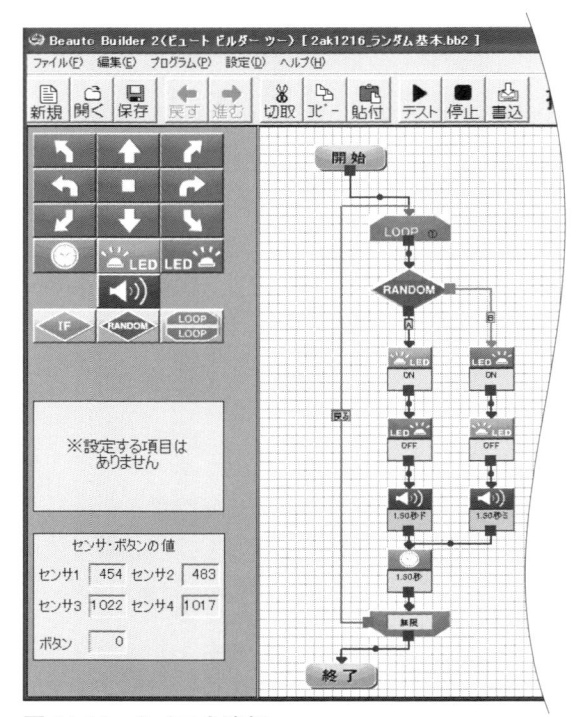

図11-14　タイマを追加

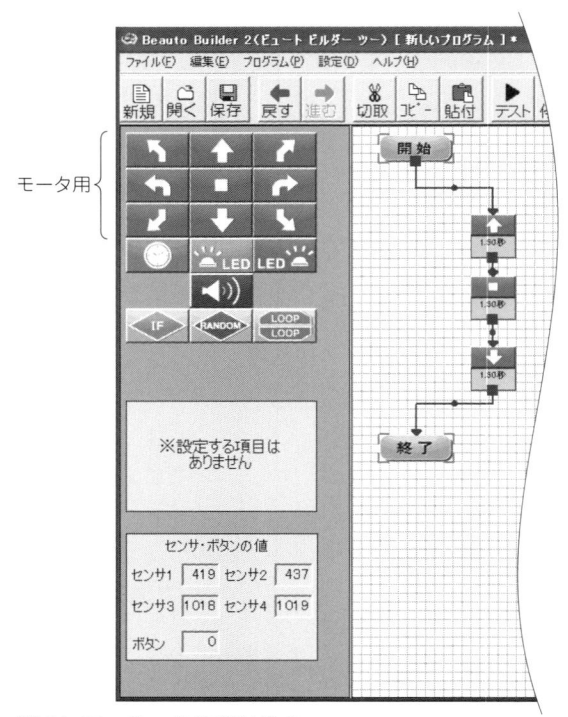

図11-15　モータの張り込み

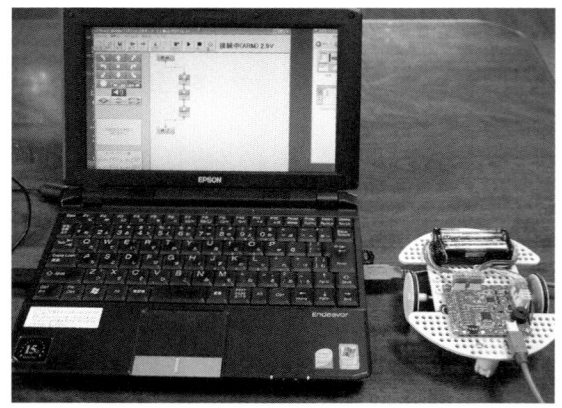

写真11-24　うまく動いた

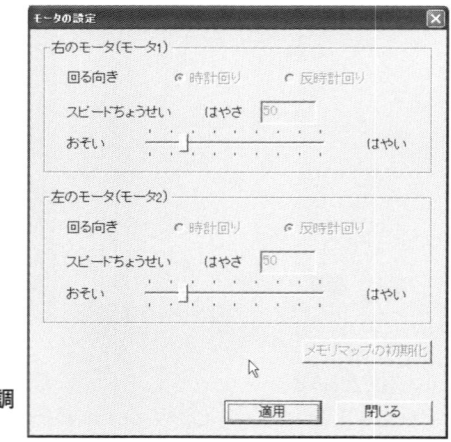

図11-16　モータの調整パネル

ことができます.
　　前進1.5秒　➡停止1.5秒　➡後退1.5秒　➡停止
という動作をするプログラムを作成しましょう（図11-15）.
　テスト実行します．うまく走行しましたか？（写真11-24）.
　左右どちらかにずれてしまい，まっすぐ走らない場合や，速度を遅くしたいときは,
　　設定　➡モータの設定　➡左右モータ
を調整します（図11-16）.

図 11-17 うまくできるはずが…

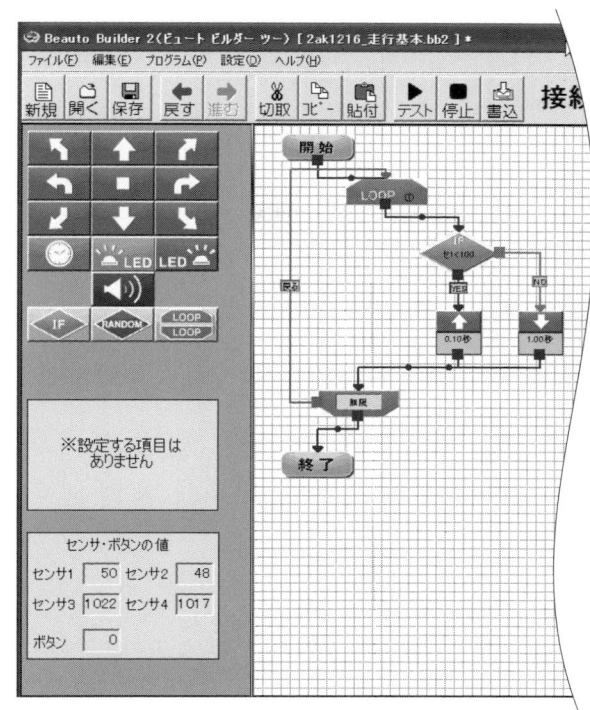

写真 11-25 机の上から落ちてしまう

● モータとセンサの組み合わせ

赤外線センサから値を読み取り，前進後退するプログラムを制作しましょう．

　　反射するとき＝床がある　➡前進
　　床に何もない＝反射しないとき　➡後退

サンプル・プログラムのように，机の上などから落ちそうになるとバックするプログラムになるはずだったのですが…（**図 11-17**）．

まっすぐにバックするだけでは机から落ちてしまいます（**写真 11-25**）．

それではと，後退に右旋回を加えます（**図 11-18**）．

今度はうまく回避できるようになりました．

ビュート ローバー ARM をビュートビルダーで動かしながら調整，プログラムを仕上げることができます．わかりにくい組み込みプログラミング入門には最適だと思います．

11-3　LPCXpresso で ～ Hello World! ～

ビュートビルダー 2 を使ったビュート ローバーのプログラミングはうまくできるようになりましたか？もう一つの言語の利用に話を進めましょう．

● LPCXpresso のインストール

ビュート ローバー ARM の CPU ボード「VS-WRC103LV」には，NXP セミコンダクターズ社製の

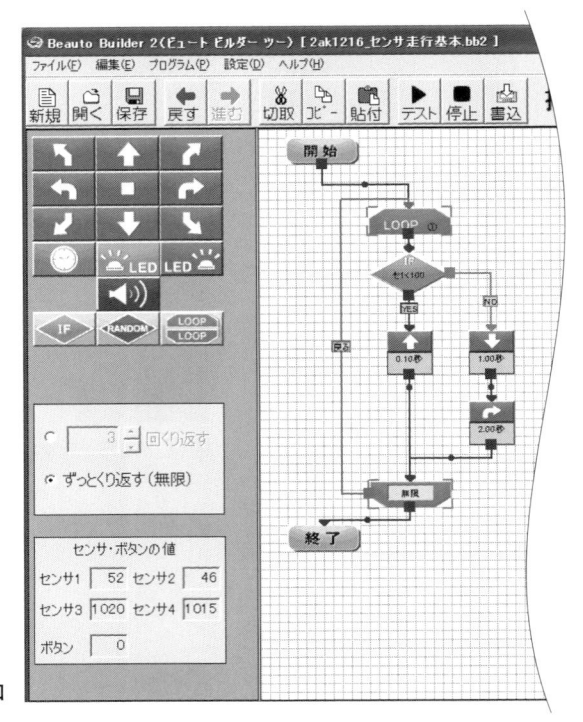

図 11-18
右旋回を追加

図 11-19
Vstone 社の Web VS-WRC103LV のページ

Cortex-M3 コアを採用した ARM マイコン「LPC1343」(72MHz)が搭載されていて，C 言語でプログラミングを楽しむことができます．ここでは LPCXpresso という開発ツールを使います．Vstone 社 Web VS-WRC103LV のページ(図 11-19)より LPCXpresso のインストール・ページへ入ってください．
　　http://www.vstone.co.jp/products/vs_wrc103lv/download.html#02-2

図11-20
LPCXpressoのアイコン

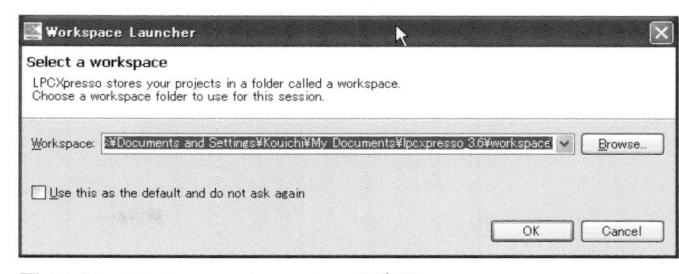

図11-21　Workspace Launcherの確認

図11-22
LPCXpressoの起動ロゴ

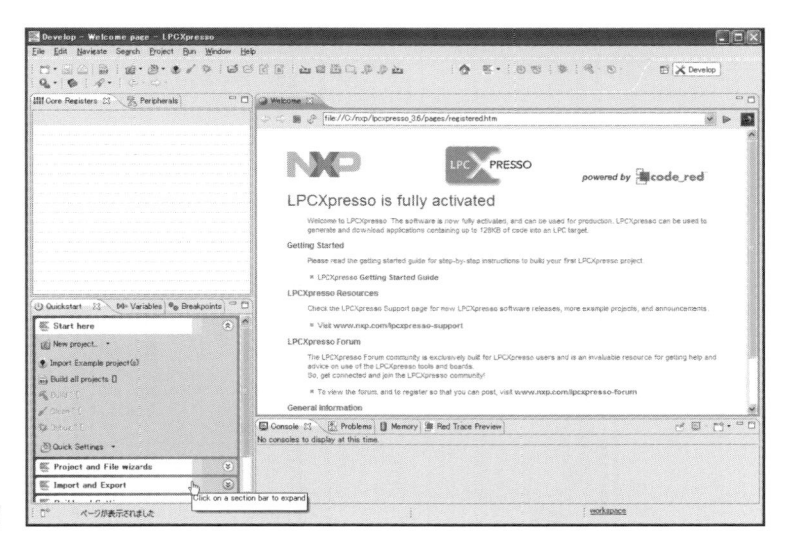

図11-23
初期画面

　LPCXpressoのダウンロード・ページに入り，アカウントを作成してからツール類をダウンロード，インストールします．

● Hello Worldに挑戦

　ビュート ローバー ARM C言語プログラム開発環境であるLPCXpressoの準備は整いましたか？
　それでは，最初に実行する"Hello　World"プログラムに挑戦しましょう．もちろんここでは文字を表示するのではなく，ビュート ローバー ARMに装備されている橙と緑のLEDを交互に点灯させます．

◆ LPCXpressoの起動
　インストールしたLPCXpressoを起動します(図11-20)．起動すると，ワークスペース・ランチャが作業フォルダを尋ねてきます(図11-21)．
　起動ロゴが表示されて…(図11-22)，初期画面が無事に表示されました(図11-23)．

図 11-24　Import exisiting projects

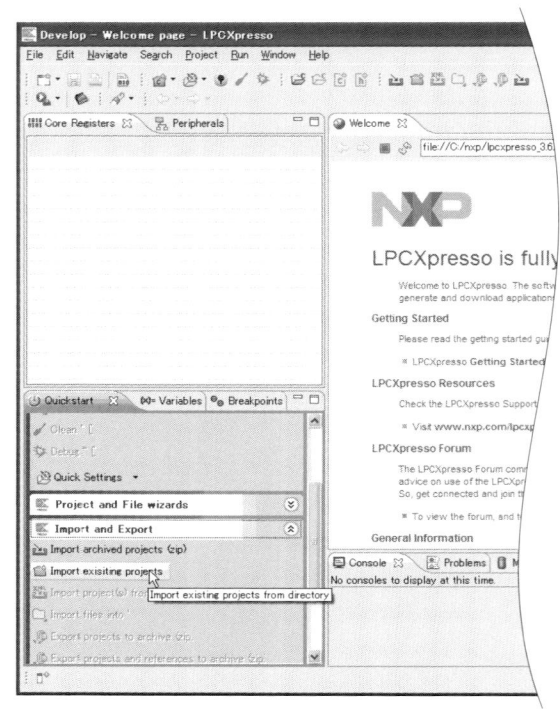

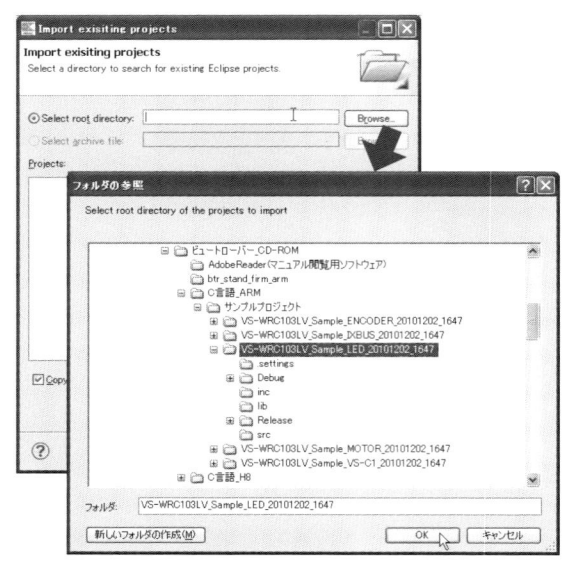

図 11-25　Browse 画面

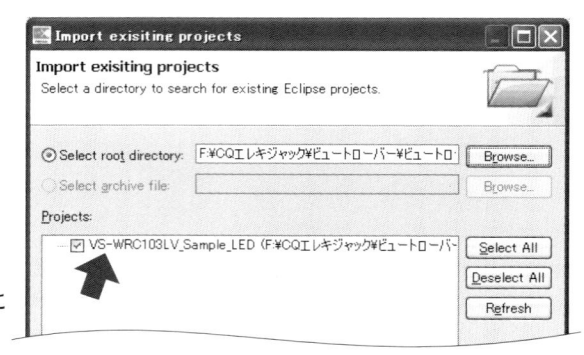

図 11-26
VS-WRC103LV_Sample_LED に
チェック

◆サンプル・プロジェクトの Build

　付属 CD-ROM に収録されているサンプル・プロジェクトの中から，橙と緑の LED を交互に点灯するプロジェクトを読み込み，Build します．

　　Window 左下　→　Import and Export　→　Import　exisiting projects　→
　用意されているサンプル・プロジェクトをインポートします（図 11-25）．
　　→　Import　exisiting projects window　→　Browse　→
　ビュート ローバー ARM 付属 CD-ROM のサンプル・プロジェクトに収録されている，LED 点灯プログラムを選択します．
　VS-WRC103LV_Sample_LED にチェックします（図 11-26）．図 11-27 はインポート中の画面で，読み込みが完了したら図 11-28 のようになりました．

248　第 11 章　ビュート ローバー ARM による開発入門

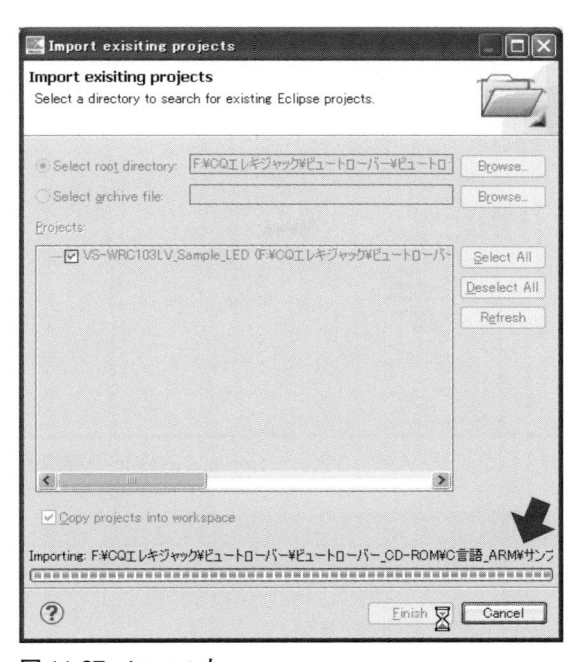

図 11-27　Import 中

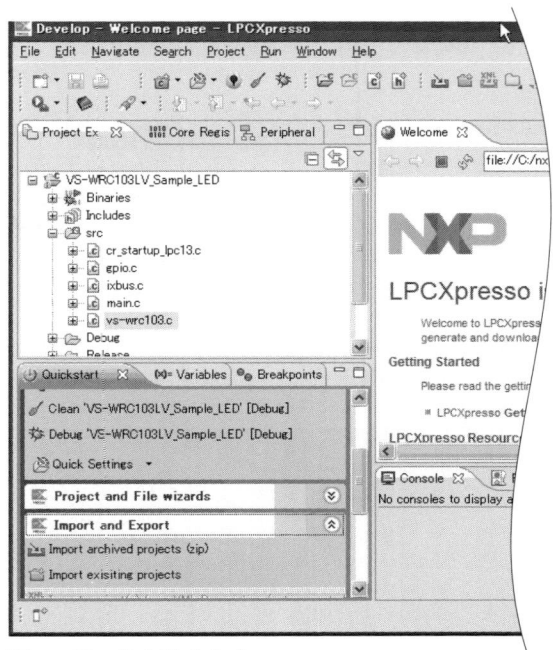

図 11-28　読み込まれた

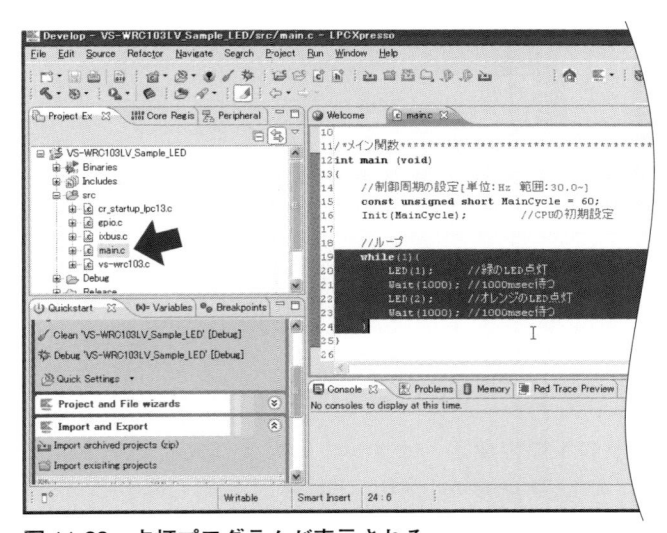

図 11-29　点灯プログラムが表示される

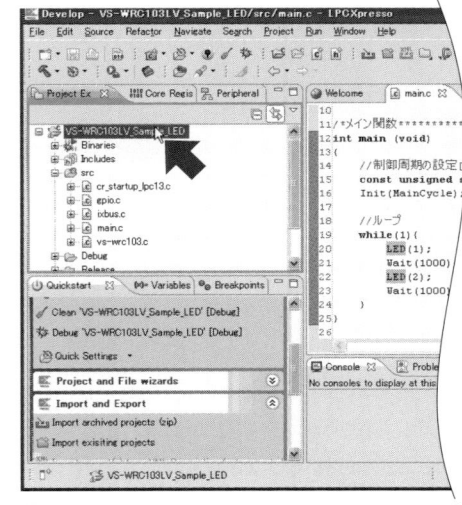

図 11-30　VS-WRC103LV_Sample_LED を選択

左 Window より main.c を選択すると"LED 点灯用点灯プログラム"本体が表示されます(**図 11-29**).
左 Window の, VS-WRC103LV_Sample_LED をクリックします(**図 11-30**).
プロジェクトをビルドします(**図 11-31**).Error が表示されなければ,Build 成功です.
workspace¥VS-WRC103LV_Sample_LED¥Debug ⇒ VS-WRC103LV_Sample_LED.bin ができていることを確認してください(**図 11-32**).

11-3　LPCXpresso で〜 Hello World! 〜 | **249**

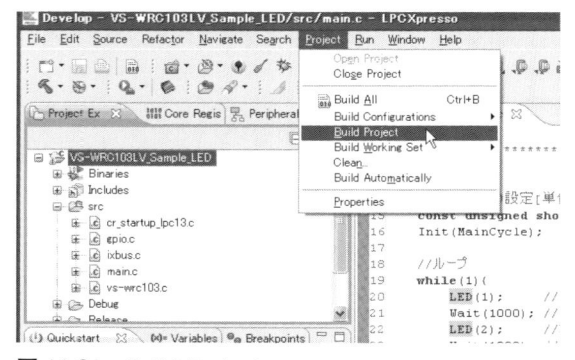

図11-31　Build Project

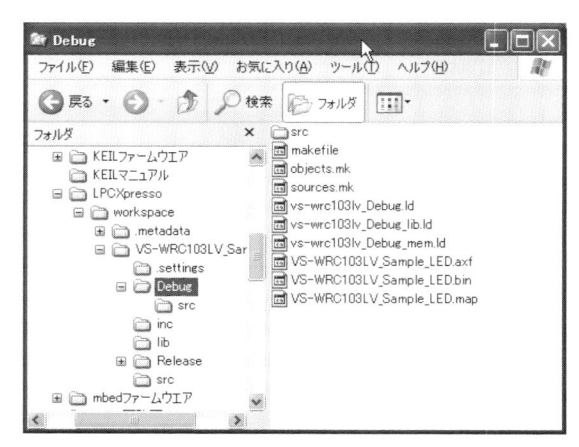

図11-32　VS-WRC103LV_Sample_LED.bin を確認

写真11-26　CPU ボードのリセット・スイッチを押す

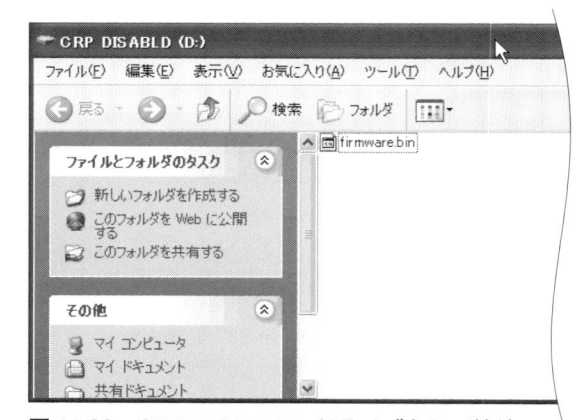

図11-33　CRP DISABLED ドライブとして接続

● 作成したファームウェアの転送手順

　購入した状態のビュートローバー ARM はすぐに[*13]ビュートビルダー 2 でプログラミングを楽しむことができます．自分の作成したプログラムをビュートドライブに書き込んで実行するときには，すでに書き込まれている firmware.bin を削除してから書き込みます．

　LPCXpresso により作成したプログラムは以下の手順で転送します．ここでは作成した"Hello world"(付属 CD-ROM のサンプル・プロジェクトの LED 点滅プログラムと同等)を転送します．

　ビュートビルダー ARM の電源は OFF，USB ケーブルをパソコンと接続しないで，CPU ボードのリセット・スイッチを押します(**写真11-26**)．押したまま USB ケーブルをパソコンと接続し，20 秒ほど待つと，ビュートドライブは CRP DISABLED[*14] ドライブとしてパソコンに接続されます(**図11-33**)．

　ビュートドライブ[*15]内の firmware.bin を削除[*16]します．

(*13) これは搭載している CPU ボード VS-WRC103LV のフラッシュ・メモリ(以後，ビュートドライブ)にビュートビルダー 2 との接続用ファームウェアが書き込まれているため．
(*14) ビュートドライブのパソコン認識時ドライブ名．

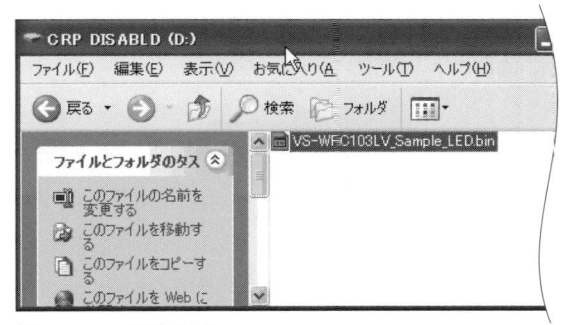

図11-34 転送完了！

写真11-27
LEDの緑と橙が交互に点灯する

次の手順で，実行するファームウェアである VS-WRC103LV_Sample_LED.bin（付属CD-ROMの図11-33のフォルダにある）をコピーします．

➡ 実行するファームウェアを書き込む ➡ 付属CD-ROM ➡ C言語_ARM ➡ サンプルプロジェクト ➡ VS-WRC103LV_Sample_LED_20101202_1647 ➡ Debug ➡ VS-WRC103LV_Sample_LED.bin ➡ 右クリック ➡ コピー ➡
➡ ビュートドライブに貼り付け ➡ 転送完了！

ビュートドライブに貼り付ければ転送完了です（図11-34）．

USBケーブルを切断し，ビュート ローバーの電源をONにします．LEDの緑と橙が交互に点灯すれば成功です（写真11-27）．

11-4 Bluetoothを楽しもう

Vstone社よりBluetooth(R)プロファイルのSPP[*17]（Serial Port Profile）に対応したシリアル通信モジュール VS-BT001[*18]が発売されています．

● Bluetoothモジュールとは

Bluetooth関連製品群を写真11-28に示します．

写真11-29は，Bluetoothシリアル通信モジュール VS-BT001です．通信モジュール本体，接続用フラット・ケーブル，2ピン・コネクタ，マニュアルがセットになっています．

写真11-30は，ビュート ローバー用 VS-BT001接続フレーム[*19]です．アルミ製フレーム，ネジ2種類×2個，コネクタがセットになっています．

（*15）新しいプログラムを転送し，リセットするとまた firmware.bin が出現する．びっくりしないでほしい．そのために，firmware.bin がなんのプログラムなのかは実行するまでわからない．
（*16）パソコン上には CRP DISABLED と表示される．
（*17）SPP　Bluetoothで仮想シリアルポートを使えるようにするプロファイル．
（*18）ビュート ローバーだけでなく，二足歩行ロボットなど，シリアル通信できる機器に対して双方向通信することができる．
（*19）なくても両面テープなどで取り付け可能だが，専用パーツなのできれいにまとまる．

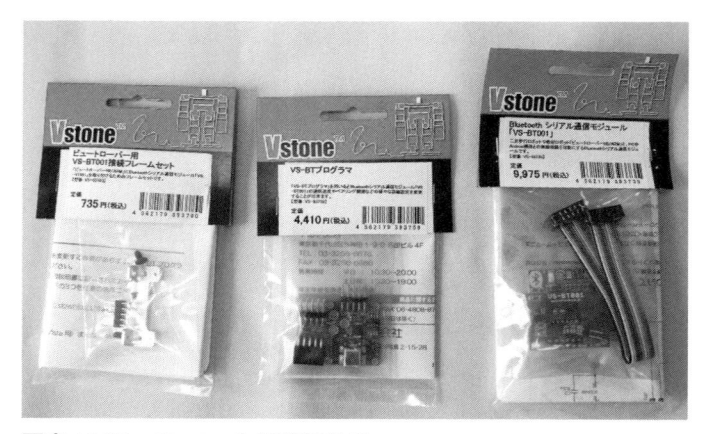

写真11-28　Bluetooth 関連製品群

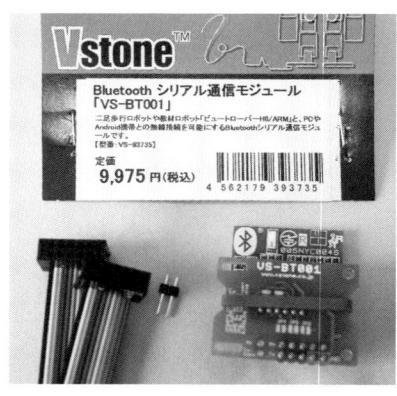

写真11-29　Bluetooth シリアル通信モジュール VS-BT001

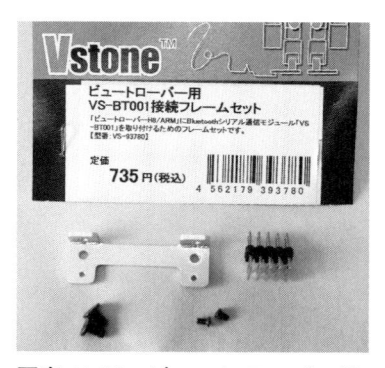

写真11-30　ビュートローバー用 VS-BT001 接続フレーム

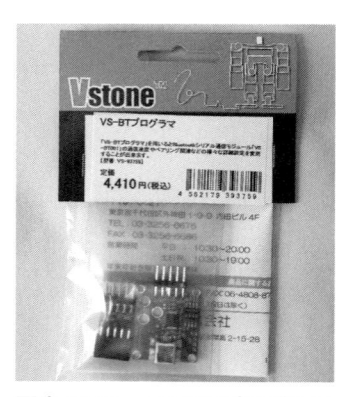

写真11-31　VS-BT プログラマ

写真11-32　10 ピン・コネクタの取り付け

写真11-31 は VS-BT プログラマです．VS-BT001 の設定(bps，デバイス名，pin コードなどの変更)に必要です．ビュート ローバー H8 ではボーレートの変更のために必須です．ビュート ローバー ARM ではなくてもとりあえず使い始めることができます．

● Bluetooth モジュールの組み込み

CPU ボード「VS-WRC103LV」をビュート ローバーから取り外します．フレームセット付属の10 ピン・コネクタの取り付け場所と向きを確認します(**写真11-32**)．

はんだ付けにより10 ピン・コネクタを CPU ボードに取り付けます．はんだ付けは裏面より少ない量のはんだで行います．

通信モジュール VS-BT001 にフラット・ケーブルを取り付けます．**写真11-33** を参考にして，向きを確認します．

付属の小ネジで通信モジュールにアルミ・フレームを取り付けます(**写真11-34**)．

ビュート ローバーのギアボックスを2個とも外し，アルミ・フレームに取り付けた通信モジュールをビュート ローバーに付属の大ネジで取り付けます．ここでは縦に取り付けています(**写真11-35**)．

CPU ボードとギアボックスを再度取り付けます(**写真11-36**)．

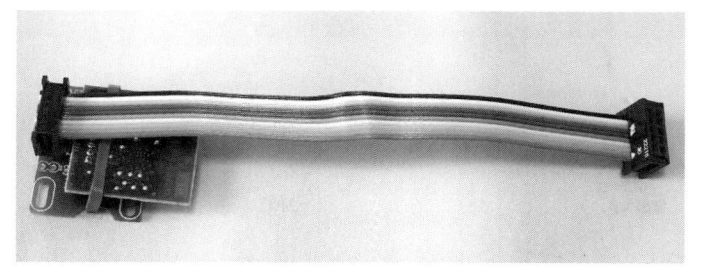

写真 11-33　フラット・ケーブルの取り付け

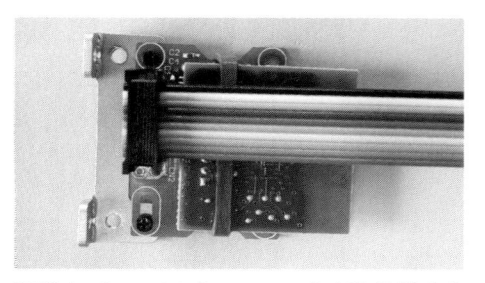

写真 11-34　アルミ・フレームを取り付ける

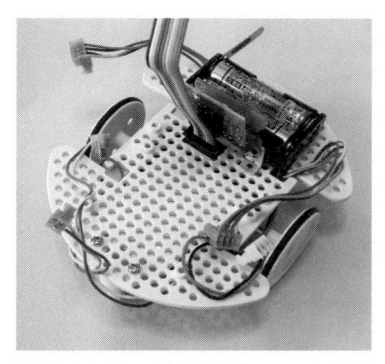

写真 11-35　通信モジュールの取り付け

写真 11-36　CPU ボードとギアボックスを元に戻す

写真 11-37　Bluetooth モジュールの取り付け完了

　通信モジュールのフラット・ケーブルを CPU ボードに新しく取り付けた 10 ピン・コネクタに差し込みます．向きを間違えないようにしてください（**写真 11-36**）．
　これで完成です（**写真 11-37**）．

● ビュートビルダー 2 のアップデート

　Bluetooth 通信モジュール VS-BT001 はうまくビュート ローバーに取り付けることができましたか？次のステップとして，パソコンに搭載している Bluetooth モジュールと通信することができるようにソフトウェアを設定します．
　ビュートビルダー 2 を Bluetooth に対応した最新版にアップデートします．Vstone 社の Web よりビュートビルダー 2 の最新版をダウンロードします．下記 URL ページ中ほどのビュートビルダー 2（Release6）のインストーラ・バージョンをインストールします．
　　http://www.vstone.co.jp/products/beauto_rover/download.html
　ビュート ローバーは USB でパソコンに接続し，ビュートビルダー 2 を起動します（**図 11-3** 参照）．
　HELP よりバージョンを確認し，Release6（執筆時）であれば OK です．

● ビュート ローバーのファームウェアのアップデート

　ビュート ローバーのファームウェアを Bluetooth に対応した最新版にアップデートします．ページ中ほどのビュート ローバー ARM 用ファームウェア　バージョン 4.0 を選択します（**図 11-35**）．すでにファームウェアが新しくなっている場合は，この作業は不要です．

図 11-35　ビュート ローバーのファームウェアを最新版にアップデートする

図 11-36
最新版にアップデート完了

　対象をファイルに保存します．ファイル名：`btr_stand_firm_arm_zip`であることを確認します．保存，解凍後，内容を確認します．`BeautoRoverARM_firm_Uart_20110407_1804.bin`（2011/04/25 時点）であれば OK です．ビュート ローバーの `firmware.bin` を削除して新ファームウェアをコピーします（図 11-36）．

　以上で，ビュートビルダー 2 とビュート ローバーのファームウェアは最新版にアップデートすることができました．

　ビュート ローバーは USB でパソコンに接続します．

図 11-37　東芝製 Bluetooth マネージャ

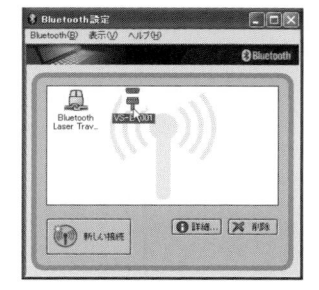

図 11-38　VS-BT001 登録完了

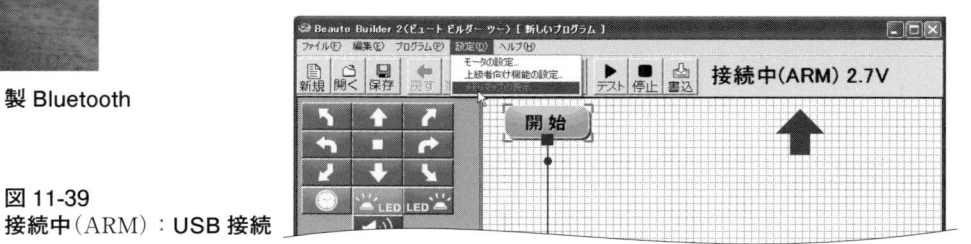

写真 11-38　Corega 製 Bluetooth トランシーバ

図 11-39　接続中（ARM）：USB 接続

● VS-BT001 の登録

　パソコンに搭載している Bluetooth モジュールにビュート ローバーを登録します．筆者のパソコンのマウスは Bluetooth 接続型マウスです．このマウスをコントロールしている Bluetooth マネージャに登録します．

　小型の Corega 製 Bluetooth トランシーバ(ドングルともいう)です．USB でパソコンと接続します(**写真 11-38**)．

　Corega 製 Bluetooth トランシーバを使うための東芝製 Bluetooth マネージャ(Bluetooth スタックとも呼ぶ)です．Windows では標準的なソフトウェアです(**図 11-37**)．

　Bluetooth マネージャ設定画面より"新しい接続"を選びます．

　モード選択ではエクスプレス・モードを選びます．デバイス名に VS-BT001 があれば，しばらく待って VS-BT001 アイコンが出現すれば登録成功です．Bluetooth マネージャに VS-BT001 が登録されました(**図 11-38**)．

● ビュートビルダー 2 の設定

　パソコンとビュート ローバーが Bluetooth でつながったので，ビュートビルダー 2 を Bluetooth 経由でビュート ローバーに接続してプログラミングを行ってみます．

　ビュートビルダー 2 起動をします．まだ USB 接続なので，"接続中（ARM）"と表示されます(**図 11-39**)．

　　メニュー　➡設定　➡上級者向け機能の使用設定

を選択します．

　　　➡演算ブロック…，

　速度や旋回量をチェックします(**図 11-40**)．

　　メニュー　➡設定　➡モータの設定　➡ Bluetooth（SPP）で通信する

をチェックし，適用します(**図 11-41**)．

11-4　Bluetooth を楽しもう | **255**

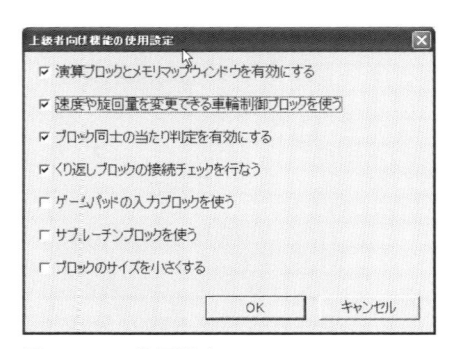

図 11-40　使用設定

図 11-41　Bluetooth(SPP)で通信チェック

図 11-42　PIN コードを入力

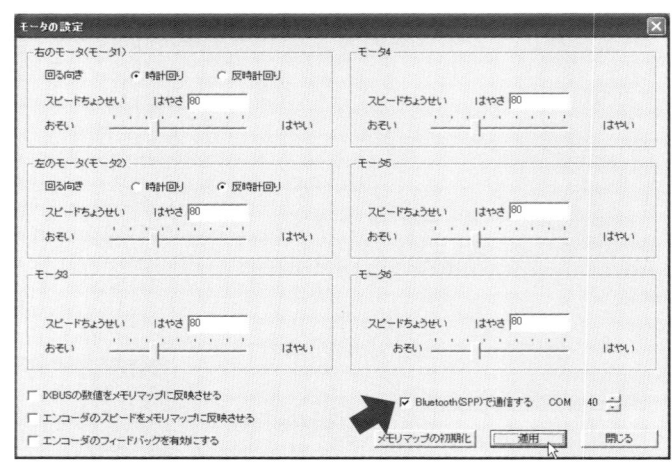

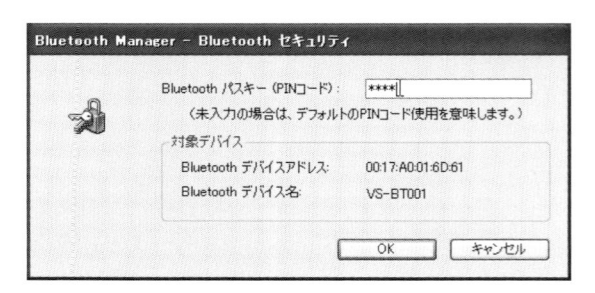

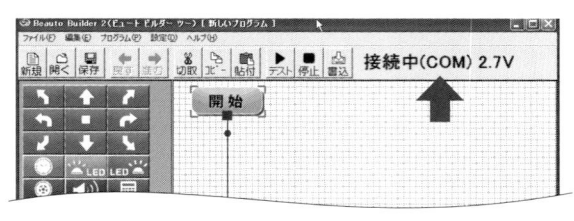

図 11-43　接続中(COM)：Bluetooth 接続

　USB ケーブル外します．

　Bluetooth マネージャの VS-BT001 をダブルクリックします．PIN コードには"0000"を入力します（図 11-42）．

　これで Bluetooth 接続が完了です．VS-BT001 アイコンが接続状態に変化します．

　ビュートビルダー 2 のステータスは"接続中(COM)"になります．センサの値が表示されれば成功です（図 11-43）．

　メニューの設定より上級者向け機能であるメモリ・マップを表示させました（図 11-44）．

　以上で，ビュート ローバーは Bluetooth 経由でビュートビルダー 2 よりプログラミングを楽しむことができるようになりました．

● Bluetooh で楽しむビュートビルダー 2

　ビュート ローバーに搭載した Bluetooth モジュール VS-BT001 の搭載とソフトウェアの設定はうまくできましたか？ ここからは，ビュートビルダー 2 を使ってプログラミングを楽しみましょう．

　パソコン起動し，ビュート ローバーの電源を ON にします（写真 11-39）．

　Bluetooth によりビュート ローバーとパソコンが接続成功したことを，Blutooth マネージャにより確認します．

　ビュートビルダー 2 を起動し，センサ・テスト用プログラムを実行します（図 11-45）．

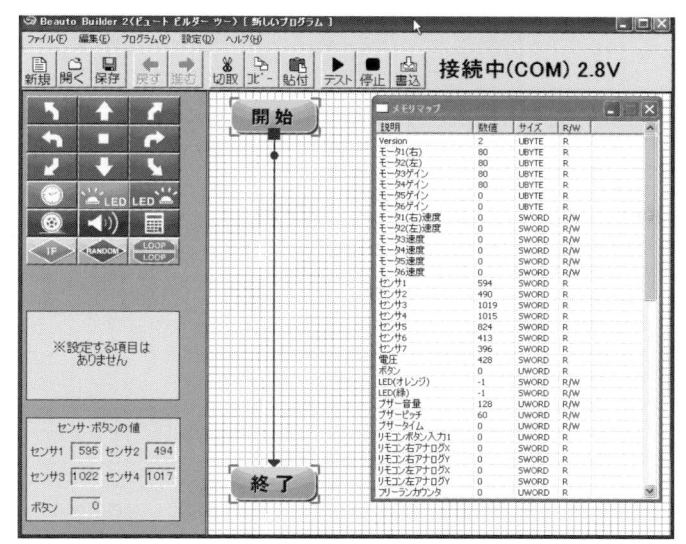

写真 11-39　USB 接続なしで電源 ON

図 11-44
メモリ・マップ表示

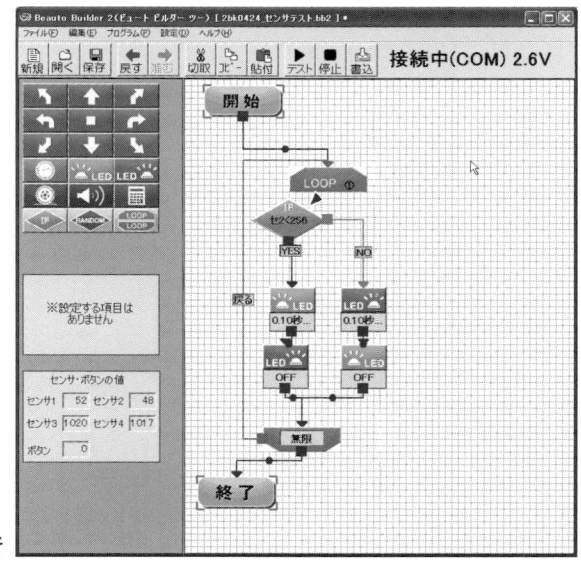

図 11-45
テスト・プログラムを実行

　センサ・テスト用プログラム 2bk0501_sensor_test.zip は本書のサポート・ページからダウンロードできます．
　センサの反射を変えると橙 LED や緑 LED が点灯します．ビュートビルダー 2 のセンサ Window でセンサの値の変化を見たり，モータの設定などをすることができます．Bluetooth 経由でビュートビルダー 2 を動かすとビュート ローバーの状態をラジコン感覚で確認することができて楽しいです．ぜひお試しください．
　同じフロアであれば 3m 程度離れていても通信することができました．Bluetooth は手軽に楽しむことができる双方向無線通信です．Bluetooth と組み合わせることによりビュート ローバーの楽しみ方がさらに広がります．

[第12章]

はじめての ARM 開発
東芝製 TMPM364F10FG ＋ KEIL MCBTMPM360 入門

竹内 浩一

　ここでは，ARM Cortex-M3 採用し，最大 64MHz 動作が可能な東芝製 TMPM364F10FG[*1] CPU を搭載し，強力なデバッグ機能を装備した評価ボードである KEIL MCBTMPM360（以後，評価ボード）を動作させます．

　開発環境である μVision4 でプログラムを開発し，ULINK 経由で評価ボードに実行プログラムを転送します．ステップ実行やブレークポイントの設定など，一般的なデバッガが装備している機能はすべて搭載しています．

12-1　パッケージの内容

　評価ボードは，**写真 12-1** のような白を基調としたデザインの箱にパッケージされています．中には，評価ボードと ULINK 基板，接続ケーブルが入っています（**写真 12-2**）．

　執筆時の CPU ですから，現在入手できるものは CPU などが変更されていることもあります．2011 年 5 月時点の同社のラインナップを**表 12-1** に示します．

> CPUは東芝製TMPM364F10FG．パッケージは LQFP 144ピン．ARM Cortex-M3を採用し，最大64MHz動作が可能．内蔵FlashROM 1024Kバイト，RAM 65536バイト，USB HOST×1，10ビットA-Dコンバータ×16チャネル，シリアル×18チャネルなど，多彩な入出力機能を搭載している．動作電圧も2.7V～3.6Vと低電圧動作が可能

> 評価ボードには，LED×4，スイッチ×6（一つはリセット・スイッチ），A-Dコンバータ用ボリューム，USB Aコネクタ，USB Bコネクタなどが装備されている

> このULINK基板を介して，パソコンからのプログラム転送やデバッグに威力を発揮する

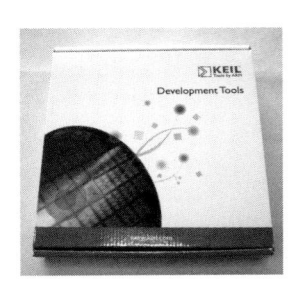

写真 12-1　パッケージ・ボックスの外観

写真 12-2　パッケージの内容

（*1）詳細は http://www.semicon.toshiba.co.jp/openb2b/websearch/productDetails.jsp?partKey=TMPM364F10FG+** を参照．

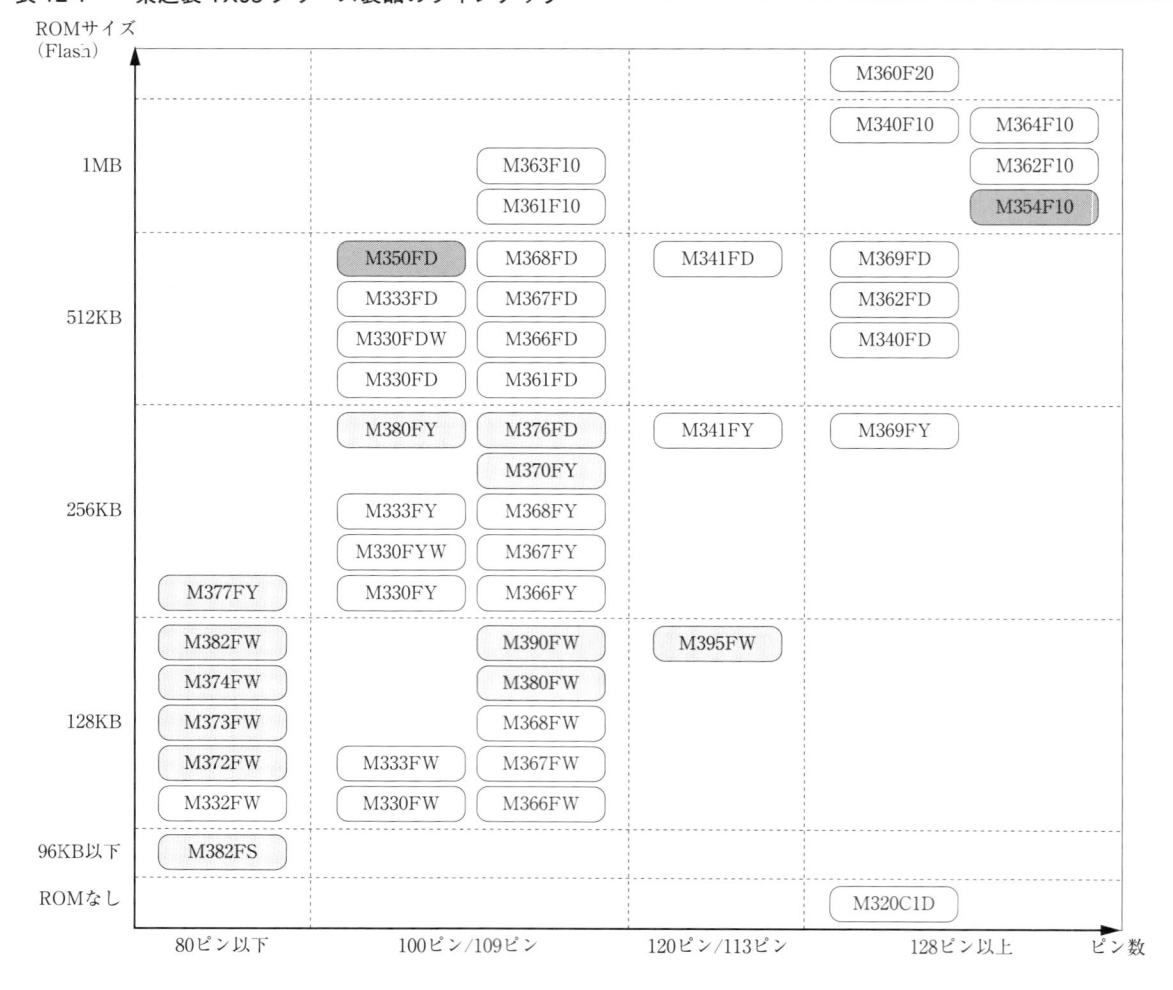

表 12-1(1)　東芝製 TX03 シリーズ製品のラインナップ

ROMサイズ (Flash)	80ピン以下	100ピン/109ピン	120ピン/113ピン	128ピン以上
1MB		M363F10 / M361F10		M360F20 / M340F10 / M364F10 / M362F10 / M354F10
512KB		M350FD / M333FD / M330FDW / M330FD / M368FD / M367FD / M366FD / M361FD	M341FD	M369FD / M362FD / M340FD
256KB	M377FY	M380FY / M333FY / M330FYW / M330FY / M376FD / M370FY / M368FY / M367FY / M366FY	M341FY	M369FY
128KB	M382FW / M374FW / M373FW / M372FW / M332FW	M333FW / M330FW / M390FW / M380FW / M368FW / M367FW / M366FW	M395FW	
96KB以下	M382FS			
ROMなし			M320C1D	

● 接続方法

ULINK 基板の中央にあるコネクタに，付属のフラット・ケーブルをセットします［**写真 12-3(a)**］．

ULINK 基板を評価ボード本体に接続し，USB ケーブルをパソコンに接続すると動作を開始します［**写真 12-3(b)**］．箱出し状態で電源が入ると，あらかじめインストールされているプログラムが動作を開始し，四つの LED が順次点灯します．点灯スピードはボリュームで変えることができます．

12-2　開発環境µVision4 を使ってみる

KEIL MCBTMPM360 の開発環境を入手しましょう．下記の URL から入手できます．
　URL：http://www.keil.com/
ここから，MDK-ARM V4.20[*2]というパッケージ名（2011 年 3 月現在）の評価版[*3]を入手しました．主に実行するのはµVision4 というアプリケーションです（**図 12-1**）．無償で入手できますが，登録が必要

3V 電源製品		
グループ	特　徴	応用分野例
USB ホスト M320 グループ	USB ホスト・コントローラ内蔵． オーディオ DSP と合わせたソリューションに対応	カー・オーディオ，ホーム・オーディオ
低消費電力モード 動作 CEC M330 グループ	HDMI1.3a(CEC)に対応した専用回路を内蔵． ディジタル製品に欠かせないリモコン判定回路を内蔵	ディジタル TV，プロジェクタ，Blu-ray，AV 機器，プリンタ，家電製品，FA 機器，OA 機器
高分解能 PPG 出力 M340 グループ	高精度アナログ制御インターフェース内蔵． 省スペース実装に最適な小型パッケージ． モータ制御などに最適な高分解能 PPG 出力	DVC，DSLR，カメラ用レンズ
豊富なシリアル・ インターフェース M360 グループ	クラス最大級の 2MB 内蔵 Flash メモリ． さまざまな通信インターフェースに柔軟に対応． 高度な低消費電力モード	プリンタ，AV 機器，ディジタル機器，PC 周辺機器，産業機器，ネットワーク機器，OA 機器
1.8V 動作 M390 グループ	1.8V 動作対応低消費電力モード． 高速発振器内蔵． 小型パッケージ対応(FBGA 6×6mm)	電源監視装置，バッテリ駆動機器，リモコン制御機器，ゲーム機器，AV 機器
5V 電源製品		
グループ	特　徴	応用分野例
ベクトル・エンジン 内蔵 M370 グループ	東芝オリジナル ベクトル・エンジン(VE)内蔵． ニーズの高い 5V 単一電源に対応． モータ・ドライバと合わせたソリューションに対応	洗濯機，エアコン，冷蔵庫，ヒート・ポンプ，インバータ・モータ制御機器
IGBT 制御用 多目的タイマ内蔵 M380 グループ	モータ制御，IGBT 制御用多目的タイマ内蔵． ニーズの高い 5V 単一電源に対応． 各種周辺 IC と合わせたソリューションに対応	エアコン，冷蔵庫，電子オーブン・レンジ，炊飯器，IH 調理器
車載製品		
グループ	特　徴	応用分野例
車載 M350 グループ	M350：PMD，CAN，Timer，12 ビット A-D コンバータ，クロスバー・スイッチ，機能安全，5V I/O に対応． M354：A-PMD，VE，CAN，Timer，12 ビット A-D コンバータ，レゾルバ・ディジタル・コンバータ，クロスバー・スイッチ，機能安全，5V I/O に対応	M350：EPS など車載 M354：HEV/EV など車載

(a) PCと評価ボードへつなぐ　　(b) パソコンとの接続

写真 12-3　ULINK 基板の接続方法

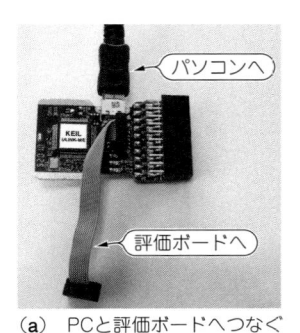

図 12-1　KEIL μVision4 スタートアップ・ロゴ

(＊2) Microcontoroller Development Kit．RealView C+/+ コンパイラ，RX RTOS カーネル，μVision4(デバッガを含む統合環境)などで構成されている．
(＊3) コンパイラが生成できるコード・サイズに 16K バイトの制限がある．

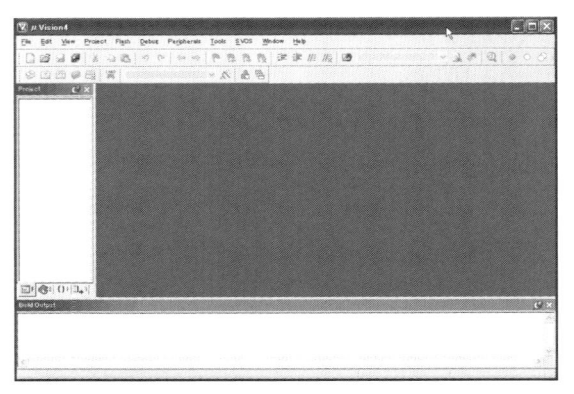

図 12-2 正常起動画面

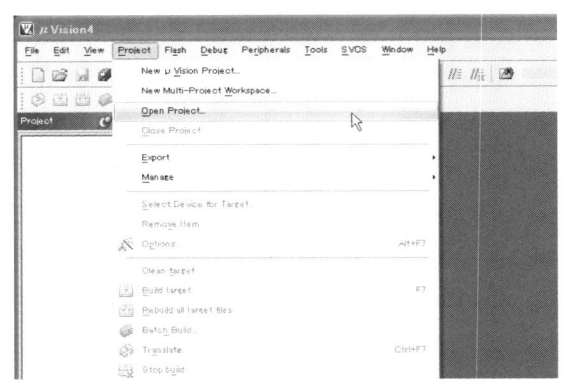

図 12-3 オープン・プロジェクト（⇨ Open Project ⇨）

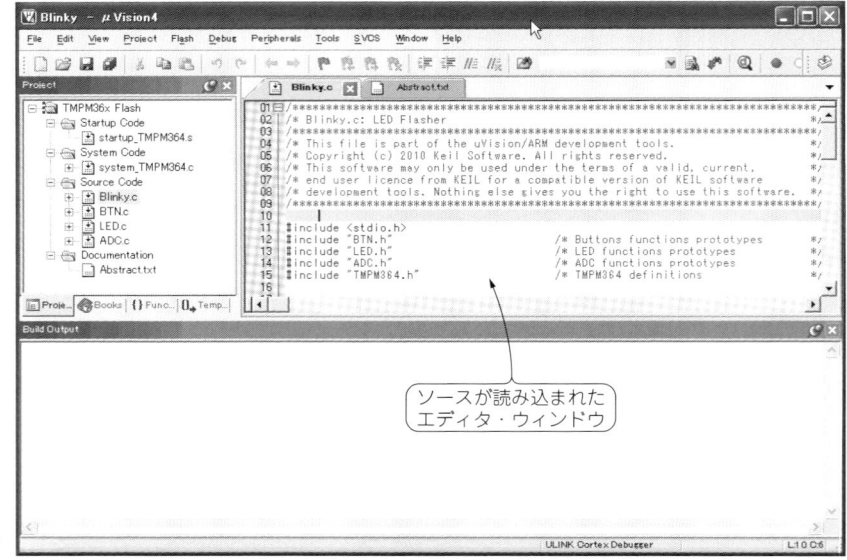

図 12-4 読み込み完了

ソースが読み込まれたエディタ・ウィンドウ

です．入手後，インストールしてください．

● μVision4 の起動

　パソコンに評価ボードを USB 接続し，デバッガを含む統合開発環境である μVision4 を起動します．**図 12-2** は正常に起動した μVision4 です．

12-3 サンプル・プロジェクトの実行

　では，評価版と同時にインストールされているサンプル・プロジェクトを実行しましょう．

● プロジェクトの読み込み

　ここでは評価ボードの"L チカ"である Blinky.uvproj を読み込んで実行します（**図 12-3**）．

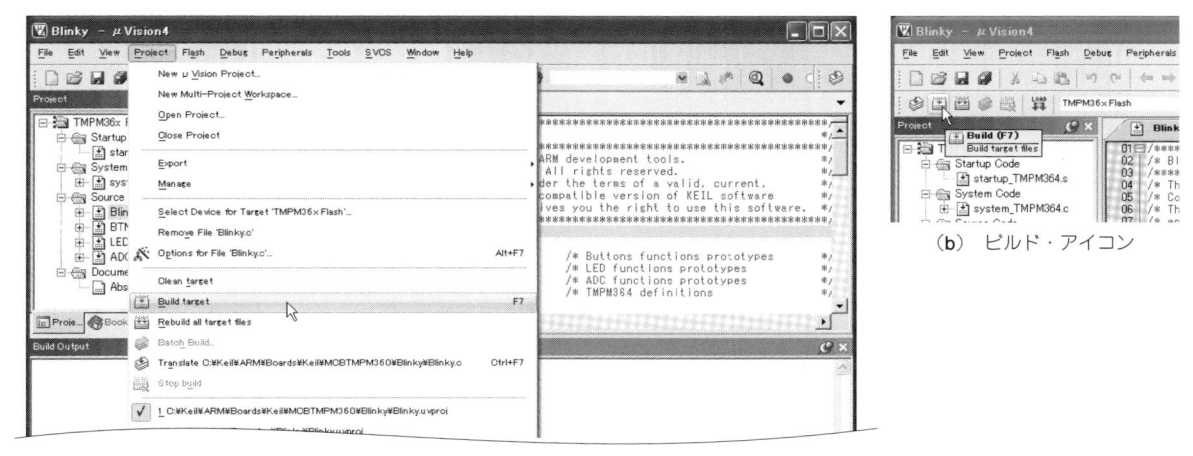

図12-5 ビルドする（⇨ Build target ⇨）
(a) ビルド・ターゲット
(b) ビルド・アイコン

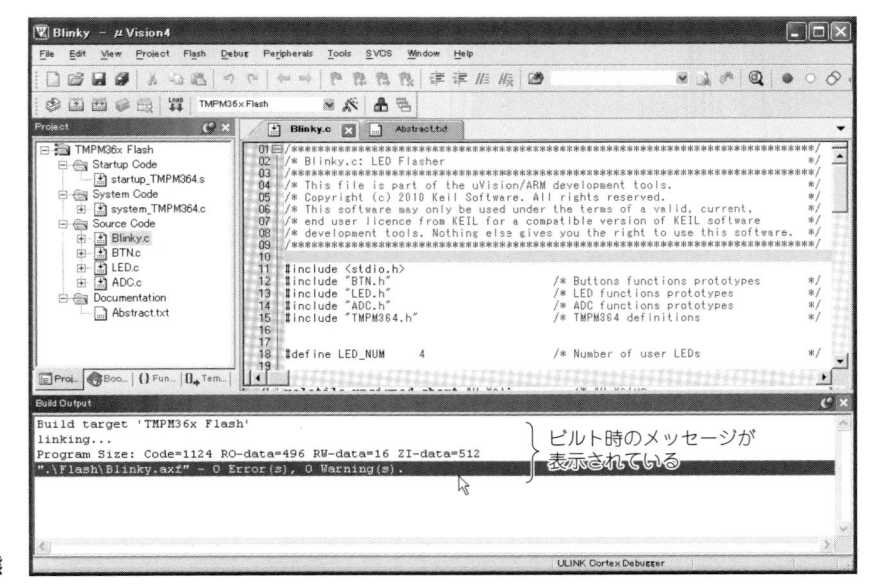

図12-6 ビルド完了状態

　このBlinky.uvprojは，μVision4のインストール・ディレクトリにあります．
　次に，C:¥KEIL¥ARM¥Keil¥MCBTMPM360¥Blinky¥Blinky.uvprojを選択します．μVision4にこのプロジェクトが読み込まれた画面を**図12-4**に示します．

● サンプル・プロジェクトのBuild

　読み込まれたプロジェクトをビルドします．ビルドは，コンパイルとリンクの作業を一気にやってくれます（**図12-5**）．**図12-5(b)**のようにBuild target filesアイコンをクリックしてもビルドできます．
　ビルドが無事完了すると，**図12-6**の状態になります．ビルドしてできたbinファイルを，**図12-7**のようにflashメモリに転送します．

12-3 サンプル・プロジェクトの実行 | **263**

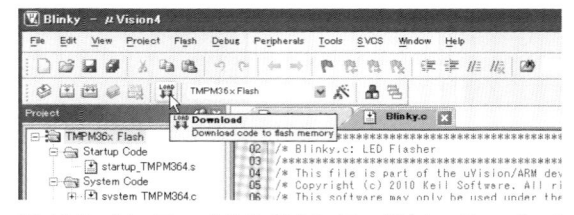

図 12-7　bin ファイルのダウンロード（⇨　Download ボタン⇨）

写真 12-4　"L チカ"成功！

または，メニュー　⇨ Flash　⇨ Download でも flash メモリに転送できます．Programming OK と表示されれば成功です．

● プログラムの実行

ダウンロード後，評価ボードのリセット・ボタンを押します．写真 12-4 のように評価ボードを最初に起動したときにインストールされていた，ボリュームを回すと LED の順次点灯速度が変化するプログラムが動作すれば成功です！

これで評価ボードの"L チカ"を無事実行することができました．

12-4　デバッグ・セッションの使い方

評価ボードを μVision4 と組み合わせることにより，強力なデバッグ機能[*4]を実現しています．

ターゲット CPU を動作しないで，エミュレーションによりデバッグするボードも多いのですが，この評価ボードでは実際に TMPM3641F10FG CPU を動かして，プログラムを 1 行ずつ実行し，変数やレジスタの変化，スタックの状態，実行時間の測定，ロジック・アナライザ機能などによりプログラムの動作状況を確かめることができます．このデバッグ機能により，エミュレーションではわからないプログラム実行時の詳細なようすをその場で確認しながら開発を進めることができます．

では，最強といえるデバッグ機能を使ってみましょう．

● デバッグ・セッションの起動

評価ボードを接続し，μVision4 を起動します．図 12-8 のようにデバッグ・セッション（デバッグ・モード）を起動します．

μVision4 の評価版では，デバッグ可能なコードに 32K バイト以下の制限があります（図 12-9）[*5]．

デバッグ・セッションを起動しようとしましたが，何かおかしい？です．Command Window にエラーが表示されています（図 12-10）．アクセス・エラーで書き込みできないようです．

[*4] 実際に KEIL CBTMPM360 上で 1 行ずつ実行させることができるなど強力な機能．
[*5] 制限はあるが，通常の使用ならばほぼ OK．

264　第 12 章　東芝製 TMPM364F10FG + KEIL MCBTMPM360 入門

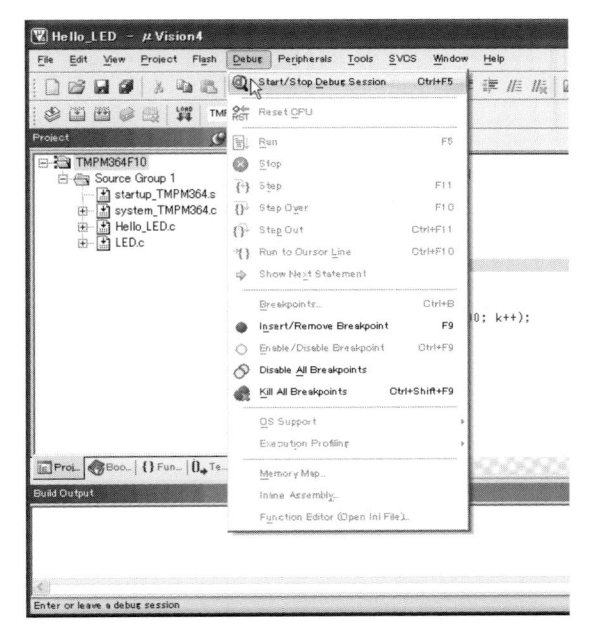

図 12-8　デバッグ・セッションの起動（⇨ Debug ⇨ Start/Stop Debug Session ⇨）

図 12-9　コード容量 32KB 制限の確認

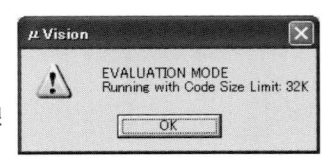

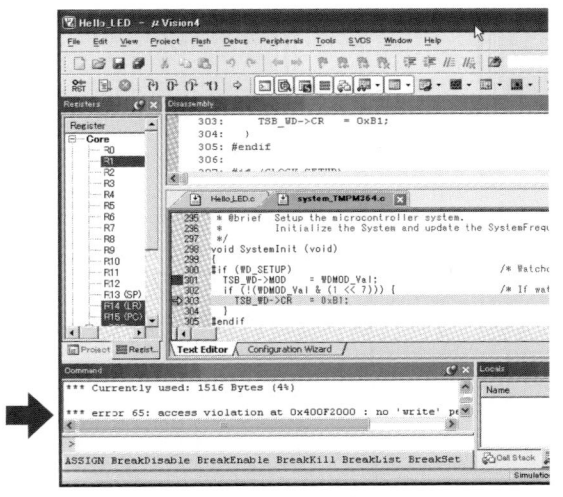

図 12-10　アクセス・エラーが発生

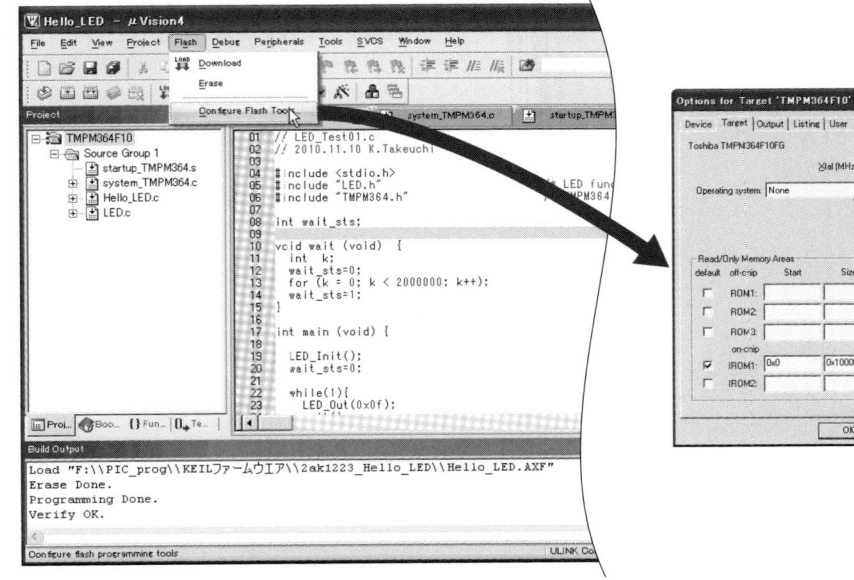

図 12-11　Flash ツールの設定（⇨ Flash ⇨ Configure Flash Tools ⇨）

● デバッグ・セッションの設定

　デバッグ・セッションを使用できるように，Flash ツールを選び（**図 12-11**），基準水晶発振子 Xtal を 12 MHz に設定します．

　　⇨ Option for Target 'TMPM364F10' ⇨ Target Tab ⇨ Xtal 設定　：ここでは 12MHz ⇨

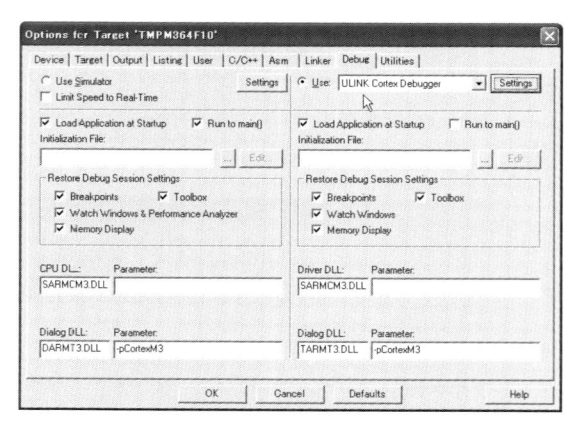

図 12-12 ULINK Cortex Debugger の選択（⇨ Debug Tab ⇨ Use：ULINK Cortex Debugger　選択　⇨）

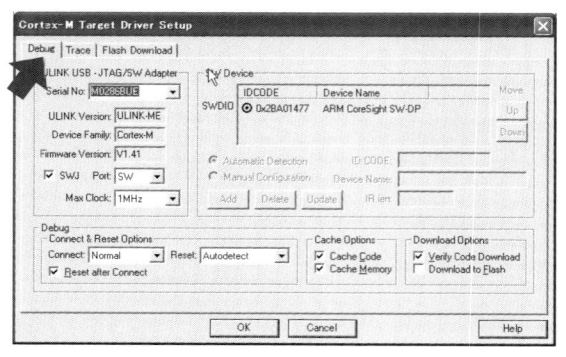

図 12-13 Debug Tab の確認（⇨ Setting ⇨ Debug Tab 確認 ⇨）

図 12-14 Trace Enable チェック ON（⇨ Trace Tab ⇨ Core Clock：12MHz，Trace Enable チェック ON ⇨）

図 12-15 Flash Download Tab の確認（⇨ Flash Download Tab ⇨確認 ⇨ OK!）

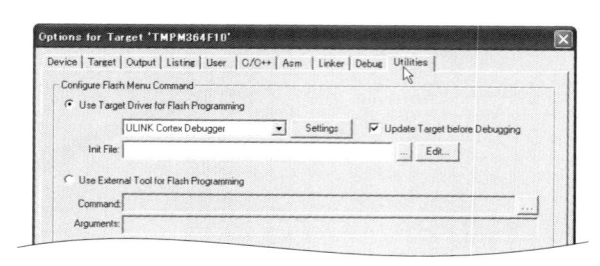

図 12-16 Utilities Tab の確認（⇨ Utilities ⇨ Use Target Driver for Flash Programing ⇨）

次に，**図 12-12** のように ULINK Cortex Debugger の設定をします．
Debug Tab を確認します（**図 12-13**）．
図 12-14 に示す Trace Enable のチェックを ON にし，**図 12-15**，**図 12-16** の内容も確認してください．

> 重要　**図 12-14** のように Trace Enable がチェック ON になっていないとデバッグ・セッションを起動できません．

● デバッグ・セッションの再起動

以上の設定を確認し，再度デバッグ・セッションを起動します（⇨ Debug ⇨ Start/Stop Debug Session ⇨）．コード容量 32KB 制限の確認画面が前回と同様（**図 12-9**）に表示されます．

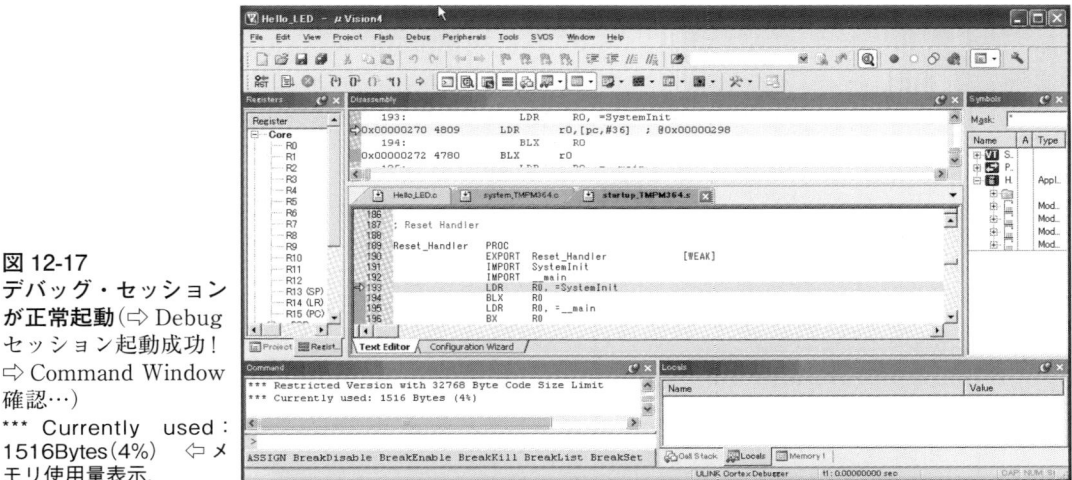

図 12-17
デバッグ・セッション
が正常起動(⇨ Debug
セッション起動成功！
⇨ Command Window
確認…)
*** Currently used：
1516Bytes(4%) ⇦ メ
モリ使用量表示．

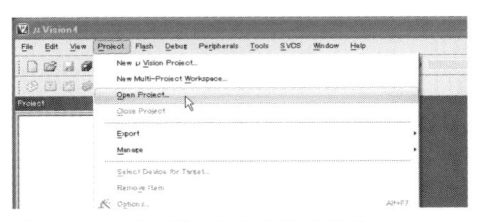

図 12-18 プロジェクトの読み込み
(⇨ Project ⇨ Open Project ⇨)

図 12-19
読み込まれたプログラムの確認
(⇨ Hello_LED.uvproj ⇨開く ⇨)

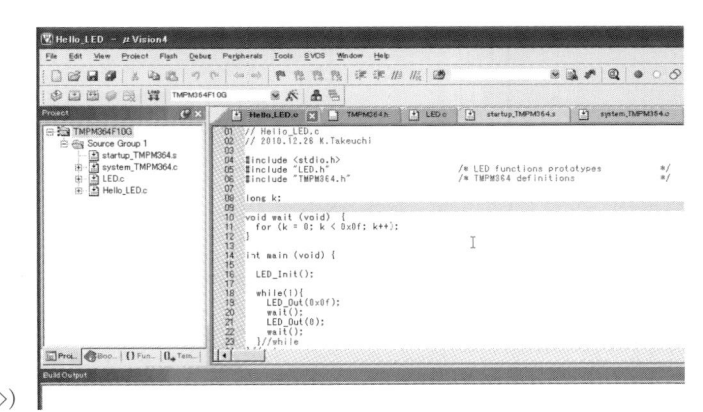

今度はデバッグ・セッションが正常に起動しました(図 12-17)．

12-5 トレースの使い方

μVision4 のデバッグ・セッションが無事に起動しました．最初に，内蔵しているトレース機能を試します．トレース機能とは，プログラムの1命令＝アセンブラでは1行単位で実行できる機能です．変数やポートの内容を確認しながら実行できるので，デバッグには有用です．トレース機能テスト用プロジェクトを用意しました．今回使用するプロジェクト・ファイル 2ak1223_Hello_LED.zip は，本書のサポート・ページからダウンロードしてください．解凍後，プロジェクト・ファイルを読み込みます(図 12-18)．

プロジェクトが読み込まれました(図 12-19)．メイン・プログラムである Hello_LED.c をリスト 12-1 に示します．全 LED をフラッシュする"L チカ"プログラムです．搭載している LED を点滅する簡単なプログラム，Debug 機能を確認するために wait の数値を小さく＝ 0x0f にしています．

プロジェクトをリビルドして，評価ボードへ Download します(図 12-7 を参照)．KEIL MCBTMPM360

リスト 12-1　全 LED をフラッシュする "L チカ" プログラム

```
// Hello_LED.c
// 2010.12.26 K.Takeuchi

#include <stdio.h>
#include "LED.h"
        /* LED functions prototypes */
#include "TMPM364.h"
        /* TMPM364 definitions */

long k;

void wait (void)  {
  for (k = 0; k < 0x0f; k++);
}

int main (void) {

  LED_Init();

  while(1){
    LED_Out(0x0f);
      wait();
    LED_Out(0);
      wait();
  } //while
} //main
```

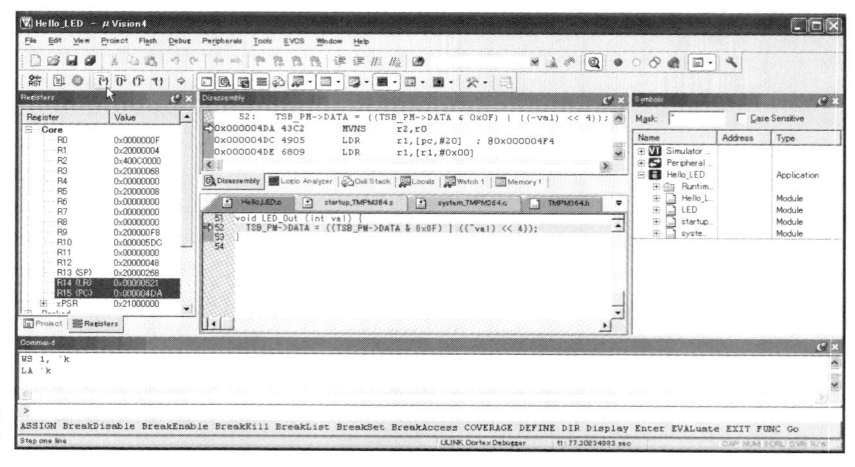

図 12-20
今度は無事に起動したデバッグ・セッション

評価ボードで転送したプログラムが動作することを確認してください．wait の数値が小さいために四つの LED はすべて点灯状態に見えます．

● デバッグ・セッションの起動

Start/Stop Debug Session によりデバッグ・セッションを起動します．変更した設定内容が保存されているので，今度はトラブルなくデバッグ・セッションが起動するはずです（図 12-20）．

● トレース機能の実行

プログラムを C 言語またはアセンブラのソース・コード・レベルで 1 行ずつ実行できるトレース機能[*6]を試しましょう．ここではよく使う Step，Step Over，Step Out を説明します．

▶ Step…ワンステップずつ実行します．Disassembly window で見ると 1 行ずつ実行しているのがわかります（図 12-21）．
▶ Step Over…C ソース・エリアで 1 行ずつ実行します．関数内には入らずにメイン・ルーチンで実行を

（＊6）1 行ずつトレースを実行すると速度はかなり遅くなる．

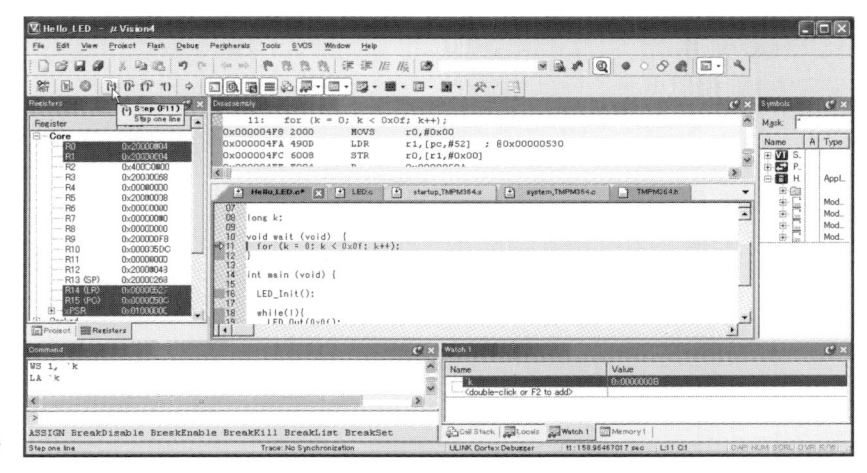

図 12-21
Step 実行

写真 12-5
LED_Out(0x0f); の実行

続けます.
▶ Step Out…関数内で実行している場合,実行を完了してメイン・ルーチンに戻ります.

以上,三つの機能を駆使してトレースします.

LED_Out(0x0f); の実行後,ボード上のLEDが点灯します(**写真 12-5**).

LED_Out(0); を実行するとLEDが消灯するのを確認できます.

このような手順で,μVision4でプログラムを実行している部分の記述に従って,評価ボードのLEDの状態が変化することが確認できました.

● ウォッチ機能

μVision4のデバッグ・セッションには,変数やレジスタの内容をリアルタイムに表示するウォッチ機能が搭載されています.この機能を確認するために,実行しているプログラムの変数を検討しながら,動作を確認することができます.

ここでは関数 wait() で使われている変数 k の変化をウォッチします.

12-5 トレースの使い方 | **269**

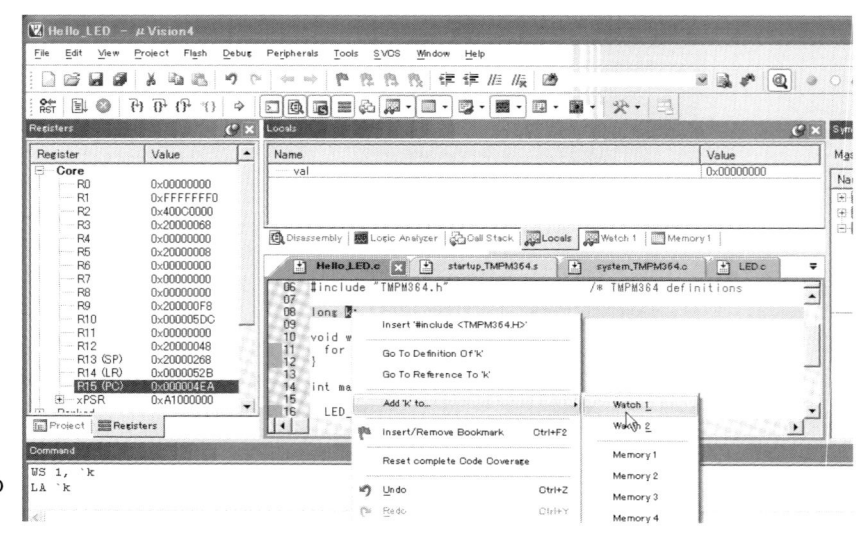

図12-22
Add 'k' to
⇨ Watch1

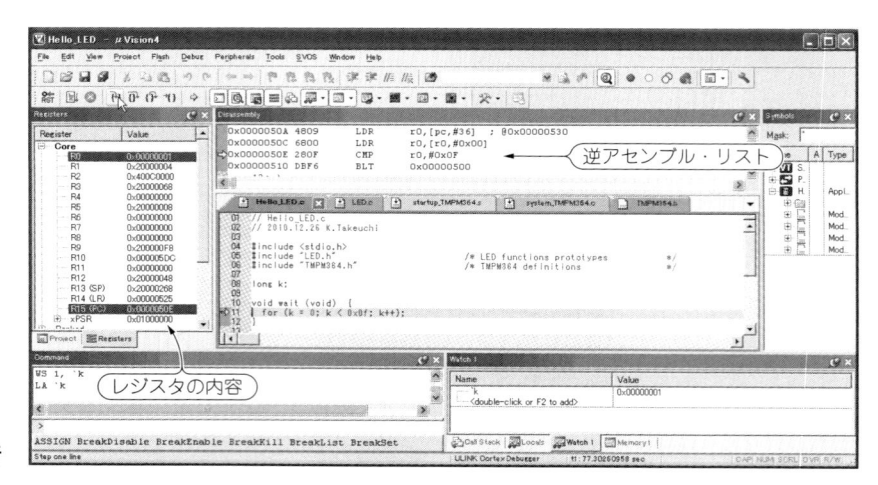

図12-23
step実行

◆変数の登録

まず，ウォッチする変数kをwatch windowに登録します．変数kをドラッグ，右クリックして，変数kを確認します(**図12-22**)．Add 'k' to ⇨ Watch1によりwatch windowに変数kが登録されました．以後，変数kの変化を見ることができます．

◆ウォッチ結果

さっそく，変数kをウォッチしましょう．レジスタの内容はRegister window＝専用windowで見ることができます．数は少ないので，CPU実行時にはさまざまな値がロードされて使われます．トレース機能を併用しながらプログラムを実行すると効果的です．

　　⇨ Step Over　⇨何回か押す　⇨ watch window内の変数kが増える　⇨

図12-23のようにRegister[*7] windowのR0の変化にも注目してください．

(*7) CPUに内蔵している高速メモリ．

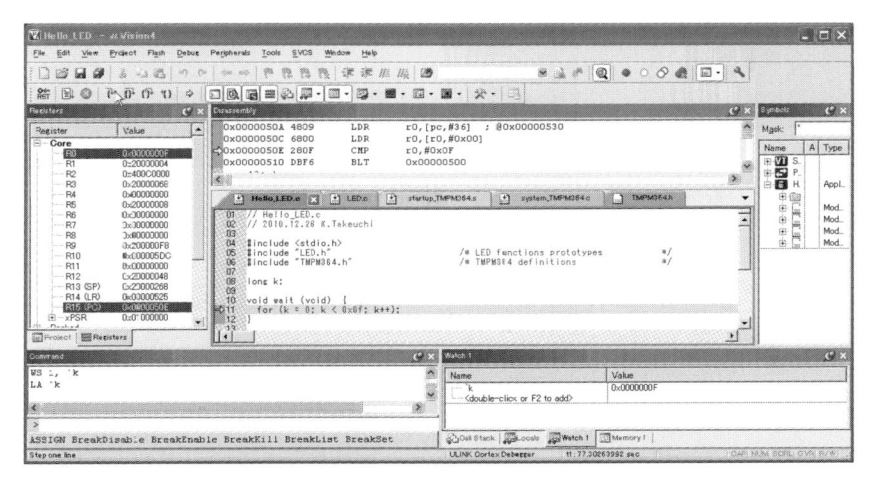

図 12-24
変数 k = 0x0f になる
と関数 wait() が終了

⇨ Step　実行⇨

逆アセンブルされたソース・コードが Disassembly window に表示されています．Register window も同時に観察します．Register がどのように使われているかがよくわかります．

さて，Step を実行し続けると変数 k の値が増えます．変数 k = 0x0f になると関数 wait() が終了します（**図 12-24**）．

関数 wait() で使われている変数 k の変化をウォッチしながらトレースしました．このように，Register の使用状況，変数の変化，実行結果を見ているとコンピュータがどのように動作しているのかがよくわかります．

12-6　ストップウォッチの使い方

μVision4 のデバッガ機能は非常に強力です．変数やレジスタの変化を見るときに同時に使うと効果的な機能として，ストップウォッチ[*8]が装備されています．このストップウォッチを使うと，たとえばループするのに必要な時間を簡単に調べることができます．そして，その結果をフィードバックすることで正確なループ時間を設定することもできます．さっそく使ってみましょう．

ストップウォッチ機能の説明にはトレース機能で使用した Hello_LED.uvproj をサンプル・プロジェクトとして使用します．

● 準備

μVision4 に Hello_LED.uvproj プロジェクトを読み込みます．今までと同じようにビルドし，評価ボードへダウンロードします．リセットして動作を確認してください．

for ループの回数が 0x0f なので，一瞬で終了してしまいます．そこで，ループ回数を 200000 に変更します．変更後はビルドして評価ボードにダウンロードします．ソース・プログラムを変更したときは，Debug session を終了してから，build，download を行わないと結果が反映されません．

（*8）実際の実行時間＝実時間を測定できると，wait などを正確に設定することができる．

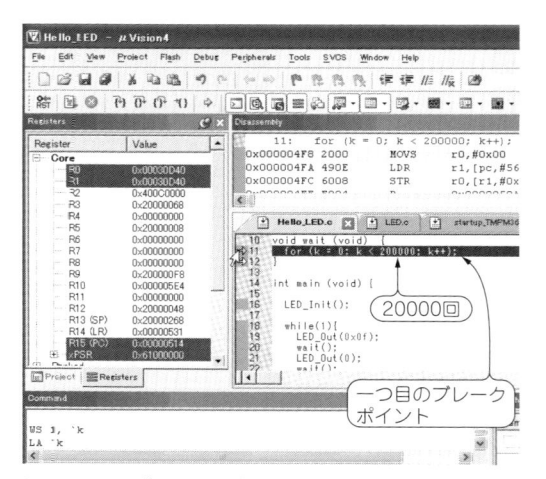

図12-25 ブレークポイントを2か所設定する 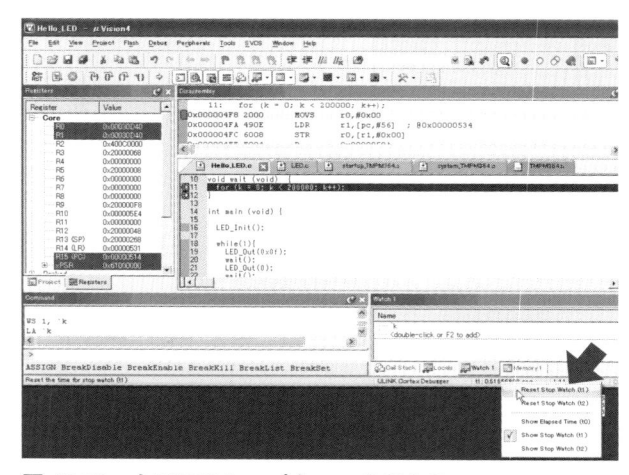　　図12-26 右下にストップウォッチがある

⇨ for(k=0;k<0x0f;k++);の 0x0f → 200000に変更 ⇨ build, download ⇨

● ブレークポイントの設定

forループにブレークポイントを設定して，ストップウォッチで計測する準備をします．
⇨ for(k=0;k<0x0f;k++); 11行目 → ダブルクリック ⇨赤四角＝ブレークポイント設定 ⇨

ストップウォッチを使いやすいように，ブレークポイントはプログラム中に2か所設定します(図12-25)．

● ストップウォッチの使い方

ストップウォッチを使います．図12-26のようにμVision4ウィンドウの右下にストップウォッチがあります．必要に応じてリセットします．
⇨ μVision4ウィンドウ右下t1部分を右クリック ⇨ Reset Stop Watch(t1) ⇨ t1が0.00000000secになる

ストップウォッチを設定後，プログラムを実行します．
⇨ Runボタン ⇨

最初のブレークポイント11行目でプログラムはいったん停止します．ここで，ストップウォッチt1をリセットします(図12-27)．

再度プログラムを実行します．ループの開始と終了部分にブレークポイントを設定してあるので，その時間を測定します．for(k=0;k<200000;k++); のループするのにかかった時間です．0.61666892秒かかりました．
⇨ Runボタン ⇨ 12行目で停止 ⇨ t1：0.61666892 …

● ループ時間の調整

forループ200000回で0.61666892秒かかりました．このループを0.5秒になるように調整してみま

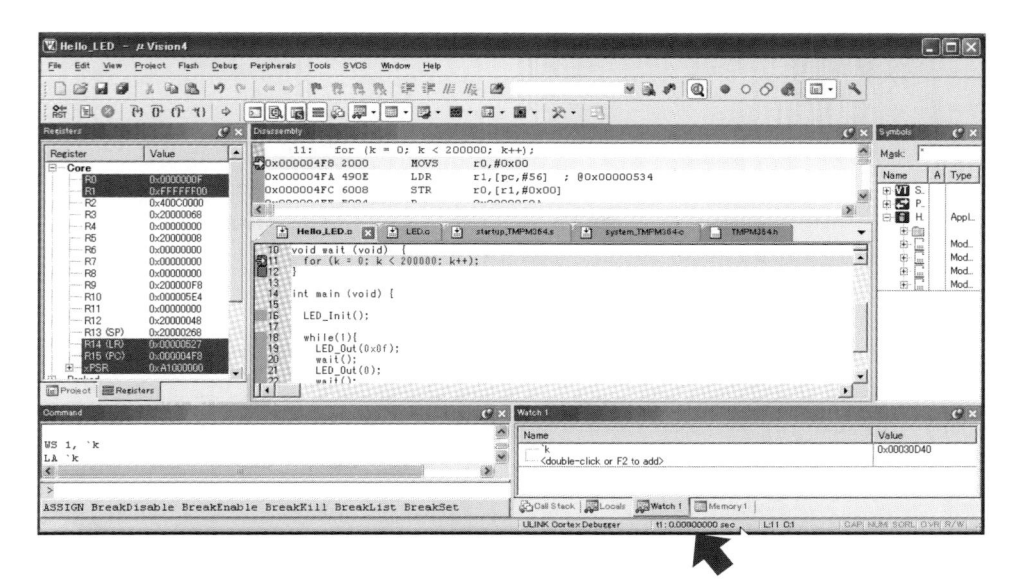

図12-27 ストップウォッチt1をリセットする

図12-28
16216をセットしてビルド・ダウンロード

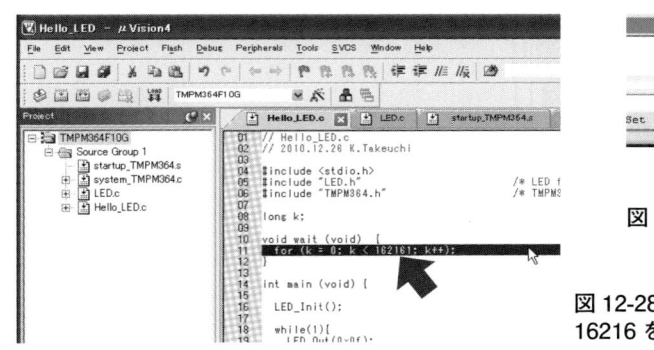

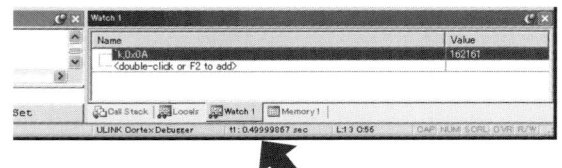

図12-29 0.5秒になった

しょう．
　ループ回数をx回とすると，次の式でxを求めることができます．
　$200000 : x = 0.61666892 : 0.5$
　$x = 162161$
をセットすればよいことがわかりました．図12-28のようにソースを変更します．
　同じようにブレークポイントを2か所設定します．ストップウォッチをリセットして，プログラムを実行します．
　　⇨ Runボタン　⇨ t1：0.49999867
　この結果，ほぼ0.5秒になりました．成功です（図12-29）．
　Runボタンを何度か押します．そのたびに，ブレークポイントで停止し，0.5秒ずつストップウォッチが増加するのが確認できます．ほかの命令の実行時間もあるので，厳密には多めの時間となります．ストップウォッチを使ってwhile()1回に費やす時間を計測してください．ストップウォッチは二つあるので，用途によって使い分けましょう．

12-6 ストップウォッチの使い方 | 273

12-7　アナライザを使う

μVision4のデバッガにはさまざまな機能が搭載されています．機能の中でも変数の変化をグラフ化することができるLogic Analyzer[*8]（以後，アナライザ）は，視覚的に変数の変化を表示することができるとても便利な機能です．使ってみましょう．

● 事前準備

アナライザ動作確認用プログラムを解凍します．プログラム2bk0214_Analyzer_test.zipは本書のサポート・ページからダウンロードできます．

　　⇨ Project　⇨ Open project　⇨ アナライザ確認用プロジェクトを開きます．

このリスト12-2に示すアナライザ確認用プログラムは，Hello_LEDプログラムとほぼ同じです．アナライザで分析できる変数がグローバル変数のみなので，画面上リストの青い部分を変更してあります．アナライズするstpw変数にはwait()関数が呼び出されるごとに'1'と'0'が交互に代入されます．

ダウンロードしたフォルダ内のプロジェクトをそのまま開いて使うことができます．また新規にプロジェクトを用意し，手動でソース・ファイルを追加してプロジェクトを一から構築することもできます．好きな方法でお試しください．

> 重要　アナライザで確認できる変数はグローバル変数[*9]のみです．

● アナライザの設定

μVision4でアナライザが使えるように設定します．

　　Flash　⇨ Cofigure Flash Tools　⇨

リスト12-2　アナライザ確認用プログラム analyzer_test.c

```c
// analyzer_test.c
// 2011.2.13 K.Takeuchi

#include <stdio.h>
#include "LED.h"
        /* LED functions prototypes */
#include "TMPM364.h"
        /* TMPM364 definitions */

long k;
int stpw;
int y;

void wait (void)   {
  stpw=1-stpw;    //stpw変数にはwait()が呼ば
                  //れるごとに0/1が交互に入る
  for (k = 0; k < 162162; k++);
}

int main (void) {
  double t;
  LED_Init();

  while(1){
    for(t=0;t<360;t++){
        LED_Out(0x0f);
            wait();
        LED_Out(0);
            wait();
        }
  } //while
} //main
```

(＊8) LogicAnalyzerはデバッグ機能の一つとして内蔵されている．
(＊9) LogicAnalyzerに設定できない変数を指定すると"UnknownSignal"というメッセージが出て拒否される．

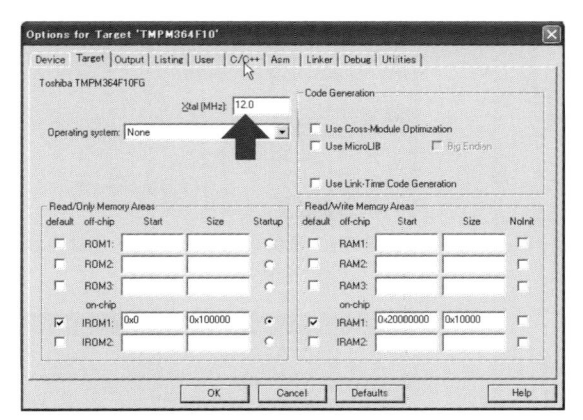

図12-30 Xtal は12MHz に設定(⇨ Options for Target ⇨ Target Tab ⇨ XTal(MHz):12.0 ⇨)

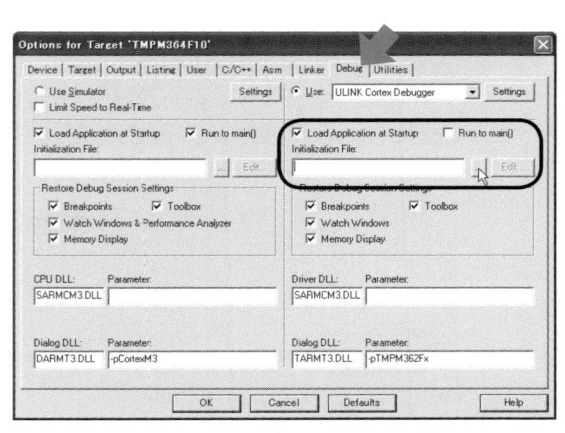

図12-31 イニシャライズ・ファイルの読み込み

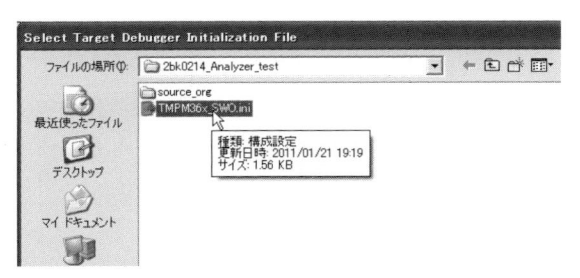

図12-32 TMPM36x_SWO.ini を選ぶ

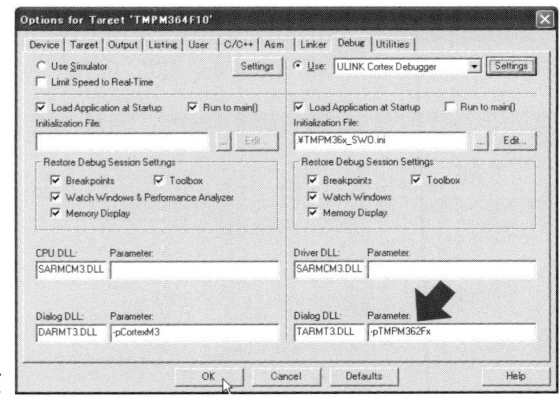

図12-33 Parameter：-pTMPM362Fx に変更

この設定画面で Xtal は 12MHz に設定します(**図12-30**).

添付イニシャライズ・ファイル[*10] を読み込みます(**図12-31**).このイニシャル・ファイルにより必要な初期化を行います.

  ⇨ Options for Target ⇨ Debug Tab ⇨右側，Initialization File 開く ⇨

ダウンロードしたパッケージ内にある TMPM36x_SWO.ini を選びます(**図12-32**).右下，Parameter：-pTMPM362Fx に変更します(**図12-33**).

次に，内部クロックの設定をします.Target Tab で入力した XTal(MHz)：12.0 の4てい倍である 48 MHz を CoreClocks に入力します(**図12-34**).

  ⇨同じ Options for Target ⇨ Debug Tab
  ⇨右側 Setting ⇨ Trace Tab ⇨ Core Clocks：48.000000MHz

設定を終えたら念のために，全体をビルド後に評価ボードに転送します(**図12-35**).

ビルドした bin ファイルを，忘れないように評価ボードにダウンロードしてください(**図12-36**).

ダウンロード後，評価ボードをリセットし，プログラムの動作を確認します(**図12-37**).

デバッグ・セッションを起動します(**図12-38**).

(＊10) ARM 社より提供されている評価ボード特有の設定ファイル TMPM36x_SWO.ini.

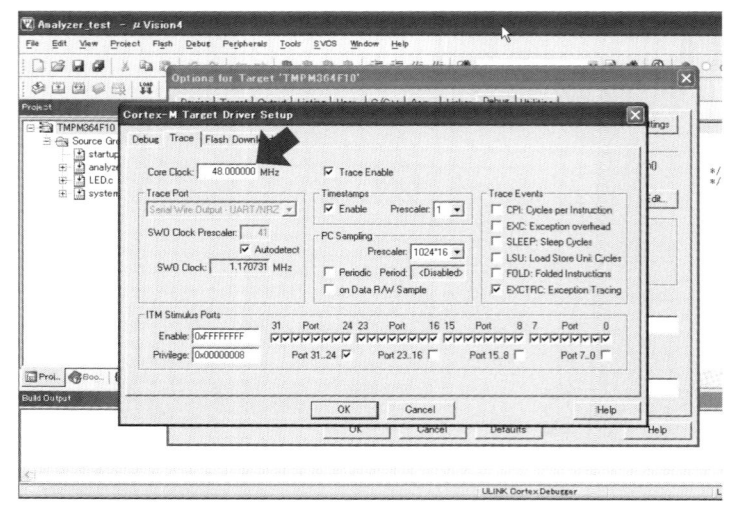

図12-34 内部クロックを48MHzに設定

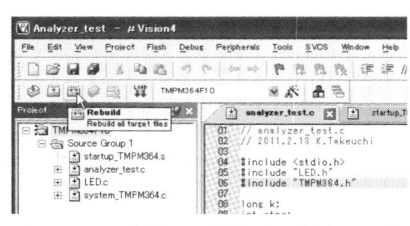

図12-35 全体の再構築（設定後は再構築するのが確実）

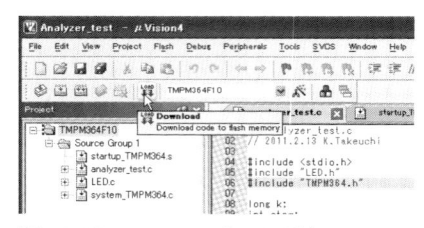

図12-36 binファイルのダウンロード

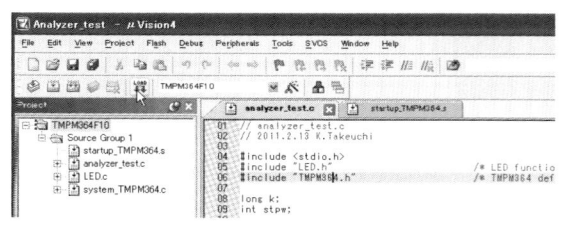

図12-37 プログラムの動作確認

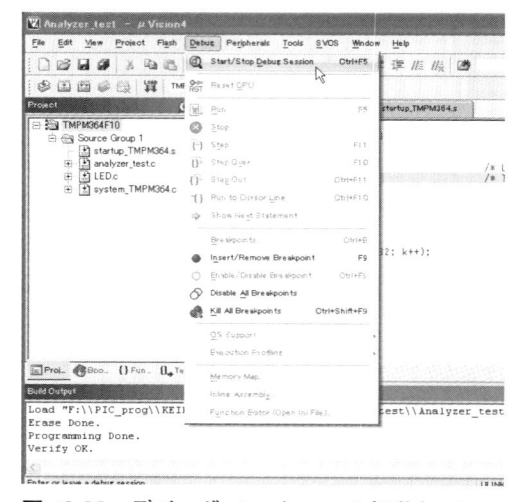

図12-38 デバッグ・セッションの起動（⇨ Start/Stop Debug Session ⇨）

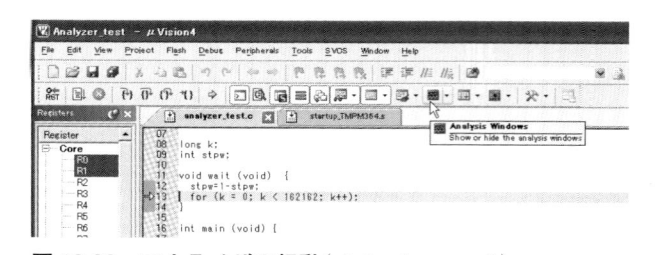

図12-39 アナライザの起動（⇨ Analyzer ⇨）

プログラムを実行し，正常にデバッグできることを確認します．

● アナライザの起動

以上で，準備が整いました．アナライザを起動します（図12-39）．

アナライザが起動しました．次は，左上のsetupボタンをクリックします（図12-40）．

● 変数の設定

アナライズする変数などの設定を行います．右上のNew(Insert)をクリックし，アナライズする変数[*11]を新規登録します（図12-41）．

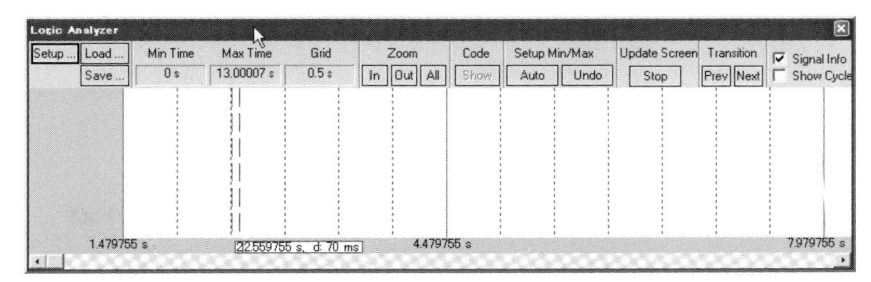

図12-40 アナライザ・ウィンドウ

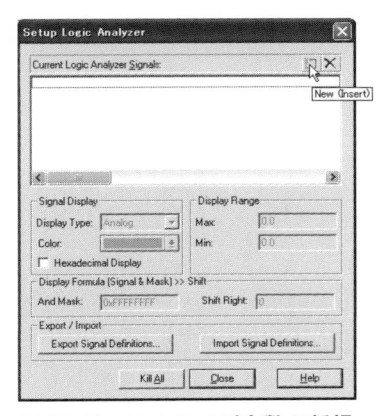

図12-41 アナライザ変数の新規登録（⇨ Setup Logic Analyzer ⇨ New（Insert） ⇨）

図12-42 変数stpwの登録

設定内容
- ▶ `DisplayType：Analog, Color…`好きな色
- ▶ `Display Range Max：0x1, Min0`
- ▶ ほかはそのまま[`DisplayFormula (Signak &Mask)>>Shift` は多ビット時のビット・マスク指定用. 今回は使わない]

図12-43 アナライザの表示設定

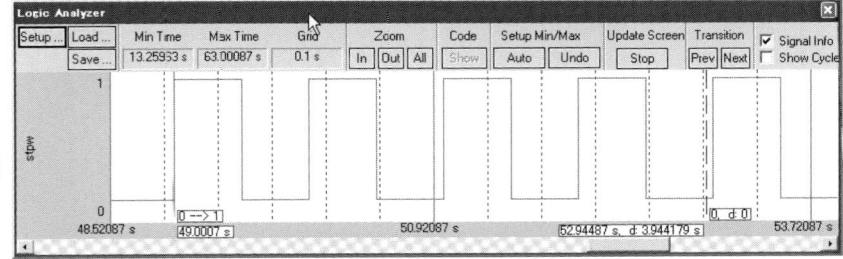

図12-44 アナライザのグラフ表示（⇨ Run ⇨アナライザにグラフが表示されれば成功!）

変数`stpw`と入力します（図12-42）．アナライザの表示を好みで設定します（図12-43）．設定が終わったらCloseボタンをクリックします．

● アナライザの実行

以上でアナライザの設定が終わりました．プログラムを実行すると図12-44のようにアナライザ・ウィンドウに変数`stpw`の変化がグラフ化されます．変数`stpw`は呼ばれるたびに'1'と'0'が交互に代入されるので，パルス波形が表示されます．

`Grid`(横の時間軸)を変更すると，表示されるパルスの数が増えます（図12-45）．グラフがうまく表示

（＊11）LogicAnalyzerには複数の変数を設定することができる．色分けしてわかりやすい設定をしよう．

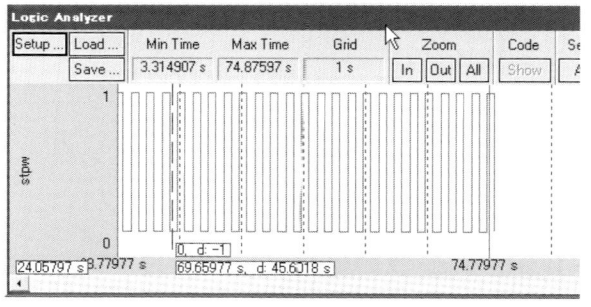

図 12-45　表示変更例

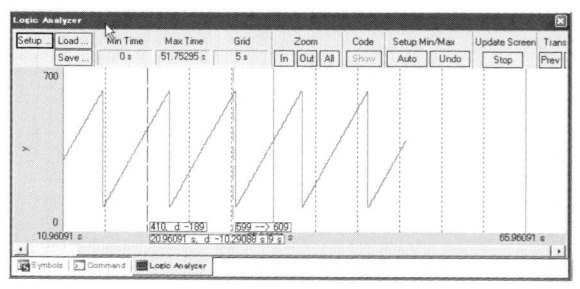

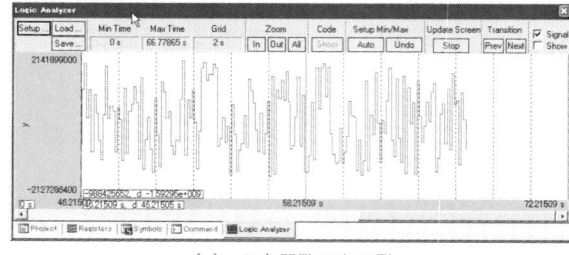

(a) 三角波の表示例

(b) 三角関数の表示例

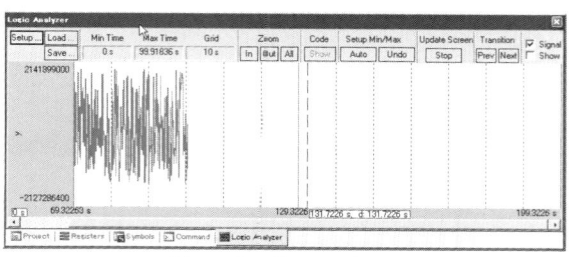

図 12-46
グラフの例

(c) 三角関数の表示変更例

されないときには，Zoom機能を使って，時間軸(横軸)を調整してください．

● アナライザを使ったグラフ例

比例式を使った三角波の例を図 12-46(a)に，sin関数を使ったグラフ例を図 12-46(b)に示します．
横軸を変更しました．オーディオ信号みたいなグラフになっています[図 12-46(c)]．
アナライザは設定次第でさまざまな用途に使用できます．グラフィカルな表示を生かしたデバッグに挑戦してみてください．

◆ 引用文献 ◆
(1) 東芝セミコンダクター Web TX03 シリーズデータシート．
　http://www.semicon.toshiba.co.jp/product/micro/selection/arm/tx03series/index.html

[第**13**章]

はじめての ARM 開発

IAR Embedded Workbench IDE を富士通の評価ボードで試す

神崎 康宏

13-1 富士通 Cortex-M3 マイコンの評価ボード・キットの内容

　富士通製の Cortex-M3 マイコンの最上位デバイスを搭載した評価ボード・キットを図 13-1 に示します．少し大きめの評価ボードと USB ケーブルおよび各種の導入ガイド，ユーザーガイドのドキュメント類と IAR Embedded Workbench IDE などの統合開発ソフトウェアなどが格納された CD-R が同梱されています．

● CD-R から評価キットの導入ガイドを取り出す

　CD-R を PC にセットすると，図 13-2 に示すような富士通 MB9BF506 用評価キットのメニューが表示されます．最初に「導入ガイドと製品情報」を選択します．図 13-3 に示すように導入ガイドと製品情報の

図 13-1　MB9BF506-SK 評価ボード・キット

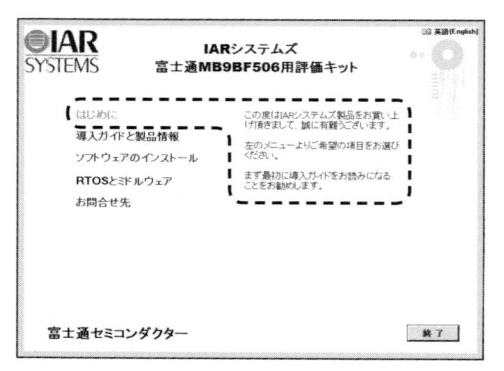

図 13-2 評価ボード用のセットアップ初期画面

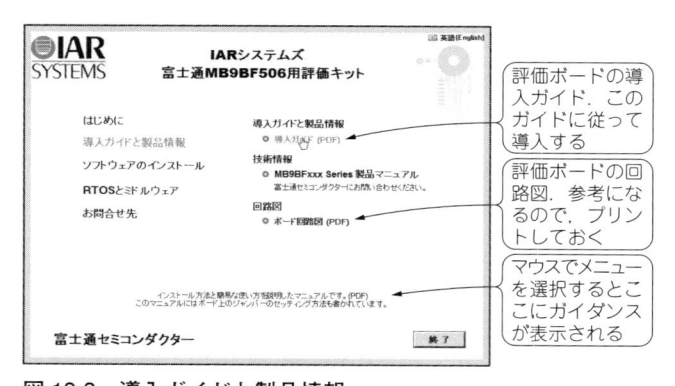

図 13-3 導入ガイドと製品情報
このメニューで導入ガイドとボード回路図を入手する．

欄に「○導入ガイド（PDF）」と表示されます．この導入ガイドを開くと，このキットの日本語の導入ガイドが開きます．このガイドは，26ページにわたって，ボードの各コネクタ，ジャンパの設定，サンプル・アプリケーションの実行，新規プロジェクトの作成についての概要が説明されています．

IARの統合開発システムは主なドキュメントが日本語化されているので，インストールや使い始めるときの敷居はほかの統合開発システムより高くないように思います．

● 評価ボードの内容

評価ボードは図13-4に示すように，180mm×130mmの大きさにCAN，USBも含め盛りだくさんの機能が搭載されています．このボードに搭載されているマイコンはMB9BF506Nで，Column 13-1で示すように富士通のARMマイコン・シリーズ，FM3のハイパフォーマンス・グループの中でも最上位（2011年5月現在）に位置するもので，512KBのフラッシュ・メモリと64KBのRAMをもっています．

◆評価ボードの電源

評価ボードの電源は，次の3種類から選択することができます．

(1) PCと接続するJ-Link On BoardのUSBコネクタの電源
(2) J-TAGコネクタの19番の電源ピンの電源
(3) 電源ジャックからの電源

この電源の選択はジャンパ・ピンで行います．プログラムの作成，デバッグ中はPCと接続して行うので当面はJP$_1$にジャンパ・ピンをセットします．

13-2 IAR Embedded Workbench IDE のインストール

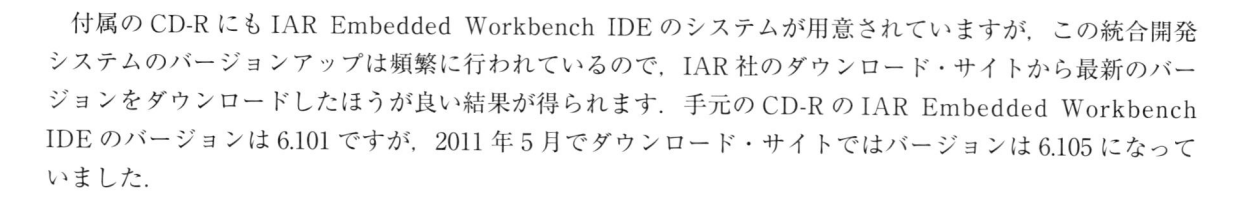

付属のCD-RにもIAR Embedded Workbench IDEのシステムが用意されていますが，この統合開発システムのバージョンアップは頻繁に行われているので，IAR社のダウンロード・サイトから最新のバージョンをダウンロードしたほうが良い結果が得られます．手元のCD-RのIAR Embedded Workbench IDEのバージョンは6.101ですが，2011年5月でダウンロード・サイトではバージョンは6.105になっていました．

図13-4 評価ボードの各機能

ラベル（画像内）:
- LCDキャラクタ・ディスプレイ・モジュール
- Vr_1．LCDのコントラストの調整用のボリューム
- マイク入力
- ヘッドホン出力
- 電源選択ジャンパ ① J-Link(USB) ② J-TAG ③ DCジャックから選択できる
- Vr_3
- UART
- CAN_1
- CAN_2
- 電源スイッチ
- 20ピン．J-TAGコネクタ
- 電源ジャック．DC 9～15V
- USBデバイス
- モータ用電源ジャック．DC 12V
- USBホスト
- モータ用コネクタ
- LED_1～LED_8
- SDカード・ドライブ
- ジョイスティック
- Vr_2
- J-Link On Boardコネクタ．PCとUSBケーブルで接続する．電源はこのUSBコネクタから供給することもできる

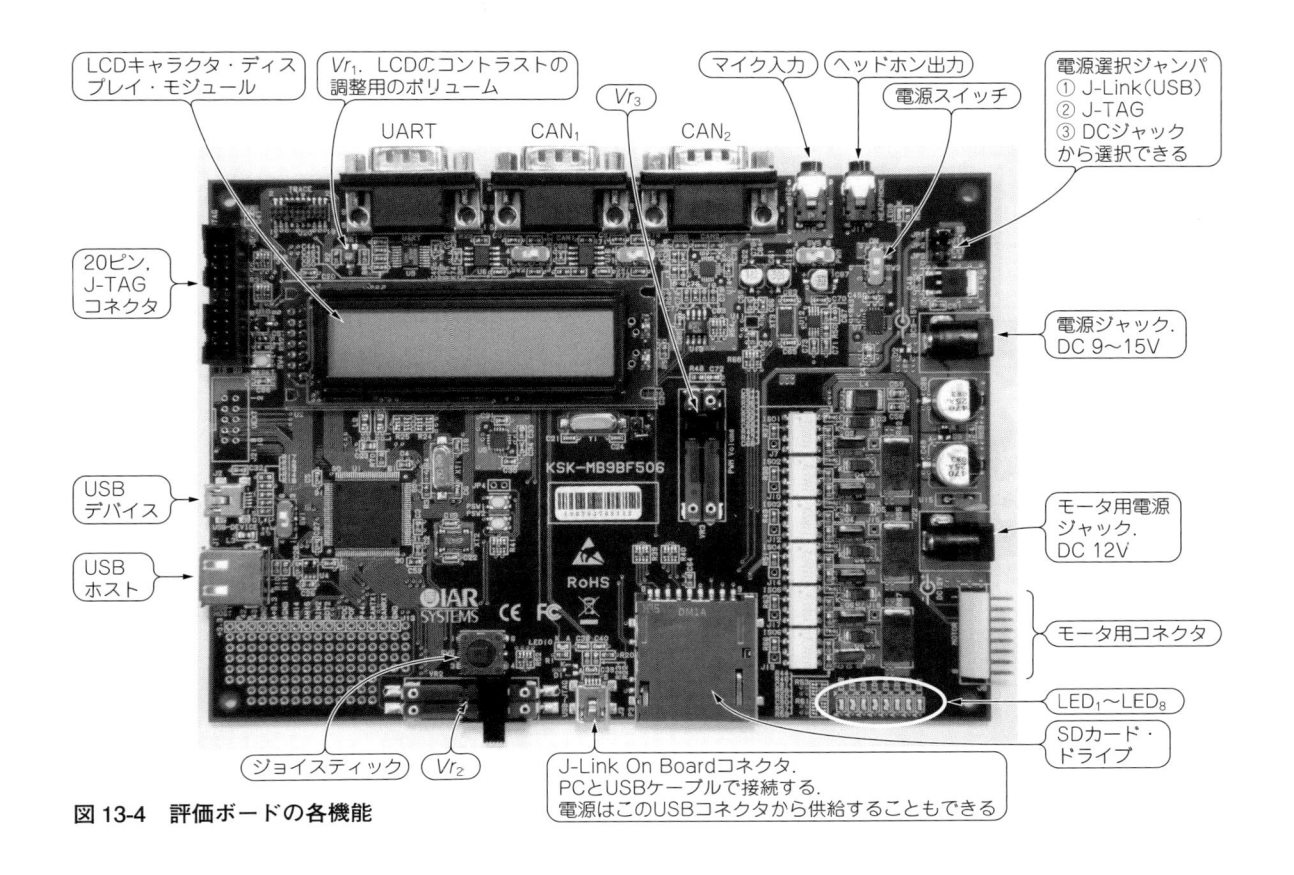

Column…13-1　富士通のARMマイコン MB9BF506N/R の評価ボード

　MB9BF506N/Rは，富士通のARMマイコンのCortex-M3ベースのマイコンFMシリーズの2011年5月現在最上位のマイコンです．

　Flashメモリが512KB，RAMが64KB，動作周波数が80MHzの基本性能で，電源電圧も2.7～5.5Vと広い電源電圧範囲になっています．また，USB，CAN，A-D変換入力，多機能タイマ，UART/I²Cなどの多機能シリアル・インターフェースなどと周辺機能も豊富に用意されています．

　評価ボードでは，シリアル通信(SDカード)，USB，CAN，モータ制御(PWM)などをテストすることができます．

　ARMマイコンの場合は，省エネのための多くの工夫が施されています．そのため，ARMマイコンは携帯機器分野などで大きな市場を獲得しています．電源電圧も5Vマイコンが一般的なころから3.3Vの低電圧の電源電圧を採用し，クロックについてもシステム・クロック，周辺モジュールのクロックなどと複数のクロックが用意され，それぞれ電力を最小化するため，使用していない周辺モジュールのクロックをデバイスごとにON/OFFすることができます．初期化時以外にも，使用時以外にはクロックをOFFにして，デバイスによる処理が必要になったときだけクロックをONにして，処理が終わるとまたクロックを停止して消費電力を低下させることができます．

図 13-5
IAR 無料評価版ソフトウェア／ドキュメントをダウンロード

(ARMマイコン以外にも，多くのマイコンにこのIDEが対応する)

コード・サイズ制限版を選択し，ダウンロードする

● IAR Embedded Workbench IDE のダウンロード

　IAR 社の ARM 用の IAR Embedded Workbench は EWARM の略称でも呼んでいます．この EWARM は製品版のほかに 2 種類の無料評価版が用意されています．機能の制限がなく利用期間が 30 日の制限がある 30 日間試用期間限定版と，コードの容量制限があるが利用期間に制限のない 32KB コード制限版の2 種類です．

　また，利用期間の制限のない 32KB コード制限版はバージョンアップの際のライセンス・キーの取得，ユーザ登録が必要となります．これにより，EWARM を常に最新バージョンで利用することができるようになります．添付の CD-R には 32KB コード制限版が添付されています．

◆ダウンロード・サイトにアクセス

　IAR のダウンロード・サイトにアクセスすると，**図 13-5** に示すように無料評価版ソフトウェア／ドキュメントのダウンロード・サイトがあります．これを見ると ARM 以外にも多くの CPU に対応しているのがわかります．ここで ARM のコード・サイズ制限版をクリックしてダウンロードを開始します．**図13-6** に示すように原則技術サポートなしなどコード制限版の利用条件が示されます．内容を確認し次に進むと，ユーザ登録のための住所氏名などの入力欄が表示されます．必須の項目はすべて埋めて次に進むために，アンケートの後に表示されている送信ボタンをクリックして次に進みます．

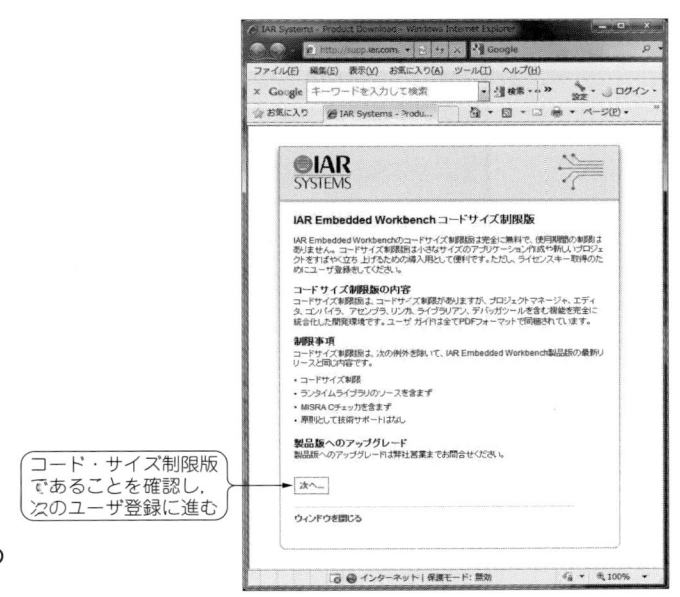

図 13-6
コード・サイズ制限版の
ダウンロード準備

(吹き出し: コード・サイズ制限版であることを確認し，次のユーザ登録に進む)

◆ IAR からメールが送られてくる

　ユーザ登録が終わると，IAR からユーザ登録したメール・アドレスにダウンロード・サイトのアドレスが送られてきます．登録したユーザごとにダウンロード・ページが作成され 14 日以内に内容を確認するようになっています．ダウンロード・ページにはライセンス・ナンバ，ライセンス・キーが表示されています．ライセンス・キーは 300 文字くらいの長さのキーとなっています．

　保存のため図 13-7 に示すようにライセンス・ナンバとライセンス・キーをメールで登録アドレスに送信する機能も用意されます．このページには日本語版と英語版のダウンロードが用意されているので，日本語で日本のサイトからダウンロードして用意したフォルダに保存します．インターネットの回線のスピードにもよりますが速いと 10 分くらい，時によっては 1 時間くらいかけて 500MB 以上のシステム・ファイルをダウンロードします．

　ダウンロードの進行状況を示す画面が出て，終了すると，バージョンアップごとに図 13-8 に示すようシステム・ファイルの容量が増加しています．

● インストールを開始する

　ダウンロードしたファイル（EWARM-KS-WEB-61005.exe）をエクスプローラで表示し，該当するバージョンのファイルをダブルクリックしてインストールを開始します．セキュリティの警告が表示され，実行で答えるとインストール作業が進行し図 13-9 に示すメニューが表示されます．このメニューは図 13-2 のメニューのソフトウェアのインストールのコード・サイズ制限版を選択しても表示され，同様にインストールすることができますが，CD-ROM から導入するとバージョンが最新でない場合があります．

　インストールが開始されるとオープニング・メッセージが表示されます．旧バージョンのシステムが導入されている場合，図 13-10 に示すように旧バージョンをアップデートするか，旧バージョンをそのままにして新しく新規に導入することもできます．これにより，バージョンアップで大きな変更があり旧バージョンでもテストが必要な場合，新旧両方のシステムを別々に起動することもできます．

図 13-7
ユーザ登録後開設される
ダウンロード・ページ

図 13-8
ダウンロードした各バージョンのシステム・ファイル
頻繁にバージョンアップされているので，IARのページを確認すること．

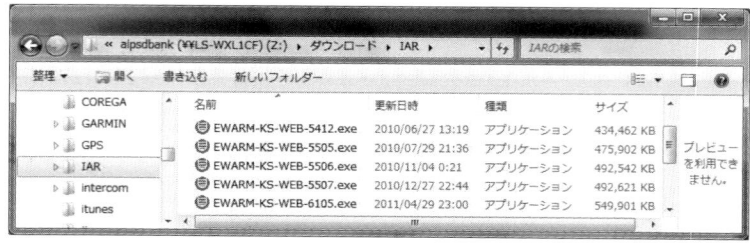

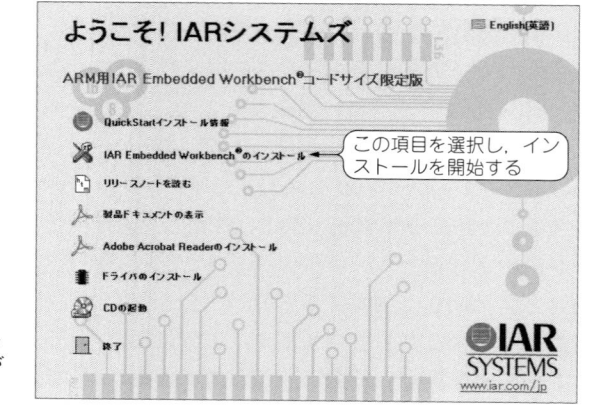

図 13-9
IAR Embedded Workbench
ダウンロードしたファイルをダブルクリックするとIARのインストール・メニューが表示される．

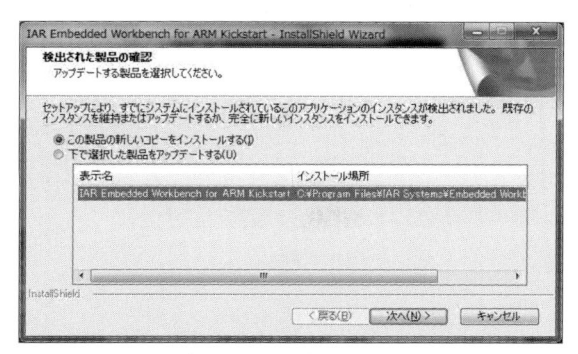

図 13-10 バージョンアップの場合のインストール先の選択

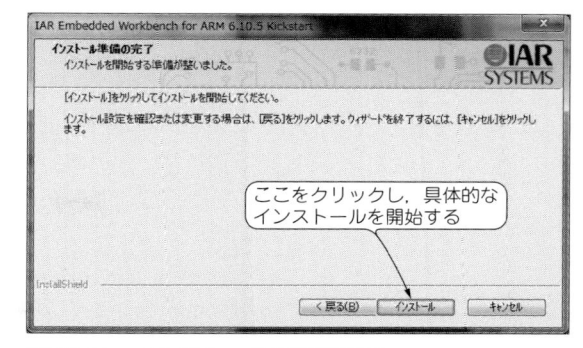

図 13-11 インストールの準備完了

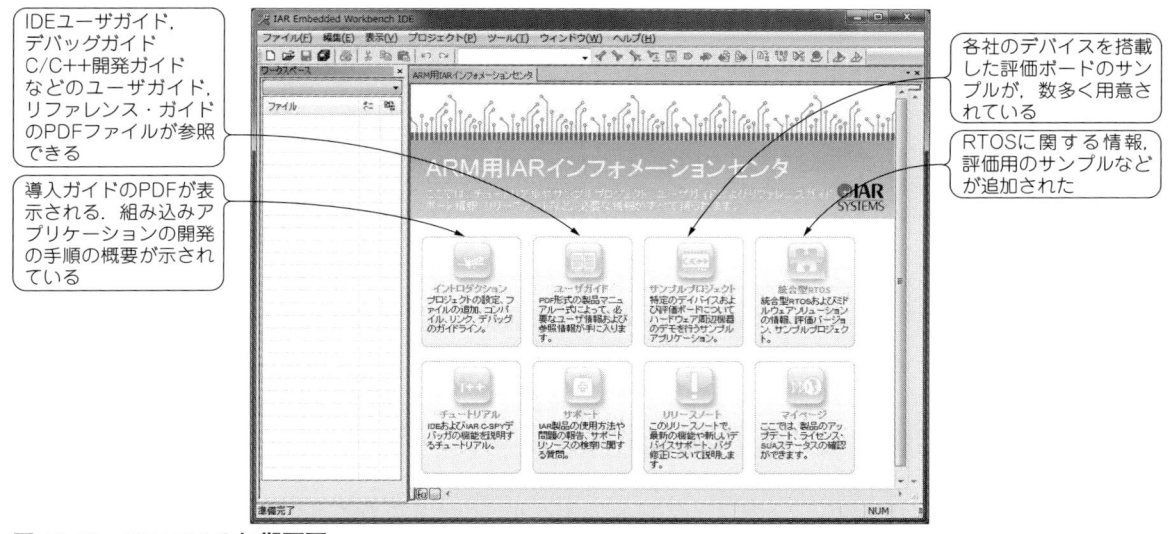

ここをクリックし，具体的なインストールを開始する

IDEユーザガイド，デバッグガイド，C/C++開発ガイドなどのユーザガイド，リファレンス・ガイドのPDFファイルが参照できる

導入ガイドのPDFが表示される．組み込みアプリケーションの開発の手順の概要が示されている

各社のデバイスを搭載した評価ボードのサンプルが，数多く用意されている

RTOSに関する情報，評価用のサンプルなどが追加された

図 13-12 EWARM の初期画面
この初期画面で表示されるインフォメーションセンタは，メニュー・バーのヘルプ＞インフォメーションセンタ(N)でいつでも表示できる．

◆使用許諾契約に同意しライセンス・ナンバ，ライセンス・キーを入力

　インストールの進行に合わせて，表示される使用許諾契約に同意します．使用許諾契約に同意し次に進むと，ライセンス・ナンバの入力が要求されます．図 13-7 で示されたライセンス・ナンバを入力します．次にライセンス・キーの入力が要求されます．ライセンス・キーを間違えないようにコピー&ペーストでセットします．これで図 13-11 に示すようにインストールの準備が完了します．このウィンドウでインストールのボタンをクリックして実際のインストール作業を開始します．かなり長い時間かけてインストールを行い完了すると，完了画面が表示され，リリースノートが表示されたのち IAR Embedded Workbench IDE が起動されます．

◆ EWARM（IAR Embedded Workbench IDE）の起動画面

　EWARM の初期画面は図 13-12 に示すようにインフォメーションセンタのウィンドウが表示されます．このインフォメーションセンタでは EWARM を利用するために必要なドキュメント，サンプルなどを表

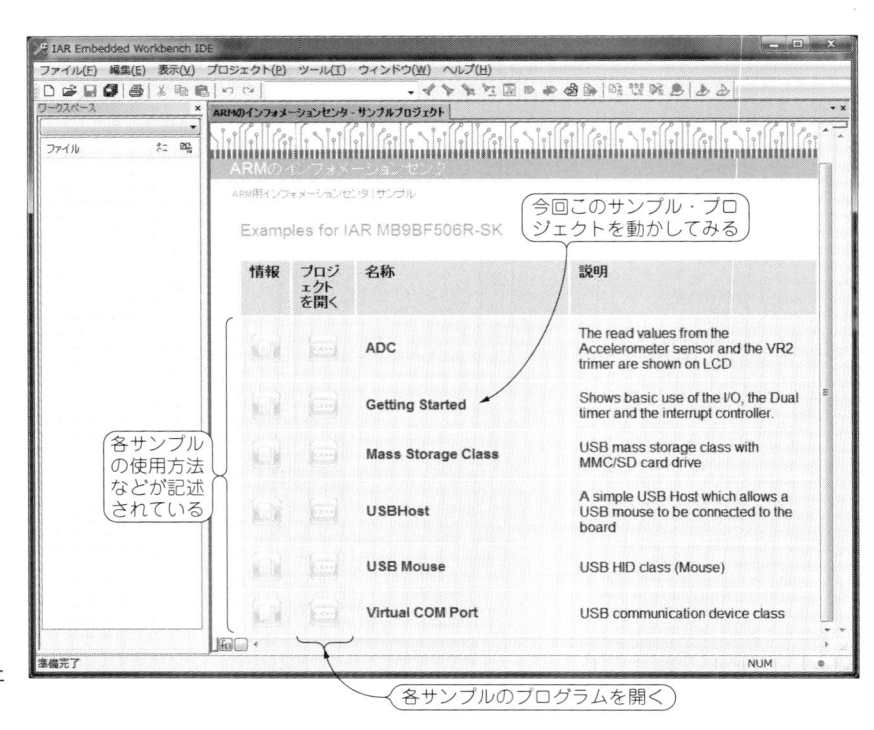

図13-13
評価ボード（IAR MB9BF506R-SK）用のサンプル・プロジェクト

示したり，利用したりすることができます．またこのインフォメーションセンタはメニュー・バーのヘルプからもアクセスすることができます．

13-3　サンプル・プログラムを動かしてみる

　インフォメーションセンタのサンプル・プロジェクトをクリックすると，このEWARMがサポートしているデバイス・メーカの一覧表が表示されます．富士通のサンプル・プロジェクトもメーカの一覧に「fujitsu」の名で登録されています．fujitsuをクリックするとサポートするデバイスが表示されます．今回使用する評価ボードはMB9BF506なのでMB9BF50Xを選択します．これをクリックするとIAR MB9BF506R-SKの評価ボード用に用意されたサンプル・プロジェクトが図13-13に示すように用意されています．
　Getting Startedを選択すると，サンプル・プロジェクトを保存するフォルダを指定するウィンドウが表示されます．ここでプロジェクトを保存するフォルダを指定して，OKボタンをクリックしてサンプル・プロジェクトを保存し，選択したプロジェクトGetting Startedを開きます（図13-14）．

● ビルドしてエラーがないことを確認し，デバッグしてロード

　ワークスペースのmain.cをクリックすると図13-15のようにエディタ・ウィンドウにmain.cのソース・ファイルが表示されます．ここでソース・プログラムの編集を行います．ワークスペースのツリーにある各ソース・ファイルも同様にこのエディタ・ウィンドウで編集が行えます．新規にソース・ファイルを作成する場合は，メニュー・バーのファイル＞新規作成を選択しこのエディタ・ウィンドウで新規に

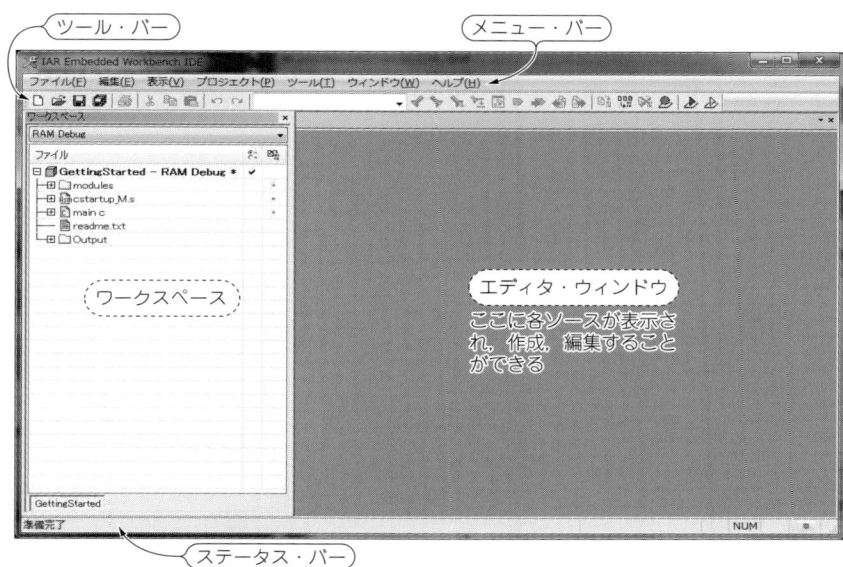

図 13-14
サンプル・プロジェクト
Getting Started

（ツール・バー　メニュー・バー　ワークスペース　エディタ・ウィンドウ　ここに各ソースが表示され，作成，編集することができる　ステータス・バー）

図 13-15
エラーがなくなるまでプログラムを修正する

（プロジェクト＞すべてを再ビルドでコンパイル，リンクなどをまとめて行う　プログラムで使用するヘッダ・ファイルを読み込む　エディタ・ウィンドウ　コンパイル，リンクなどの結果が表示される　メッセージ・ウィンドウ）

　ソース・ファイルを作成します．
　ソース・ファイルをコンパイルして，関連するオブジェクト・ファイルを組み合わせて実行可能なプログラムを作るために，ビルドという機能が用意されています．メニュー・バーの「プロジェクト＞すべてを再ビルド」を選択しデバッグのため実行ファイルを作成します．エラーがなければ，**図 13-15** のメッセー

13-3　サンプル・プログラムを動かしてみる　**287**

図13-16
評価ボードにプログラムを
ダウンロードする

ジ・ウィンドウにエラーの合計数0と表示されビルドが完了します．エラーなくビルドできたら，USBケーブルでPCと評価ボードを接続します．インストール時にドライバも `Program Files¥IAR Systems¥Embedded Workbench 6.0 Kickstart¥arm¥drivers` の下に導入されています．通常は自動的に導入されるので必要ありませんが，ドライバの格納場所を指定する場合はこのフォルダを指定してください．

評価ボードとPCを接続した後，電源選択のジャンパがJP_1のUSB電源に設定されていることを確認し，SW_3のボードの電源スイッチを入れておきます．

その後図13-16に示すように，メニューバーの「プロジェクト>ダウンロードしてデバッグ」を選択してデバッグを開始します．デバッグ・モードに入ると図13-17に示すようにmain.cのソース・ファイルが表示され，main.cの開始位置の命令が緑色の強調表示になります．さらに，逆アセンブリ・リストも表示され，スタート位置が緑色の強調表示になり，ステップ動作では次に実行する命令の位置を示します．ソース・ファイルの強調表示と逆アセンブリ・リストの強調表示は同期して移動します．Cのソース・プログラムの命令を実際のマイコンがどのように実行するか，アセンブラの命令を追うことで確認することもできます．

またデバッグ・モードに入ると，図13-18に示すようにデバッグ操作のツール・バーがウィンドウの左上に表示されます．デバッグ時のステップオーバ，ステップイン，ステップアウト，次の命令まで，カーソルまで実行，で効率よくプログラムの動作確認ができます．

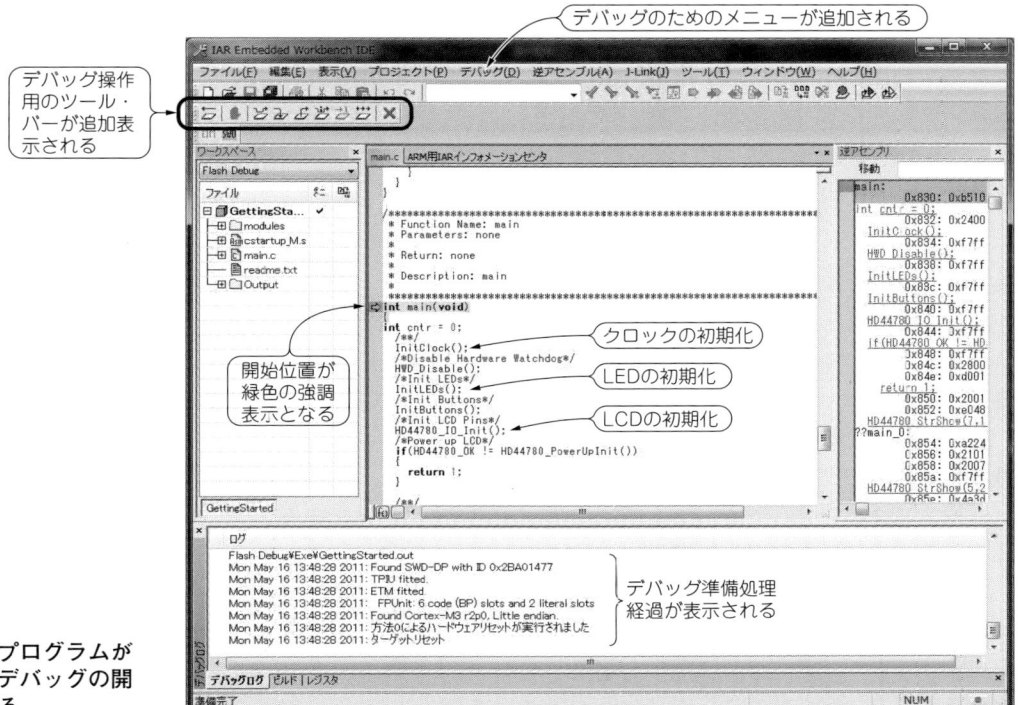

図 13-17
評価ボードにプログラムがロードされ，デバッグの開始が準備できる

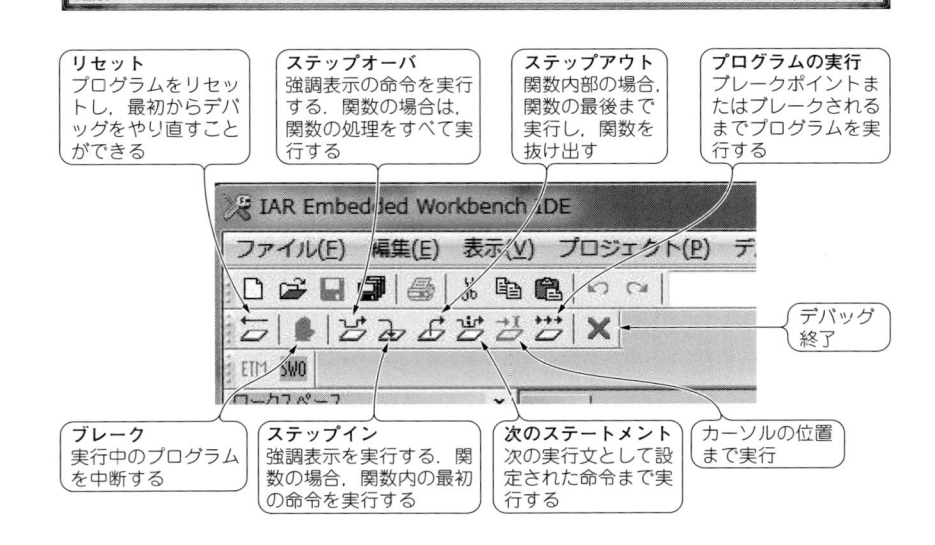

図 13-18
デバッグのツール・バー

◆ステップオーバ
　ステップオーバ・コマンドは，順番に命令を実行します．関数を呼び出す場合は関数の処理を実行し次に進み，デバッグ処理が関数の内部には入りません．

◆ステップイン
　ステップイン・コマンドは1命令ごとに順番にステップ動作し，関数がある場合は関数内部の処理もステップ動作で行います．

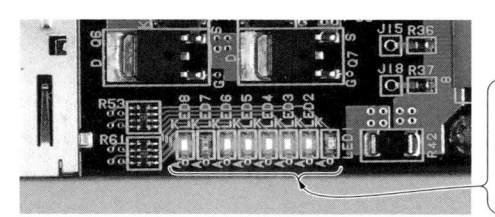

図 13-19
評価ボードの $LED_1 \sim LED_8$

> Getting Startedの実行で，LEDの表示がカウントアップされる．PSW_1を押すとカウントアップを停止し，PSW_2を押すと，カウントアップを再開する

◆ステップアウト

関数内部でステップアウト・コマンドを実行すると，関数の最後まで処理を続行し関数を抜け出します．ステップインで動作を確認し目的のチェックが終えた後，関数から抜け出したいときなどに利用します．

◆次の実行文

関数の処理では停止せず次の実行文まで実行します．

◆カーソルまで実行

ソース・プログラムや逆アセンブリ・ウィンドウの次に停止する命令，コードをマウスでクリックして設定したカーソルまで実行します．

実行のアイコンではブレークポイント，ブレーク・アイコンがクリックされるまでプログラムの実行を続けます．リセットのアイコンも用意されていて，プログラムの再実行が容易に行えます．ヘルプの機能も充実していて，デバッグの実行中も操作方法の確認が行えます．

◆実行アイコンをクリックして Getting Started を実行

実行アイコンをクリックすると，図 13-19 に示す $LED_1 \sim LED_8$ の 8 個の LED をカウンタとしてカウントアップします．LED が点滅を繰り返して LED_1 から上位のほうに点滅が流れていきます．

PSW_1 のボタンを押すと，LED の点滅が停止し現在のカウンタの状態を表示します．PSW_2 のボタンを押すとカウントアップを再開します．

◆プログラムの実行のようすをステップ動作で確認する

デバッグ・モードで実行しているプログラムの赤いブレークのアイコンをクリックすると，図 13-20 に示すようにソース・プログラムの次に実行する命令を緑色の強調表示(図中ではグレー)にして中断します．その後ステップインなどデバッグの指令に従ってデバッグを続けることができます．

図 13-21 に示すように，デバッガの実行中にはワークスペース，ソース・ブラウザ，メッセージ・ウィ

Column…13-2　Flash Debug/RAM Debug

ワークスペースで RAM Debug を指定すると，プログラムのダウンロード先はターゲット(評価ボード)のマイコンの RAM 領域に配置され，デバッグは RAM 上で行われます．Flash Debug を選択すると，プログラムは Flash メモリに書き込まれます．プログラムのサイズに対して RAM の容量が十分であれば，どちらでも同じようにデバッグできます．

Flash Debug を選択した場合は，デバッグ終了後電源を入れなおしてもプログラムは消えず，ターゲット・システムのプログラムとして起動します．RAM Debug を選択した場合，デバッグ終了後電源を入れなおすと以前から Flash メモリに書き込まれたプログラムが起動してダウンロードしたプログラムは影響を与えません．

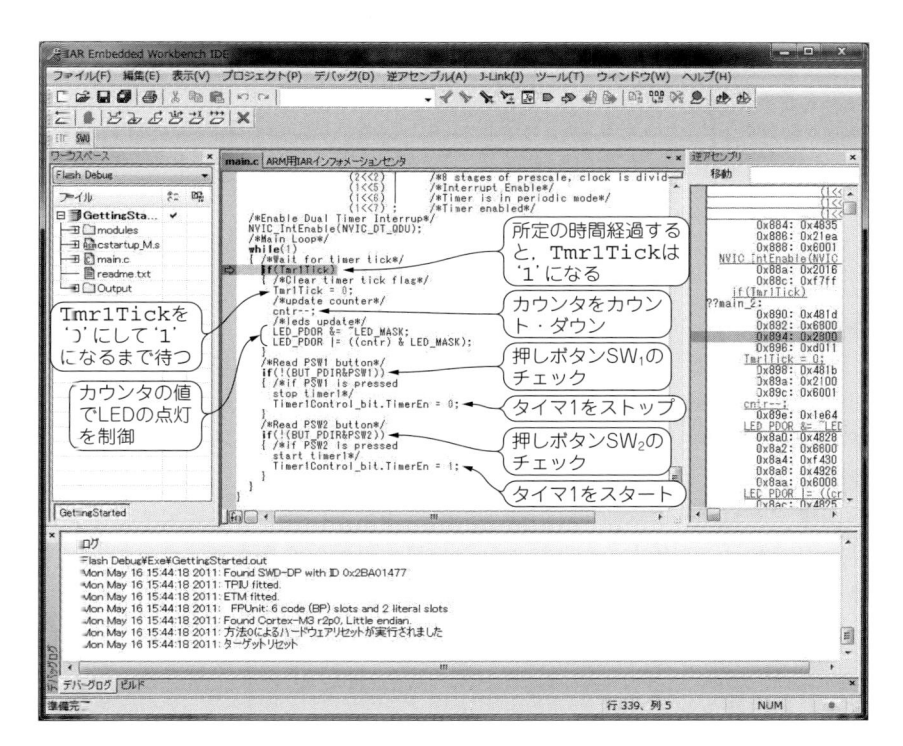

図13-20
ブレーク・ボタンでデバッグ・プログラムの実行中断
初期化の処理を終え，点滅を繰り返すループの処理中にツール・バーのブレーク・アイコンで中断されている．

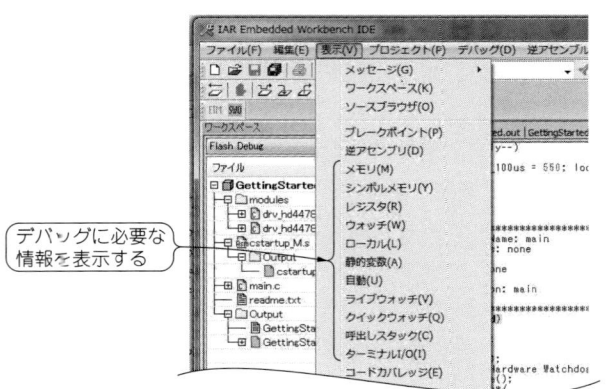

図13-21　デバッグ時のレジスタ，変数，メモリの表示ウィンドウ

ンドウのほかに，逆アセンブリ・ウィンドウ，メモリ，シンボル・メモリ，静的，自動，ライブ・ウォッチなどのデバッグ時に必要となる情報が表示され，場合によっては内容を編集することもできます．

　　ヘルプ＞ Embedded Workbench デバッグ・ガイド
を選択して表示されるデバッグ・ガイドのメモリとレジスタのモニタの章に詳細な説明があるので，そちらも参照してください．

● オンラインで日本語の詳細なガイドを確認できる

　IAR Embedded Workbench では，プログラムを開発するための機能が統合されているのは当然として，ヘルプやインフォメーションセンタで使いこなすためのガイダンスもオンラインで参照できるようになっ

ています．その上，海外で開発された製品でありながら基本となるドキュメントは日本語化され，あまり苦労することなく利用できて大いに助かっています．

● デバッグ時の参照機能
◆自動
ステップ動作で，停止したときのプログラムの処理時点の変数や，式が自動的に表示されます．ステップ動作ごとにウィンドウの表示は自動的に更新されます．
◆レジスタ
R0からR14などARMのコアのCPUレジスタのほかに，各チップ特有のペリフェラル制御などのSFR(Special Function Register)のレジスタ類も含めて表示されます．ただし，これらのレジスタの数が多いのでそれぞれグループ化されていて，必要なレジスタのグループを選んで表示することができます．
◆ウォッチ
変数，式の値を表示します．配列，構造体などは展開し各要素の値を確認することもできます．ステップ動作で実行が中断するたびにこれらの値が更新されます．
◆ライブ・ウォッチ
変数，式の値を表示します．このウィンドウでは頻繁にサンプリングを行いプログラムの実行中も最新の値が表示されます．

これらの変数，レジスタなどの表示ウィンドウはメニュー・バーの表示をクリックしてドロップダウン・リストの中から必要な項目を選択します．
◆メモリ，シンボル・メモリ
メモリは指定したメモリ領域の最新の状態を表示します．変更されたメモリの値は赤く表示されるので，処理のようすがよくわかります．シンボル・メモリは静的変数(プログラム全体で有効な変数)のメモリ内での配置が示されます．バッファ・オーバランなどによる不具合の確認に役立ちます．
◆レジスタの値とLEDの点灯を確認
ブレークで実行を中断した後，ステップ動作に入った後はプログラムの動作を確認します．図13-22に示すようにレジスタ・ウィンドウ，ローカル・ウィンドウを表示しプログラムの実行のようすを確認します．LEDの接続は回路図を確認するとP32からP39の端子に接続されています．この端子の出力はPDOR3レジスタの2ビット目～9ビット目の値で確認できます．この図はLED_PDORのLED表示のためのレジスタへLED_MASKの反転値を書き込んでいます．そのためPx2～Px9の値が'0'となり全LEDが点灯しています．

図中の緑色の強調表示されている命令は，カウンタの値をLED_PDORに書き込んでいます．この命令が実行されたようすを図13-23で確認します．Px2の値が'0'となり，残りのPx3～Px9までがすべて'1'になりました．そのため値が'0'のPx2に接続されたLED_1のみ点灯し残りの全LEDが消灯しています．

ステップ動作を続けることでプログラムの動きを確認できますが，次に示すブレークポイントを利用するとより効率的にデバッグが進みます．
◆ブレークポイント
カーソルまでの実行で，任意の命令まで連続して実行し停止させることができます．しかし，停止したい場所が複数あるときなどはブレークポイントを設定すると効率が上がります．このブレークポイントの

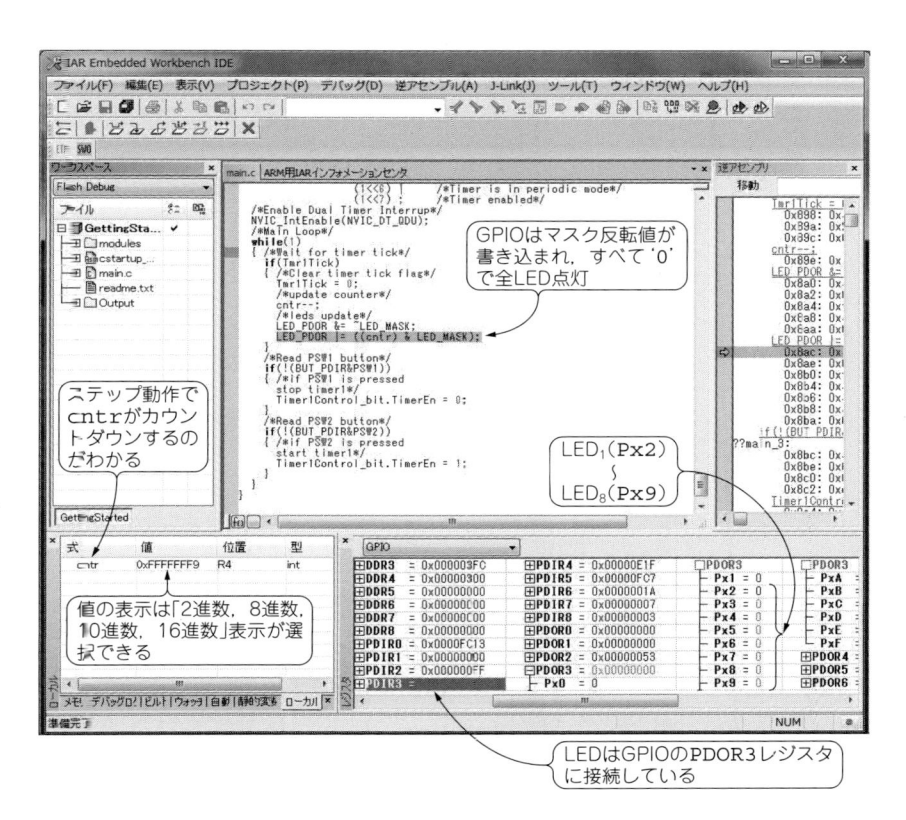

図 13-22
ステップオーバ・アイコンで各動作を確認

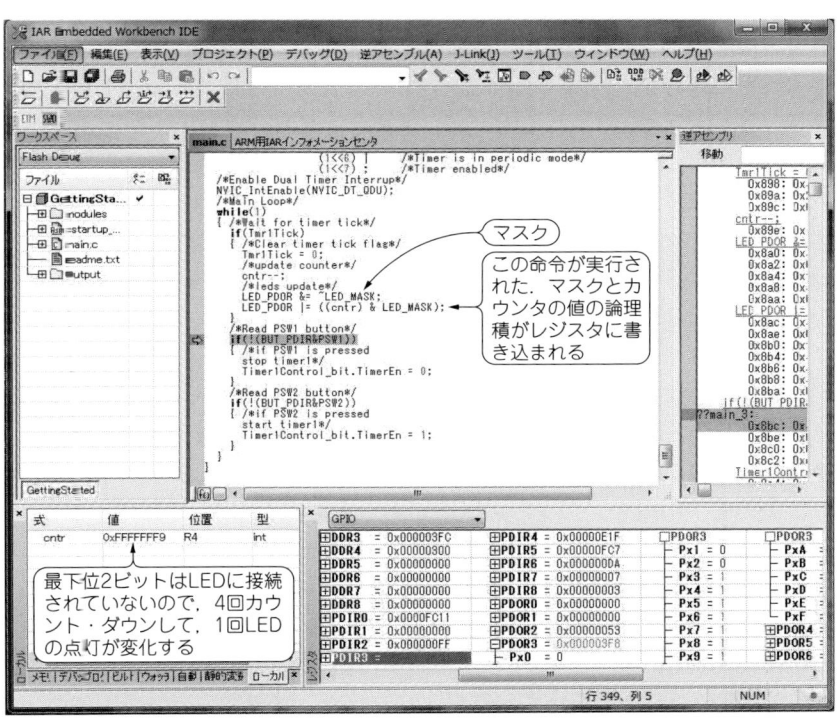

図 13-23
Px2 が '0' で LED1 が点灯

13-3 サンプル・プログラムを動かしてみる

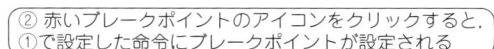

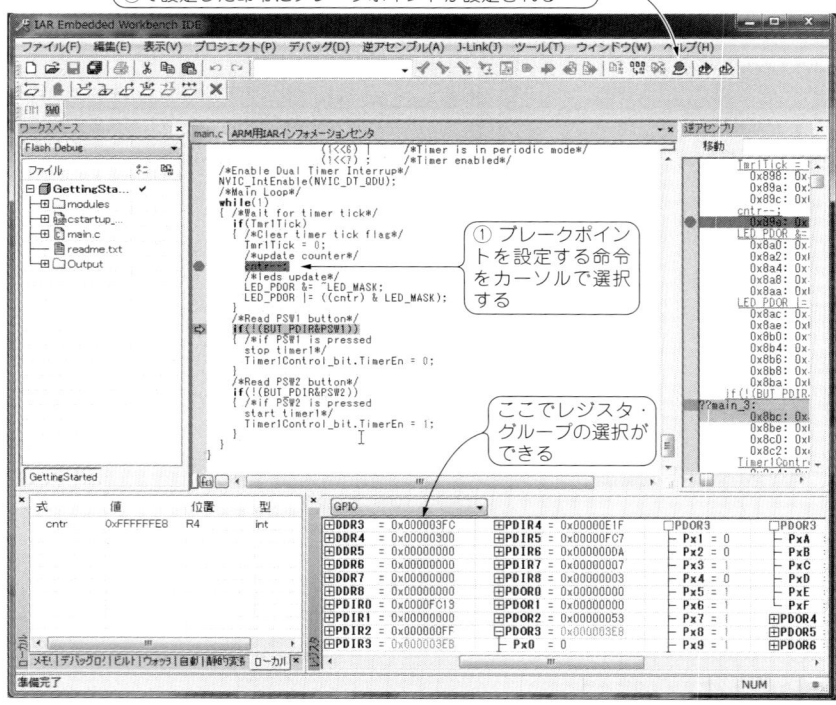

図13-24
ブレークポイントを設定する

設定方法もいくつか用意されています．図13-24に示すようにソース・プログラムのブレークポイントを設定したい命令をクリックしてカーソルを設定し，ツール・バーの赤丸のアイコンの「ブレークポイントの切り替え」をクリックします．ブレークポイントが設定されると，ソース・プログラムと逆アセンブリ・リストの該当する命令の行が赤の強調表示となり，命令の先頭に赤丸が表示されます．

ブレークポイントの設定の表示はデバッグ・モードを終了しても命令の先頭行の赤丸の表示は残ります．また，デバッグ・モードに入らないソース・プログラムの作成時でもブレークポイントの設定，削除は同様に行えます．デバッグ・モード以外ではブレークポイントは先頭に赤丸が表示されるだけで，命令行の赤の強調表示は行われません．

この図のようにブレークポイントを設定し4回実行アイコンをクリックするとカウンタの値が4減少し，LEDの点灯が変化します．これはカウンタの下位2ビットを除いた値がLEDの点灯に割り当てられているため，2ビット分の4回に1回しかLEDの点灯に影響を与えないためです．

◆新規のプロジェクトの作成

評価ボード用のサンプル・プロジェクトがほかにも用意されています．EWARMのデバッグ機能を使用し，プログラムをステップ動作させて変数やレジスタの内容を確認するとARMマイコンのしくみがよくわかり，これらを参考に必要なプログラムを作成することができるようになります．

新規にプロジェクトを作成してプログラムを動かすためのポイントを図13-25に示します．紙面の都合でポイントだけになりますが，評価ボードに添付された「導入ガイド 富士通MB9BF506用IAR評価キット」に具体的な操作についてpp.13～26にわたって説明されているので，そちらも参考にしてください．

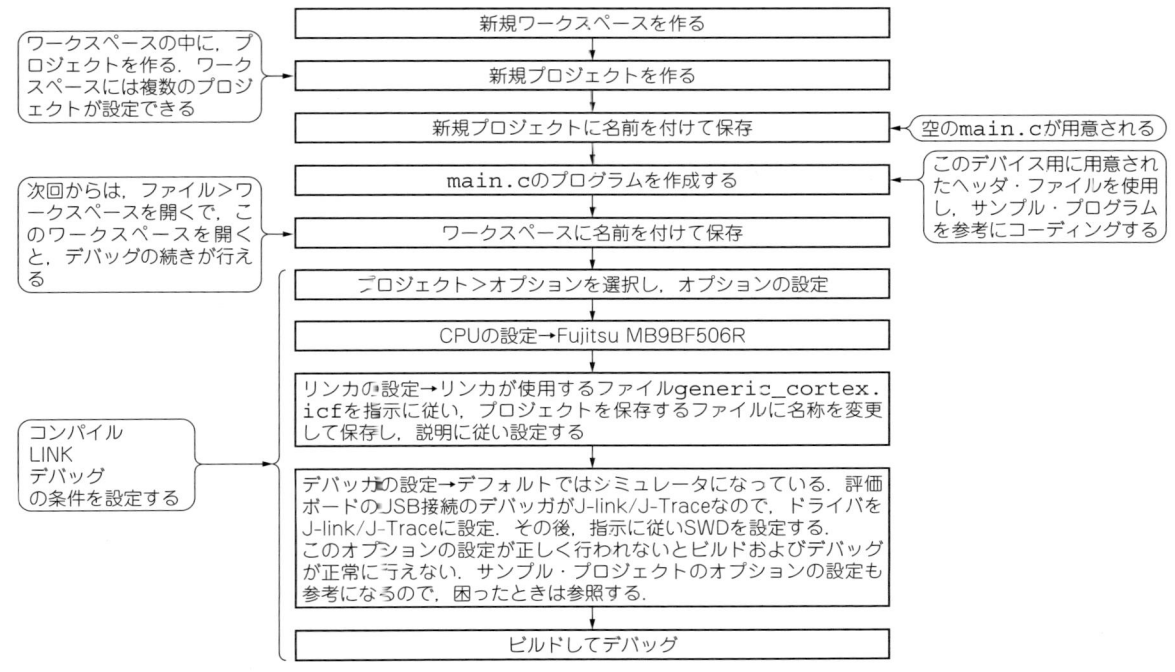

```
┌─────────────────────────────────────┐
│         新規ワークスペースを作る          │
└─────────────────────────────────────┘
┌─────────────────────────────────────┐
│         新規プロジェクトを作る           │
└─────────────────────────────────────┘
┌─────────────────────────────────────┐
│    新規プロジェクトに名前を付けて保存      │ →（空のmain.cが用意される）
└─────────────────────────────────────┘
┌─────────────────────────────────────┐
│       main.cのプログラムを作成する       │ ←このデバイス用に用意され
└─────────────────────────────────────┘    たヘッダ・ファイルを使用
┌─────────────────────────────────────┐    し，サンプル・プログラム
│      ワークスペースに名前を付けて保存      │    を参考にコーディングする
└─────────────────────────────────────┘
┌─────────────────────────────────────┐
│  プロジェクト>オプションを選択し，オプションの設定  │
└─────────────────────────────────────┘
┌─────────────────────────────────────┐
│    CPUの設定→Fujitsu MB9BF506R       │
└─────────────────────────────────────┘
┌─────────────────────────────────────┐
│ リンカの設定→リンカが使用するファイルgeneric_cortex. │
│ icfを指示に従い，プロジェクトを保存するファイルに名称を変更 │
│ して保存し，説明に従い設定する                 │
└─────────────────────────────────────┘
┌─────────────────────────────────────┐
│ デバッガの設定→デフォルトではシミュレータになっている．評価  │
│ ボードのUSB接続のデバッガがJ-link/J-Traceなので，ドライバを │
│ J-link/J-Traceに設定．その後，指示に従いSWDを設定する．     │
│ このオプションの設定が正しく行われないとビルドおよびデバッグ │
│ が正常に行えない．サンプル・プロジェクトのオプションの設定も │
│ 参考になるので，困ったときは参照する．                      │
└─────────────────────────────────────┘
┌─────────────────────────────────────┐
│          ビルドしてデバッグ               │
└─────────────────────────────────────┘
```

図13-25　新規のプロジェクトを作りデバッグする手順

補足：
- ワークスペースの中に，プロジェクトを作る．ワークスペースには複数のプロジェクトが設定できる
- 次回からは，ファイル>ワークスペースを開くで，このワークスペースを開くと，デバッグの続きが行える
- コンパイル LINK デバッグ の条件を設定する

● 豊富な機能が日本語の説明書で利用できる

　IAR Embedded Workbench IDEは各社のARMマイコン以外にも，その他の主なマイコンで共通に利用できる統合開発システムとして大変頼もしく思えます．特に日本語のマニュアルが利用できるので大いに助かります．また，評価ボードに搭載されているデバイスごとにヘッダ・ファイルが用意されているので，デバイスの制御コードを記述する場合もデータシートのレジスタ名で記述することができ，プログラムもわかりやすいものになります．

　電子工作でもこのような高性能なARMマイコンが容易に利用できるようになりました．mbedやArduinoのように容易にシステムを立ち上げることのできるしくみも大変助かりますが，mbedが対応していないマイコンの機能を利用したいときはIAR Embedded Workbench IDEのような統合開発システムが必要になります．敷居が低いのにRTOSの統合化も進め今後も期待できるIAR Embedded Workbench IDEにしばらくはかかりきりになりそうです．

索　引

【記号・数字・アルファベット】
　　#define —— 94
　　☆ board Orange —— 14, 48, 157
　　3項演算子 —— 96
　　8.3形式 —— 66
　　μCAM-TTL —— 220
　　μVision4 —— 259
A　A-D変換 —— 35
　　accept関数 —— 136
　　ACS712 —— 202
　　AnalogIn —— 36, 49
　　AnalogOut() —— 40
　　ARM/LPC1343 —— 231
　　ARMマイコン —— 281
B　BD6211F —— 197
　　bind関数 —— 136
　　binファイル —— 22
　　Bluetoothスタック —— 255
　　Bluetooth通信 —— 185
　　Bluetoothトランシーバ —— 255
　　Bluetooth(R)プロファイル —— 251
　　Bluetoothマネージャ —— 255
　　BlueUSB —— 185, 191
　　bps —— 252
　　Build —— 248
C　CGRAM —— 54
　　Command Window —— 264
　　Compile —— 22
　　ConfigFileライブラリ —— 82
　　Cookbook —— 43, 181
　　Cortex-M3 —— 12, 231, 259, 279
　　Cortex-M3コア —— 246
　　CPUレジスタ —— 292
　　CRP DISABLEDドライブ —— 250
D　DC-DCコンバータ —— 204
　　Debug —— 64
　　DHCP —— 133, 165
　　DigitalIn —— 28
　　DigitalOut —— 18
　　Disassembly window —— 268, 271
E　enum —— 94
　　EthernetNetIfライブラリ —— 137
　　EWARM —— 282, 285
F　fclose —— 70
　　Flash Debug —— 290
　　flashメモリ —— 264
　　FM3 —— 280
　　fopen関数 —— 70
　　Forum —— 181
　　fscanf関数 —— 70
G　GND —— 27
H　HIDプロトコル —— 190
　　hostオブジェクト —— 134
　　HT7750A —— 197
　　HTTP —— 164
　　HTTPClient —— 165
I　I/Oポート —— 12, 31
　　InterruptIn —— 95
　　ipconfig —— 131
　　IPアドレス —— 129, 165, 213
　　IS-C15ANP4 —— 220, 225
J　J-Link —— 280
　　J-TAG —— 280
　　JavaScript —— 214
　　JavaScriptインターフェース —— 214
　　JSON形式 —— 167

索　引

- K KEIL MCBTMPM360 —— 259
- L LAN —— 13
  - LCD の文字コード —— 46
  - LED —— 17, 31
  - listen 関数 —— 136
  - LM35D —— 36
  - local ファイル・システム —— 67
  - locate 関数 —— 45
  - Logic Analyzer —— 274
  - LPC1343 —— 246
  - LPCXpresso —— 231, 246
  - LPF —— 122
  - L チカ —— 262
- M main.cpp —— 18
  - Maximum Power Point Tracking —— 199
  - MB9BF506 —— 279, 281
  - mbed —— 11
  - MBED.HTM —— 16
  - mbeduino —— 14, 171
  - mbed サーバ側 —— 214
  - mbed のアナログ入力 —— 50
  - mbed 用イーサネット接続キット —— 128
  - MDK-ARM —— 260
  - MPPT —— 199
  - MPPT ユニット —— 200
  - My Notebook —— 181
  - MySound クラス —— 74
  - MySQL Client —— 135
- N NTP —— 80
  - NTP サーバ —— 84
  - NXP セミコンダクターズ社 —— 231
- O ON/OFF 信号 —— 90
  - OP アンプ —— 52
- P period_us() 関数 —— 77
  - pin コード —— 252, 256
  - printf 関数 —— 51
  - Publish —— 215
  - putc 関数 —— 45
  - PWM —— 25, 40, 72
  - PwmOut() —— 40
- R RAM Debug —— 290
  - Register Window —— 270
  - Relays Shield —— 171
  - RJ45 コネクタ —— 13, 172
  - RTC —— 79
- S SC1602BS*B —— 42
  - SDFileSystem ライブラリ —— 69
  - sendto —— 133
  - setOnEvent 関数 —— 139
  - SFR —— 292
  - slideMessage 関数 —— 61
  - Special Function Register —— 292
  - SPP —— 251
  - static IP —— 133
- T TCP —— 128
  - TCPChoroQCtrl —— 150
  - TCPCtrl —— 142
  - TCPSOCKET_ACCEPT —— 140
  - TCPSOCKET_READABLE —— 141
  - TCPSocketEvent —— 140
  - TCPSocket 変数 —— 138
  - Tera Term —— 136, 185
  - TextLCD —— 165
  - TextLCD ライブラリ —— 43
  - Ticker —— 50, 228
  - TMPM364F10FG CPU —— 259

索　引

- Trace Enable —— 266
- U　UDP —— 128
  - UDPEnvRecv プログラム —— 131
  - UDP 通信 —— 129
  - ULINK —— 259
  - ULINK Cortex Debugger —— 266
  - UPS —— 169
  - UPS サービス —— 171
  - USB 感知式の連動電源タップ —— 38, 158
  - UTC —— 82
- V　volatile —— 106
  - VOUT —— 30
  - Vstone —— 231
- W　watch window —— 270
  - Wii リモコン —— 190
  - writeCommand( ) 関数 —— 55
  - writeData( ) 関数 —— 55
- X　XBee —— 179
  - Xtal —— 275

【あ行】

- 赤いボード —— 234
- アセンブラ —— 267
- 圧電ブザー —— 74, 118
- アナライザ —— 274, 276
- アナライザ・ウィンドウ —— 277
- アナログ - ディジタル変換 —— 35
- アノード —— 31
- イーサネット —— 210
- イーサネット LAN —— 12, 172
- イーサネット接続キット —— 211
- イニシャル・ファイル —— 275
- インターフェース —— 215
- インフォメーションセンタ —— 285
- インポート —— 209
- ウォッチ —— 292
- ウォッチ機能 —— 269
- エミュレーション —— 264
- エラー処理 —— 78
- 遠隔制御 —— 136
- オームの法則 —— 35
- オフグリッド —— 216
- 温度センサ —— 35, 47

【か行】

- 外字登録 —— 54
- 開発環境 —— 11
- 楽譜データ —— 70
- 画像の差 —— 230
- カソード —— 31
- 過電圧保護ユニット —— 203
- カラー IS —— 220, 225
- カラー・コード —— 33
- 環境データ —— 129
- 関数のプロトタイプ宣言 —— 138
- 関数のポインタ —— 107
- ギア比 —— 232
- 基準水晶発振子 Xtal —— 265
- キャラクタ LCD —— 41
- 距離センサ・ケース —— 116
- 近似曲線 —— 114
- グラウンド —— 27
- グレー・スケール —— 229
- グローバル変数 —— 274
- 駒ヶ根市中沢 —— 216
- コンストラクタ —— 44

索引

コンパイラ —— 12
コンパイル —— 263

【さ行】

サイクル充電 —— 202
最大電力点追従制御方式ソーラ・
　　　　　チャージ・コントローラ —— 199
サンプル・プログラム —— 236
サンプル・プロジェクト —— 248, 286
時刻データの更新 —— 132
磁石 —— 193
湿度センサ —— 48
シャットダウン信号 —— 169
周期 —— 72
周波数 —— 72
ジョイスティック —— 98
衝突検知システム —— 118
初期化リスト —— 75
シリアル・ケーブル —— 173
シリアル通信モジュール —— 251
シリアル・ポート —— 169
進行方向 —— 89
スイッチング電源 —— 200
☆board Orange（スター） —— 14, 48, 157
ステップアウト —— 290
ステップイン —— 289
ステップオーバ —— 289
ストップウォッチ —— 271, 273
スマートグリッド —— 156
スライド・メッセージ・プログラム —— 58
制御信号 —— 88
制御ブロック —— 231
正弦波を出力するための式 —— 124

赤外線LED —— 100
赤外線LEDの信号 —— 91
赤外線距離センサ —— 113
赤外線受光モジュール —— 87
赤外線受光モジュールの出力信号 —— 90
赤外線センサ —— 242
赤外線を見る —— 103
設定エリア —— 241
増幅器 —— 52
ソース・ファイル —— 286

【た行】

ターゲットCPU —— 264
ターミナル —— 185
ダイオードでクランプ —— 204
ダイオードのカソード —— 201
太陽光発電パネル —— 199
タクト・スイッチ —— 98
中古パネル —— 216
チョロQ遠隔制御プログラム —— 144
チョロQのライブラリ —— 103
チョロQのリモコン —— 89
チョロQハイブリッド —— 87
チョロQハイブリッドの制御信号 —— 90
停止信号 —— 111
ディジタル・ズーム —— 229
デバイス名 —— 252
デバッグ —— 264
デバッグ・セッション —— 264, 275
デバッグ・モード —— 288
手彫り法 —— 204
デューティ・サイクル —— 72
電圧 - 距離変換式 —— 115

索　引

電源障害/バッテリ駆動中信号 —— 172
電子定規 e-ruler —— 118
電流計測ユニット —— 202, 206
電力供給状況対応電源制御装置 —— 153
電力供給状況表示装置 —— 153
電力供給逼迫時シャットダウン装置
　—— 153
電力消費率 —— 153
東京電力電力供給状況 API —— 153
トリクル充電 —— 202
トレース機能 —— 267, 268
ドングル —— 255

【な行】
なんちゃってテルミン —— 121
ネクストエナジー・アンド・リソース（株）
　—— 216
ネットワーク —— 127

【は行】
バイナリ・ファイル —— 12
発電電流 —— 209
パルス・トランス —— 210
半角カタカナの表示 —— 47
反射 —— 242
バンド —— 89
ビット演算 —— 96
非反転増幅回路 —— 53
ビュート ローバー ARM —— 231
ビュートドライブ —— 250
ビュートビルダー2 —— 235
ビルド —— 263, 287
ファイル処理 —— 66

ファイル・ポインタ —— 69
フォーラム —— 181
フラッシュ・メモリ —— 65
プルアップ —— 28
プルアップ回路 —— 100
プルアップ抵抗 —— 29
プルダウン回路 —— 100
ブレークポイント —— 272, 292, 294
ブレッドボード —— 27, 49
フローチャート —— 231
プログラム・エリア —— 237
分解能 —— 52
ベース・ボード —— 14
ヘッダ —— 89
ヘッダ・ファイル —— 295
変換式を求める —— 114
ポート番号 —— 132
保護回路 —— 74
ボルテージ・フォロア回路 —— 122

【ま行】
マイクロ SD —— 65
マイクロ SD 用基板 —— 68
マイ・ノートブック —— 181
マスストレージ —— 68
マン-マシン・インターフェース —— 41
宮田村 —— 217
無線 LAN —— 213
無停電電源装置 —— 169
モータ —— 243
文字データ —— 55
モジュラ・ジャック —— 210

索 引

【や行】
ユニバーサル・ボード —— 232
ゆるい草の根スマートグリッド —— 156

【ら行】
ライセンス・キー —— 283, 285
ライセンス・ナンバ —— 283, 285
ライブ・ウォッチ —— 292
ライブラリの追加方法 —— 56

リアルタイム・クロック —— 79
リチウム・ポリマ・バッテリ —— 197
リンク —— 263
ローカル・ドライブ —— 164
ローパス・フィルタ —— 122
ロジック・アナライザ —— 264

【わ行】
ワークスペース・ランチャ —— 247

| 著 | 者 | 略 | 歴 |

◆第1章，第7章
久保 幸夫（くぼ ゆきお）
フリーランスのIT&組み込み関連の講師．
講師業や執筆を行いながら，最近では，電子工作やフィジカル・コンピューティングに力を入れている．

◆第2章～第6章
飯田 忠夫（いいだ ただお）
石川工業高等専門学校の技術教育支援センターに勤務し，主にプログラミングや電気・電子関連の実験や演習の際に教員をサポートし学生を指導する．また，授業で使用する各種教材を開発したり，小中学生を対象に子供たちが科学やものづくりに興味を持つように出前授業を実施している．

◆第8章
勝 純一（かつ じゅんいち）
1980年　神奈川県相模原市生まれ．
1992年　趣味で電子工作を始める．
1997年　高校の部活動をきっかけにロボット作りを始める．
2001年　NHKアイデア対決・ロボットコンテスト世界大会に出場．
2002年　全日本ロボット相撲大会全国大会に出場．
2003年　かわさきロボット競技大会決勝トーナメントファイティング賞受賞，かわさきロボット競技大会知能ロボットコンクールマイコン技術賞受賞．
2004年　神奈川工科大学電気電子工学科卒業．ソフトウェアを学ぶため，組み込みソフトウェア・エンジニアの道へ．
2011年　現在は日信ソフトエンジニアリング（株）で組み込みソフト開発業務を行いつつ，趣味でクリエイタとしての活動を続けている．

◆第9章, 第11章, 第12章
竹内 浩一（たけうち こういち）
〔学歴〕
1985 年　芝浦工業大学 工学部 金属工学科卒
〔職歴〕
1985 年　長野県下伊那郡高森町立高森中学校　勤務
1986 年　長野県岡谷工業高等学校　情報技術科　教諭
1996 年　長野県駒ヶ根工業高等学校　情報技術科　教諭
2007 年　長野県飯田工業高等学校　電子機械科　教諭
〔ホームページ〕
▶ おいでなんしょ！ http://www.oidenansho.com/
　電子工作とインドアプレーン, 鉄道模型が大好きです. 一緒にものづくりを楽しみましょう.

◆第10章
光永 法明（みつなが のりあき）
大阪大学大学院工学研究科 助手, （株）国際電気通信基礎技術研究所 知能ロボティクス研究所 研究員, 金沢工業大学機械系ロボティクス学科 講師を経て, 2011 年 4 月より大阪教育大学 教員養成課程 技術教育講座 准教授.
　著書に「はじめての PIC アセンブラ入門」（共著）,「センサとデジカメで遊ぶ電子工作入門」,「玄箱 PRO と電子工作で遊ぼう」（いずれも CQ 出版社）がある.

◆第13章
神崎 康宏（かんざき やすひろ）
1946 年生まれ
「作りながら学ぶマイコン設計トレーニング」　CQ 出版社　1983 年
「作りながら学ぶ PIC マイコン入門」　CQ 出版社　2005 年
「家庭でできるネットワーク遠隔制御」　CQ 出版社　2007 年
「電子回路シミュレータ LTspice 入門編」　CQ 出版社　2009 年
「プログラムによる計測・制御への第一歩」　CQ 出版社　2011 年
などの著作がある.

初出　各章の多くはエレキジャック Web　http://www.eleki-jack.com/arm/ 掲載記事に加筆.

本書のサポート・ページ

http://mycomputer.cqpub.co.jp/

- ●**本書記載の社名，製品名について** ── 本書に記載されている社名および製品名は，一般に開発メーカーの登録商標です．なお，本文中では ™, ®, © の各表示を明記していません．
- ●**本書掲載記事の利用についてのご注意** ── 本書掲載記事は著作権法により保護され，また産業財産権が確立されている場合があります．したがって，記事として掲載された技術情報をもとに製品化をするには，著作権者および産業財産権者の許可が必要です．また，掲載された技術情報を利用することにより発生した損害などに関して，CQ 出版社および著作権者ならびに産業財産権者は責任を負いかねますのでご了承ください．
- ●**本書に関するご質問について** ── 文章，数式などの記述上の不明点についてのご質問は，必ず往復はがきか返信用封筒を同封した封書でお願いいたします．ご質問は著者に回送し直接回答していただきますので，多少時間がかかります．また，本書の記載範囲を越えるご質問には応じられませんので，ご了承ください．
- ●**本書の複製等について** ── 本書のコピー，スキャン，デジタル化等の無断複製は著作権法上での例外を除き禁じられています．本書を代行業者等の第三者に依頼してスキャンやデジタル化することは，たとえ個人や家庭内の利用でも認められておりません．

Ⓡ〈日本複製権センター委託出版物〉
本書の全部または一部を無断で複写複製（コピー）することは，著作権法上での例外を除き，禁じられています．本書からの複製を希望される場合は，日本複製権センター（TEL：03-3401-2382）にご連絡ください．

mbed/ARM 活用事例

2011 年 10 月 15 日　初 版 発 行　　　　　　　　　　　　　　　　　　　　　　© CQ 出版株式会社 2011
2014 年 5 月 1 日　第 2 版発行　　　　　　　　　　　　　　　　　　　　　　　　（無断転載を禁じます）

エレキジャック編集部 編
発行人　　寺　前　裕　司
発行所　　CQ 出版株式会社
〒170-8461　東京都豊島区巣鴨 1-14-2
☎ 03-5395-2124（出版）
☎ 03-5395-2141（販売）

ISBN978-4-7898-4217-4
定価はカバーに表示してあります
振替　00100-7-10665

乱丁，落丁本はお取り替えします
編集担当者　吉田伸三
DTP　美和印刷(株)／印刷・製本　三晃印刷(株)
本文イラスト　神崎真理子／カバー・表紙デザイン　千村　勝紀
Printed in Japan